Formelsammlung Wirtschaftsmathematik

Franz W. Peren

Formelsammlung Wirtschaftsmathematik

Wissen kompakt für Studierende und Praktiker

7. Auflage

Franz W. Peren
Bonn, Deutschland

ISBN 978-3-658-47971-8   ISBN 978-3-658-47972-5   (eBook)
https://doi.org/10.1007/978-3-658-47972-5

Die Deutsche Nationalbibliothek verzeichnet diese Publikation in der Deutschen Nationalbibliografie; detaillierte bibliografische Daten sind im Internet über https://portal.dnb.de abrufbar.

© Der/die Herausgeber bzw. der/die Autor(en), exklusiv lizenziert an Springer Fachmedien Wiesbaden GmbH, ein Teil von Springer Nature 2013, 2016, 2020, 2022, 2023, 2024, 2025

Das Werk einschließlich aller seiner Teile ist urheberrechtlich geschützt. Jede Verwertung, die nicht ausdrücklich vom Urheberrechtsgesetz zugelassen ist, bedarf der vorherigen Zustimmung des Verlags. Das gilt insbesondere für Vervielfältigungen, Bearbeitungen, Übersetzungen, Mikroverfilmungen und die Einspeicherung und Verarbeitung in elektronischen Systemen.
Die Wiedergabe von allgemein beschreibenden Bezeichnungen, Marken, Unternehmensnamen etc. in diesem Werk bedeutet nicht, dass diese frei durch jede Person benutzt werden dürfen. Die Berechtigung zur Benutzung unterliegt, auch ohne gesonderten Hinweis hierzu, den Regeln des Markenrechts. Die Rechte des/der jeweiligen Zeicheninhaber*in sind zu beachten.
Der Verlag, die Autor*innen und die Herausgeber*innen gehen davon aus, dass die Angaben und Informationen in diesem Werk zum Zeitpunkt der Veröffentlichung vollständig und korrekt sind. Weder der Verlag noch die Autor*innen oder die Herausgeber*innen übernehmen, ausdrücklich oder implizit, Gewähr für den Inhalt des Werkes, etwaige Fehler oder Äußerungen. Der Verlag bleibt im Hinblick auf geografische Zuordnungen und Gebietsbezeichnungen in veröffentlichten Karten und Institutionsadressen neutral.

Springer Gabler ist ein Imprint der eingetragenen Gesellschaft Springer Fachmedien Wiesbaden GmbH und ist ein Teil von Springer Nature.
Die Anschrift der Gesellschaft ist: Abraham-Lincoln-Str. 46, 65189 Wiesbaden, Germany

Wenn Sie dieses Produkt entsorgen, geben Sie das Papier bitte zum Recycling.

In Dankbarkeit

zur Erinnerung an meine beiden Großeltern,
Wilhelm und Gertrud Peren, geb. Strömer,
die mich stets unterstützt und gefördert haben.

Vorwort

Vorwort zur 7., überarbeiteten und ergänzten Auflage

Die 7. Auflage dieser Formelsammlung zur Wirtschaftsmathematik wurde überarbeitet und ergänzt. An der aktuellen Auflage hat mitgewirkt mein geschätzter Kollege Thomas Neifer, M.Sc. Ihm gebührt mein Dank. Sollte dennoch etwas fehlerhaft sein, so geht solches ausschließlich zu Lasten des Verfassers. Für entsprechende Hinweise sowie für konstruktive Verbesserungswünsche bin ich allen Nutzern bereits heute sehr verbunden.

Bonn, im April 2025   Franz W. Peren

Vorwort zur 6., überarbeiteten und ergänzten Auflage

Die 6. Auflage dieser Formelsammlung zur Wirtschaftsmathematik wurde zu Teilen überarbeitet und ergänzt. An der aktuellen Auflage hat mitgewirkt mein geschätzter wissenschaftlicher Mitarbeiter Nawid Schahab. Ihm gebührt mein Dank. Sollte dennoch etwas fehlerhaft sein, so geht solches ausschließlich zu Lasten des Verfassers. Für entsprechende Hinweise sowie für konstruktive Verbesserungswünsche bin ich allen Nutzern bereits heute sehr verbunden.

Bonn, im Februar 2024   Franz W. Peren

Vorwort zur 5., überarbeiteten und ergänzten Auflage

Die 5. Auflage dieser Formelsammlung zur Wirtschaftsmathematik wurde zu Teilen überarbeitet und ergänzt. An der aktuellen Auflage hat mitgewirkt mein geschätzter wissenschaftlicher Mitarbeiter Nawid Schahab. Ihm gebührt mein Dank. Sollte dennoch etwas fehlerhaft sein, so geht solches ausschließlich zu Lasten des Verfassers. Für entsprechende

Hinweise sowie für konstruktive Verbesserungswünsche bin ich allen Nutzern bereits heute sehr verbunden.

Bonn, im Januar 2023   Franz W. Peren

Vorwort zur 4., überarbeiteten und ergänzten Auflage

Die 4. Auflage dieser Formelsammlung zur Wirtschaftsmathematik wurde zu Teilen überarbeitet und ergänzt. An der aktuellen Auflage haben mitgewirkt meine geschätzten studentischen Mitarbeiterinnen Camilla Demuth, Linh Hoang und Michelle Jarsen. Ihnen gebührt mein Dank. Sollte dennoch etwas fehlerhaft sein, so geht solches ausschließlich zu Lasten des Verfassers. Für entsprechende Hinweise sowie für konstruktive Verbesserungswünsche bin ich allen Nutzern bereits heute sehr verbunden.

Bonn, im Januar 2022   Franz W. Peren

Vorwort zur 3., überarbeiteten Auflage

Die 3. Auflage dieser Formelsammlung zur Wirtschaftsmathematik wurde vollständig überarbeitet. Um Fehler, die sich in Zahlenwerken dieser Art gerne einschleichen möglichst gänzlich zu vermeiden, wurde das vorliegende Buch mit Hilfe der Software „LaTeX" verfasst. Auch die Inhalte wurden erweitert, besonders zur Finanzmathematik, da sich in vielen anderen Büchern zur Finanzmathematik – auch für Schulen und Berufsschulen - das gegenwärtige deutsche Recht nicht ordentlich widerspiegelt. Bei der Erstellung der dritten Auflage haben mich kritisch und konstruktiv unterstützt meine geschätzten studentischen Mitarbeiter(innen) Josipa Debeljak, Hanna Diewald, Linh Hoang, Alena Kors, Jana Wing-Yan Liu, Janny Saraceno, Nawid Schahab, Eva Siebertz und Anna Zens sowie extern der Hochschule Bonn-Rhein-Sieg Herr Markus Unkel. Ihnen gebührt mein Dank. Besonders herauszustellen sind die wissenschaftlichen und organisatorischen Arbeiten von Frau Eva Siebertz, die dieses Projekt über viele Semester geleitet hat. Sollte dennoch etwas fehlerhaft sein, so geht solches ausschließlich zu Lasten des Verfassers. Für entsprechende Hinweise sowie für konstruktive Verbesserungswünsche bin ich allen Nutzern bereits heute sehr verbunden.

Bonn, im Oktober 2019   Franz W. Peren

Vorwort zur 1. und 2. Auflage

Diese Formelsammlung dient vornehmlich allen Studierenden und wirtschaftswissenschaftlich Wertschöpfenden, gleichwohl denen der Betriebswirtschaftslehre und der Volkswirtschaftslehre, den Wirtschaftsingenieuren oder den Wirtschaftspädagogen.

Das vorliegende Buch gestaltet sich nach den Erfahrungen des Verfassers, der seine wirtschaftswissenschaftlichen Studien in 1981 an der Westfälischen Wilhelms-Universität zu Münster in Deutschland begann und als Professor der Betriebswirtschaftslehre die quantitativen Methoden bis dato lehrt und diese forschend in vielfältiger Art und Weise weiterentwickeln durfte, vorwiegend in Deutschland an der Fachhochschule Bielefeld und der Hochschule Bonn-Rhein-Sieg, aber auch an der University of Victoria in Victoria, BC, Kanada, der Universitas Udayana in Denpasar, Bali, Indonesien, der Technická Univerzita v Košiciach in Košice, Slowakische Republik und der Columbia University in New York City, New York, USA. Die Formelsammlung soll nach bestem Wissen und Gewissen des Verfassers die mathematischen Inhalte formelhaft wiedergeben, wie sie in den Wirtschaftswissenschaften global sowohl an den Universitäten und Hochschulen als auch in der wirtschaftswissenschaftlichen Praxis sinnvoll und notwendig sind.

Dank schuldet der Verfasser vielen seiner wissenschaftlichen Mitarbeiter(innen), die an dieser Arbeit und an vielen anderen Projekten mit Kreativität, Wissen und Fleiß für ihn in den vergangenen mehr als 20 Jahren tätig waren. Allen voran danke ich Herrn Christian Stollfuß, der federführend diese Formelsammlung mit gestaltet hat. Besonderer Dank gebührt auch Shanti Alena Dewi, Verena Leisen, Markus Shakoor, Christina Pakusch und Sandra Bensberg.

Für die vielen wertvollen Anregungen im Bereich der Wirtschaftsmathematik und Wirtschaftsstatistik danke ich besonders meinen geschätzten Kolleg(inn)en Friedrich Aumann und Dr. Andreas Grisar von der Westfälischen Wilhelms-Universität Münster, Prof. Dr. Rüdiger Bücker von der Fachhochschule Bielefeld, Prof. Dr. Félix Sekula von der Technická Univerzita v Košiciach sowie Prof. Dr. Reiner Clement, Prof. Dr. Oded Löwenbein und Prof. Dr. Wiltrud Terlau von der Hochschule Bonn-Rhein-Sieg.

Bonn, im Oktober 2015   Franz W. Peren

Inhaltsverzeichnis

Abkürzungsverzeichnis		XXIII
1	**Mathematische Zeichen und Symbole**	**1**
1.1	Pragmatische Zeichen	1
1.2	Allgemeine arithmetische Relationen und Verknüpfungen	1
1.3	Zahlenmengen	2
1.4	Besondere Zahlen und Verknüpfungen	3
1.5	Grenzwert (Limes)	4
1.6	Exponentialfunktionen, Logarithmus	4
1.7	Trigonometrische Funktionen, Hyperbelfunktionen	4
1.8	Vektoren, Matrizen	5
1.9	Mengen	6
1.10	Relationen	7
1.11	Funktionen	7
1.12	Ordnungsstrukturen	7
1.13	SI -Vergößerungs- und Verkleinerungssätze	8
1.14	Griechisches Alphabet	9

2 Logik   11

2.1 Mathematische Logik (Auszug aus DIN 5473) 11

2.2 Aussagenlogik 11
    2.2.1 Aussagenvariable 11
    2.2.2 Wahrheitstabellen (Wahrheitstafeln) 12

3 Arithmetik   15

3.1 Mengen 15
    3.1.1 Allgemeines 15
    3.1.2 Mengenrelationen 16
    3.1.3 Mengenoperationen 17
    3.1.4 Beziehungen, Gesetze, Rechenregeln bei Mengen 19
    3.1.5 Intervalle 21
    3.1.6 Zahlensysteme 22
        3.1.6.1 Dezimalsystem, dekadisches System 23
        3.1.6.2 Dualsystem (Binärsystem) 23
        3.1.6.3 Römisches Zahlensystem 24

3.2 Elementare Rechenarten 24
    3.2.1 Elementare Grundlagen 24
        3.2.1.1 Axiome 25
        3.2.1.2 Ausklammern 25
        3.2.1.3 Relationen 26
        3.2.1.4 Absoluter Betrag, Signum 26
        3.2.1.5 Brüche (für $a,b,c,d \in \mathbb{Z}$, Nenner ist stets ungleich Null) 27
        3.2.1.6 Polynomdivison 27
        3.2.1.7 Horner-Schema 29
    3.2.2 Termumformungen 30
        3.2.2.1 Binomische Formeln 30
        3.2.2.2 Binomischer Lehrsatz 31
        3.2.2.3 Allgemeiner Binomischer Lehrsatz für natürliche Exponenten 31
        3.2.2.4 Allgemeiner Binomischer Lehrsatz für reelle Exponenten 31

		3.2.2.5 Mehrgliedrige Terme	32
	3.2.3	Summen- und Produktzeichen	32
		3.2.3.1 Summenzeichen	32
		3.2.3.2 Produktzeichen	33
	3.2.4	Potenzen, Wurzeln	34
	3.2.5	Logarithmen	37
	3.2.6	Fakultät	40
	3.2.7	Binomialkoeffizient	40
3.3	Folgen		42
	3.3.1	Definition	42
	3.3.2	Grenzwert einer Folge	45
	3.3.3	Arithmetische und geometrische Folgen ...	47
3.4	Reihen		47
	3.4.1	Definition	47
	3.4.2	Arithmetische und geometrische Reihen ...	48

4 Algebra 51

4.1	Grundbegriffe		51
4.2	Lineare Gleichungen		53
	4.2.1	Lineare Gleichungen mit einer Variablen ...	53
	4.2.2	Lineare Ungleichungen mit einer Variablen	56
	4.2.3	Lineare Gleichungen mit mehreren Variablen	56
	4.2.4	Lineare Gleichungssysteme	57
	4.2.5	Lineare Ungleichungen mit mehreren Variablen	61
4.3	Nicht lineare Gleichungen		62
	4.3.1	Quadratische Gleichungen mit einer Variablen	62
	4.3.2	Kubische Gleichungen mit einer Variablen .	65
	4.3.3	Biquadratische Gleichungen	67
	4.3.4	Gleichungen n-ten Grades	68
	4.3.5	Wurzelgleichungen	69

4.4		Transzendente Gleichungen	71
	4.4.1	Exponentialgleichungen	71
	4.4.2	Logarithmische Gleichungen	73
4.5		Näherungsverfahren	75
	4.5.1	Regula falsi (Sekantenverfahren)	75
	4.5.2	Newtonsches Verfahren (Tangentenverfahren)	77
	4.5.3	Allgemeines Näherungsverfahren (Fixpunktiteration)	80

5 Lineare Algebra — 87

5.1		Grundbegriffe	87
	5.1.1	Matrix	87
	5.1.2	Gleichheit/Ungleichheit von Matrizen	88
	5.1.3	Transponierte Matrix	89
	5.1.4	Vektor	89
	5.1.5	Spezielle Matrizen und Vektoren	92
5.2		Operationen mit Matrizen	94
	5.2.1	Addition von Matrizen	94
	5.2.2	Multiplikation von Matrizen	96
	5.2.2.1	Multiplikation einer Matrix mit einem Skalar	96
	5.2.2.2	Das Skalarprodukt zweier Vektoren	98
	5.2.2.3	Multiplikation einer Matrix mit einem Spaltenvektor	100
	5.2.2.4	Multiplikation eines Zeilenvektors mit einer Matrix	102
	5.2.2.5	Multiplikation von zwei Matrizen	103
5.3		Die Inverse einer Matrix	107
	5.3.1	Einführung	107
	5.3.2	Bestimmung der Inversen unter Verwendung des Gauß'schen Eliminationsverfahrens	109

5.4	Der Rang einer Matrix		113
	5.4.1	Begriffsbestimmung	113
	5.4.2	Bestimmung des Ranges einer Matrix	113
5.5	Die Determinante einer Matrix		117
	5.5.1	Begriffsbestimmung	117
	5.5.2	Berechnung von Determinanten	118
	5.5.3	Eigenschaften von Determinanten	125
5.6	Die Adjunkte einer Matrix		126
	5.6.1	Begriffsbestimmung	126
	5.6.2	Bestimmung der Inverse mit Hilfe der Adjunkten	127

6 Kombinatorik 131

6.1	Einführung	131
6.2	Permutationen	135
6.3	Variationen	137
6.4	Kombinationen	139

7 Finanzmathematik 145

7.1	Zinsrechnung			145
	7.1.1	Grundbegriffe		145
	7.1.2	Jährliche Verzinsung		146
		7.1.2.1	Einfache Zinsrechnung	146
		7.1.2.2	Zinseszinsrechnung	149
		7.1.2.3	Gemischte Verzinsung	151
	7.1.3	Unterjährige Verzinsung		162
		7.1.3.1	Einfache Zinsrechnung (linear)	163
		7.1.3.2	Einfache Verzinsung unter Verwendung des nominellen Jahreszinssatzes	164
		7.1.3.3	Verzinsung mit Zinseszinsen (exponentiell)	165

	7.1.3.4	Verzinsung mit Zinseszinsen unter Verwendung eines konformen Jahreszinssatzes	165
	7.1.3.5	Gemischte Verzinsung	167
	7.1.3.6	Stetige Verzinsung	168
7.2	Effektivzinsrechnung mittels ICMA-Methode		172
7.3	Abschreibungen		179
	7.3.1	Zeitabschreibung	179
		7.3.1.1 Lineare Abschreibung	179
		7.3.1.2 Arithmetisch-degressive Abschreibung	180
		7.3.1.3 Geometrisch-degressive Abschreibung	182
	7.3.2	Leistungsabschreibung	184
	7.3.3	Außerplanmäßige Abschreibung	185
7.4	Rentenrechnung		186
	7.4.1	Grundbegriffe	186
	7.4.2	Endliche, gleichbleibende Rente	189
		7.4.2.1 Jährliche Rente mit jährlichen Zinsen	189
		7.4.2.2 Jährliche Rente mit unterjährigen Zinsen	193
		7.4.2.3 Unterjährige Rente mit jährlichen Zinsen	196
		7.4.2.4 Unterjährige Rente mit unterjähriger Verzinsung	200
	7.4.3	Endliche, veränderliche Renten	218
		7.4.3.1 Regellose Rente	219
		7.4.3.2 Arithmetisch-fortschreitende Rente	224
		7.4.3.3 Geometrisch-fortschreitende Rente	235
	7.4.4	Ewige Rente	237
7.5	Tilgungsrechnung		239
	7.5.1	Grundbegriffe	240
	7.5.2	Annuitätentilgung	242
	7.5.3	Ratentilgung	245
	7.5.4	Tilgung mit Aufgeld (Agio)	247
		7.5.4.1 Annuitätentilgung mit Aufgeld	247

		7.5.4.2	Tilgung einer Ratenschuld mit Aufgeld	251
	7.5.5	Tilgung mit Abgeld (Disagio)		253
		7.5.5.1	Annuitätentilgung mit Abgeld bei sofortiger Verbuchung als Zinsaufwand	254
		7.5.5.2	Annuitätentilgung mit Abgeld bei Einstellung eines Disagios in einen aktiven Rechnungsabgrenzungsposten	256
		7.5.5.3	Tilgung einer Ratenschuld mit Abgeld bei sofortiger Verbuchung als Zinsaufwand	257
		7.5.5.4	Tilgung einer Ratenschuld mit Abgeld bei Einstellung des Disagios in einen aktiven Rechnungsabgren zungsposten	258
	7.5.6	Tilgungsfreie Zeiten		259
	7.5.7	Gerundete Annuitäten		261
		7.5.7.1	Prozentannuität	261
		7.5.7.2	Tilgung von Anleihen	264
	7.5.8	Unterjährige Tilgung		268
		7.5.8.1	Unterjährige Annuitätentilgung ...	269
		7.5.8.2	Unterjährige Ratentilgung	275
7.6	Investitionsrechnung			281
	7.6.1	Grundbegriffe		282
	7.6.2	Finanzmathematische Grundlagen		284
	7.6.3	Statische Verfahren der Investitionsrechnung		287
	7.6.4	Methoden der dynamischen Investitionsrechnung		287
		7.6.4.1	Kapitalwertmethode (Kapitalbarwert, Kapitalendwert, Vermögensendwert)	288
		7.6.4.2	Annuitätenmethode	291
		7.6.4.3	Interne Zinsfußmethode	294

8 Optimierung linearer Modelle   297

- 8.1 Lagrange-Methode 297
  - 8.1.1 Einführung 297
  - 8.1.2 Bildung der Lagrange-Funktion 297
  - 8.1.3 Bestimmung der Lösung 298
  - 8.1.4 Interpretation von λ 301
  - 8.1.5 Identifizierung der Art des Optimums 302
- 8.2 Lineare Optimierung 313
  - 8.2.1 Einführung 313
  - 8.2.2 Der lineare Programmierungsansatz 313
  - 8.2.3 Graphische Bestimmung der Lösung 314
  - 8.2.4 Primaler Simplex-Algorithmus 318
  - 8.2.5 Simplextableau (grundsätzlicher Aufbau) ... 318
  - 8.2.6 Dualer Simplex-Algorithmus 324
- 8.3 Nichtlineare Optimierung 333
  - 8.3.1 Einführung 333
  - 8.3.2 Grundlegende Eigenschaften der nichtlinearen Optimierung 334
  - 8.3.3 Methoden der nichtlinearen Optimierung ... 336
    - 8.3.3.1 Suchstrategien 336
    - 8.3.3.2 Deterministische Suchstrategien .. 337
    - 8.3.3.3 Das Nelder-Mead-Simplex-Suchverfahren 338
  - 8.3.4 Fazit 347

9 Funktionen   351

- 9.1 Einführung...................................... 351
  - 9.1.1 Verkettung von Funktionen 355
  - 9.1.2 Umkehrfunktion, inverse Funktion 357
- 9.2 Klassifizierung von Funktionen 359
  - 9.2.1 Rationale Funktionen 360
    - 9.2.1.1 Ganzrationale Funktionen......... 360
    - 9.2.1.2 Gebrochenrationale Funktionen .. 360
  - 9.2.2 Nichtrationale Funktionen 364
    - 9.2.2.1 Potenzfunktionen 364

	9.2.2.2	Wurzelfunktion	367
	9.2.2.3	Transzendente Funktionen	368
	9.2.2.3.1	Exponentialfunktionen	368
	9.2.2.3.2	Logarithmusfunktionen	374
	9.2.2.4	Trigonometrische Funktionen	380

9.3	Eigenschaften reeller Funktionen		408
9.3.1	Beschränktheit		408
9.3.2	Symmetrie		410
	9.3.2.1	Achsensymmetrie	410
	9.3.2.2	Punktsymmetrie	412
9.3.3	Transformationen		415
	9.3.3.1	Scheitelpunktform	417
9.3.4	Stetigkeit		420
9.3.5	Polstellen		420
9.3.6	Definitionslücken		422
9.3.7	Sprungstellen		423
9.3.8	Homogenität		424
9.3.9	Periodizität		425
9.3.10	Nullstellen		425
9.3.11	Lokale Extrema		426
9.3.12	Monotonie		427
9.3.13	Krümmungsverhalten/ Wendepunkte		428
9.3.14	Asymptoten		430
	9.3.14.1	Waagerechte Asymptote	431
	9.3.14.2	Senkrechte Asymptote	433
	9.3.14.3	Schiefe Asymptote	434
	9.3.14.4	Asymptotische Kurve	435
9.3.15	Tangenten einer Kurve		436
9.3.16	Normalen einer Kurve		437

9.4	Übungsaufgaben Funktionen	438

10 Differentialrechnung   443

10.1	Differentiation von Funktionen mit einer unabhängigen Variablen	443
	10.1.1 Allgemeines	443
	10.1.2 Erste Ableitung elementarer Funktionen	446
	10.1.3 Ableitungsregeln	448

		10.1.4	Höhere Ableitungen	450

10.1.4 Höhere Ableitungen 450
10.1.5 Differentation von Funktionen mit Parametern 451
10.1.6 Kurvendiskussion 451

10.2 Differentation von Funktionen mit mehreren unabhängigen Variablen 461

    10.2.1 Partielle Ableitungen (1. Ordnung) 461
    10.2.2 Partielle Ableitungen (2. Ordnung) 464
    10.2.3 Lokale Extrema der Funktion $f = f(x, y)$ ... 466
        10.2.3.1 Relative Extrema ohne Nebenbedingung der Funktion $f = f(x, y)$ 466
        10.2.3.2 Relative Extrema unter m Nebenbedingungen der Funktion $f = f(x_1, ..., x_n)$ mit $m < n$ 475
    10.2.4 Differentiale für die Funktion $f = f(x_1, ..., x_n)$ 479

10.3 Sätze über differenzierbare Funktionen 481
    10.3.1 Mittelwertsatz der Differentialrechnung 481
    10.3.2 Verallgemeinerter Mittelsatz der Differentialrechnung 482
    10.3.3 Satz von Rolle 482
    10.3.4 L'Hospitalsche Regel 483
    10.3.5 Schrankensatz der Differentialrechnung ... 484

11 Integralrechnung   485

11.1 Einführung 485

11.2 Das unbestimmte Integral 486
    11.2.1 Definition / Bestimmung der Stammfunktion 486
    11.2.2 Elementare Rechenregeln für das unbestimmte Integral 489

11.3 Das bestimmte Integral 490
    11.3.1 Einführung 490
    11.3.2 Beziehung zwischen bestimmtem und unbestimmtem Integral 494

11.3.3		Spezielle Integrationstechniken	499
	11.3.3.1	Die partielle Integration	499
	11.3.3.2	Integration durch Substitution	501
11.4		Mehrfach-Integrale	502
11.5		Integralrechnung bei ökonomischen Problemstellungen	503
	11.5.1	Kostenfunktionen	503
	11.5.2	Umsatzfunktionen (= Erlösfunktionen)	505
	11.5.3	Gewinnfunktionen	506

12 Elastizitäten 511

12.1 Problemstellung und Begriff der Elastizität 511

12.2 Bogenelastizität 512

12.3 Punktelastizität 516

12.4 Preiselastizität der Nachfrage ε_{xp} 519

12.5 Die Kreuzpreiselastizität $\varepsilon_{x_A p_B}$ 524

12.6 Die Einkommenselastizität der Nachfrage ε_{xy} 526

13 Ökonomische Funktionen 527

13.1 Angebotsfunktion 527

13.2 Nachfragefunktion / Inverse Nachfragefunktion 529

13.3 Marktgleichgewicht 531

13.4 Käufermarkt und Verkäufermarkt 532

13.5 Angebotslücke 533

13.6 Nachfragelücke 533

13.7	Erlösfunktion	535
13.8	Kostenfunktionen	541
13.9	Neoklassische Kostenfunktion	549
13.10	Ertragsgesetzliche Kostenfunktion	557
13.11	Einzelkosten versus Gemeinkosten	570
	13.11.1 Eindimensionale Kostenzurechnungsprinzipien	573
	13.11.2 Mehrdimensionale Kostenzurechnungsprinzipien	575
13.12	Gewinnfunktion	578

14 Peren-Theorem — **587**

A Finanzmathematische Faktoren — **595**

B Literaturverzeichnis — **641**

Stichwortverzeichnis — **651**

Abkürzungsverzeichnis

Abb.	Abbildung
abzgl.	abzüglich
ACT bzw. act	actual (Englisch)
AIBD	Association of International Bond Dealers
allg.	allgemein
bspw.	beispielsweise
bzgl.	bezüglich
bzw.	beziehungsweise
ca.	circa
cm	Zentimeter
c. p.	ceteris paribus
d. h.	das heißt
engl.	englisch
etc.	et cetera
EUR	Euro
GE	Geldeinheit
i	Zinssatz
ICMA	International Capital Markets Association
inkl.	inklusive
ISMA	International Securities Market Association

konst.	konstant
lfd.	laufend
ME	Mengeneinheit
n	Laufzeit in Jahren
neg.	negativ
o. a.	oben angegeben(en)
o. Ä.	oder Ähnliche(s)
o. g.	oben genannte(n)
p	Zinsfuß
p. a.	per annum, jährlich, für das Jahr
Pkt.	Punkt
pos.	positiv
rsp.	respektive, beziehungsweise
sgn	Signum
s. o.	siehe oben
sog.	sogenannt(e)
vgl.	vergleiche
z. B.	zum Beispiel
Z.m.Z.	Ziehen mit Zurücklegen
Z.o.Z.	Ziehen ohne Zurücklegen
z. T.	zum Teil

Kapitel 1
Mathematische Zeichen und Symbole

Bemerkung: Die Zeichen und Symbole sind zum Teil in Anwendungen dargestellt, zu den Definitionen siehe spezielle Abschnitte.

1.1 Pragmatische Zeichen

$a \approx b$	a ungefähr gleich b
$a \ll b$	a klein gegen b, a kann gegenüber b vernachlässigt werden
$a \gg b$	a groß gegen b
$a \stackrel{\wedge}{=} b$	a entspricht b, z. B. $1\,\text{cm} \stackrel{\wedge}{=} 10\,\text{mm}$
$a \wedge b$	a und b
$a \vee b$	a oder b
...	und so weiter (bis), Auslassung

1.2 Allgemeine arithmetische Relationen und Verknüpfungen

(a, b sind Zahlen, Elemente, Objekte)

$a = b$	a gleich b, arithmetischer Grundbegriff, Identität
$a \neq b$	a ungleich b, keine Identität
$a := b$	a ist definitionsgemäß gleich b
$a < b$	a kleiner als b, Grundbegriff, z. B. $-6 < -2$
$a > b$	a größer als b, z. B. $3 > -8$

© Der/die Herausgeber bzw. der/die Autor(en), exklusiv lizenziert an Springer Fachmedien Wiesbaden GmbH, ein Teil von Springer Nature 2025
F. W. Peren, *Formelsammlung Wirtschaftsmathematik*,
https://doi.org/10.1007/978-3-658-47972-5_1

$a \leq b$	a kleiner oder (höchstens) gleich b, $a \leq 8$ entspricht $]-\infty, 8]$
$a \geq b$	a größer oder (mindestens) gleich b, entspricht $b \leq a$
$a + b$	a plus b, Summe von a und b, arithmetischer Grundbegriff
$a - b$	a minus b, Differenz von a und b, einstelliges Verknüpfungszeichen
$a \cdot b$	a mal b, Produkt von a und b, arithmetischer Grundbegriff
$\frac{a}{b}$	a durch b, Quotient von a und b, z. B. $\frac{16}{4} = 16 \div 4 = 4$
$\sum_{i=1}^{n} a_i$	Summe über a_i von i gleich 1 bis n, $\sum_{i=1}^{n} a_i = a_1 + a_2 + a_3 + ... + a_n$
$\prod_{i=1}^{n} a_i$	Produkt über a_i von i gleich 1 bis n, $\prod_{i=1}^{n} a_i = a_1 \cdot a_2 \cdot ... \cdot a_n$

1.3 Zahlenmengen

$\mathbb{N}$	Menge der natürlichen Zahlen, $\mathbb{N} = \{0, 1, 2, ...\}$
$\mathbb{N}^*$	Menge der positiven natürlichen Zahlen, $\mathbb{N}^* = \mathbb{N} \setminus \{0\} = \{1, 2, 3, ...\}$
$\mathbb{Z}$	Menge der ganzrationalen Zahlen, $\mathbb{Z} = \{...-2, -1, 0, 1, 2, ...\}$
$\mathbb{Q}$	Menge der rationalen Zahlen, $\mathbb{Q} = \{\frac{a}{b} \mid a, b \in \mathbb{Z}, b \neq 0\}$
$\mathbb{Q}^*$	Menge der von Null verschiedenen rationalen Zahlen; $\mathbb{Q}^* = \mathbb{Q} \setminus \{0\}$
$\mathbb{Q}^+$	Menge der positiven rationalen Zahlen
$\mathbb{Q}_0^+$	Menge der positiven rationalen Zahlen plus Null
$\mathbb{R}$	Menge der reellen Zahlen
$\mathbb{R}^*$	Menge der von Null verschiedenen reellen Zahlen
$\mathbb{R}^+$	Menge der positiven reellen Zahlen

$\mathbb{R}_0^+$	Menge der positiven reellen Zahlen plus Null
$\mathbb{C}$	Menge der komplexen Zahlen
$]a,b[$	offenes Intervall von a bis b $\{x \mid a < x < b\}$
$]a,\infty[$	offenes, unbeschränktes Intervall ab a, $\{x \mid a < x\}$
$[a,b]$	geschlossenes Intervall von a bis b, $\{x \mid a \leq x \leq b\}$
$[a,\infty[$	geschlossenes, unbeschränktes Intervall ab a, $\{x \mid a \leq x\}$
$[a,b[$	linksseitig geschlossenes, rechtsseitig offenes Intervall von a bis b, $\{x \mid a \leq x < b\}$

1.4 Besondere Zahlen und Verknüpfungen

$(a,b \in \mathbb{R};\ n,m \in \mathbb{Z};\ s \in \mathbb{N})$

a^n	a hoch n, n-te Potenz von a für $n \geq 0$
$\sqrt{a} = a^{\frac{1}{2}} = b$	Wurzel (Quadratwurzel) aus a, entspricht $b^2 = a$ für $b \geq 0, a \geq 0$
$\sqrt[n]{a} = a^{\frac{1}{n}} = b$	n-te Wurzel aus a, entspricht $b^n = a$ für $b \geq 0, a \geq 0$
$n!$	n Fakultät, $n! = \prod_{i=1}^{n} a_i = 1 \cdot 2 \cdot 3 \cdot \ldots \cdot n$
sgn a	Signum von a (Vorzeichen), z. B. $\text{sgn}(-3) = -1$
$|a|$	Betrag von a, z. B. $|-8| = 8$
$a_{[i]}$	a an der i-ten Stelle; z. B. $5; 6; 7; a_{[2]} = 6$
∞	unendlich, Merke: ∞ ist keine Zahl
π	$3,1415926...$
e	Eulersche Zahl, $e = 2,718281$

1.5 Grenzwert (Limes)

$\lim_{x \to 0} f(x) = a$ a ist Grenzwert der Funktion $f(x)$ für x gegen 0,

d. h. $x \xrightarrow{x \to 0}$ nähert sich immer mehr dem Wert 0 an
Hier konvergiert (limitiert) der Funktionswert $f(x)$
gegen a

$\lim_{x \to \infty} f(x) = b$ b ist der Grenzwert der Funktion $f(x)$ für x gegen ∞

$\lim_{x \to 5} f(x) = c$ c ist der Grenzwert der Funktion $f(x)$ für x gegen 5

1.6 Exponentialfunktionen, Logarithmus

e^x	Exponentialfunktion von x, e hoch x
$\ln x$	natürlicher Logarithmus von x zur Basis e; $\log_e x = \ln x$
$\log_a x$	Logarithmus von x zur Basis a; $\log_a x = y \Leftrightarrow a^y = x$
	mit x ; $a > 0$ und $a \neq 1$
$\log x$	dekadischer Logarithmus von x zur Basis 10
	$\log x = \lg x = \log_{10} x$
$\operatorname{lb} x$	binärer (dyadischer) Logarithmus von x zur Basis 2
	$\operatorname{lb} x = \log_2 x$

1.7 Trigonometrische Funktionen, Hyperbelfunktionen

$\sin x$	Sinus von x
$\cos x$	Cosinus von x
$\tan x$	Tangens von x
$\cot x$	Cotangens von x

sinh x	Hyperbelsinus von x
cosh x	Hyperbelcosinus von x
tanh x	Hyperbeltangens von x
coth x	Hyperbelcotangens von x
arcsin y	Arcussinus von y
arccos y	Arcuscosinus von y
arctan y	Arcustangens von y
arccot y	Arcuscotangens von y
arsinh y	Areahyperbelsinus von y
arcosh y	Areahyperbelcosinus von y
artanh y	Areahyperbeltangens von y
arcoth y	Areahyperbelcotangens von y

1.8 Vektoren, Matrizen

$a, b, x, y, \ldots$	Zeichen für Vektoren, auch $\vec{a}, \vec{b}, \vec{x}, \vec{y}$
$0, \vec{0}$	Nullvektor, neutrales Element bzgl. Vektoraddition
$\|a\| = a$	Betrag von a, $\|a\| = \sqrt{a \cdot a}$
$< (a, b)$	Winkel zwischen a und b
$a \perp b$	a orthogonal zu b
$a \times b$	a Kreuz b
$A, B, \ldots$	Zeichen für Matrizen

$$A = \begin{pmatrix} a_{11} & \ldots & a_{1n} \\ \vdots & & \vdots \\ a_{m1} & \ldots & a_{mn} \end{pmatrix} = (a_{ij}) \; m,n\text{-Matrix } A,$$

Element a_{ij} (i-te Zeile, j-te Spalte)

A' transponierte, gestürzte Matrix zu A
$(A')' = A$

$E_{n \times n} = \begin{pmatrix} 1 & 0 & \dots & 0 \\ 0 & 1 & \dots & 0 \\ \vdots & & & \vdots \\ 0 & & \dots & 1 \end{pmatrix}$ Einheitsmatrix; Diagonalmatrix, deren Elemente der Hauptdiagonalen sämtlich 1 sind und deren übrige Elemente sämtlich 0 betragen

$A_{n \times n}^{-1}$ inverse Matrix von A, $A \cdot A^{-1} = E$

$r(A)$ Rang von A, auch $Rg(A)$

1.9 Mengen

$\{a_1, \dots, a_n\}$ Menge mit den Elementen $a_1, \dots, a_n$

$a \in A$ a ist Element von A

$a \notin A$ a ist nicht Element von A z. B.: $3 \notin \{4, 5, 6\}$

$A \subset B$ A ist echte Teilmenge von B, d. h. dass jedes Element von A auch zu B gehört, aber B noch wenigstens ein Element enthält, das nicht zu A gehört. Zum Beispiel: $A \subset B$ wenn $A = \{1; 2; 3; 4\}$ und $B = \{1; 2; 3; 4; 5; 6\}$

$A \subseteq B$ A ist Teilmenge von B, d. h. dass jedes Element von A auch zu B gehört. Hier ist der Fall $A = B$ mit eingeschlossen. Zum Beispiel: $A \subseteq B$ wenn $A = \{1; 2; 3; 4\}$ und $B = \{1; 2; 3; 4\}$

$A \not\subset B$ A ist keine echte Teilmenge von B, d. h. dass **nicht** jedes Element aus A auch zu B gehört und B noch wenigstens ein Element enthält, das nicht zu A gehört. Zum Beispiel: $A \not\subset B$ wenn $A = \{1; 2; 3; 7\}$ und $B = \{1; 2; 3; 4; 5; 6\}$

$A \cup B$	A geschnitten B, A **oder** B, enthält die gemeinsamen Elemente
$A \cap B$	A vereinigt B, A **und** B, enthält alle vorkommenden Elemente
$A \setminus B$	Differenzmenge von A und B, A **ohne** B, z. B. $\{2,3,4\}\{2,4\} = \{3\}$
$\bar{B}$	Komplement von B, enthält alle die Elemente, die nicht in B enthalten sind
$\emptyset = \{\}$	leere Menge, enthält kein Element

1.10 Relationen

(a, b)	(geordnetes) Paar von a und b, auch $\langle a; b \rangle$
$A \times B$	A Kreuz B, kartesisches Produkt von A und B, Menge aller (geordneten) Paare aus A und B

1.11 Funktionen

$f = f(x)$	f von x, f ist eine Funktion in Abhängigkeit von x
$D_f; D(f)$	Definitionsbereich von f
$W_f; W(f)$	Wertebereich von f
$f: A \to B$	f ist eine Abbildung von A in B

1.12 Ordnungsstrukturen

$\min X$	Minimum von X, kleinstes Element von X
$\max X$	Maximum von X, größtes Element von X
$\sup X$	Supremum von X, kleinste obere Schranke von X
$\inf X$	Infimum von X, größte untere Schranke von X

1.13 SI[1]-Vergrößerungs- und SI-Verkleinerungsvorsätze

d	Dezi	10^{-1}	da	Deka	10^{1}
c	Zenti	10^{-2}	h	Hekto	10^{2}
m	Milli	10^{-3}	k	Kilo	10^{3}
μ	Mikro	10^{-6}	M	Mega	10^{6}
n	Nano	10^{-9}	G	Giga	10^{9}
p	Piko	10^{-12}	T	Tera	10^{12}
f	Femto	10^{-15}	P	Peta	10^{15}
a	Atto	10^{-18}	E	Exa	10^{18}
z	Zepto	10^{-21}	Z	Zetta	10^{21}
y	Yocto	10^{-24}	Y	Yotta	10^{24}

---

[1] SI ist die Abkürzung für ein internationales Einheitensystem physikalischer Größen. Das SI-System (Système International d'Unités) definiert sieben kohärente Basiseinheiten, die sich als Potenzprodukte darstellen lassen. Durch die SI-Einheiten lässt sich somit alleine durch das Hinzufügen einer der oben aufgeführten Vorsätze eine bestimmte Größe definieren, ohne das ein zusätzlicher numerischer Faktor hinzugefügt wird. Zu den SI-Einheiten gehören das Meter (m), das Kilogramm (kg), die Sekunde (s), das Ampere (A), das Kelvin (K), das Mol (mol) und die Candela (cd). Abgeleitete Einheiten, wie zum Beispiel das Newton (N), können ebenfalls mithilfe der algebraischen Relationen gebildet werden.

1.14 Griechisches Alphabet

Name	Kleinbuchstabe	Großbuchstabe
Alpha	α	A
Beta	β	B
Gamma	γ	Γ
Delta	δ	Δ
Epsilon	ε	$\mathcal{E}$
Zeta	ζ	Z
Eta	η	H
Theta	θ	Θ
Iota	ι	I
Kappa	κ	K
Lambda	λ	Λ
My	μ	M
Ny	ν	N
Xi	ξ	Ξ
Omikron	o	O
Pi	π	Π
Rho	ρ	P
Sigma	σ	Σ
Tau	τ	T
Ypsilon	υ	Υ
Phi	ϕ	Φ
Chi	χ	X
Psi	ψ	Ψ
Omega	ω	Ω

Kapitel 2
Logik

2.1 Mathematische Logik (Auszug aus DIN 5473)

$\neg \varphi$, $\bar{\varphi}$	Negation	nicht φ (φ und ψ stehen für Aussagen oder Aussageformen)
$\varphi \wedge \psi$	Konjunktion	sowohl φ als auch ψ
$\varphi \vee \psi$	Disjunktion	φ oder ψ
$\varphi \dot{\vee} \psi$	Alternative	entweder φ oder ψ, ausschließendes oder
$\varphi \Rightarrow \psi$	Implikation	impliziert φ oder ψ, aus φ folgt ψ, Implikation von φ und ψ, auch $\varphi \to \psi$
$\varphi \Leftrightarrow \psi$	Äquivalenz	φ äquivalent zu ψ, φ ist gleichwertig mit ψ, Äquivalenz von φ und ψ, auch $\varphi \leftrightarrow \psi$
$\varphi \not\Leftrightarrow \psi$	Antivalenz	negierte Äquivalenz, ausschließendes Entweder-oder
$\varphi \leftarrow \psi$	Replikation	falls
$\forall\, x$	Allquantor	für alle x (gilt)
$\exists\, x$	Existenzquantor	es gibt (wenigstens) ein x für das gilt

2.2 Aussagenlogik

2.2.1 Aussagenvariable

$a, b, \ldots$ sind Buchstaben oder andere Zeichen, die als Platzhalter für *Aussagen* oder *Wahrheiten* gesetzt werden können.

2.2.2 Wahrheitstabellen (Wahrheitstafeln)

$a \quad b$	$\neg a$	$a \wedge b$	$a \vee b$
$w \quad w$	f	w	w
$w \quad f$	f	f	w
$f \quad w$	w	f	w
$f \quad f$	w	f	f

mit:
w = wahr
f = falsch

Symbol	Bedeutung
A	A ist eine Aussage, die wahr (w) oder falsch (f) sein kann. **Wahrheitswerte** w (wahr); f (falsch) Beispiele: Die Aussage „7 ist eine Primzahl" ist *wahr*, die Aussage „$8-3 = 4$" ist *falsch*, „$7x+4 = 25$" ist erst mit der Belegung „$x = 3$" eine wahre Aussage. „3" heißt *Lösung*.
$v(A)$	$v(A)$ wird als der Wahrheitswert der Aussage A bezeichnet. $v(A) = 1$ heißt, dass A *wahr* und $v(A) = 0$, dass A *falsch* ist.
$\neg A$	Die *Negation* $\neg A$ (bzw. $\bar{A}$) der Aussage A ist *wahr*, wenn A falsch ist, und *falsch*, wenn A wahr ist.
$A \wedge B$	Die *Konjunktion* $A \wedge B$ ist *wahr*, wenn beide Aussagen wahr sind, und *falsch*, wenn wenigstens eine der beiden Aussagen falsch ist.
$A \vee B$	Die *Disjunktion* $A \vee B$ ist *wahr*, wenn wenigstens eine der beiden Aussagen wahr ist, und *falsch*, wenn beiden Aussagen falsch sind.
$A \Rightarrow B$	Die *Implikation* $A \Rightarrow B$ bedeutet: Wenn A *wahr* ist, dann ist auch B *wahr*. A wird als Voraussetzung (*Prämisse*), B als Folgerung (*Konklusion*) bezeichnet. $A \Rightarrow B$ ist *nur dann falsch*, wenn aus einer wahren Voraussetzung eine falsche Folgerung gezogen wird.

2.2 Aussagenlogik

$A \Leftrightarrow B$	Die *Äquivalenz* $A \Leftrightarrow B$ bedeutet: Wenn A *wahr* ist, dann ist auch B *wahr* und umgekehrt. $A \Leftrightarrow B$ ist *nur dann falsch*, wenn eine der beiden Aussagen wahr und die andere falsch ist.
$\exists$	„Es gibt" (z. B.: $\exists x \in \Theta : x^2 = 4$ heißt: Es gibt eine rationale Zahl x mit $x^2 = 4$).
$\forall$	„Für alle" (z. B.: $\forall x \in \Theta : x^2 \geq 0$ heißt: Für alle rationalen Zahlen x mit $x^2 \geq 0$).

Kapitel 3
Arithmetik

3.1 Mengen

3.1.1 Allgemeines

Schreibweise

$\{a_1, \ldots, a_n\}$	Menge mit den Elementen $a_1, \ldots, a_n$
$\{x \mid A(x)\}$	Menge aller x, für die $A(x)$ gilt
$\emptyset$, auch $\{\}$	leere Menge, enthält kein Element (kein Element enthalten)
$a \in A$	a ist Element von A, $a, b \in A \Leftrightarrow a \in A \wedge b \in A$
$a \notin A$	a ist nicht ein Element von A, z. B. $3 \notin \{4, 5, 6\}$
$A = B$	A gleich B (Menge mit identischen Elementen, d. h. Mengengleichheit)
$A \subseteq B$	A ist eine unechte Teilmenge von B, auch $A \subset B$
$A \subsetneq B$	A ist eine echte Teilmenge von B, wenn gilt: $A \subseteq B \wedge A \neq B$, echte Inklusionsrelation „enthalten und ungleich"
$A \supseteq B$	A ist die Obermenge von B
$A \cap B$	Schnittmenge von A und B, $A \cap B = \{x \mid x \in A \wedge x \in B\}$
$A \cup B$	Vereinigungsmenge von A und B, $A \cup B = \{x \mid x \in A \vee x \in B\}$
$A \setminus B$	Differenzmenge von A und B, $A \setminus B = \{x \mid x \in A \wedge x \notin B\}$ (gelesen: A ohne B)
$\bar{A}$	Komplementmenge von A, $\bar{A} = G \setminus A$ (G ist die Grundmenge)

$A \times B$ Produktmenge von A und B,
$$A \times B = \{(a,b) \mid a \in A \wedge b \in B\}$$
$P(A)$ Potenzmenge von A; $P(A) = \{T \mid T \subseteq A\}$
$P(A)$ ist die Menge aller Teilmengen T von A

Schranken, Grenzen einer Menge

Eine Menge M ist nach oben (bzw. unten) beschränkt, wenn sie mindestens eine obere (bzw. untere) Schranke S hat. Treffen die Bedingungen zu, so ist M beschränkt:

$$S \geq x \quad (S \leq x) \quad \text{mit} \quad x \in M$$

Infimum: $\inf x$ größte untere Schranke, obere Grenze
Supremum: $\sup x$ kleinste obere Schranke, untere Grenze

3.1.2 Mengenrelationen

Inklusion

Ist A eine Teilmenge (Untermenge) von B (Obermenge), dann ist jedes $a_i \in A$ auch $a_i \in B$

$A \subset B \Leftrightarrow B \supset A \quad \text{mit} \quad x \in A \Rightarrow x \in B$

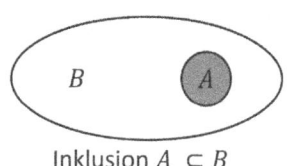

Inklusion $A \subset B$

Gleichheit

(Äquivalenz: „A gleich B")

$A = B \quad \text{mit} \quad x \, (x \in A \Leftrightarrow x \in B)$

3.1.3 Mengenoperationen

Vereinigung zweier Mengen $A \cup B$;
Disjunktion: „A oder B"

$A \cup B = \{x \mid x \in A \lor x \in B\}$

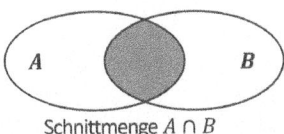
Vereinigung $A \cup B$

Durchschnitt, Schnittmenge zweier Mengen $A \cap B$;
Konjunktion: „A und B"

A und B sind **konjunkt** für: $A \cap B = \{x \mid x \in A \land x \in B\}$

A und B sind **disjunkt** für: $A \cap B = \emptyset$

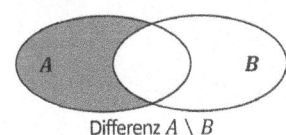
Schnittmenge $A \cap B$

Differenz zweier Mengen $A \setminus B$, „A ohne B"

$A \setminus B = \{x \mid x \in A \land x \notin B\}$

Differenz $A \setminus B$

Symmetrische Differenz von A und B

$A \triangle B = (A \cup B) \setminus (A \cap B)$

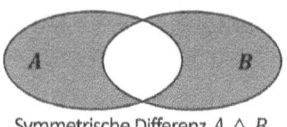

Symmetrische Differenz $A \triangle B$

Komplement der Menge B

Menge aller Elemente,
die nicht in B enthalten sind

$\bar{B} = \{x \mid x \in A \wedge x \notin B\}$

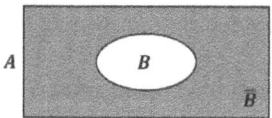

Komplementmenge $\bar{B} = A \setminus B$

Potenzmenge von B

Menge aller Teilmengen einer Menge B

$P(B) = \{x \mid x \subseteq B\}$ stets gilt: $\emptyset \in P(B)$ und $B \in P(B)$

Produkt (kartesisches) zweier Mengen $A \times B$, „A Kreuz B"

$A \times B$ (Produkt zweier Mengen) ist die Menge **aller** geordneter Elementpaare (a,b) mit $a \in A$ und $b \in B$

$A \times B = \{(a,b) \mid a \in A; b \in B\}$ $A \times B \neq B \times A$

Die Produktmenge $A_1 \times A_2 \times ... \times A_n, n \geq 1$, ist die Menge aller geordneter k-Tupel $(x_1, ..., x_n)$ von den Elementen x_1 aus A_1, x_2 aus A_2, ... , x_n aus A_n.

3.1.4 Beziehungen, Gesetze, Rechenregeln bei Mengen

S = Grundmenge

Idempotenzgesetze	$A \cup A = A$
	$A \cap A = A$
Kommutativgesetze	$A \cap B = B \cap A$
	$A \cup B = B \cup A$
Assoziativgesetze	$(A \cap B) \cap C = A \cap (B \cap C)$
	$(A \cup B) \cup C = A \cup (B \cup C)$
Absorptionsgesetze	$A \cap (A \cup B) = A$
	$A \cup (A \cap B) = A$
Distributivgesetze	$A \cap (B \cup C) = (A \cap B) \cup (A \cap C)$
	$A \cup (B \cap C) = (A \cup B) \cap (A \cup C)$
	$A \cup \emptyset = A \qquad A \cup S = S$
	$A \cap \emptyset = \emptyset \qquad A \cap A = A \qquad A \cap S = A$
	$A \setminus A = \emptyset \qquad A \setminus \emptyset = A$

Produktbeziehungen

$(A \cup B) \times C = (A \times C) \cup (B \times C)$
$(A \cap B) \times C = (A \times C) \cap (B \times C)$

$A \times (B \cup C) = (A \times B) \cup (A \times C)$
$A \times (B \cap C) = (A \times B) \cap (A \times C)$

$(A \setminus B) \times C = (A \times C) \setminus (B \times C)$
$A \times (B \setminus C) = (A \times B) \setminus (A \times C)$

$(A \times B) \cup (C \times D) = (A \cup C) \times (B \cup D)$
$(A \times B) \cap (C \times D) = (A \cap C) \times (B \cap D)$

$A \times B = \emptyset \Leftrightarrow A = \emptyset \vee B = \emptyset$

$A \subseteq C \wedge B \subseteq D \Rightarrow A \times B \subseteq C \times D$

3.1.5 Intervalle

Ein Intervall ist eine zusammenhängende Teilmenge von reellen Zahlen, die von zwei Schranken (= Randpunkte aus der Zahlengeraden) a und b begrenzt wird, $a < b$ für alle $a, b \in \mathbb{R}$

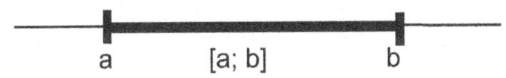

- geschlossenes Intervall $\quad [a,b] = \{x \mid a \leq x \leq b\}$

- offenes Intervall $\quad]a,b[= \{x \mid a < x < b\}$

- halboffene Intervalle $\quad [a,b[= \{x \mid a \leq x < b\}$

  $]a,b] = \{x \mid a < x \leq b\}$

- unendliche (halboffene) Intervalle $\infty; -\infty$ sind „uneigentliche Zahlen" in $\mathbb{R}$ mit $-\infty < a;\ a < \infty$ für alle $a \in \mathbb{R}$

  $[a; \infty[= \{x \mid a \leq x\}$

  $]a; \infty[= \{x \mid a < x\}$

  $]-\infty; a] = \{x \mid x \leq a\}$

  $]-\infty; a[= \{x \mid x < a\}$

3.1.6 Zahlensysteme

dezimal	dual/binär	BCD[1]	oktal	hexadezimal
0	0000	0000 0000	0	0
1	0001	0000 0001	1	1
2	0010	0000 0010	2	2
3	0011	0000 0011	3	3
4	0100	0000 0100	4	4
5	0101	0000 0101	5	5
6	0110	0000 0110	6	6
7	0111	0000 0111	7	7
8	1000	0000 1000	10	8
9	1001	0000 1001	11	9
10	1010	0001 0000	12	A
11	1011	0001 0001	13	B
12	1100	0001 0010	14	C
13	1101	0001 0011	15	D
14	1110	0001 0100	16	E
15	1111	0001 0101	17	F
16	10000	0001 0110	20	10
17	10001	0001 0111	21	11
18	10010	0001 1000	22	12
19	10011	0001 1001	23	13
20	10100	0010 0000	24	14
etc.	etc.	etc.	etc.	etc.

---

[1] BCD („binary-coded decimal") überliest die pseudodezimalen Zahlen. Das Oktalsystem verwendet die Basis 8, das Hexadezimalsystem die Basis 16.

3.1 Mengen

3.1.6.1 Dezimalsystem, dekadisches System

Zehnerpotenzen: $10^k, k \in \mathbb{Z}$
$10^0 = 1$
$10^1 = 10$ $\qquad 10^{-1} = 0,1$
$10^2 = 100$ $\qquad 10^{-2} = 0,01$
etc.

Dezimaldarstellung einer ganzen Zahl b $(k, n \in \mathbb{N})$

$$b = \pm \sum_{k=0}^{n} b_k \cdot 10^k = \pm \left(b_0 10^0 + b_1 10^1 + b_2 10^2 + \ldots + b_{n-1} 10^{n-1} + b_n 10^n \right)$$

Basisziffern $b_k \in \{0, 1, 2, \ldots, 9\}$

3.1.6.2 Dualsystem (Binärsystem)

1 Bit (engl. „binary digit") symbolisiert eine „ja - nein"-Entscheidung.

1 Byte   =   8 Bit
1 KByte = 2^{10} Byte   =   1.024 Byte
1 MByte = 2^{10} KByte =   1.024 KByte
etc.

Basissymbole: 0, 1

Stellenwert: Potenzen von 2

$$\sum_{k=-\infty}^{n} a_k \cdot 2^k \quad a_k = 0, 1$$

3.1.6.3 Römisches Zahlensystem

Basissymbole: $I = 1;\ V = 5;\ X = 10;\ L = 50;\ C = 100;$
$D = 500;\ M = 1.000$

Schreibweise: Es wird links mit dem Symbol der größten Zahl begonnen; die Symbole I, X, C werden höchstens dreimal geschrieben; steht ein Symbol einer kleineren Zahl vor dem einer größeren (z. B. $IV = 4$), so wird sein Wert von dem größeren subtrahiert, dies ist allerdings nur gültig für CM, XC, IX, IV.

Beispiel: 1998 entspricht $MCMXCVIII$ ($MIIM$ ist nicht zulässig).

3.2 Elementare Rechenarten

3.2.1 Elementare Grundlagen

Grundrechenarten für $a, b, c \in \mathbb{R}$

		a	b	c
Addition	$a+b=c$	Summand	Summand	Summe
Subtraktion	$a-b=c$	Minuend	Subtrahend	Differenz
Multiplikation	$a \cdot b = c$	Faktor	Faktor	Produkt
Division	$\dfrac{a}{b} = c$	Dividend, Zähler	Divisor, Nenner	Quotient, Bruch

3.2 Elementare Rechenarten

3.2.1.1 Axiome

Kommutativgesetze $\quad a+b = b+a \quad\quad\quad\quad a \cdot b = b \cdot a$

Assoziativgesetze $\quad (a+b)+c = a+(b+c) \quad\quad (a \cdot b) \cdot c = a \cdot (b \cdot c)$

Distributivgesetz $\quad a \cdot (b+c) = a \cdot b + a \cdot c$

Vorzeichenregeln $\quad (+a) \cdot (+b) = (-a) \cdot (-b) \quad\quad a, b > 0$

$$(+a) \cdot (-b) = (-a) \cdot (+b)$$

$$\frac{(+a)}{(+b)} = \frac{(-a)}{(-b)} = +\frac{a}{b} \quad\quad\quad \frac{(+a)}{(-b)} = \frac{(-a)}{(+b)} = -\frac{a}{b}$$

3.2.1.2 Ausklammern

Anmerkung: Punkt- vor Strichrechnung

$a+(b+c-d) = a+b+c-d \quad\quad a-(b+c-d) = a-b-c+d$

$ac+bc = c \cdot (a+b) \quad\quad ac-bc = c \cdot (a-b) \quad\quad -ac-bc = -c \cdot (a+b)$

$a \cdot (b-c) = ab-ac \quad\quad\quad\quad a \cdot (b+c) = ab+ac$

$(a+b) \cdot (c+d) = ac+ad+bc+bd \quad\quad (a-b) \cdot (c-d) = ac-ad-bc+bd$

$(a+b) \cdot (c-d) = ac-ad+bc-bd \quad\quad (a-b) \cdot (c+d) = ac+ad-bc-bd$

3.2.1.3 Relationen

$a < b \Leftrightarrow b > a \Leftrightarrow (b-a) > 0$

$a < b$ und $c > 0$

$\Rightarrow a + c < b + c$

$\Rightarrow a \cdot c < b \cdot c$

$a < b$ und $a > 0$

$\Rightarrow -a > -b$

$\Rightarrow \dfrac{1}{a} > \dfrac{1}{b}$

3.2.1.4 Absoluter Betrag, Signum

Definitionen:

	Betrag a ($|a|$)	Signum a (sgn a)
$a > 0$	$|a| = +a$	sgn $a = 1$
$a = 0$	$|a| = 0$	sgn $a = 0$
$a < 0$	$|a| = -a$	sgn $a = -1$

Gesetze:

$|a_1 + a_2 + ... + a_n| \leq |a_1| + |a_2| + ... + |a_n|$

$|a + b| \leq |a| + |b|$
$|a + b| \geq |a| - |b|$

$\text{sgn}(a \cdot b) = \text{sgn } a \cdot \text{sgn } b; \quad \text{sgn}\left(\dfrac{a}{b}\right) = \dfrac{\text{sgn } a}{\text{sgn } b} \quad \text{mit } b \neq 0$

3.2 Elementare Rechenarten

3.2.1.5 Brüche (für $a, b, c, d \in \mathbb{Z}$, Nenner ist stets ungleich Null)

Kehrwert: $\dfrac{a}{b}$ ist Kehrwert von $\dfrac{b}{a}$

a ist Kehrwert von b, wenn $b = \dfrac{1}{a}$ ist.

Null hat keinen Kehrwert; $\dfrac{1}{0}$ ist nicht definiert.

Gleichheit: $\dfrac{a}{b} = \dfrac{c}{d} \Leftrightarrow a \div b = c \div d \Leftrightarrow a \cdot d = b \cdot c$

Erweitern: $\dfrac{a}{b} = \dfrac{a \cdot z}{b \cdot z}$

Addition: $\dfrac{a}{b} + \dfrac{c}{d} = \dfrac{ad + bc}{bd}$

Multiplikation: $\dfrac{a}{b} \cdot \dfrac{c}{d} = \dfrac{ac}{bd}$

Kürzen: $\dfrac{a \cdot z}{b \cdot z} = \dfrac{a}{b}$

Subtraktion: $\dfrac{a}{b} - \dfrac{c}{d} = \dfrac{ad - bc}{bd}$

3.2.1.6 Polynomdivison

1. Ziel ist es, die Nullstellen eines Polynoms 3. Grades zu bestimmen.

2. Die Funktion wird so geordnet, dass die Potenzen der unabhängigen Variablen von links nach rechts abnehmen.

3. Die erste Nullstelle erhält man durch Testung (Ausprobieren) eines ganzzahligen Teilers des absoluten Gliedes der Funktion.

4. 1. Glied Dividend dividiert durch 1. Glied Divisor
   $\Rightarrow$ 1. Glied Quotient.

5. Rückmultiplikation mit dem Divisor.

6. Subtraktion: 1. Glied Dividend minus 1. Glied Quotient; 2. Glied Dividend minus 2. Glied Quotient, ggf. etc. Das Ergebnis einer jeweiligen Subtraktion wird um das jeweils folgende Glied des Dividenden ergänzt. Dieser Prozess wird solange iteriert, bis ein (additiver) Rest verbleibt, der im Idealfall Null ergibt (siehe Beispiel 2).

Beispiel 1:

$$(8x^2y - 6xy + 3x) \div (2xy + y) = 4x - 5 + \frac{3x + 5y}{2xy + y}$$
$$- \underline{(8x^2y + 4xy)}$$

$$(-10xy + 3x)$$
$$- \underline{(-10xy - 5y)}$$

$$3x + 5y$$

Beispiel 2:

$$(t^3 - 8t^2 + 19t - 12) \div (2t - 2) = \frac{1}{2}t^2 - \frac{7}{2}t + 6$$
$$- \underline{(t^3 - t^2)}$$

$$-7t^2 + 19t$$
$$- \underline{(-7t^2 + 7t)}$$

$$(12t - 12)$$
$$- \underline{(12t - 12)}$$

$$0$$

3.2 Elementare Rechenarten

3.2.1.7 Horner-Schema[2]

1. Ziel ist es, die Nullstellen eines Polynoms 3. Grades zu bestimmen.

2. Die Funktion wird so geordnet, dass die Potenzen der unabhängigen Variablen von links nach rechts abnehmen.

3. Die erste Nullstelle erhält man durch Testung (Ausprobieren) eines ganzzahligen Teilers des absoluten Gliedes der Funktion.

4. Die Koeffizienten werden in die Kopfzeile einer Tabelle eingetragen.

5. In der Kopfspalte wird die erste (durch Ausprobieren) identifizierte Nullstelle eingesetzt.

6. In der unteren Zeile wird der Koeffizient vor der unabhängigen Variable mit der höchsten Potenz übertragen.

7. Dieser Koeffizient wird mit dem Wert der ersten Nullstelle multipliziert und unter dem nächsten Koeffizienten mit der zweithöchsten Potenz notiert.

8. Die obere Zeile wird mit der zweiten Zeile addiert.

9. Der sich aus dieser Addition ergebene Wert wird wiederum mit der zuerst (durch Ausprobieren) identifizierten Nullstelle multipliziert und unter den Koeffizienten mit der nächst niedrigen Potenz geschrieben.

10. Die nächsten Schritte erfolgen analog, d. h. iterativ.

11. Als Ergebnis lassen sich nun die Koeffizienten des Polynoms 2. Grades unmittelbar ablesen. Dieses Polynom 2. Grades lässt sich nun z. B. unter Verwendung der $p/q-$Formel berechnen.

---

[2] William George Horner (1786 - 1837) war ein englischer Mathematiker.

Beispiel:

$f(x) = 5x^3 - 8x^2 - 27x + 18$

	5	−8	−27	18	Koeffizienten des Polynoms 3. Grades
$x = -2$		−10	36	−18	$-10 = -2 \cdot 5;\ 36 = -2 \cdot -18;$ $-18 = -2 \cdot 9$
	5	−18	9	0	Koeffizienten des Polynoms 2. Grades

$\Rightarrow f(x) = 5x^2 - 18x + 9 = 0$

$5x^2 - 18x + 9 = 0$ Durch 5 teilen, um in p/q-Formel einsetzen zu können.

$x^2 - 3{,}6x + 1{,}8 = 0$ In p/q-Formel einsetzen.

p/q-Formel

$x_1 = 3$ $x_2 = 0{,}6$ Nullstellen sind (-2|0), (0,6|0) und (3|0).

Anmerkung:

Ist der höchste Exponent der zu lösenden Funktion eine Vier, so ist das Horner-Schema sukzessive zweimal anzuwenden.

3.2.2 Termumformungen

3.2.2.1 Binomische Formeln $(a, b \in \mathbb{R})$

$$(a+b)^2 = a^2 + 2ab + b^2$$
$$(a-b)^2 = a^2 - 2ab + b^2$$
$$(a+b)(a-b) = a^2 - ab + ab - b^2 = a^2 - b^2$$

3.2 Elementare Rechenarten

3.2.2.2 Binomischer Lehrsatz $(a+b)^n$ mit $a,b \in \mathbb{R}, n \in \mathbb{N}$.

für einige Werte von n:

$$(a+b)^0 = 1$$

$$(a+b)^1 = a+b$$

$$(a+b)^2 = a^2 + 2ab + b^2$$

$$(a+b)^3 = a^3 + 3a^2b + 3ab^2 + b^3$$

$$(a-b)^3 = a^3 - 3a^2b + 3ab^2 - b^3$$

$$(a+b)^4 = a^4 + 4a^3b + 6a^2b^2 + 4ab^3 + b^4$$

$$(a-b)^4 = a^4 - 4a^3b + 6a^2b^2 - 4ab^3 + b^4$$

$$(a+b)^5 = a^5 + 5a^4b + 10a^3b^2 + 10a^2b^3 + 5ab^4 + b^5$$

$$(a-b)^5 = a^5 - 5a^4b + 10a^3b^2 - 10a^2b^3 + 5ab^4 - b^5$$

3.2.2.3 Allgemeiner Binomischer Lehrsatz für natürliche Exponenten $(n \in \mathbb{N})$

$$(a+b)^n = \binom{n}{0}a^n + \binom{n}{1}a^{n-1}b + \ldots + \binom{n}{n-1}ab^{n-1} + \binom{n}{n}b^n$$

$$= \sum_{k=0}^{n} \binom{n}{k} a^{n-k} b^k \quad \text{mit} \quad a,b \in \mathbb{R}$$

3.2.2.4 Allgemeiner Binomischer Lehrsatz für reelle Exponenten $(\alpha \in \mathbb{R})$

$$(a+b)^\alpha = \binom{\alpha}{0}a^\alpha + \binom{\alpha}{1}a^{\alpha-1}b + \binom{\alpha}{2}a^{\alpha-2}b^2 + \ldots + \binom{\alpha}{\alpha}b^\alpha$$

mit $a, b, \alpha \in \mathbb{R}$
Konvergenzbedingung $|b| < |a|$

3.2.2.5 Mehrgliedrige Terme mit $a,b,c,d \in \mathbb{R}$

$(a+b+c)^2 = a^2+b^2+c^2+2ab+2ac+2bc$

$(a+b+c)^3 = a^3+b^3+c^3+3\left(a^2b+a^2c+b^2a+b^2c+c^2a+c^2b\right)+6abc$

$(a+b)\cdot(c+d-e) = ac+ad-ae+bc+bd-be$

3.2.3 Summen- und Produktzeichen

Summations- bzw. Multiplikationsindex $x \in \mathbb{Z}$

3.2.3.1 Summenzeichen

$\sum_{i=1}^{n} x_i := x_1+x_2+\ldots+x_n$ gelesen: „Summe über x_i von $i=1$ bis n"

$\sum_{i=1}^{n+1} x_i := \left(\sum_{i=1}^{n}\right) + x_{n+1}$

$\sum_{i=m}^{n} := x_m+x_{m+1}+\ldots+x_{n-1}+x_n$ mit $m<n$

$\sum_{i=1}^{n} x_i := x_1$

$\sum_{i=1}^{0} x_i := 0$

Regeln:

$\sum_{i=1}^{n}(a_i \pm b_i) = \sum_{i=1}^{n} a_i \pm \sum_{i=1}^{n} nb_i$ $n>1$

3.2 Elementare Rechenarten

$$\sum_{i=1}^{n} a_i \cdot b_i \neq \sum_{i=1}^{n} a_i \cdot \sum b_i \qquad n > 1$$

$$\sum_{i=1}^{n} c a_i = c \sum_{i=1}^{n} a_i \qquad c = \text{konstant}$$

$$\sum_{i=1}^{m} a_i + \sum_{i=m+1}^{n} a_i = \sum_{i=1}^{n} a_i, \qquad m < n$$

$$\sum_{i=1}^{n} c = n \cdot c$$

$$\sum_{i=1}^{n} \sum_{j=i}^{m} a_{ij} = \begin{array}{l} a_{11} + a_{12} + \ldots + a_{1m} \\ +a_{21} + a_{22} + \ldots + a_{2m} \\ +\ldots \\ +a_{n1} + a_{n2} + \ldots + a_{nm} \end{array}$$

Im Allgemeinen gilt: $\sum_{i=m}^{n} a_i \cdot b_i \neq \sum_{i=m}^{n} a_i \cdot \sum_{i=m}^{n} b_i$

3.2.3.2 Produktzeichen

$$\prod_{i=1}^{n} x_i := x_1 \cdot x_2 \cdot \ldots \cdot x_{n-1} \cdot x_n \qquad \text{gelesen: „Produkt aller } x_i \text{ für } i = 1 \text{ bis } n\text{"}$$

$$\prod_{i=1}^{n+1} x_i := \left(\prod_{i=1}^{n} x_i \right) \cdot x_{n+1}$$

$$\prod_{i=m}^{n} x_i := x_m \cdot x_{m+1} \cdot \ldots \cdot x_{n-1} \cdot x_n$$

$$\prod_{i=1}^{1} x_i := x_1$$

$$\prod_{i=1}^{0} x_i := 1$$

Regeln:

$$\prod_{i=1}^{n}(a_i \cdot b_i) = \prod_{i=1}^{n} a_i \cdot \prod_{i=1}^{n} b_i \qquad \text{auch für Division gültig.}$$

$$\prod_{i=1}^{n}(c \cdot a_i) = c^n \cdot \prod_{i=1}^{n} a_i \qquad c = \text{konstant}$$

$$\prod_{i=1}^{m} a_i \cdot \prod_{i=m+1}^{n} a_i = \prod_{i=1}^{n} a_i \qquad m < n$$

$$\prod_{i=1}^{n} c = c^n$$

3.2.4 Potenzen, Wurzeln

Definitionen $(a \in \mathbb{R}; n \in \mathbb{N})$

$a^n = a \cdot a \cdot a \cdot \ldots \cdot a \qquad (n \text{ Faktoren})$

$a^1 = a$

$a^0 = 1 \qquad\qquad a \neq 0$

$0^0 \qquad\qquad\qquad$ ist nicht definiert

reziproker Wert: $\qquad a^{-1} = \dfrac{1}{a} \qquad$ mit $a \neq 0$

3.2 Elementare Rechenarten

Vorzeichenregeln $n \in \mathbb{Z}$

$$a > 0 \quad \Rightarrow \quad a^n > 0$$

$$a < 0 \quad \Rightarrow \quad \begin{cases} a^{2n} > 0 \\ a^{2n+1} < 0 \end{cases}$$

speziell: $(-1)^{2n} = 1$

$(-1)^{2n+1} = -1$

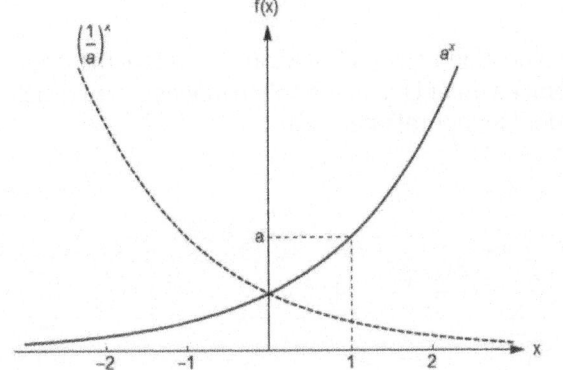

$a = $ konstant; $a \in \mathbb{R}_0^+$

$n; m \in \mathbb{Z}^*$

$a^{\frac{1}{n}} = \sqrt[n]{a}$

$a^{\frac{n}{m}} = (a^m)^{\frac{1}{n}} = \sqrt[n]{a^m}$

Exkurs:

$\sqrt[n]{a} = x \quad \Leftrightarrow \quad x^n = a \qquad a := $ Radikand $\quad n := $ Wurzelexponent

$\sqrt[2]{a} = \sqrt{a}$

$\sqrt{a^2} = |a|$

$\sqrt[n]{0} = 0$

$\sqrt[n]{1} = 1$

Sätze: mit $(a,b,p,q \in \mathbb{R},\ m,n \in \mathbb{Z})$

$$a^m \cdot a^n = a^{m+n} \qquad a^n \cdot b^n = (a \cdot b)^n \qquad \frac{a^m}{a^n} = a^{m-n}$$

$$\frac{a^n}{b^n} = \left(\frac{a}{b}\right)^n;\ b \neq 0 \qquad (a^m)^n = a^{m \cdot n} \qquad pa^n \pm qa^n = (p \pm q) \cdot a^n$$

$$\sqrt[n]{\sqrt[m]{a}} = \sqrt[m]{\sqrt[n]{a}} = \sqrt[m \cdot n]{a} \qquad \sqrt[n]{a} \cdot \sqrt[n]{b} = \sqrt[n]{a \cdot b} \qquad \frac{\sqrt[n]{a}}{\sqrt[n]{b}} = \sqrt[n]{\frac{a}{b}}$$

$$\sqrt[n \cdot k]{a^{m \cdot k}} = \sqrt[n]{a^m} \qquad \sqrt[n]{a^m} = \left(\sqrt[n]{a}\right)^m = a^{\frac{m}{n}}$$

Rationalisierung des Nenners

Steht bei einem Bruch eine algebraische Funktion (= Wurzel mit Argument) im Nenner, so kann es unter Umständen Sinn machen, den Bruch so zu erweitern, dass der Nenner rational wird.

Beispiele:

$$\frac{4 \cdot x}{\sqrt[3]{x^2}} = \frac{4 \cdot x}{\sqrt[3]{x^2}} \cdot \frac{\sqrt[3]{x}}{\sqrt[3]{x}} = \frac{4 \cdot x \sqrt[3]{x}}{\sqrt[3]{x^3}} = \frac{4 \cdot x \cdot \sqrt[3]{x}}{x} = 4\sqrt[3]{x}$$

$$\frac{2}{3 \cdot (a + \sqrt{b})} = \frac{2}{3 \cdot (a + \sqrt{b})} \cdot \frac{(a - \sqrt{b})}{(a - \sqrt{b})} = \frac{2 \cdot (a - \sqrt{b})}{3 \cdot (a + \sqrt{b}) \cdot (a - \sqrt{b})} =$$

$$= \frac{2 \cdot (a - \sqrt{b})}{3 \cdot (a^2 - b)}$$

3.2.5 Logarithmen

Definition:

Der Logarithmus von b (Numerus) zur Basis a ist die reelle Zahl c (Exponent).

$$\log_a b = c \Leftrightarrow b = a^c \qquad a, b \in \mathbb{R}^+, a \neq 1$$

Jede Gleichung $a^x = b$ hat genau eine reelle Lösung.

Regeln: $\quad \log_a a = 1 \qquad \log_a(a^b) = b \qquad b \in \mathbb{R}$

$\log_a 1 = 0 \qquad \log_a x < 0 \qquad$ für $x < 1$

$\log_a x > 0 \qquad$ für $x > 1$

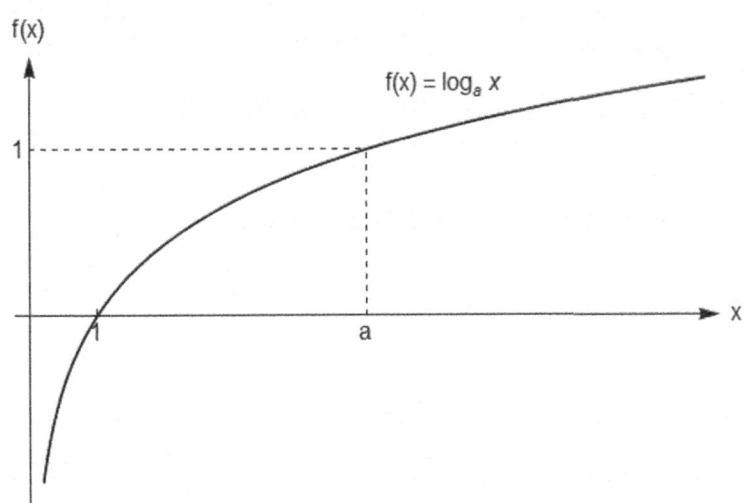

Beispiele:

1) $3^x = 81$ $x = \log_3 81 = 4$

Probe: $3^4 = 81$

2) $\log_5 0,008 = -3$ Probe: $5^{-3} = 0,008$

3) $\log_{253} 100 = 0,8323$ Probe: $253^{0,8323} = 100$

Logarithmengesetze $(a, u, v \in \mathbb{R}^+, a \neq 1)$

1) $\log_a (u \cdot v) \quad = \log_a u + \log_a v$

2) $\log_a \dfrac{1}{u} \quad = \log_a u^{-1} \quad = -\log_a u$

3) $\log_a u^r \quad = r \cdot \log_a u \quad r \in \mathbb{R}$

4) $\log_a \sqrt[r]{u} \quad = \log_a \left(u^{\frac{1}{r}}\right) \quad = \dfrac{1}{r} \log_a u$

5) $\log_b (a) \quad = \dfrac{1}{\log_a (b)} \quad \log_4 (e) = \dfrac{1}{\log_e (4)} = \dfrac{1}{\ln (4)}$

Logarithmensysteme: Dekadischer Logarithmus

Basis $a = 10$

Schreibweisen: $\log_{10} b = \lg b$

$\lg b = c \quad \Leftrightarrow \quad b = 10^c$

$\lg 10^k = k \quad k \in \mathbb{R}$

3.2 Elementare Rechenarten

Natürlicher Logarithmus

Basis $a = e$

$e =$ Eulersche Zahl $\quad \lim\limits_{n \to \infty} \left(1 + \frac{1}{n}\right)^n = 2,718281828459$

Schreibweisen: $\quad \log_e b = \ln b \quad \ln =$ „logarithmus naturalis"

$\qquad\qquad\qquad \ln b = c \quad \Leftrightarrow \quad b = e^c, \quad b > 0$

$\qquad\qquad\qquad \ln e^c = c \qquad c \in \mathbb{R}$

Logarithmus zu einer beliebigen Basis

Schreibweisen: $\quad \log_a k = \dfrac{\lg_k}{\lg_a} = \dfrac{\ln_a}{\ln_k}$

Beispiel: $\quad \log_{4711} 15 = \dfrac{\lg_{15}}{\lg_{4711}} = \dfrac{\ln_{15}}{\ln_{4711}} = 0,3202$

3.2.6 Fakultät

$$n! = 1 \cdot 2 \cdot 3 \cdot \ldots \cdot n = \prod_{i=1}^{n} i \qquad n \in \mathbb{N}^* \qquad \text{(gelesen: } n \text{ Fakultät)}$$

Rekursionsformel: $\qquad (k+1)! \;= k! \cdot (k+1) \qquad k \in \mathbb{N}$

Definitionen: $\qquad 0! = 1 \quad 1! = 1$

3.2.7 Binomialkoeffizient (gelesen „n über k")

Für $n, k \in \mathbb{N}$ gilt: $\qquad \binom{n}{k} := \begin{cases} \dfrac{n!}{k!(n-k)!} & \text{für } 0 \leq k \leq n \\ \\ 0 & \text{für } 0 \leq k \leq n \end{cases}$

Für $n, k \in \mathbb{N}$ gilt: $\qquad \binom{0}{0} = \binom{n}{0} = \binom{n}{n} = 1$

$$\binom{n}{1} = \binom{n}{n-1} = n$$

3.2 Elementare Rechenarten

Pascalsches Dreieck zur Bestimmung der Binomialkoeffizienten

$n = 0$ 1   Zeilensumme 2^0

$n = 2$ 1   2   1 2^2

$n = 3$ 1   3   3   1 2^3

$n = 4$ 1   4   6   4   1 2^4

$n = 5$ 1   5   10   10   5   1 2^5

$$\binom{5}{0} \quad \binom{5}{1} \quad \binom{5}{2} \quad \binom{5}{3} \quad \binom{5}{4} \quad \binom{5}{5}$$

Die Randwerte sind immer 1, die mittleren Werte ergeben sich jeweils aus der Summe der unmittelbar über ihnen stehenden (linken und rechten) Werte.

Beispiele:

$$\binom{7}{5} = \frac{7!}{5! \cdot (7-5)!} = \frac{1 \cdot 2 \cdot 3 \cdot 4 \cdot 5 \cdot 6 \cdot 7}{(1 \cdot 2 \cdot 3 \cdot 4 \cdot 5) \cdot (1 \cdot 2)} = 21$$

$$\binom{-\frac{1}{3}}{2} = \frac{(-\frac{1}{3}) \cdot (-\frac{1}{3} - 1)}{2!} = \frac{(-\frac{1}{3}) \cdot (-\frac{4}{3})}{1 \cdot 2} = \frac{2}{9} = 0,\overline{2}$$

3.3 Folgen

3.3.1 Definition

Eine Folge a_k ist eine Abbildung von natürlichen Zahlen, $k \in \mathbb{N}^*$ (ggf. auch $k \in \mathbb{N}$) auf eine Menge M (Wertebereich), $a_k \in \mathbb{R}$:

$a_k = a_1, a_2, a_3, ..., a_k$ $\qquad k \in \mathbb{N}^*; a_k \in \mathbb{R}$

Entspricht M einer Menge von Punkten, so entsteht eine so genannte Punktfolge; entspricht M einer Menge von Zahlen, so entsteht eine so genannte Zahlenfolge.

Eine reelle Zahlenfolge ist eine geordnete Menge reeller Zahlen. Sie entspricht einer diskreten Funktion der Zuordnung:

$a_k = f(k)$ $\qquad$ mit $D_f = \mathbb{N}^*$ und $W_f = \mathbb{R}$

Folgen können endlich oder unendlich sein.

Endliche Folgen verfügen über ein letztes Glied a_n:

$a_k = a_1, ..., a_3$ $\qquad$ mit $a_i = 0$ für alle $i > n$

Unendliche Folgen haben unendlich viele Glieder:

$a_k = a_1, a_2, ...$

3.3 Folgen

Beispiele:

(1) $\quad a_k = k^3$

$\Rightarrow a_k = 1, 8, 27, 64, 125, \ldots$

$a_5 = 5.$ Glied $= 125$

(2) $\quad a_k = (-1)^k \cdot (a_k + 1)$

$\Rightarrow a_k = -2, 3, -4, 5, -6, \ldots$

$a_5 = -6$

(3) $\quad$ Folgen mit alternierendem Vorzeichen:

$(3a) \quad a_k = (-1)^{k+1} = +1, -1, +1, -1, \ldots$

$(3b) \quad a_k = (-1)^k = -1, +1, -1, +1, \ldots$

Grundbegriffe:

Eine Zahlenfolge a_k heißt

negativ definit	$a_k < 0$
monoton wachsend	$a_k \leq a_k + 1$
streng monoton wachsend	$a_k < a_k + 1$
monoton fallend	$a_k \geq a_k + 1$
streng monoton fallend	$a_k > a_k + 1$
nach oben beschränkt (S_o = obere Schranke)	$a_k \leq S_o; S_o \in \mathbb{R}$
nach unten beschränkt (S_u = untere Schranke)	$a_k \geq S_u; S_u \in \mathbb{R}$
beschränkt	$S_u \leq a_k \leq S_o$
konstant	$a_k = a_{k+1}$

Supremum, Infimum, Grenzen

Als Supremum einer nach oben beschränkten Folge a_k, sup a_k, bezeichnet man die kleinste obere Schranke (= die obere Grenze) von a_k.

Beispiel:

$a_k = -k^3$

$$\Rightarrow a_k = -1, -8, -27, -64, -125, ...$$

Mögliche obere Schranken sind z. B. 17 oder 0 oder auch -1.
Das Supremum (= die obere Grenze) von a_k ist jedoch eindeutig:
sup $a_k = -1$

Als Infimum einer nach unten beschränkten Folge a_k, inf a_k, bezeichnet man die größte untere Schranke (= die untere Grenze) von a_k.

Beispiel:

$a_k = k^3$

$$\Rightarrow a_k = 1, 8, 27, 64, 125, ...$$

Mögliche untere Schranken sind z. B. -100 oder 0 oder auch 1.
Als Infimum (= die untere Grenze) existiert jedoch nur ein bestimmter Wert: inf $a_k = 1$

3.3.2 Grenzwert einer Folge

Die Folge a_k heißt konvergent mit dem Grenzwert g, wenn für jede beliebige reelle, positive Zahl ε fast alle Folgeglieder a_k innerhalb der ε-Umgebung von g, $]g - \varepsilon;\ g + \varepsilon[$, liegen:

$|a_k - g| < \varepsilon$ \qquad für fast alle $k \in \mathbb{N}^*$; \quad $\varepsilon \in \mathbb{R}^+$

$\lim\limits_{k \to \infty} a_k = g$ bzw. \qquad $a_k \underset{k \to \infty}{\to} g$

Gelesen: Der Limes von a_k für k gegen unendlich ist gleich g.

Besitzt eine Zahlenfolge a_k den Grenzwert g, so heißt a_k konvergent, a_k konvergiert gegen g. Existiert kein Grenzwert, so ist a_k divergent.

Sätze:

Für $\lim\limits_{k \to \infty} a_k = g_1$ und $\lim\limits_{k \to \infty} b_k = g_2$ gilt:

(1) $\lim\limits_{k \to \infty} (a_k \pm b_k) = g_1 \pm g_2$

(2) $\lim\limits_{k \to \infty} (a_k \cdot b_k) = g_1 \cdot g_2$

(3) Sind, von den Anfangsgliedern abgesehen, alle $b_k \neq 0$ und $g^2 \neq 0$,

so gilt: $\lim\limits_{k \to \infty} \dfrac{a_k}{b_k} = \dfrac{g_1}{g_2}$

(4) $\lim\limits_{k \to \infty} (a_k^n) = g_1^n \quad n \in \mathbb{N}^*$

(5) Jede konvergente Folge ist beschränkt.
    Anmerkung: Nicht jede beschränkte Folge ist konvergent.
    So ist z. B. die beschränkte Folge $-1, +1, -1, +1, \ldots$ divergent.

(6) Jede beschränkte und monotone Folge ist konvergent.

(7) $a_k \leq b_k \Rightarrow g_1 \leq g_2$

Nullfolge

Eine Folge a_k heißt Nullfolge, wenn ihr Grenzwert Null ist:

$$\lim_{k \to \infty} a_k = 0$$

Beispiel:

$a_k = \dfrac{1}{k}$ ist eine Nullfolge für $k \in \mathbb{N}^*$, da gilt: $\lim_{k \to \infty} a_k = 0$

Uneigentlicher Grenzwert

a_k divergiert gegen ∞ bzw. $-\infty$:

$$\lim_{k \to \infty} a_k = \infty \qquad \lim_{k \to -\infty} a_k = -\infty$$

Beispiele für Grenzwerte ausgewählter Zahlenfolgen ($k \in \mathbb{N}^*$)

$$\lim_{k \to \infty} a_k = 0 \quad \lim_{k \to \infty} \left(1 + \frac{1}{k}\right)^k = e = 2{,}718281828459\ldots \quad \text{(Zahl)}$$

$$\lim_{k \to \infty} \left(1 + \frac{1}{2} + \frac{1}{3} + \ldots + \frac{1}{k} - \ln k\right) = C = 0{,}57721 \qquad \text{(Eulersche Konstante)}$$

$$\lim_{k \to \infty} \frac{k!}{k^k \cdot e^{-k} \cdot \sqrt{k}} = \sqrt{2\pi} \qquad \text{(Stirlingsche Formel)}$$

$$\lim_{k \to \infty} \sqrt[k]{a} = 1 \quad a > 0 \qquad \lim_{k \to \infty} \sqrt[k]{k} = 1$$

3.4 Reihen

3.3.3 Arithmetische und geometrische Folgen

Arithmetische Folge

Bei einer arithmetischen Folge ist die Differenz d zwischen jeweils zwei benachbarten Gliedern einer Folge a_k konstant:

$a_{k+1} - a_k = d$ mit $d =$ konstant
für alle $k \in c$,

so ist die Zahlenfolge arithmetisch.

Geometrische Folge

Bei einer geometrischen Folge ist der Quotient q zwischen jeweils zwei benachbarten Gliedern einer Folge a_k konstant:

$\dfrac{a_{k+1}}{a_k} = q$ mit $q =$ konstant
für alle $k \in \mathbb{N}^*$,

so ist die Zahlenfolge geometrisch.

3.4 Reihen

3.4.1 Definition

Eine Reihe s_n (zu einer Folge a_k) entspricht der n-ten Partialsumme der ersten n Glieder (Summanden) der Folge a_k:

$$s_n = a_1 + a_2 + \ldots + a_n = \sum_{k=1}^{n} a_k$$

3.4.2 Arithmetische und geometrische Reihen

Arithmetische Reihen

$$s_n = a_1 + a_2 + a_3 + \ldots + a_n = \sum_{k=1}^{n} a_k \qquad \text{mit} \quad \begin{aligned} d &= a_n - a_{n-1} = \ldots \\ &= a_3 - a_2 \\ &= a_2 - a_1 = \text{konstant} \end{aligned}$$

k-tes Glied: $\qquad a_k = a_1 + (k-1) \cdot d$

Endglied: $\qquad a_n = a_1 + (n-1) \cdot d$

Summe: $\qquad s_n = \dfrac{n}{2}(a_1 + a_n) = \dfrac{n}{2}[2a_1 + (n-1) \cdot d]$

Arithmetische Reihen höherer Ordnung

Eine arithmetische Reihe i-ter Ordnung liegt dann vor, wenn erst die i-te Differenzfolge konstante Glieder aufweist:

$$a_k = b_i(k-1)^i + b_{i-1}(k-1)^{i-1} + \ldots + b_0 \qquad \text{mit: } k = 1, \ldots$$

Beispiel:

$a_k =$	1	5	10	18	31	51 ...	Grundfolge
$\triangle_1 a_k =$		4	5	8	13	20 ...	1. Differenzfolge
$\triangle_2 a_k =$			1	3	5	7 ...	2. Differenzfolge
$\triangle_3 a_k =$				2	2	2 ...	3. Differenzfolge

Die primäre Folge a_k entspricht einer arithmetischen Reihe 3. Ordnung.

3.4 Reihen

Geometrische Reihen

Eine geometrische Reihe i-ter Ordnung liegt dann vor, wenn der Quotient q zweier benachbarter Folgeglieder konstant ist.

Für $|q| < 1$ gilt: $\quad \sum_{n=0}^{n} q_0 q^k = \quad k = 0 \quad = \dfrac{q_0}{1-q}$

$$\text{mit} \quad q = \dfrac{a_n}{a_{n-1}} = \dfrac{a_{n-1}}{a_{n-2}} = \ldots = \dfrac{a_3}{a_2} = \dfrac{a_2}{a_1} = \text{konstant}$$

Beispiel:

$a_o = 5;\ a_1 = 15,\ a_2 = 45,\ a_3 = 135,\ \ldots$

$\Rightarrow \quad \sum_{k=0}^{n} 5 \cdot 3^k = 5 \cdot 3^0 + 5 \cdot 3^1 + 5 \cdot 3^2 + 5 \cdot 3^3 + \ldots$

$\qquad = 5 + 15 + 45 + 135 + \ldots = \infty$

mit $\quad q = 3$

denn $\quad \dfrac{15}{5} = 3;\ \dfrac{45}{15} = 3$ etc.

Unendliche Geometrische Reihen

$s = 1 + x + x^2 + x^3 + \ldots + x^n$

$s = \dfrac{1 - x^{n+1}}{1 - x} \quad \text{mit} \quad x \neq 1$

Beispiel:

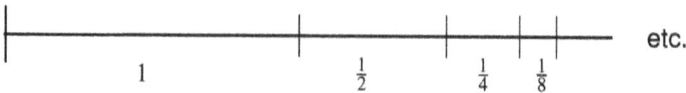

$$s = \frac{1-\left(\frac{1}{2}\right)^{n+1}}{1-\frac{1}{2}} = \frac{1-\frac{1}{2^{n+1}}}{0,5}$$

konvergiert $n \to \infty$, so folgt:

$$\lim_{n \to \infty} s = \frac{1}{0,5} = 2,$$

d. h. in diesem Beispiel wird die Zahl 2 nie erreicht werden.

Kapitel 4

Algebra

4.1 Grundbegriffe

Variablen (= Veränderliche) sind Platzhalter (z. B. $a, b, x, y, \ldots$), an deren Stelle Zahlen aus einer vorgegebenen Grundmenge M geschrieben werden können.

Ein **Term** über einer Grundmenge M ist ein Ausdruck, der aus Variablen, Zahlen und/oder Rechenzeichen zusammengesetzt ist. Die Division durch Null ist nicht erlaubt.

Beispiele:

(1) 6

(2) $8 - 2$

(3) $x + 2$

(4) $3b + 5$

(5) $x^2 - 4x + 6$ mit $a, b, x, y \in \mathbb{R}$

Gleichungen und Ungleichungen

Werden Terme durch das Gleichheitszeichen „$=$" (die Ungleichheitszeichen „$<, \leq, >, \geq$" oder „$\neq$") miteinander verbunden, so entsteht eine Gleichung (Ungleichung).

Die **Lösungsmenge** (Erfüllungsmenge) $\mathbb{L}$ einer Gleichung/Ungleichung ist die Menge von Elementen, die anstelle der Variablen gesetzt, die Ausgangsform zu einer wahren Aussage macht. Ist die Lösungsmenge gleich der leeren Menge, so hat die Gleichung/Ungleichung keine Lösung.

Beispiele:

(1) $(x-5)(x-3) = 0$ $\quad x \in \mathbb{R} \quad \mathbb{L} = \{5; 3\}$

(2) $x + 1 \leq x$ $\quad x \in \mathbb{R} \quad \mathbb{L} = \emptyset$

Allgemeingültige Gleichungen

Ist eine Lösungsmenge $\mathbb{L}$ identisch zur Grundmenge M, so ist die Gleichung allgemeingültig bezüglich der Grundmenge M.

Beispiele:

(1) $2(x+1) = 2x + 2$ $\quad x \in \mathbb{R}$
(2) $(a+b)^2 = a^2 + 2ab + b^2$ $\quad a, b \in \mathbb{R}$

Äquivalente Umformungen von Gleichungen

Gleichungen sind äquivalent, wenn ihre Lösungsmengen identisch sind. Bei nicht-äquivalenten Umformungen (Quadrieren/Multiplizieren/Dividieren mit Termen, die die Variable(n) enthalten) können andere Lösungsmengen entstehen. Probe geboten!

Beispiele: $\quad x \in \mathbb{R}$

(1) $\quad 5 \cdot (x-1) \quad = 30$
$\Leftrightarrow \quad x - 1 \quad = 6 \quad$ (äquivalente Umformung)
$\Leftrightarrow \quad x \quad\quad = 7 \quad \mathbb{L} = 7$

(2) $\quad x-2 = \sqrt{x}$

$\Rightarrow \quad x^2 - 4x + 4 = x \quad$ (keine äquivalente Umformung)

$\Leftrightarrow \quad x^2 - 5x + 4 = 0$

$\Leftrightarrow \quad x_{1,2} = \left(\dfrac{5}{2}\right) \pm \sqrt{\left(\dfrac{5}{2}\right)^2 - 4} \quad (p/q\text{-Formel})$

$\Leftrightarrow \quad x_1 = 2,5 + \sqrt{(2,5)^2 - 4} = 4$

$\Leftrightarrow \quad x_2 = 2,5 - \sqrt{(2,5)^2 - 4} = 1$

Probe geboten!

$\Leftrightarrow \quad$ Nur 4 ergibt eine Lösung der Gleichung (2).

$\Leftrightarrow \quad \mathbb{L} = \{4\}$

4.2 Lineare Gleichungen

4.2.1 Lineare Gleichungen mit einer Variablen

Normalform: $\quad ax + b = 0 \; ; \quad x \in \mathbb{R} \quad a \neq 0$

Mithilfe äquivalenter Umformungen wird die Lösungsvariable separiert.

Beispiel:

$\quad 50x + 40 = -10x$

$\Leftrightarrow \quad 60x = -40$

$\Leftrightarrow \quad x = -\dfrac{2}{3} \qquad \mathbb{L} = \left\{-\dfrac{2}{3}\right\}$

Bruchgleichungen

Der Definitionsbereich entspricht der Grundmenge abzüglich der Werte, bei denen der Nenner Null wird.

Beispiel:

$$\frac{5}{x-3} = \frac{2}{x-1} \qquad D = \mathbb{R}\backslash\{1;3\}$$

$$\Leftrightarrow 5\cdot(x-1) = 2\cdot(x-3)$$

$$\Leftrightarrow x = -\frac{1}{3} \qquad \mathbb{L} = \left\{-\frac{1}{3}\right\}$$

Bruchungleichungen mit einer Variablen

Für die Umformung von Bruchungleichungen muss eine Fallunterscheidung vorgenommen werden, die der Definitionsbereich vorgibt. Definitionslücken können entsprechend in Fälle scheiden, die seperat zu untersuchen sind.

Beispiel: $\quad \dfrac{x-2}{x+3} < 2$

Schritt 1: Definitionsbereich bestimmen

$$D_f = \mathbb{R} \setminus \{-3\}$$

Schritt 2: Fallunterscheidung, determiniert durch den Definitionsbereich:

Fall 1 Nenner positiv $x > -3$

Fall 2 Nenner negativ $x < -3$

4.2 Lineare Gleichungen

Schritt 3: Ungleichungen separat lösen

Fall 1: $x > -3$

$\dfrac{x-2}{x+3} < 2 \qquad |\cdot(x+3)$

$x-2 < 2\cdot(x+3)$

$x-2 < 2x+6 \qquad |-x;\ -6$

$-8 < x$

Fall 2: $x < -3$

$\dfrac{x-2}{x+3} < 2 \qquad |\cdot(x+3)$

$x-2 > 2\cdot(x+3)$ | Umkehrung des Ungleichheitszeichens, da Multiplikation mit einer negativen Zahl

$x-2 > 2x+6 \qquad |-x;\ -6$

$-8 > x$

Schritt 4: Schnittmengen bestimmen

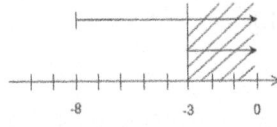 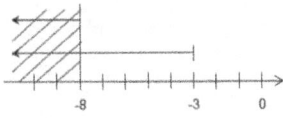

Schnittmenge: $x > -3$ Schnittmenge: $x < -8$

5. Schritt: Vereinigungsmenge/Lösungsmenge bestimmen

$$x > -3 \quad \cup \quad x < -8$$

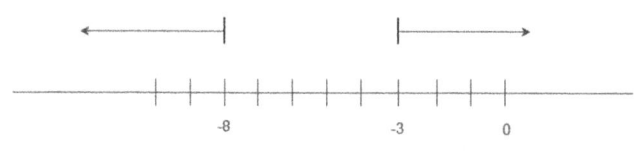

$$\mathbb{L} = \{x \mid x < -8 \cup x > -3\}$$

4.2.2 Lineare Ungleichungen mit einer Variablen

Bei der Multiplikation sowie Division mit einer negativen Zahl kehrt sich das Relationszeichen um.

Beispiel:
$$-3x - 10 < 2 \cdot (x + 20)$$

$$\Leftrightarrow \quad -3x - 10 < 2x + 40 \quad | -2x; +10$$

$$\Leftrightarrow \quad -5x < 50 \quad | \div (-5)$$

$$\Leftrightarrow \quad x > -10 \quad | \text{ Umkehrung des Relationszeichens}$$

$$\Leftrightarrow \quad \mathbb{L} = \{x \mid x > -10\} = \,]-10; \infty[$$

4.2.3 Lineare Gleichungen mit mehreren Variablen

Eine eindeutige Bestimmung von n Variablen ist nur dann möglich, wenn auch n voneinander unabhängige Gleichungen vorliegen (eindeutig bestimmbares Gleichungssystem). Liegen nur r unabhängige Gleichungen mit n Variablen vor ($r < n$), so existieren ($n - r$) Variablen als freie Parameter und damit eine unendliche Menge vieler Zahlentupel als Lösungen.

4.2 Lineare Gleichungen

Beispiele:

(1) $\qquad 3x+8y = 100 \qquad x,y \in \mathbb{R}$

$\Leftrightarrow \quad x = \dfrac{100-8y}{3}$ bzw. $y = \dfrac{100-3x}{8}$

Eine eindeutige Lösung ist nicht möglich.

(2) $\quad (a) \qquad 3x+8y \;=\; 100$

$\quad (b) \qquad\quad x+2y \;=\; 50 \qquad\quad |\;-2y$

$\Leftrightarrow \qquad\qquad\quad x \;=\; 50-2y \qquad |\;(b)$ aufgelöst nach x

(b) in (a) $\quad 3\cdot\underbrace{(50-2y)}_{x}+8y \;=\; 100$

$\Leftrightarrow \qquad\qquad\quad y \;=\; -25$

y in (b) $\qquad\qquad x \;=\; 50-2\cdot\underbrace{(-25)}_{y}$

$\Leftrightarrow \qquad\qquad\quad x \;=\; 100$

Es ergibt sich eine eindeutige Lösung:

$$\mathbb{L} = \{(x,y) \mid x = 100;\, y = -25\}$$

4.2.4 Lineare Gleichungssysteme

Ein **lineares Gleichungssystem** besteht aus mehreren linearen Gleichungen. Seine Lösungsmenge ist die Menge aller (geordneten) Wertetupel, für die alle Gleichungen zu wahren Aussagen werden.

Äquivalenzumformungen linearer Gleichungssysteme

(1) Multiplikation einer Gleichung mit einer reellen Zahl,

(2) Addition des Vielfachen einer Gleichung zu einer anderen Gleichung (Linearkombination),

(3) Vertauschen von Gleichungen.

Lösen linearer Gleichungssysteme

(a) Einsetzungsverfahren

Eine Gleichung wird nach einer Variablen aufgelöst. Dieser Term wird in eine andere Gleichung an der Stelle der entsprechenden Variablen eingesetzt.

Beispiel:

$(a) \quad x + 2y = 15$

$(b) \quad 2x - 2y = 24 \qquad | +2y; \div 2$

$\Leftrightarrow \quad x = 12 + y \qquad | (b)$ nach x aufgelöst

(b) in $(a) \quad \underbrace{12 + y}_{x} + 2y = 15 \qquad | -12$

$\Leftrightarrow \quad 3y = 3 \qquad | \div 3$

$\Leftrightarrow \quad y = 1$

4.2 Lineare Gleichungen

den y-Wert in (b) eingesetzt, ergibt den x-Wert:

y in (b) $\quad x \quad = 12 + \underbrace{1}_{y}$

$\Leftrightarrow \quad x \quad = 13$

$\mathbb{L} = \{(x,y) \mid x = 13; y = 1\}$

(b) Gleichsetzungsverfahren

Zwei Gleichungen werden nach der gleichen Variablen aufgelöst und die Terme der rechten Seiten werden gleichgesetzt.

<u>Beispiel:</u>

$(a) \quad y \quad = -3x + 900$

$(b) \quad y \quad = x + 200$

(a) und (b) gleichsetzen:

$(a) = (b) \quad x + 200 \quad = -3x + 900 \qquad | +3x; -200$

$\Leftrightarrow \quad 4x \quad = 700 \qquad | \div 4$

$\Leftrightarrow \quad x \quad = 175$

den x-Wert in (a) oder (b) eingesetzt, ergibt den y-Wert:

x in $(b) \quad y \quad = \underbrace{175}_{x} + 200 \quad \Leftrightarrow y = 375$

bzw. x in $(a) \quad y \quad = -3 \cdot \underbrace{175}_{x} + 900 \quad \Leftrightarrow y = 375$

$\mathbb{L} = \{(x,y) \mid x = 175; y = 375\}$

(c) Additionsverfahren

Zwei Gleichungen werden mit geeigneten reellen Zahlen so multipliziert oder dividiert, dass eine Variable durch Addition oder Subtraktion der beiden Gleichungen wegfällt.

Beispiel:

$(a) \quad 3x + 2y = 15$
$(b) \quad x - y = 12 \quad | \cdot (-3)$

$(a) \quad 3x + 2y = 15$
$(b) \quad -3x + 3y = -36$

$(a)+(b) \quad 0x + 5y = -21 \quad | \div 5$
$ \quad y = 4,2$

den y-Wert in (a) oder (b) eingesetzt, ergibt den x-Wert:

y in (a) $\quad x = \dfrac{15 - 2 \cdot (-4,2)}{3} = 7,8$

y in (b) $\quad x = 12 + (-4,2) = 7,8$

$$\mathbb{L} = \{(x,y) \mid x = 7,8;\, y = -4,2\}$$

4.2.5 Lineare Ungleichungen mit mehreren Variablen

Die Lösungsmenge entspricht dem Durchschnitt (der Schnittmenge) der Lösungsmengen der einzelnen Ungleichungen.

Beispiel:
$$x + 2y - 4 < 0 \quad \wedge \quad y \geq -1,5 \quad x, y \in \mathbb{R}$$
$$\Leftrightarrow \quad y < 2 - \frac{1}{2}x \quad \wedge \quad y \geq -1,5$$

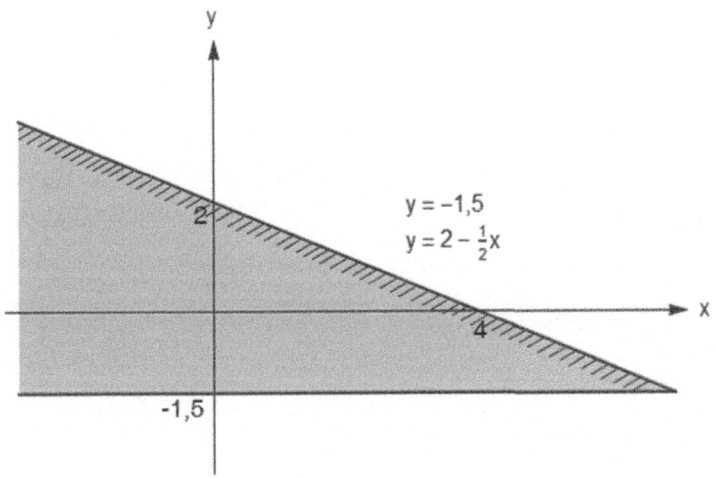

Die Lösungsmenge umfasst hier alle Punkte des kartesischen Koordinatensystems begrenzt durch die Geraden $y = 2 - 0,5x \wedge y = -1,5$.

Ist die (Begrenzungs-)Gerade selbst ausgeschlossen (Relationszeichen $<, >, \neq$), so ist sie gestrichelt zu zeichnen (wie im oberen Beispiel).

4.3 Nicht lineare Gleichungen

4.3.1 Quadratische Gleichungen mit einer Variablen

$a-b-c-$**Formel**

Allgemeine Form: $a^2+bx+c=0 \qquad a,b,c \in \mathbb{R} \qquad a,b \neq 0$

$$x_{1,2} = \frac{-b \pm \sqrt{b^2-4ac}}{2a} \quad = \quad x_{1,2} = \frac{-\frac{b}{2} \pm \sqrt{\left(\frac{b}{2}\right)^2 - 2ac}}{a}$$

$p/q-$**Formel**

Normalform: $x^2+px+q=0$ (rechte Seite gleich 0

absolutes Glied von x^2 gleich 1)

$$x_{1,2} = -\frac{p}{2} \pm \sqrt{\left(\frac{p}{2}\right)^2 - q} \qquad (p/q-\text{Formel})$$

$\mathbb{L} = \{x_1; x_2\}$

Ist der Radikand negativ, so gilt: $\mathbb{L} = \{\ \}$

Beispiel:

$\qquad 2x^2 - 8x = -6 \qquad$ (Ausgangsgleichung)

$\Rightarrow x^2 \underbrace{-4}_{p} x \underbrace{+3}_{q} = 0 \qquad$ (Normalform)

$\Rightarrow p = -4; \quad q = 3$

$$x_{1,2} = -\frac{-4}{2} \pm \sqrt{\left(\frac{-4}{2}\right)^2 - 3}$$

4.3 Nicht lineare Gleichungen

$x_{1,2} = 2 \pm \sqrt{4-3}$

$\Rightarrow x_1 = 2+1 = 3$

$x_2 = 2-1 = 1 \qquad \mathbb{L} = \{3; -1\}$

Quadratische Ergänzung

Normalform: $\quad x^2 + px + q = 0 \quad$ (rechte Seite gleich 0
absolutes Glied von x^2 gleich 1)

$$x^2 + px = -q$$

Man ergänzt beide Seiten "quadratisch", d. h. um einen Summanden, der sich hier aus der 1. Binomischen Formel ergibt:

$$(a+b)^2 = a^2 + 2ab + b^2$$

Man ergänzt um b^2, wobei man b aus dem zweiten Summanden erhält:

$\quad px \stackrel{\wedge}{=} 2ab$

$\Rightarrow \quad x \stackrel{\wedge}{=} a \wedge p \stackrel{\wedge}{=} 2b \qquad \underbrace{x^2}_{a^2} + \underbrace{px}_{2ab} + \underbrace{\left(\frac{p}{2}\right)^2}_{b^2} = -q + \left(\frac{p}{2}\right)^2$

$\Leftrightarrow \quad b = \dfrac{p}{2}$

Ergänzungsterm

$\Leftrightarrow \quad \left(x + \dfrac{p}{2}\right)^2 = -q + \left(\dfrac{p}{2}\right)^2 \qquad$ (1. Binomische Formel)

$\Rightarrow \quad x_{1,2} + \dfrac{p}{2} = \pm\sqrt{\left(\dfrac{p}{2}\right)^2 - q}$

$\Leftrightarrow \quad x_{1,2} = -\dfrac{p}{2} \pm \sqrt{\left(\dfrac{p}{2}\right)^2 - q}$ (entspricht der p/q–Formel)

Beispiel:

$\Leftrightarrow \quad 5x^2 - \dfrac{15}{2}x = 10$ (Ausgangsgleichung)

$\Leftrightarrow \quad x^2 - \dfrac{3}{2}x - 2 = 0$ (Normalform)

$\Leftrightarrow \quad x^2 - \underbrace{\dfrac{3}{2}x}_{2ab} = 2$

$\left(\dfrac{\left(\dfrac{3}{2}\right)}{2}\right)^2 = \left(\dfrac{3}{4}\right)^2$ (Ergänzungsterm)

$\Rightarrow \quad x^2 - \dfrac{3}{2}x + \left(\dfrac{3}{4}\right)^2 = 2 + \left(\dfrac{3}{4}\right)^2$

$\Leftrightarrow \quad \left(x - \dfrac{3}{4}\right)^2 = 2 + \left(\dfrac{3}{4}\right)^2$ (2. Binomische Formel)

$\Leftrightarrow \quad x_{1,2} - \dfrac{3}{4} = \pm\sqrt{\left(\dfrac{3}{2}\right)^2 + 2}$

$\Rightarrow \quad x_{1,2} = \dfrac{3}{4} \pm \sqrt{\left(\dfrac{3}{2}\right)^2 + 2}$ (entspricht der p/q–Formel)

$$= \frac{3}{4} \pm \sqrt{2{,}5625}$$

$$\Rightarrow \quad x_1 = \frac{3}{4} + \sqrt{2{,}5625} = 2{,}3508$$

$$x_2 = \frac{3}{4} - \sqrt{2{,}5625} = -0{,}8508$$

$$\mathbb{L} = \{-0{,}8508;\, 2{,}3508\}$$

4.3.2 Kubische Gleichungen mit einer Variablen

Allgemeine Form: $\quad a_3 x^3 + a_2 x^2 + a_1 x + a_0 = 0 \quad\quad a_i \in \mathbb{R}$

Normalform: $\quad x^3 + ax^2 + bx + c = 0 \quad\quad a, b, c \in \mathbb{R}$

Lösen kubischer Gleichungen mit einer Variablen

(1) Das erste x, das zur Lösung der Normalform führt, erhält man durch Ausprobieren. Dieses wird de facto erleichtert, indem man als Divisor einen ganzzahligen Teiler des absoluten Gliedes c wählt.
(2) Polynomdivision
    $\Rightarrow$ quadratische Gleichung
(3) $p/q-$Formel / quadratische Ergänzung

Beispiel: $\quad y = x^3 - 3x^2 - 25x - 21$

(1) $x_1 = -3$, da
$$(-3)^3 - 3 \cdot (-3)^2 - 25 \cdot (-3) - 21 = 0$$

(2) $(x^3 - 3x^2 - 25x - 21) \div (x+3) = \underbrace{x^2 - 6x - 7}_{\text{quadratische Gleichung}}$

$\quad\ -\underline{(x^3 + 3x^2)}$
$\quad\quad\quad\ -6x^2 - 25x$
$\quad\quad\ -\underline{(-6x^2 - 18x)}$
$\quad\quad\quad\quad\quad -7x \quad -21$
$\quad\quad\quad\ -\underline{(-7x \quad -21)}$
$\quad\quad\quad\quad\quad\quad\quad\ 0$

(3) $x_{2/3} = -\left(-\dfrac{6}{2}\right) \pm \sqrt{\left(-\dfrac{6}{2}\right)^2 + 7}$

$x_{2/3} = 3 \pm \sqrt{16}$

$x_2 = 3 + 4 = 7$

$x_3 = 3 - 4 = -1$

$\mathbb{L} = \{-3;\ -1;\ 7\}$

Lösen kubischer Gleichungen ohne absolutes Glied

(1) Ausklammern von x mit der geringsten Potenz
  $\Rightarrow$ erste Lösung: $x = 0$ und quadratische Gleichung
(2) $p/q-$Formel / quadratische Ergänzung

<u>Beispiel:</u> $x^8 + 2x^7 - 8x^6 = 0$

(1) $\quad x^6(x^2+2x-8) = 0$

x^6 ist gleich Null, wenn x Null ist: $\quad \Rightarrow x_1 = 0$

(2) $\quad x^2+2x-8 = 0$

$$x_{2/3} = -\frac{2}{2} \pm \sqrt{\left(\frac{2}{2}\right)^2 + 8}$$

$$x_{2/3} = -1 \pm \sqrt{9}$$

$$x_2 = -1+3 = 2$$

$$x_3 = -1-3 = -4$$

4.3.3 Biquadratische Gleichungen

Allgemeine Form: $\quad a_4 x^4 + a_2 x^2 + a_0 = 0 \quad\quad a_i \in \mathbb{R}$

Normalform: $\quad x^4 + ax^2 + c = 0 \quad\quad a,c \in \mathbb{R}$

Lösen biquadratischer Gleichungen ohne absolutes Glied

(1) Substitution $\quad z = x^2$
$\quad\quad z^2 + cz + d = 0 \quad$ (quadratische Gleichung)
(2) p/q-Formel / quadratische Ergänzung
(3) Auflösen nach z
(4) Resubstitution ($z \to x$)
(5) Auflösen nach x

Beispiel: $x^4 - x^2 - 6 = 0$ setze $x^2 = z$

(1) $z^2 - z - 6 = 0$

(2) $z_{1/2} = \dfrac{1}{2} \pm \sqrt{\left(-\dfrac{1}{2}\right)^2 + 6}$ p/q–Formel

$z_{1/2} = 0,5 \pm \sqrt{6,25}$

$z_1 = 0,5 + 2,5 = 3$

$z_2 = 0,5 - 2,5 = -2$ setze $z = x^2$

(3) $x^2 = -2 \;\vee\; x^2 = 3 \;\Leftrightarrow\; x = \sqrt{-2} \;\vee\; x = -\sqrt{-2} \;\vee\;$
$x = \sqrt{3} \;\vee\; x = -\sqrt{3},$

d. h. (da $x = -\sqrt{-2}$ nicht definiert ist):

$\mathbb{L}' = \{-\sqrt{3};\; \sqrt{3}\}$

4.3.4 Gleichungen n-ten Grades

Allgemeine Form einer algebraischen Gleichung n-ten Grades:

$a_n x^n + a_{n-1} x^{n-1} + \ldots + a_1 x + a_0 = 0 \qquad a_i \in \mathbb{R},\; a_n \neq 0$

Für allgemeine Gleichungen 5. und höherer Grades sind keine allgemeingültigen Lösungsformeln mehr möglich.

Polynome n-ten Grades:

Eine algebraische Gleichung n-ten Grades wird zu einem Polynom n-ten Grades (= ganzrationalen Funktion n-ten Grades), wenn gilt:

4.3 Nicht lineare Gleichungen

$$a_n x^n + a_{n-1} x^{n-1} + \ldots + a_1 x + a_0 = 0 \qquad a_1 \in \mathbb{R},\ a_n \neq 0,\ n \geq 5$$

4.3.5 Wurzelgleichungen

Die Variable x tritt innerhalb des Radikanden (Term aus dem die Wurzel gezogen wird) auf. Zur Beseitigung von Wurzeln sind nicht äquivalente Umformungen (= Potenzieren) notwendig. Hierdurch entstehen Gleichungen, deren Lösungen nicht unbedingt auch Lösungen der originären Gleichung sein müssen. Probe geboten!

Grundgleichung

$\sqrt[n]{x} = a \quad \Rightarrow \quad x = a^n \qquad a_i \in \mathbb{R}$
$\qquad\qquad\qquad\qquad\qquad\quad x \in \mathbb{R}$, wobei der gesamte Radikand bei geradem n nicht negativ sein darf.
$\qquad\qquad\qquad\qquad\qquad\quad x =$ variabel

$\sqrt{x+b} = a \quad \Rightarrow \quad x = a^2 - b \qquad x \geq -b,\ a \geq 0$

$\sqrt{cx+b} = a \Rightarrow \quad x = \dfrac{(a-b)^2}{c} \qquad \operatorname{sgn} x = \operatorname{sgn} c\,;\ c \neq 0$

Die notwendige Bedingung für den Definitionsbereich ist, dass alle Radikanden ≥ 0.

Beispiele:

(1) $\sqrt{2x-3} - 5 = 0$ $\qquad\qquad\qquad$ $|\ +5$

$\Leftrightarrow\ \sqrt{2x-3} = 5$ $\qquad\qquad\qquad\ \ $ $|\ (\ )^2;\ +3;\ \div 2$

$\Rightarrow\ x = 14$

Probe: $\sqrt{2\cdot 14-3}-5=0$ $\qquad\qquad\mathbb{L}=\{14\}$

(2) $\quad \sqrt{x-1}+\sqrt{x+6}=\sqrt{5x-1}$

$(\sqrt{x-1}+\sqrt{x+6})^2 = (\sqrt{5x-1})^2$

$\underbrace{(x-1)+2\sqrt{x-1}\sqrt{x+6}+(x+6)}_{\text{binomische Formel}} = 5x-1 \quad |-(x-1); -(x+6)$

$2\sqrt{x-1}\sqrt{x+6} = (5x-1)-(x-1)-(x+6) \quad |\div 2$

$\sqrt{x-1}\sqrt{x+6} = \dfrac{3x-6}{2} = 1{,}5x-3 \qquad |\,(\;)^2$

$(x-1)(x+6) = (1{,}5x-3)^2 \qquad\qquad |\text{ binomische Formel}$

$x^2+6x-x-6 = 2{,}25x^2-9x+9 \qquad |-2{,}25x^2; +9x; -9$

$-1{,}25x^2+14x-15 = 0 \qquad\qquad |\div(-1{,}25)$

$x^2-11{,}2x+12 = 0$

$x_{\frac{1}{2}} = \dfrac{11{,}2}{2} \pm \sqrt{\left(-\dfrac{11{,}2}{2}\right)^2 - 12} \qquad |\,p/q\text{-Formel}$

$x_{\frac{1}{2}} = 5{,}6 \pm \sqrt{19{,}36}$

$x_1 = 10; \; x_2 = 1{,}2$

Probe: $\sqrt{10-1}+\sqrt{10+6}-\sqrt{5\cdot 10-1}=0$

$\qquad\sqrt{1{,}2-1}+\sqrt{1{,}2+6}-\sqrt{5\cdot 1{,}2-1} \approx 0{,}894 \neq 0 \quad \mathbb{L}=\{10\}$

4.4 Transzendente Gleichungen

Jede nicht algebraische Gleichung heißt transzendent.

4.4.1 Exponentialgleichungen

Die Variable tritt im Exponenten auf.

Grundgleichung $\qquad a^x = b \qquad a, b \in \mathbb{R}^+; a \neq 1$

$$x \in \mathbb{R}$$

$$x = \text{Variable}$$

(1) Lösung: $\quad \log a^x = \log b$

$\Leftrightarrow \quad x \cdot \log a = \log b$

$\Leftrightarrow \quad x = \dfrac{\log b}{\log a} = \dfrac{\lg b}{\lg a} = \dfrac{\ln b}{\ln a} \qquad$ Die Wahl der Basis spielt keine Rolle.

(2) Sind die Basen gleich, so gilt:

$a^x = a^c \quad \Rightarrow \quad x = c$

Beispiele:

(1) $\quad 5^{x+1} = 18$

$\Leftrightarrow \quad \lg(5^{x+1}) = \lg 18$

$\Leftrightarrow \quad (x+1) \cdot \lg 5 = \lg 18$

$\Leftrightarrow \quad (x+1) = \dfrac{\lg 18}{\lg 5}$

$\Leftrightarrow \quad x = \dfrac{\lg 18}{\lg 5} - 1 \approx 0{,}7959 \qquad$ Die Wahl der Basis spielt keine Rolle.

$\mathbb{L} = \{0,7959\}$

(2) $\quad \sqrt[3]{a^{x-1}} = \sqrt{a^{x+3}}$

$\Leftrightarrow \quad a^{\frac{x-1}{3}} = a^{\frac{x+3}{2}}$

$\Leftrightarrow \quad \dfrac{x-1}{3} = \dfrac{x+3}{2}$

$\Leftrightarrow \quad 2(x-1) = 3(x+3)$

$\Leftrightarrow \quad 2x - 2 = 3x + 9$

$\Leftrightarrow \quad x = -11$

$\mathbb{L} = \{-11\}$

4.4 Transzendente Gleichungen

4.4.2 Logarithmische Gleichungen

Das Argument tritt in logarithmischer Form auf.

<u>Grundgleichung</u> $\log_a x = b \quad a,x \in \mathbb{R}^+$
$x =$ variabel (Argument)

Lösung: $x = a^b$

Die Lösung ist **nicht** äquivalent bezüglich des (originären) Definitionsbereichs.

Ist die Basis des Logarithmus gleich, so gilt:

$\log_a x = \log_a c \qquad \Rightarrow x = c$

<u>Beispiele:</u>

(1) $\ln(2x-5) = 25$

<u>Definitionsbereich</u>

$2x - 5 > 0 \quad \Rightarrow \quad D = \left\{ x \mid x > \dfrac{5}{2} \right\}$

$\ln(2x-5) = 25$ | um e erweitern

$\Leftrightarrow \quad e^{\ln(2x-5)} = e^{25}$

$\Leftrightarrow \quad 2x - 5 = e^{25}$

$\Leftrightarrow \quad x = \dfrac{1}{2}(e^{25} + 5) \approx 3{,}6 \cdot 10^{10}$

$\mathbb{L} = \{3{,}6 \cdot 10^{10}\}$

(2) $\lg(x^2+1) = 2\lg(x+2)$ Die Wahl der Basis spielt keine Rolle.

<u>Definitionsbereich</u>

$\quad x^2+1 > 0 \;\Rightarrow\; -\infty < x < \infty$

$\wedge \quad x+2 > 0 \;\Rightarrow\; x > -2$

$\Rightarrow \quad D = \{x \mid -2 < x < \infty\}$

$\quad \ln(x^2+1) = 2\ln(x+2)$

$\Leftrightarrow \quad \ln(x^2+1) = \ln(x+2)^2$ | um e erweitern

$\Leftrightarrow \quad e^{\ln(x^2+1)} = e^{\ln(x+2)^2}$

$\Leftrightarrow \quad x^2+1 = (x+2)^2$

$\Leftrightarrow \quad x^2+1 = x^2+4x+4$

$\Leftrightarrow \quad -3 = 4x$

$\quad \mathbb{L} = \left\{-\dfrac{3}{4}\right\}$

<u>Anmerkung:</u>

Die Umformung einer logarithmischen Gleichung kann dazu führen, dass die Äquivalenz nicht mehr gegeben ist.

<u>Beispiel:</u>

$\qquad\qquad x = x \qquad\qquad$ mit $x \in \mathbb{R}$

$\Rightarrow \quad \ln x = \ln x \qquad$ mit $x \in \mathbb{R}^+$

Der Definitionsbereich hat sich bei der Umformung geändert, so dass keine Äquivalenz gegeben ist.

4.5 Näherungsverfahren

Nachfolgende Iterationsverfahren dienen der Bestimmung einer Nullstelle von nichtlinearen Gleichungen.

Lösungsprinzip:

Die Nullstelle x_0 einer (im relevanten Intervall) stetigen reellen Funktion $f = f(x)$ ergibt sich aus der Lösung der Gleichung $f(x) = 0$.

4.5.1 Regula falsi (Sekantenverfahren)

Voraussetzung:

$f = f(x)$ ist eine (im relevanten Intervall) stetige, reelle Funktion mit einer einzigen Nullstelle x_0

Prinzip:

Die Nullstelle X_0 liegt zwischen zwei (Start-)Werten X_u und X_o mit $f(x_u) \cdot f(x_o) < 0$

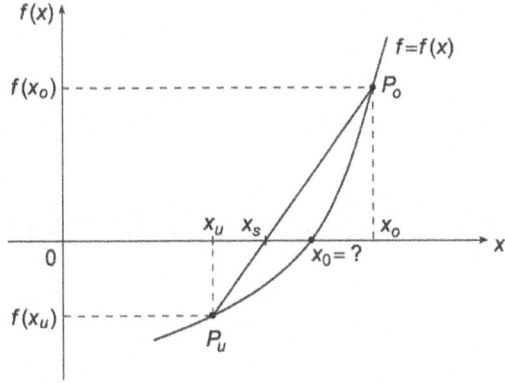

Abb. 4.1: Regula falsi (Sekantenverfahren)

Geometrisch wird die (nicht lineare) Kurve ersetzt durch die Sekante zwischen P_u und P_o (Sekantenverfahren, Abb. 4.1). Die Stelle x_s, d. h. der Schnittpunkt der Sekante mit der Abszisse, berechnet sich wie folgt:

$$x_s = x_u - f(x_u) \cdot \frac{x_o - x_u}{f(x_o) - f(x_u)}$$

Durch das (iterative) Wiederholen rückt die Sekante immer näher an die gesuchte Nullstelle x_0, so dass sich letztendlich x_0 (approximativ) lokalisieren lässt. Das Verfahren der **regula falsi** ist numerisch stabil, d. h. der Fehler nimmt von Iteration zu Iteration ab bzw. bleibt gleich.

Beispiel:

$f(x) = x^3 + 2x - 1$ Nullstelle: $x_0 = ?$

1. Iteration:

Beliebige Wahl von zwei Startwerten mit $f(x_{u1}) \cdot f(x_{o1}) < 0$; d. h. ein Startwert liegt links, einer rechts von der gesuchten Nullstelle x_0:

$x_{u1} = 0$ $f(x_{u1}) = -1$
$x_{o1} = 1$ $f(x_{o1}) = 2$

$$\Rightarrow x_{s1} = 0 + 1 \cdot \frac{1-0}{2+1} = \frac{1}{3} \approx 0,333$$

Iteratives Wiederholen des Sekantenverfahrens führt zur weiteren (sukzessiven) Annäherung an x_0:

2. Iteration:

um den x-Wert von $0,333$, z. B.:

4.5 Näherungsverfahren

$x_{u2} = 0,2 \qquad f(x_{u2}) \approx -0,592$

$x_{o2} = 0,5 \qquad f(x_{o2}) \approx 0,125$

$$\Rightarrow x_{s2} = 0,2 + 0,592 \cdot \frac{0,5 - 0,2}{0,125 + 0,592} \approx 0,4477$$

3. Iteration:

um den x-Wert von $0,4477$, z. B.:

$x_{u3} = 0,43 \qquad f(x_{u3}) \approx -0,0605$

$x_{o3} = 0,46 \qquad f(x_{o3}) \approx 0,0173$

$$\Rightarrow x_{s3} = 0,43 + 0,0605 \cdot \frac{0,46 - 0,43}{0,0173 + 0,0605} \approx 0,4533$$

Die gesuchte Nullstelle x_0 wird nach jeder Iteration genauer eingegrenzt. Hier liegt sie etwa bei: $x_0 \approx 0,4534$; $f(x_0) \approx 0,0000061453$.

4.5.2 Newtonsches Verfahren (Tangentenverfahren)

Voraussetzung:

Die Funktion $f = f(x)$ sei im Intervall $[x_1; x_2]$ zweimal differenzierbar und besitzt innerhalb dieses Intervalls eine Nullstelle x_0 mit $f'(x_0) \neq 0$, dann gibt es eine Umgebung U um x_0, so dass das *Newton-Verfahren* anwendbar ist und für jeden Startwert $x_i \in U$ gegen x_0 konvergiert.

Das Verfahren versagt, wenn die Kurve von $f = f(x)$ an der jeweiligen Näherungsstelle (nahezu) parallel zur x-Achse verläuft.

Iterationsvorschrift $\quad x_{i+1} = x_i - \dfrac{f(x_i)}{f'(x_i)}$

$f'(x_0) \neq 0$ notwendige Bedingung,
$|f(x) \cdot f''(x)| < (f'(x))^2$ hinreichende Bedingung.

Geometrisch wird die (nichtlineare) Kurve der Funktion $f = f(x)$ ersetzt durch ihre Tangente im jeweiligen Punkt P_i (Tangentenverfahren, Abb. 4.2). Dabei kann der Startwert x_1 und damit auch P_1 beliebig gewählt werden innerhalb des Intervalls $[x_1; x_2]$.

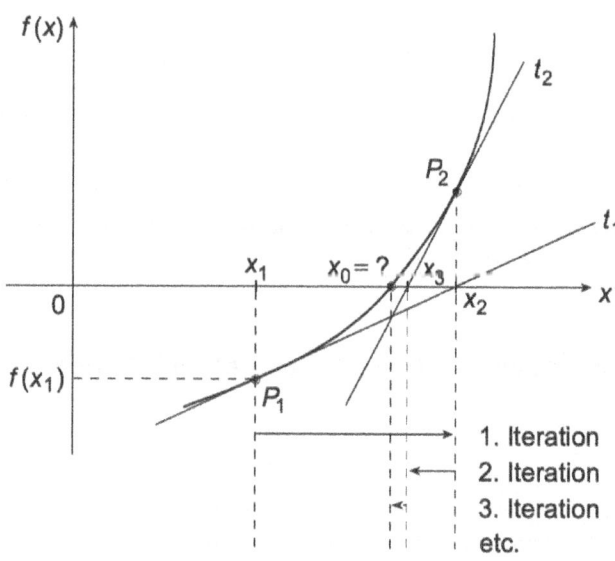

Abb. 4.2: Newtonsches Verfahren (Tangentenverfahren)

4.5 Näherungsverfahren

Der jeweilige x_{i+1}-Wert bestimmt sich durch die (o. g.) jeweilige Tangente von f im Punkt P_i mit dem Schnittpunkt der Abszisse. x_{i+1} bildet dann den Startwert der nachfolgenden Iteration.

Durch das (iterative) Wiederholen rückt die Tangente immer näher an die gesuchte Nullstelle x_0, so dass sich letztendlich x_0 (approximativ) lokalisieren lässt. Das *Newtonsche Verfahren* ist numerisch stabil.

Konvergenzordnung $\rho = 2$

Beispiel:

$f(x) = x^3 + 2x - 1$

Nullstelle $x_0 = ?$

$f'(x) = 3x^2 + 2 \qquad f''(x_1) = 6x$

1. Iteration:

Beliebige Wahl eines Startwertes:

$\qquad x_1 = 1$

$\Rightarrow \qquad f(x_1) = 2; \quad f'(x_1) = 5; \quad f''(x_1) = 6x$

hinreichende Bedingung:

$$|f(x_1) \cdot f''(x)| < (f'(x_1))^2$$

$= \qquad |2 \cdot 6| < 25 \qquad\qquad$ Relation ist erfüllt

$\Rightarrow \qquad x_2 = x_1 - \dfrac{f(x_1)}{f'(x_1)} = 1 - \dfrac{2}{5} = \dfrac{3}{5}$

Iteratives Wiederholen führt zur weiteren (sukzessiven) Annäherung an x_0:

2. Iteration:

$$x_2 = \frac{3}{5}$$

$\Rightarrow \quad f(x_2) = 0,416; \quad f'(x_2) = 3,08; \quad f''(x_2) = 3,6$

hinreichende Bedingung:

$$|f(x_2) \cdot f''(x_2)| < (f'(x_2))^2$$

$= \quad |0,416 \cdot 3,6| < 9,4864 \qquad \text{Relation ist erfüllt}$

$\Rightarrow \quad x_3 = x_2 - \dfrac{f(x_2)}{f'(x_2)} = \dfrac{3}{5} - 0,135 = 0,469$

etc.

Die gesuchte Nullstelle x_0 wird nach jeder Iteration genauer eingegrenzt. Hier liegt sie etwa bei: $x_0 \approx 0,4534; f(x_0) \approx 0,0000061453$.

4.5.3 Allgemeines Näherungsverfahren (Fixpunktiteration)

Voraussetzung:

$f = f(x)$ ist eine (im relevanten Intervall) reelle, stetige Funktion mit einer einzigen Nullstelle x_0. Das allgemeine Näherungsverfahren (Fixpunktiteration) wird in Abb. 4.3 graphisch dargestellt.

Prinzip:

$f(x) = 0$ wird umgeformt zu $x = g(x)$ (*Fixpunktgleichung*), wobei $g(x)$ eine (im relevanten Intervall) reelle, stetige und differenzierbare Funktion ist.

4.5 Näherungsverfahren

Iterationsvorschrift

$$x_{i+1} = g(x_i) \quad \text{mit} \quad |g'(x)| < 1$$

Gilt $0 \leq g'(x) < 1$, so verläuft die Konvergenz monoton, d. h. man nähert sich der gesuchten Nullstelle x_0 permanent von derselben Seite.

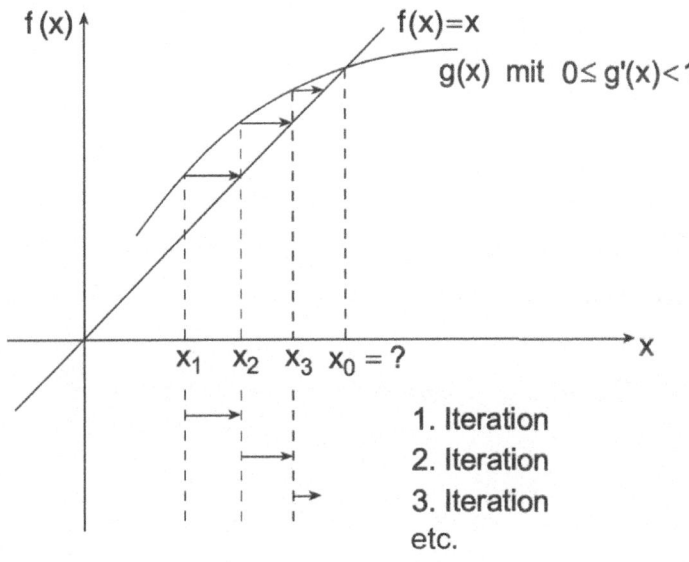

Abb. 4.3: Allgemeines Näherungsverfahren (Fixpunktiteration)

Gilt $-1 < g'(x) < 0$, so verläuft die Konvergenz oszillierend, d. h. zwei jeweils aufeinanderfolgende Näherungswerte liegen auf verschiedenen Seiten der gesuchten Nullstelle x_0.

Das Verfahren versagt, wenn $|g'(x)| > 1$ ist, da der Anstiegswinkel der Tangente an die Kurve von g dann in der Umgebung von x_0 nicht zwischen $0°$ bis $45°$ rsp. $135°$ bis $180°$ liegt. Das hat zur Folge, dass sich die („Näherungs"-)Werte sukzessive von x_0 entfernen. Das Verfahren divergiert. In diesem Fall ist $f(x) = 0$ nach einem anderen Term mit x aufzulösen (vgl. Beispiel 2).

Beispiel 1:

$$f(x) = x^3 + 2x - 1$$

Nullstelle $x_0 = ?$

$\Leftrightarrow \quad x = \dfrac{1 - x^3}{2} = g(x)$

$g'(x) = -\dfrac{3x^2}{2}$

1. Iteration:

beliebige Wahl eines Startwertes:

$x_1 = 1$

$g'(x_0) = \dfrac{3 \cdot 1^2}{2} = -\dfrac{3}{2}$

$|g'(x_0)| = \dfrac{3}{2} > 1$

$\Rightarrow$ Voraussetzung verletzt; Vorgabe eines neuen Startwerts erforderlich.

Neue 1. Iteration:

beliebige Wahl eines neuen Startwertes:

$x_1 = 0,5$

4.5 Näherungsverfahren

$$g'(x_0) = \frac{3 \cdot 0,5^2}{2} = -0,375$$

$|g'(x_0)| = 0,375 < 1$ Relation ist erfüllt; monoton konvergent

2. Iteration:

$$x_2 = g(x_1) = \frac{1 - 0,5^3}{2} \approx 0,4375$$

3. Iteration:

$$x_3 = g(x_2) = \frac{1 - 0,4375^3}{2} \approx 0,4581$$

4. Iteration:

$$x_4 = g(x_3) = \frac{1 - 0,4581^3}{2} \approx 0,4519$$

etc.

Anmerkung

Nach der 3. Iteration wird hier bereits eine Genauigkeit in der zweiten Nachkommastelle erreicht.

Beispiel 2:

$$f(x) = x^3 + 2x - 8$$

Nullstelle $x_0 = $?

$$\Leftrightarrow \quad x = \frac{8 - x^3}{2} = g(x)$$

$$g'(x) = -\frac{3x^2}{2}$$

1. Iteration:

beliebige Wahl eines Startwertes:

$$x_1 = 1,5$$
$$g'(x_0) = -\frac{3 \cdot 1,5^2}{2} = -3,375$$

$|g'(x_0)| = 3,375 > 1$ divergent

$\Rightarrow$ Auflösung von $f(x) = 0$ nach dem zweiten Term von x:

$$x^3 = 8 - 2x \quad \Leftrightarrow \quad x = \sqrt[3]{8 - 2x} = h(x)$$

$$h'(x) = -\frac{2}{3\sqrt[3]{(8-2x)^2}}$$

$$h'(x_0) = -\frac{2}{3\sqrt[3]{(8-2 \cdot 1,5)^2}} = 0,228$$

$|h'(x_0)| = 0,228 < 1$ Relation ist erfüllt; monoton konvergent

4.5 Näherungsverfahren

2. Iteration:

$$x_2 = h(x_1) = \sqrt[3]{8-2\cdot 1,5} \approx 1,710$$

3. Iteration:

$$x_3 = h(x_2) = \sqrt[3]{8-2\cdot 1,710} \approx 1,661$$

4. Iteration:

$$x_4 = h(x_3) = \sqrt[3]{8-2\cdot 1,661} \approx 1,673$$

5. Iteration:

$$x_5 = h(x_4) = \sqrt[3]{8-2\cdot 1,673} \approx 1,670$$

etc.

x konvergiert gegen $1,670$ und ist damit Fixpunkt = Nullstelle von

$$f(x) = x^3 + 2x - 1$$

Kapitel 5
Lineare Algebra

Die lineare Algebra findet ihre Anwendung u. a. in der Analyse komplexer betriebs- und volkswirtschaftlicher Systeme.

5.1 Grundbegriffe

5.1.1 Matrix

Unter einer $m \times n$ -Matrix A versteht man ein rechteckiges Zahlenschema aus m Zeilen und n Spalten:

$$A = \begin{pmatrix} a_{11} & a_{12} & \ldots & a_{1j} & \ldots & a_{1n} \\ a_{21} & a_{22} & \ldots & a_{2j} & \ldots & a_{2n} \\ \vdots & \vdots & & \vdots & & \vdots \\ a_{i1} & a_{i2} & \ldots & a_{ij} & \ldots & a_{in} \\ \vdots & \vdots & & \vdots & & \vdots \\ a_{m1} & a_{m2} & \ldots & a_{mj} & \ldots & a_{mn} \end{pmatrix} \Leftarrow i-\text{te Zeile}$$

$$\Uparrow j-\text{te Spalte}$$

i = Zeile
j = Spalte

Die $a_{ij} \in \mathbb{R}$ heißen Elemente der Matrix A.

Der erste Index i $(i = 1, ..., m)$ beschreibt die laufende Nummer der Zeile, der zweite Index j $(j = 1, ..., n)$ die laufende Nummer der Spalte.

Beispiel:

Produktionsverhältnisse in der Bierproduktion pro 100 Liter Bier:

Input \ Output	Kölsch	Pils
Wasser [l]	120	140
Hopfen [kg]	4	6
Malz [kg]	8	3

Produktionsmatrix $A = \begin{pmatrix} 120 & 140 \\ 4 & 6 \\ 8 & 3 \end{pmatrix}$ 3×2 -Matrix

Element:

Die Elemente a_{ij} ($a_{21} = 4$) geben an, wieviele Einheiten von Faktor i ($i = 1,2,3$) zur Produktion einer Einheit des Outputs j ($j = 1,2$) benötigt werden (Produktionskoeffizient).

5.1.2 Gleichheit/Ungleichheit von Matrizen

Zwei Matrizen $A_{m \times n}$ und $B_{m \times n}$ gleicher Ordnung heißen genau dann gleich, wenn sämtliche Elemente von A und B übereinstimmen.

$A = B$ wenn $a_{ij} = b_{ij}$ für alle i, j

$A \lessgtr B$ wenn $a_{ij} \lessgtr b_{ij}$ für alle i, j

$A \lesseqgtr B$ wenn $a_{ij} \lesseqgtr b_{ij}$ für alle i, j

5.1 Grundbegriffe

Beispiel:

$$A = \begin{pmatrix} 5 & 7 \\ 7 & 10 \end{pmatrix} \quad B = \begin{pmatrix} 6 & 7 \\ 9 & 10 \end{pmatrix} \quad C = \begin{pmatrix} 4 & 6 & 0 \\ 8 & 9 & 0 \end{pmatrix} \quad D = \begin{pmatrix} 5 & 7 & 1 \\ 9 & 10 & 8 \end{pmatrix}$$

$\Rightarrow \quad (A \leq B) \quad (B \neq C) \quad (C < D)$
$\quad\quad (A \neq C) \quad (B \neq D)$
$\quad\quad (A \neq D)$

5.1.3 Transponierte Matrix

Werden Zeilen und Spalten einer $m \times n$-Matrix A vertauscht, so erhält man die so genannte transponierte Matrix A' oder A^t zu A mit der Ordnung $n \times m$.

Beispiel:

$$A_{2 \times 3} = \begin{pmatrix} 2 & 4 & 6 \\ 1 & 3 & 5 \end{pmatrix} \quad \Rightarrow \quad A'_{3 \times 2} = \begin{pmatrix} 2 & 1 \\ 4 & 3 \\ 6 & 5 \end{pmatrix}$$

Anmerkung:

Beim zweimaligen Transponieren einer Matrix erhält man wieder die ursprüngliche Matrix. Es gilt: $(A')' = A$.

5.1.4 Vektor

Eine $m \times 1$-Matrix nennt man Spaltenvektor, eine $1 \times n$-Matrix nennt man Zeilenvektor. Die Elemente des Vektors heißen Komponenten.

Zeilenvektor $(1 \times n)$:   Spaltenvektor $(n \times 1)$:

$$x = (x_1\, x_2 \ldots x_n)_{1 \times n} \qquad x' = \begin{pmatrix} x_1 \\ x_2 \\ \vdots \\ x_n \end{pmatrix}_{n \times 1}$$

Geometrisch lässt sich jeder Punkt P eines k-dimensionalen Raumes R^k durch seine k Koordinaten $x_1, x_2, \ldots x_k$ beschreiben, die sich als Vektor zusammenfassen lassen.

Beispiele:

(1) im zweidimensionalen Raum

$$x = \begin{pmatrix} x_1 \\ x_2 \end{pmatrix} = \begin{pmatrix} 4 \\ 3 \end{pmatrix}$$

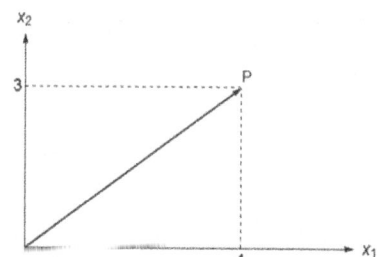

(2) im dreidimensionalen Raum

$$x = \begin{pmatrix} 1 \\ 3 \\ 4 \end{pmatrix}$$

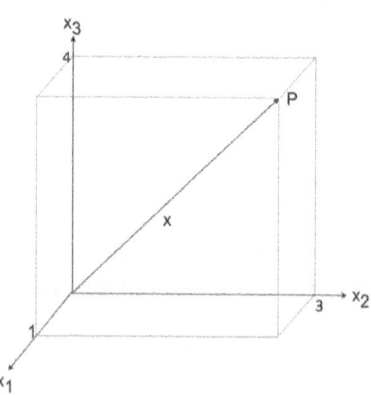

5.1 Grundbegriffe

Anmerkungen:

- Jede Matrix $A_{m \times n}$ besteht aus m Zeilenvektoren und n Spaltenvektoren.

Beispiel: $A = \begin{pmatrix} 1 & 5 & 9 \\ 2 & 7 & 4 \end{pmatrix}$

Zeilenvektoren: (1 5 9); (2 7 4)

Spaltenvektoren: $\begin{pmatrix} 1 \\ 2 \end{pmatrix}$; $\begin{pmatrix} 5 \\ 7 \end{pmatrix}$; $\begin{pmatrix} 9 \\ 4 \end{pmatrix}$

- Jede 1×1-Matrix heißt Skalar. Skalare werden als reelle Zahlen aufgefasst.

Beispiel:

Der Betrag eines Vektors $[4] = 4$.

$$x = \begin{pmatrix} x_1 \\ x_2 \\ \vdots \\ x_n \end{pmatrix} \quad \text{bzw.} \quad x' = (x_1 \quad x_2 \quad \cdots \quad x_n)$$

Der Betrag eines Vektors ist definiert als $\sqrt{x_1^2 + x_2^2 + \cdots + x_n^2}$.

5.1.5 Spezielle Matrizen und Vektoren

(1) Nullmatrix

→ sämtliche Elemente der Matrix = Null

$$0 = \begin{pmatrix} 0 & 0 & 0 & 0 & \cdots & 0 \\ 0 & 0 & 0 & 0 & \cdots & 0 \\ \vdots & \vdots & \vdots & \vdots & & \vdots \\ 0 & 0 & 0 & 0 & \cdots & 0 \end{pmatrix}$$

(2) Nullvektor

→ sämtliche Elemente des Vektors = Null

(3) Quadratische Matrizen

Anzahl der Zeilen $\hat{=}$ Anzahl der Spalten $\Rightarrow A_{n \times n}$

(4) Hauptdiagonale einer Matrix

Die Elemente $a_{11}, a_{22}, \cdots, a_{nn}$ bilden die Hauptdiagonale einer quadratischen Matrix $A_{n \times n}$. Die restlichen Diagonalen nennt man Nebendiagonalen.

(5) Diagonalmatrix

Alle Elemente außerhalb der Hauptdiagonalen sind gleich Null.

$$A_{n \times n} = \begin{pmatrix} a_{11} & 0 & 0 & \cdots & 0 \\ 0 & a_{22} & 0 & \cdots & 0 \\ 0 & 0 & a_{33} & \cdots & 0 \\ \vdots & \vdots & \vdots & \ddots & \vdots \\ 0 & 0 & 0 & \cdots & a_{nn} \end{pmatrix}$$

mit $a_{ij} \neq 0$ für $i = j$

Die Elemente $a_{ij} \neq 0$ bilden die Hauptdiagonale der Matrix $A_{n \times n}$.

5.1 Grundbegriffe

(6) Einheitsmatrix 'E'

Alle Elemente der Hauptdiagonalen sind Eins, alle anderen sind gleich Null.

$$E_{n \times n} = \begin{pmatrix} 1 & 0 & \cdots & 0 \\ 0 & 1 & \cdots & 0 \\ \vdots & \vdots & & \vdots \\ 0 & 0 & \cdots & 1 \end{pmatrix}$$

Einheitsvektoren entsprechen Vektoren, die aus genau einer Eins und sonst aus Nullen bestehen.

Beispiel:

$$e_1 = \begin{pmatrix} 1 \\ 0 \\ 0 \\ \vdots \\ 0 \end{pmatrix} \quad e_2 = \begin{pmatrix} 0 \\ 1 \\ 0 \\ \vdots \\ 0 \end{pmatrix} \quad \cdots \quad e_n = \begin{pmatrix} 0 \\ 0 \\ \vdots \\ 0 \\ 1 \end{pmatrix}$$

(7) Dreiecksmatrix

Alle Elemente (einer quadratischen Matrix $A_{n \times n}$) auf einer Seite der Hauptdiagonalen sind gleich Null.

Beispiele:

$$A_{4 \times 4} = \begin{pmatrix} 1 & 5 & \sqrt{7} & -1 \\ 0 & 0 & 8 & \pi \\ 0 & 0 & 2 & e \\ 0 & 0 & 0 & 3 \end{pmatrix} \quad \hat{=} \quad \text{obere Dreiecksmatrix}$$

$$A_{3\times 3} = \begin{pmatrix} 1 & 0 & 0 \\ 0 & 2 & 0 \\ 1 & 0 & 4 \end{pmatrix} \;\hat{=}\; \text{untere Dreiecksmatrix}$$

(8) Symmetrische Matrix

Die Zeilenelemente oberhalb der Hauptdiagonalen entsprechen den Spaltenelementen unterhalb der Hauptdiagonalen $\Rightarrow A = A'$.

Beispiel:

$$A = \begin{pmatrix} 3 & 5 & 2 \\ 5 & 7 & 6 \\ 2 & 6 & 9 \end{pmatrix} = A'$$

5.2 Operationen mit Matrizen

5.2.1 Addition von Matrizen

Zwei Matrizen gleicher Ordnung werden addiert, indem man die an gleicher Stelle stehenden Elemente miteinander addiert.

$A_{2\times 2} + C_{2\times 3} \quad \Rightarrow \quad$ Addition nicht möglich, da ungleicher Ordnung.

$A_{2\times 2} + B_{2\times 2} \quad \Rightarrow \quad$ Addition hier möglich, da gleicher Ordnung.

$$A_{m\times n} = \begin{pmatrix} a_{11} & a_{12} & \cdots & a_{1n} \\ a_{21} & a_{22} & \cdots & a_{2n} \\ \vdots & \vdots & & \vdots \\ a_{m1} & a_{m2} & \cdots & a_{mn} \end{pmatrix} \qquad B_{m\times n} = \begin{pmatrix} b_{11} & b_{12} & \cdots & b_{1n} \\ b_{21} & b_{22} & \cdots & b_{2n} \\ \vdots & \vdots & & \vdots \\ b_{m1} & b_{m2} & \cdots & b_{mn} \end{pmatrix}$$

5.2 Operationen mit Matrizen

$$A_{m \times n} + B_{m \times n} = \begin{pmatrix} a_{11}+b_{11} & a_{12}+b_{12} & \cdots & a_{1n}+b_{1n} \\ a_{21}+b_{21} & a_{22}+b_{22} & \cdots & a_{2n}+b_{2n} \\ \vdots & \vdots & & \vdots \\ a_{m1}+b_{m1} & a_{m2}+b_{m2} & \cdots & a_{mn}+b_{mn} \end{pmatrix}$$

Beispiele:

$$A = \begin{pmatrix} 2 & 3 & 5 \\ 1 & 4 & 7 \end{pmatrix} \quad B = \begin{pmatrix} -1 & 2 & 0 \\ 0 & -7 & 1 \end{pmatrix}$$

$$A+B = \begin{pmatrix} 1 & 5 & 5 \\ 1 & -3 & 8 \end{pmatrix} \quad A-B = \begin{pmatrix} 3 & 1 & 5 \\ 1 & 11 & 6 \end{pmatrix}$$

Graphische Darstellung der Addition zweier Vektoren im zweidimensionalen Raum R^2:

$$a = \begin{pmatrix} 5 \\ 6 \end{pmatrix}_{2 \times 1} \quad b = \begin{pmatrix} 11 & 2 \end{pmatrix}_{1 \times 2}$$

$$c = a + b' = \begin{pmatrix} 5 \\ 6 \end{pmatrix} + \begin{pmatrix} 11 \\ 2 \end{pmatrix} = \begin{pmatrix} 16 \\ 8 \end{pmatrix}$$

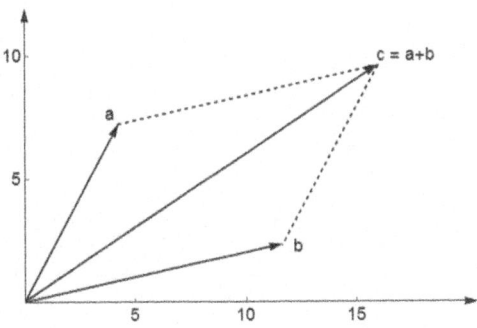

Gesetze der Matrizenaddition

Für Matrizen gleicher Ordnung gelten folgende Gesetze:

(1) $A + B = B + A$ \hfill (Kommutativgesetz)

(2) $A + B + C = (A + B) + C = A + (B + C)$ \hfill (Assoziativgesetz)

(3) $A \pm 0 = A$

(4) wenn $A + B = 0 \Rightarrow B = -A$ mit $A = [a_{ij}]_{m \times n}$

(5) $(A + B)' = A' + B'$

5.2.2 Multiplikation von Matrizen

5.2.2.1 Multiplikation einer Matrix mit einem Skalar

Es seien $\quad k = [k]_{1 \times 1} \quad$ mit $\quad k \in \mathbb{R}$

und $\quad A = [a_{ij}]_{m \times n} \quad$ mit $\quad a_{ij} \in \mathbb{R}; i = 1,...,m; j = 1,...,n$

so gilt:
$$k \cdot A_{m \times n} = k \cdot \begin{pmatrix} a_{11} & \cdots & a_{1n} \\ \vdots & & \vdots \\ a_{m1} & \cdots & a_{mn} \end{pmatrix}_{m \times n} = \begin{pmatrix} k \cdot a_{11} & \cdots & k \cdot a_{1n} \\ \vdots & & \vdots \\ k \cdot a_{m1} & \cdots & k \cdot a_{mn} \end{pmatrix}$$

Beispiele:

(1) $\quad 2 \cdot \begin{pmatrix} 5 \\ 4 \\ 6 \end{pmatrix} = \begin{pmatrix} 10 \\ 8 \\ 12 \end{pmatrix}$

5.2 Operationen mit Matrizen

(2) $\quad 77 \cdot E_{3\times 3} = 77 \cdot \begin{pmatrix} 1 & 0 & 0 \\ 0 & 1 & 0 \\ 0 & 0 & 1 \end{pmatrix} = \begin{pmatrix} 77 & 0 & 0 \\ 0 & 77 & 0 \\ 0 & 0 & 77 \end{pmatrix}$

(3) $\quad \begin{pmatrix} -\frac{9}{11} & \frac{7}{11} & \frac{3}{11} \\ \frac{1}{11} & -\frac{8}{11} & \frac{5}{11} \end{pmatrix} = \frac{1}{11} \cdot \begin{pmatrix} -9 & 7 & 3 \\ 1 & -8 & 5 \end{pmatrix}$

Graphische Darstellung der Multiplizierung eines Vektors a mit einem Skalar $k, (k \in \mathbb{R})$:

$a = \begin{pmatrix} 4 \\ 2 \end{pmatrix}$

$2 \cdot a = \begin{pmatrix} 8 \\ 4 \end{pmatrix} \qquad -0,5 \cdot a = \begin{pmatrix} -2 \\ -1 \end{pmatrix}$

$k > 1 \quad \widehat{=} \quad$ Streckung

$k < 1 \quad \widehat{=} \quad$ Stauchung

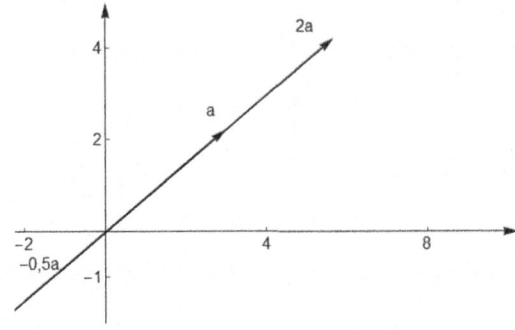

Rechengesetze

$A_{m \times n}$ und $B_{m \times n}$ seien Matrizen gleicher Ordnung und k, t zwei reelle Konstanten (= Skalare), dann gilt:

(1) $\quad k \cdot (t \cdot A) = (k \cdot t) \cdot A$ \hspace{1em} (Assoziativgesetz)

(2) $\quad k \cdot A = A \cdot k$ \hspace{1em} (Kommutativgesetz)

(3a) $\quad k \cdot (A \pm B) = k \cdot A \pm k \cdot B$ \hspace{1em} (Distributivgesetz)

(3b) $\quad (k \pm t) \cdot A = k \cdot A \pm t \cdot A$ \hspace{1em} (Distributivgesetz)

5.2.2.2 Das Skalarprodukt zweier Vektoren

Multipliziert man zwei Vektoren a und b <u>gleicher Ordnung</u> mit

$$a = \begin{pmatrix} a_1 \\ \vdots \\ a_n \end{pmatrix}_{n \times 1} \qquad b = \begin{pmatrix} b_1 \\ \vdots \\ b_n \end{pmatrix}_{n \times 1}$$

dann gilt:

$$a' \cdot b = (a_1 \cdots a_n)_{1 \times n} \cdot \begin{pmatrix} b_1 \\ \vdots \\ b_n \end{pmatrix}_{n \times 1} = (a_1 \cdot b_1 + a_2 \cdot b_2 + \cdots + a_n \cdot b_n)_{1 \times 1}$$

$$= \sum_{i=1}^{n} a_i \cdot b_i \quad \text{mit} \quad i = 1, \ldots, n$$

Das Ergebnis dieser Rechenoperation entspricht einer reellen Zahl (= ein Skalar).

5.2 Operationen mit Matrizen

Anmerkung:

Zeilenvektor · Spaltenvektor = Skalar

$\underbrace{1 \times n \qquad n \times 1} = 1 \times 1$

Beispiele:

(1) $a = \begin{pmatrix} 5 \\ 7 \\ 10 \end{pmatrix}_{3 \times 1} \qquad b = \begin{pmatrix} 2 \\ -1 \\ -2 \end{pmatrix}_{3 \times 1}$

$\Rightarrow a' \cdot b = (5 \quad 7 \quad 10)_{1 \times 3} \cdot \begin{pmatrix} 2 \\ -1 \\ -2 \end{pmatrix}_{3 \times 1} = 5 \cdot 2 + 7 \cdot (-1) + 10 \cdot (-2) = -17_{1 \times 1}$

(2) $a = \begin{pmatrix} 5 \\ 7 \\ 10 \end{pmatrix}_{3 \times 1} \qquad b = \begin{pmatrix} 1 \\ 1 \\ 1 \end{pmatrix}_{3 \times 1}$

$\Rightarrow a' \cdot b = (5 \quad 7 \quad 10)_{1 \times 3} \cdot \begin{pmatrix} 1 \\ 1 \\ 1 \end{pmatrix}_{3 \times 1} = 5 \cdot 1 + 7 \cdot 1 + 10 \cdot 1 = 22_{1 \times 1}$

5.2.2.3 Multiplikation einer Matrix mit einem Spaltenvektor

Eine ($\mathbf{m} \times n$)-Matrix A wird mit einem ($n \times \mathbf{1}$)-Spaltenvektor b multipliziert, indem man jeden Zeilenvektor der Matrix A nacheinander mit dem Spaltenvekor b multipliziert:

$$\begin{pmatrix} a_{11} & a_{12} & \cdots & a_{1n} \\ \vdots & \vdots & & \vdots \\ a_{m1} & a_{m2} & \cdots & a_{mn} \end{pmatrix}_{m \times n} \cdot \begin{pmatrix} b_1 \\ \vdots \\ b_n \end{pmatrix}_{n \times 1} =$$

$$= \begin{pmatrix} a_{11} \cdot b_1 & a_{12} \cdot b_2 & \cdots & a_{1n} \cdot b_n \\ \vdots & \vdots & & \vdots \\ a_{m1} \cdot b_1 & a_{m2} \cdot b_2 & \cdots & a_{mn} \cdot b_n \end{pmatrix}_{m \times 1}$$

Das Ergebnis ist ein ($\mathbf{m} \times \mathbf{1}$)-Spaltenvektor $\hat{=}$ einem linearen Gleichungssystem.

Beispiel:

$$\text{Garne} \begin{array}{c} \nearrow G_1 \\ \searrow G_2 \end{array} \Rightarrow \text{Stoffe} \begin{array}{c} \nearrow S_1 \\ \longrightarrow S_2 \\ \searrow S_3 \end{array}$$

Garne	Stoffe		
	S_1	S_2	S_3
G_1	40	100	60
G_2	80	50	70

$\Biggr\}$ Produktionskoeffizienten

z. B. $40 = 40\,g\;G_1$ pro $1\,m\,S_1$
$50 = 50\,g\;G_2$ pro $1\,m\,S_2$

5.2 Operationen mit Matrizen

Aufgabenstellung:

Wie viel Garne, gemessen in Gramm (g), benötigt man zur Herstellung von 50 Metern (m) S_1, 100 m S_2 und 120 m S_3?

Lösung dieses linearen Gleichungssystems unter Verwendung von Matrizen:

$$A = \begin{pmatrix} 40 & 100 & 60 \\ 80 & 50 & 70 \end{pmatrix}_{2 \times 3} \quad \text{Matrix der Produktionskoeffizienten}$$

$$b = \begin{pmatrix} 50 \\ 100 \\ 120 \end{pmatrix}_{3 \times 1} \quad \text{Matrix der Produktionsmengen}$$

$$A \cdot b = \begin{pmatrix} 40 \cdot 50 + 100 \cdot 100 + 60 \cdot 120 \\ 80 \cdot 50 + 50 \cdot 100 + 70 \cdot 120 \end{pmatrix}_{2 \times 3} = \begin{pmatrix} 19.200 \\ 17.400 \end{pmatrix}_{2 \times 1}$$

Man benötigt **19,2 kg** des Garns G_1 und **17,4 kg** des Garns G_2.

Allgemeine Lösung: $x = \begin{pmatrix} x_1 \\ x_2 \\ x_3 \end{pmatrix} \;\widehat{=}\;$ einem linearen Gleichungssystem:

$$\Rightarrow A \cdot x = \begin{pmatrix} 40 \cdot x_1 + 100 \cdot x_2 + 60 \cdot x_3 \\ 80 \cdot x_1 + 50 \cdot x_2 + 70 \cdot x_3 \end{pmatrix} = \begin{pmatrix} y_1 \\ y_2 \end{pmatrix}$$

mit $y_1 = 40x_1 + 100x_2 + 60x_3$

$y_2 = 80x_1 + 50x_2 + 70x_3$

5.2.2.4 Multiplikation eines Zeilenvektors mit einer Matrix

Ein **(1 × m)**-Zeilenvektor a wird mit einer **(n × m)**-Matrix B multipliziert, indem man nacheinander den Zeilenvektor a mit jedem Spaltenvektor der Matrix B multipliziert:

$$(a_1 \ a_2 \ a_3 \ \ldots \ a_n)_{1 \times n} \cdot \begin{pmatrix} b_{11} & b_{12} & \cdots & b_{1m} \\ b_{21} & b_{22} & \cdots & b_{2m} \\ \vdots & \vdots & & \vdots \\ b_{n1} & b_{n2} & \cdots & b_{nm} \end{pmatrix}_{n \times m} =$$

$$= (a_1 \cdot b_{11} + a_2 \cdot b_{21} + \cdots + a_n \cdot b_{n1} \quad a_1 \cdot b_{12} + a_2 \cdot b_{22} + \cdots + a_n \cdot b_{n2} \quad \cdots$$
$$a_1 \cdot b_{1m} + a_2 \cdot b_{2m} + \cdots + a_n \cdot b_{nm})_{1 \times m}$$

Beispiel:

$$a = (1 \ \ 4 \ \ 2)_{1 \times 3} \qquad B = \begin{pmatrix} 7 & 8 & -2 & 0 \\ 5 & 1 & 0 & 7 \\ 3 & -1 & 5 & -2 \end{pmatrix}_{3 \times 4}$$

$a \cdot B =$

$(1 \cdot 7 + 4 \cdot 5 + 2 \cdot 3 \quad 1 \cdot 8 + 4 \cdot 1 + 2 \cdot (-1) \quad 1 \cdot (-2) + 4 \cdot 0 + 2 \cdot 5 \quad 1 \cdot 0 + 4 \cdot 7 + 2 \cdot (-2))_{1 \times 4} =$

$= (33 \ \ 10 \ \ 8 \ \ 24)_{1 \times 4}$

5.2.2.5 Multiplikation von zwei Matrizen

Das Produkt zwischen einer (**m** × p) -Matrix A mit einer (p × **n**) -Matrix B ergibt die ($m \times n$)-Matrix C, deren Elemente c_{ij} sich jeweils aus dem skalaren Produkt des i-ten Zeilenvektors von A mit dem j-ten Spaltenvektor von B ergeben:

$$\underbrace{\begin{pmatrix} a_{11} & a_{12} & \ldots & a_{1p} \\ a_{21} & a_{22} & \ldots & a_{2p} \\ \vdots & \vdots & & \vdots \\ a_{m1} & a_{m2} & \ldots & a_{mp} \end{pmatrix}}_{m \times p} \cdot \underbrace{\begin{pmatrix} b_{11} & b_{12} & \ldots & b_{1n} \\ b_{21} & b_{22} & \ldots & b_{2n} \\ \vdots & \vdots & & \vdots \\ b_{p1} & b_{p2} & \ldots & b_{pn} \end{pmatrix}}_{p \times n} =$$

$$ A B$$

$$c_{11} = a_{11} \cdot b_{11} + a_{12} \cdot b_{21} + \cdots + a_{1p} \cdot b_{p1} = \sum_{i=1}^{p} a_{1i} \cdot b_{i1}$$

$$c_{22} = a_{21} \cdot b_{12} + a_{22} \cdot b_{22} + \cdots + a_{2p} \cdot b_{p2} = \sum_{i=1}^{p} a_{2i} \cdot b_{i2}$$

$$= \underbrace{\begin{pmatrix} \sum_{i=1}^{p} a_{1i} \cdot b_{i1} & \sum_{i=1}^{p} a_{1i} \cdot b_{i2} & \cdots & \sum_{i=1}^{p} a_{1i} \cdot b_{in} \\ \vdots & \vdots & & \vdots \\ \sum_{i=1}^{p} a_{mi} \cdot b_{i1} & \sum_{i=1}^{p} a_{mi} \cdot b_{i2} & \cdots & \sum_{i=1}^{p} a_{mi} \cdot b_{in} \end{pmatrix}}_{n \times m}$$

Anmerkung:

Voraussetzung der Multiplikation von Matrizen ist, dass die Anzahl der Spalten(-vektoren) der Matrix A (= 1. Faktor) mit der Anzahl der Zeilen(vektoren) von B (= 2. Faktor) übereinstimmen.

Beispiel:

$$A = \begin{pmatrix} 1 & 2 \\ 3 & 4 \\ 5 & 6 \end{pmatrix}_{3 \times 2} \quad B = \begin{pmatrix} 1 & -2 & 5 & -7 \\ -3 & 4 & -6 & 8 \end{pmatrix}_{2 \times 4}$$

$$A \cdot B = \begin{pmatrix} 1 \cdot 1 + 2 \cdot (-3) & 1 \cdot (-2) + 2 \cdot 4 & 1 \cdot 5 + 2 \cdot (-6) & 1 \cdot (-7) + 2 \cdot 8 \\ 3 \cdot 1 + 4 \cdot (-3) & 3 \cdot (-2) + 4 \cdot 4 & 3 \cdot 5 + 4 \cdot (-6) & 3 \cdot (-7) + 4 \cdot 8 \\ 5 \cdot 1 + 6 \cdot (-3) & 5 \cdot (-2) + 6 \cdot 4 & 5 \cdot 5 + 6 \cdot (-6) & 5 \cdot (-7) + 6 \cdot 8 \end{pmatrix}_{3 \times 4} =$$

$$= \begin{pmatrix} -5 & 6 & -7 & 9 \\ -9 & 10 & -9 & 11 \\ -13 & 14 & -11 & 13 \end{pmatrix}_{3 \times 4}$$

Rechenregeln für die Matrizenmultiplikation

(1) $(A \cdot B) \cdot C = A \cdot (B \cdot C) = A \cdot B \cdot C$ Assoziativgesetz

$k \cdot (A \cdot B) = (k \cdot A) \cdot B$ k = Skalar, mit $k \in \mathbb{R}$

(2) $A \cdot (B + C) = A \cdot B + A \cdot C$ Distributivgesetz

$(A + B) \cdot C = A \cdot C + B \cdot C$

(3) $A \cdot E = E \cdot A = A$ E = Einheitsmatrix

(4) $A \cdot 0 = A \cdot 0 = 0$ 0 = Nullmatrix

5.2 Operationen mit Matrizen 105

(5) $(A \cdot B)' = (B' \cdot A')' \neq A' \cdot B'$

Beispiel:

$$A = \begin{pmatrix} 2 & 5 \\ 3 & 4 \end{pmatrix} \quad B = \begin{pmatrix} 1 & 2 \\ 3 & 4 \end{pmatrix} \Rightarrow A' = \begin{pmatrix} 2 & 3 \\ 5 & 4 \end{pmatrix} \quad B' = \begin{pmatrix} 1 & 3 \\ 2 & 4 \end{pmatrix}$$

$$A \cdot B = \begin{pmatrix} 2 \cdot 1 + 5 \cdot 3 & 2 \cdot 2 + 5 \cdot 4 \\ 3 \cdot 1 + 4 \cdot 3 & 3 \cdot 2 + 4 \cdot 4 \end{pmatrix} = \begin{pmatrix} 17 & 24 \\ 15 & 22 \end{pmatrix}$$

$$A' \cdot B' = \begin{pmatrix} 2 \cdot 1 + 3 \cdot 2 & 2 \cdot 3 + 3 \cdot 4 \\ 5 \cdot 1 + 4 \cdot 2 & 5 \cdot 3 + 4 \cdot 4 \end{pmatrix} = \begin{pmatrix} 8 & 18 \\ 13 & 31 \end{pmatrix}$$

$$(B' \cdot A')' = \begin{pmatrix} 1 \cdot 2 + 3 \cdot 5 & 1 \cdot 3 + 3 \cdot 4 \\ 2 \cdot 2 + 4 \cdot 5 & 2 \cdot 3 + 4 \cdot 4 \end{pmatrix}' =$$

$$= \begin{pmatrix} 17 & 15 \\ 24 & 22 \end{pmatrix}' = \begin{pmatrix} 17 & 24 \\ 15 & 22 \end{pmatrix}$$

(6) $A \cdot B \neq B \cdot A$

(7) Zeilenvektor$_{1 \times n}$ · Spaltenvektor$_{n \times 1}$ = Skalar$_{1 \times 1}$
(sog. skalares Produkt)

(8) Spaltenvektor$_{n \times 1}$ · Zeilenvektor$_{1 \times n}$ = Matrix$_{n \times n}$

(9) $A_{m \times p} \cdot B_{p \times n} = C_{m \times n}$ ist nur sinnvoll, wenn die Anzahl der Spalten der 1. Matrix mit der Anzahl der Zeilen der 2. Matrix übereinstimmen.

(10) Matrix$_{m \times n}$ · Spaltenvektor$_{n \times 1}$ = Spaltenvektor$_{m \times 1}$

(11) Matrix · Skalar = Matrix, deren Elemente dem skalarfachen der Elemente der originären Matrix entsprechen.

Beispiel:

$$\begin{pmatrix} 1 & 3 \\ 2 & 5 \end{pmatrix} \cdot [2] = \begin{pmatrix} 2 & 6 \\ 4 & 10 \end{pmatrix}$$

(12) Für Matrizenpotenzen gilt:

$$A^n = \underbrace{A \cdot A \cdot \ldots \cdot A}_{n\text{-mal}}$$

$$A^n \cdot A^m = A^{n+m}$$

$$(A^n)^m = A^{n \cdot m}$$

Falksches Schema[1]

allgemein:

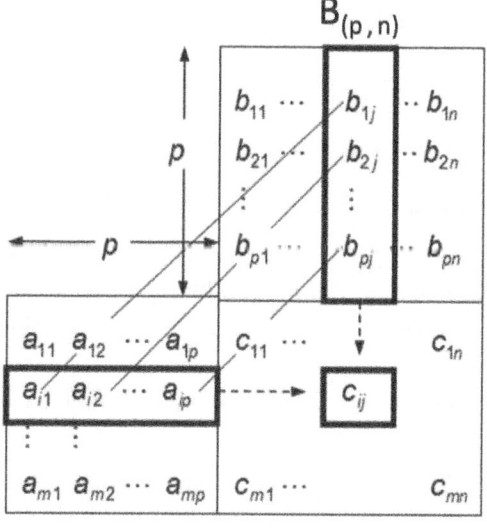

Im Kreuzungspunkt der i-ten Zeile von A und der j-ten Spalte von B steht deren Skalarprodukt c_{ij} als entsprechendes Element der Produktmatrix $C = A \cdot B$.

---
[1] Sigurd Falk (1921 - 2016) war ein deutscher Mathematiker.

5.3 Die Inverse einer Matrix

Beispiel:

$$A = \begin{pmatrix} 5 & -2 & 0 \\ 1 & 3 & 2 \\ 2 & 5 & 1 \end{pmatrix}_{3\times 3} \quad B = \begin{pmatrix} 3 & 7 \\ 2 & -1 \\ 5 & 3 \end{pmatrix}_{3\times 2} \quad C = \begin{pmatrix} 11 & 37 \\ 19 & 10 \\ 21 & 12 \end{pmatrix}_{3\times 2}$$

$$A_{m\times p} \cdot B_{p\times n} = C_{m\times n}$$

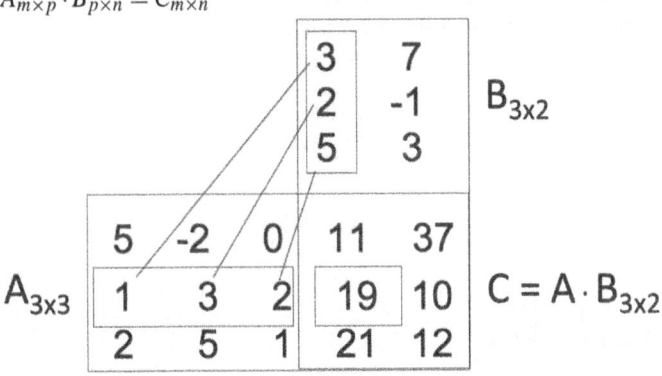

5.3 Die Inverse einer Matrix

5.3.1 Einführung

Für Matrizen ist die Division nicht definiert. Eine Matrizengleichung $A \cdot x = B$ lässt sich dadurch nicht ohne Weiteres nach x „auflösen". Lösung erfolgt durch die Bildung der so genannten inversen Matrix.

Exkurs: Inverse einer reellen Zahl:

Für reelle Zahlen ist die Inverse definiert als Kehrwert einer Zahl:

Die Inverse einer Zahl a, $a \in \mathbb{R}\backslash\{0\}$, ist gleich $a^{-1} = \dfrac{1}{a}$

$\Rightarrow \quad a \cdot x = b \qquad |\cdot a^{-1} \qquad$ [Merke: $a^{-1} = \frac{1}{a}$]

$\iff \quad a^{-1} \cdot a \cdot x = a^{-1} \cdot b$

$\iff x = a^{-1} \cdot b$

$\iff x = \frac{1}{a} \cdot b = \frac{b}{a}$

Inverse einer Matrix:

Existiert zu einer quadratischen Matrix $A_{n \times n}$ eine Matrix $B_{n \times n}$, deren Produkt die Einheitsmatrix $E_{n \times n}$ ergibt, so heißt B inverse Matrix zur Matrix A. Bezeichnet wird die Inverse zu A als A^{-1}.

Beispiel:

$A^{-1} = \begin{pmatrix} -2 & 1 \\ 1,5 & -0,5 \end{pmatrix}$ ist die Inverse zu $A = \begin{pmatrix} 1 & 2 \\ 3 & 4 \end{pmatrix}$, da

$\begin{pmatrix} -2 & 1 \\ 1,5 & -0,5 \end{pmatrix} \cdot \begin{pmatrix} 1 & 2 \\ 3 & 4 \end{pmatrix} = \begin{pmatrix} 1 & 0 \\ 0 & 1 \end{pmatrix}$

$ A \cdot x = B$
$\iff A^{-1} \cdot A \cdot x = A^{-1} \cdot B \qquad$ [Merke: $A^{-1} \cdot A = E$]
$\iff E \cdot x = A^{-1} \cdot B$

Anmerkung:

Nicht jede quadratische Matrix besitzt eine Inverse.

Beispiel:

$A = \begin{pmatrix} 1 & 0 \\ 1 & 0 \end{pmatrix} \quad \Rightarrow \quad A \cdot A^{-1} = E$

$\Rightarrow \begin{pmatrix} 1 & 0 \\ 1 & 0 \end{pmatrix} \cdot \begin{pmatrix} b_{11} & b_{12} \\ b_{21} & b_{22} \end{pmatrix} = \begin{pmatrix} 1 & 0 \\ 1 & 0 \end{pmatrix}$

5.3 Die Inverse einer Matrix

$1 \cdot b_{11} + 0 \cdot b_{21} = 1 \quad \Leftrightarrow \quad b_{11} = 1$
$1 \cdot b_{12} + 0 \cdot b_{22} = 1 \quad \Leftrightarrow \quad b_{12} = 0$
$1 \cdot b_{11} + 0 \cdot b_{21} = 1 \quad \Leftrightarrow \quad b_{11} = 0$
$1 \cdot b_{12} + 0 \cdot b_{22} = 1 \quad \Leftrightarrow \quad b_{12} = 1$

existiert $A^{-1} \Rightarrow A$ regulär

existiert A^{-1} nicht $\Rightarrow A$ singulär

5.3.2 Bestimmung der Inversen unter Verwendung des Gauß'schen Eliminationsverfahrens[2]

$A^{-1} \cdot A = A \cdot A^{-1} = E$

$(A/E) \xrightarrow{\text{elementare Zeilenoperationen}} (E/A^{-1})$

Elementare Zeilenoperationen sind:

1. Multiplikation einer Zeile mit einer reellen Zahl $\neq 0$,
2. Addition einer (mit Hilfe einer reellen Zahl multiplizierten) Zeile zu einer anderen Zeile,
3. Vertauschen von zwei Zeilen.

Beispiel:

(1) $\quad A = \begin{pmatrix} 3 & 2 \\ 2 & 1 \end{pmatrix} \quad A^{-1} = ?$

Erweiterung um E:

$(A/E) = \begin{pmatrix} 3 & 2 & 1 & 0 \\ 2 & 1 & 0 & 1 \end{pmatrix}$

---

[2] Johann Carl Friedrich Gauß (1777 - 1855) war ein deutscher Mathematiker.

Multiplikation der 1. Zeile mit $\frac{1}{3}$:

$$\begin{pmatrix} 3 & 2 & 1 & 0 \\ 2 & 1 & 0 & 1 \end{pmatrix} \;\bigg|\cdot \frac{1}{3}$$

1. Iteration: $\begin{pmatrix} 1 & \frac{2}{3} & \frac{1}{3} & 0 \\ 2 & 1 & 0 & 1 \end{pmatrix}$

Multiplikation der 1. Zeile mit (-2) in Addition zur 2. Zeile
$\Rightarrow$ neue 2. Zeile:

$$\begin{pmatrix} 1 & \frac{2}{3} & \frac{1}{3} & 0 \\ 2 & 1 & 0 & 1 \end{pmatrix} \;\bigg|\cdot (-2)$$

$\begin{pmatrix} -2 & -\frac{4}{3} & -\frac{2}{3} & 0 \end{pmatrix}$ 1. Zeile neu

$+ \begin{pmatrix} 2 & 1 & 0 & 1 \end{pmatrix}$ 2. Zeile

$\begin{pmatrix} 0 & -\frac{1}{3} & -\frac{2}{3} & 1 \end{pmatrix}$ neue 2. Zeile

Ergebnis der 1. Iteration: $\begin{pmatrix} 1 & \frac{2}{3} & \frac{1}{3} & 0 \\ 0 & -\frac{1}{3} & -\frac{2}{3} & 1 \end{pmatrix}$

Multiplikation der 2. Zeile mit (-3):

$$\begin{pmatrix} 1 & \frac{2}{3} & \frac{1}{3} & 0 \\ 0 & -\frac{1}{3} & -\frac{2}{3} & 1 \end{pmatrix} \;\bigg|\cdot (-3)$$

5.3 Die Inverse einer Matrix

Multiplikation der 2. Zeile mit $\left(-\frac{2}{3}\right)$ in Addition zur 1. Zeile
$\Rightarrow$ neue 1. Zeile:

2. Iteration: $\begin{pmatrix} 1 & \frac{2}{3} & \frac{1}{3} & 0 \\ 0 & 1 & 2 & -3 \end{pmatrix} \Big| \cdot \left(-\frac{2}{3}\right)$

$\begin{pmatrix} 1 & \frac{2}{3} & \frac{1}{3} & 0 \end{pmatrix}$ 1. Zeile

$+ \begin{pmatrix} 0 & -\frac{2}{3} & -\frac{4}{3} & 2 \end{pmatrix}$ 2. Zeile neu

$\begin{pmatrix} 1 & 0 & -1 & 2 \end{pmatrix}$ neue 1. Zeile

$(E/A^{-1}) = \begin{pmatrix} 1 & 0 & -1 & 2 \\ 0 & 1 & 2 & -3 \end{pmatrix}$

Probe: $\begin{pmatrix} 3 & 2 \\ 2 & 1 \end{pmatrix} \cdot \begin{pmatrix} -1 & 2 \\ 2 & -3 \end{pmatrix} = \begin{pmatrix} 1 & 0 \\ 0 & 1 \end{pmatrix}$

(2) $\quad A = \begin{pmatrix} 2 & 4 & 0 & 1 \\ -5 & 4 & 1 & -7 \\ 1 & 2 & 3 & 4 \end{pmatrix}_{3 \times 4}$

A ist nicht quadratisch $\rightarrow$ singulär $\rightarrow$ Inverse existiert nicht.

Anmerkung:

1. Die betrachtete Matrix muss quadratisch sein.

2. Nicht jede (quadratische) Matrix besitzt eine Inverse.

Rechenregeln für das Rechnen mit der Inversen

A, B seien reguläre Matrizen (Inverse lassen sich bilden).

Dann gilt:

(1) $(A^{-1})^{-1} = A$

(2) $(A^{-1})' = (A')^{-1}$

(3) $(A \cdot B)^{-1} = B^{-1} \cdot A^{-1}$

(4) $(c \cdot A)^{-1} = \frac{1}{c} \cdot A^{-1}$ mit $c \in \mathbb{R} \setminus \{0\}$

(5) $A^{-1} \cdot A = A \cdot A^{-1} = E$

Anmerkung:

Besitzt A eine Inverse (regulär) A^{-1}, so ist A^{-1} eindeutig, d. h. es existiert genau eine Inverse.

5.4 Der Rang einer Matrix

5.4.1 Begriffsbestimmung

Der Rang einer Matrix A, rgA, beschreibt die Anzahl der lineare Zeilen- (resp. Spalten-)Vektoren von A.

Mathematische Sätze

- Anzahl der linearen unabhängigen Zeilenvektoren $\hat{=}$ Anzahl der linearen unabhängigen Spaltenvektoren.

- Der Rang einer $(m \times n)$-Matrix ist kleiner oder gleich der Anzahl ihrer Zeilen oder Spalten: $rgA \leq \min\{m,n\}$.

- $rgA = rgA'$

5.4.2 Bestimmung des Ranges einer Matrix

Umformung der Matrix A mit Hilfe von elementaren Zeilenoperationen in eine spezielle Treppenstruktur, deren Anzahl der Stufen den Rang rgA bestimmt.

$\rightarrow$ Anzahl der Stufen = rgA

Beispiel 1:

$$A = \begin{pmatrix} 2 & 4 & 3 \\ 5 & 1 & 2 \\ 6 & 2 & 1 \end{pmatrix}$$

Vorgehen:

1. Schritt: alle Elemente unterhalb der 1. Stufe → Null

2. Schritt: alle Elemente unterhalb der 2. Stufe → Null

$$\begin{pmatrix} 2 & 4 & 3 \\ 5 & 1 & 2 \\ 6 & 2 & 1 \end{pmatrix}$$

$$\Rightarrow \begin{pmatrix} \boxed{1} & 2 & 1{,}5 \\ 5 & 1 & 2 \\ 6 & 2 & 1 \end{pmatrix}$$

Transformation, so dass das Element in der 1. Zeile und in der 1. Spalte mit dem Wert 2 zu 1 wird. Hierzu wird die gesamte 1. Zeile mit $0{,}5$ multipliziert. Als neue 1. Zeile ergibt sich (1 2 1,5).

a) Neue 1. Zeile mit (-5) multiplizieren

$$\begin{array}{r} (-5 \quad -10 \quad -7{,}5\,) \\ +(\;\;5 \quad\quad 1 \quad\quad 2\;\;) \\ \hline (\;\;0 \quad\;\; -9 \quad -5{,}5\,) \text{ neue 2. Zeile} \end{array}$$

b) Neue 1. Zeile mit (-6) multiplizieren

$$\begin{array}{r} (-6 \quad -12 \quad -9\,) \\ +(\;\;6 \quad\quad 2 \quad\quad 1\;) \\ \hline (\;\;0 \quad -10 \quad -8\,) \text{ neue 3. Zeile} \end{array}$$

$$\Rightarrow \begin{pmatrix} 1 & 2 & 1{,}5 \\ 0 & \boxed{-9} & -5{,}5 \\ 0 & -10 & -8 \end{pmatrix} \;|\cdot(-\tfrac{1}{9})$$

5.4 Der Rang einer Matrix

Transformation, so dass das Element in der 2. Zeile und 2. Spalte mit dem Wert −9 zu 1 wird. Hierzu wird die gesamte 2. Zeile mit $-\frac{1}{9}$ multipliziert. Als neue 2. Zeile ergibt sich (0 1 0,61).

$$\Rightarrow \begin{pmatrix} 1 & 2 & 1,5 \\ 0 & 1 & 0,\overline{61} \\ 0 & -10 & -8 \end{pmatrix} \quad |\cdot 10 \text{ (Multiplikation der 2. Zeile mit 10)}$$

$$\Rightarrow \begin{array}{r} (\,0 \quad 10 \quad 6,\overline{1}\,) \\ +\,(\,0 \quad -10 \quad -8\,) \\ \hline (\,0 \quad 0 \quad -1,\overline{9}\,) \end{array}$$

$$\begin{pmatrix} 1 & 2 & 1,5 \\ 0 & 1 & 0,\overline{61} \\ 0 & 0 & -1,\overline{9} \end{pmatrix}$$

Es ergeben sich 3 Stufen → $rgA = 3$. Die quadratische Matrix 3×3 hat den Rang 3, d. h. sie ist regulär. Die Bildung der Inversen ist möglich.

Beispiel 2:

Erste Zeile mit $\frac{1}{2}$ multiplizieren:

$$A = \begin{pmatrix} 2 & 4 & 3 \\ 5 & 2 & 14 \\ 16 & 16 & 37 \end{pmatrix} \quad |\cdot \tfrac{1}{2}$$

$$\Rightarrow \begin{pmatrix} 1 & 2 & 1,5 \\ 5 & 2 & 14 \\ 16 & 16 & 37 \end{pmatrix}$$

Ergebnis der 1. Iteration:

$$\Rightarrow \begin{pmatrix} 1 & 2 & 1,5 \\ 0 & -8 & 6,5 \\ 0 & -16 & 13 \end{pmatrix} \;\; | \cdot (-\tfrac{1}{8})$$

Ergebnis der 2. Iteration:

$$\Rightarrow \begin{pmatrix} 1 & 2 & 1,5 \\ 0 & 1 & -0,8 \\ 0 & 0 & 0 \end{pmatrix} \Rightarrow rgA = 2$$

$\Rightarrow$ Bildung der Inversen ist nicht möglich, da A eine 3×3-Matrix ist, ihr Rang jedoch 2 ist, d. h. kleiner ist als 3.

Anmerkung:

Hat die quadratische $(n \times n)$-Matrix den Rang n, so ist sie regulär, d. h. die Bildung der Inversen ist möglich; ist ihr Rang $< n$, so ist die betrachtete Matrix singulär, d. h. die Bildung der Inversen ist nicht möglich.

Mit anderen Worten: Ist A eine $(n \times n)$-Matrix, dann existiert genau dann die Inverse A^{-1}, wenn $rgA = n$ ist.

5.5 Die Determinante einer Matrix

5.5.1 Begriffsbestimmung

Die Determinante, $det A$, stellt eine reelle Zahl dar, die einer quadratischen Matrix $A = [a_{ij}]_{n \times n}$ wie folgt zugeordnet ist:

$$det A = \sum_{i=1}^{n} (-1)^{i+j} a_{ij} \cdot det A_{ij}$$

mit $j = $ konstant, "d. h. Entwicklung nach der j-ten Spalte"

bzw.

$$det A = \sum_{i=1}^{n} (-1)^{i+j} a_{ij} \cdot det A_{ij}$$

mit $i = $ konstant, "d. h. Entwicklung nach der i-ten Zeile"

A_{ij} ist die $((n-1) \times (n-1))$-Matrix, die man durch Streichen der i-ten Zeile und der j-ten Spalte aus A erhält:

$$A_{ij} = \begin{pmatrix} a_{11} & \cdots & a_{1j} & \cdots & a_{1n} \\ \vdots & & \vdots & & \vdots \\ \overline{a_{i1}} & \overline{\cdots} & \overline{a_{ij}} & \overline{\cdots} & \overline{a_{in}} \\ \vdots & & \vdots & & \vdots \\ a_{n1} & \cdots & a_{nj} & \cdots & a_{nn} \end{pmatrix}$$

Minor

$det A_{ij}$ entspricht einer Unterdeterminanten, dem so genannten Minor.

Anmerkung:

Definitorisch ist die Determinante einer Matrix A eine Summe, deren Summanden über abwechselnd positive und negative Vorzeichen verfügen.

$$\Sigma(-1)^{i+j}$$

Als Hilfestellung empfiehlt sich das folgende Schema:

$(-1)^{i+j}$		j			
	1	2	3	4	...
i 1	+	-	+	-	
2	-	+	-	+	
3	+	-	+	-	
4	-	+	-	+	
⋮					

5.5.2 Berechnung von Determinanten

(a) Determinanten von 2×2–Matrizen

Die Determinante einer (2×2)-Matrix A ergibt sich als Differenz der Produkte der Diagonal-Elemente:

$$det \begin{pmatrix} a_{11} & a_{12} \\ a_{21} & a_{22} \end{pmatrix} = a_{11} \cdot a_{22} - a_{12} \cdot a_{21}$$

Anmerkung:

$\searrow$ = positives Vorzeichen $\swarrow$ = negatives Vorzeichen

5.5 Die Determinante einer Matrix

Beispiele:

$$\det \begin{pmatrix} 1 & 2 \\ 3 & 4 \end{pmatrix} = 1 \cdot 4 - 2 \cdot 3 = -2$$

$$\det \begin{pmatrix} 2 & 4 \\ 1 & 5 \end{pmatrix} = 2 \cdot 5 - 4 \cdot 1 = 6$$

bzw. gemäß der oben benannten allgemeinen Rechenvorschrift:

Entwicklung nach der j-ten Spalte → $j = $ konstant

z. B. Entwicklung nach der 1. Spalte [3]

$$\det A = \sum_{i=1}^{2} (-1)^{i+j} a_{i1} \cdot \det A_{i1}$$

$A_{i1} = $ Streichung der jeweils i-ten Zeile und 1. Spalte

$$\det A = +a_{11} \det A_{11} - a_{21} \det A_{21} = a_{11} \cdot a_{22} - a_{21} \cdot a_{12}$$

Entwicklung nach der i-ten Zeile → $i = $ konstant

z. B. $i = 1$

$$\det A = \sum_{i=1}^{2} (-1)^{i+j} a_{1j} \cdot \det A_{1j}$$

$$\det A = +a_{11} \cdot a_{22} - a_{12} \cdot a_{21}$$

---

[3] Es kann nach jeder beliebigen Zeile oder Spalte entwickelt werden.

(b) Determinanten von 3×3-Matrizen

$$A = \begin{pmatrix} a_{11} & a_{12} & a_{13} \\ a_{21} & a_{22} & a_{23} \\ a_{31} & a_{32} & a_{33} \end{pmatrix}$$

z. B. Entwicklung nach der Spalte $j = 1$

$$\det A = \sum_{i=1}^{3} (-1)^{i+j} a_{i1} \cdot \det A_{i1} = a_{11} \det A_{11} - a_{21} \det A_{21} + a_{31} \det A_{31}$$

$$= a_{11} \det \begin{pmatrix} a_{22} & a_{23} \\ a_{32} & a_{33} \end{pmatrix} - a_{21} \det \begin{pmatrix} a_{12} & a_{13} \\ a_{32} & a_{33} \end{pmatrix} + a_{31} \det \begin{pmatrix} a_{12} & a_{13} \\ a_{22} & a_{23} \end{pmatrix}$$

$$= a_{11}(a_{22} \cdot a_{33} - a_{23} \cdot a_{32}) - a_{21}(a_{12} \cdot a_{33} - a_{13} \cdot a_{32}) + a_{31}(a_{12} \cdot a_{23} - a_{13} \cdot a_{22})$$

Beispiele:

(1) $\quad A = \begin{pmatrix} 2 & 3 & -1 \\ 4 & 0 & 1 \\ 1 & -2 & 5 \end{pmatrix}$

$\Rightarrow$ z. B. Entwicklung nach der 2. Zeile. [4]

$$\det A = \sum_{i=1}^{3} (-1)^{2+j} a_{2j} \cdot \det A_{2j}$$

$\Rightarrow 2 + j =$ ungerades Vorzeichen, daher minus

$= -a_{21} \det A_{21} + a_{22} \det A_{22} - a_{23} \det A_{23}$

$= -4 \det \begin{pmatrix} 3 & -1 \\ -2 & 5 \end{pmatrix} - 0 \det \begin{pmatrix} 2 & -1 \\ 1 & 5 \end{pmatrix} + 1 \det \begin{pmatrix} 2 & 3 \\ 1 & -2 \end{pmatrix}$

---

[4] Es kann nach jeder beliebigen Zeile oder Spalte entwickelt werden.

5.5 Die Determinante einer Matrix

$= (-4) \cdot (3 \cdot 5 - (-1) \cdot (-2)) - 0 \cdot (2 \cdot 5 - (-1) \cdot 1) + 1 \cdot (2 \cdot (-2) - 3 \cdot 1)$

$= (-4) \cdot 13 \qquad\qquad -0 \cdot 11 \qquad\qquad +1 \cdot (-7)$
$= -59$

(2) $\quad A = \begin{pmatrix} 3 & 9 & 7 \\ 6 & -1 & 8 \\ 2 & 5 & 2 \end{pmatrix}$

$\Rightarrow$ z. B. Entwicklung nach der 3. Spalte

$det\ A = \sum_{i=1}^{3} (-1)^{i+1} a_{i3} \cdot det\ A_{i3}$

$= a_{13}\ det\ A_{13} - a_{23}\ det\ A_{23} + a_{33}\ det\ A_{33}$

$= 7\ det\ \begin{pmatrix} 6 & -1 \\ 2 & 5 \end{pmatrix} - 8\ det\ \begin{pmatrix} 3 & 9 \\ 2 & 5 \end{pmatrix} + 2\ det\ \begin{pmatrix} 3 & 9 \\ 6 & -1 \end{pmatrix}$

$= 7(6 \cdot 5 + 1 \cdot 2) - 8(3 \cdot 5 - 9 \cdot 2) + 2(3 \cdot (-1) - 9 \cdot 6) = 134$

Alternative Lösung: Anwendung der **Regel von Sarrus**[5]
(bis 3×3 Matrix)

Die ersten beiden Spalten der Ausgangsmatrix werden nochmals (rechts) angefügt, dann bildet man die Summe der Produkte parallel der Haupt- und parallel der Nebendiagonalen.

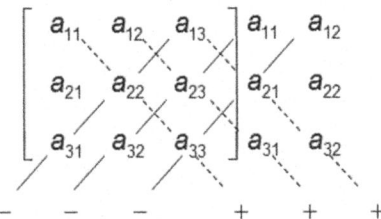

---

[5] Pierre Frédéric Sarrus (1798 - 1861) war ein französischer Mathematiker.

Beispiel:

$= (3 \cdot (-1) \cdot 2) + (9 \cdot 8 \cdot 2) + (7 \cdot 6 \cdot 5) - (7 \cdot (-1) \cdot 2) - (3 \cdot 8 \cdot 5) - (9 \cdot 6 \cdot 2) = 134$

$$\begin{pmatrix} 3 & 9 & 7 & 3 & 9 \\ 6 & -1 & 8 & 6 & -1 \\ 2 & 5 & 2 & 2 & 5 \end{pmatrix}$$

(c) Determinanten von $(n \times n)$-Matrizen (mit n > 3)

Determinanten von $(n \times n)$-Dreiecksmatrizen

Analog zu (b) Determinanten von 3×3–Matrizen lässt sich auch bei (quadratischen) Matrizen größerer Ordnung die Entwicklung über eine Zeile oder über eine Spalte nach Laplace anwenden.

$$det \begin{pmatrix} 3 & 4 & 7 & 1 \\ 0 & 2 & 1 & -1 \\ 4 & 5 & -2 & 0 \\ 1 & 2 & 1 & 3 \end{pmatrix} =$$

mit Hilfe der Entwicklung z. B. nach der 1. Zeile

$$= +3 \begin{pmatrix} 2 & 1 & -1 \\ 5 & -2 & 0 \\ 2 & 1 & 3 \end{pmatrix} - 4 \begin{pmatrix} 0 & 1 & -1 \\ 4 & -2 & 0 \\ 1 & 1 & 3 \end{pmatrix} + 7 \begin{pmatrix} 0 & 2 & -1 \\ 4 & 5 & 0 \\ 1 & 2 & 3 \end{pmatrix} - 1 \begin{pmatrix} 0 & 2 & 1 \\ 4 & 5 & -2 \\ 1 & 2 & 1 \end{pmatrix} =$$

$= +3 \cdot (-36) - 4 \cdot (-18) + 7 \cdot (-27) - 1 \cdot (-9) = -216$

$$det \begin{pmatrix} 3 & 4 & 7 & 1 \\ 0 & 2 & 1 & -1 \\ 4 & 5 & -2 & 0 \\ 1 & 2 & 1 & 3 \end{pmatrix} =$$

5.5 Die Determinante einer Matrix

mit Hilfe der Entwicklung z. B. nach der 2. Spalte

$$= -4 \begin{pmatrix} 0 & 1 & -1 \\ 4 & -2 & 0 \\ 1 & 1 & 3 \end{pmatrix} + 2 \begin{pmatrix} 3 & 7 & 1 \\ 4 & -2 & 0 \\ 1 & 1 & 3 \end{pmatrix} - 5 \begin{pmatrix} 3 & 7 & 1 \\ 0 & 1 & -1 \\ 1 & 1 & 3 \end{pmatrix} + 2 \begin{pmatrix} 3 & 7 & 1 \\ 0 & 1 & -1 \\ 4 & -2 & 0 \end{pmatrix} =$$
$$= -4(-18) + 2(-96) - 5 \cdot 4 + 2 \cdot (-38) = -216$$

$$det \begin{pmatrix} 4 & 15 & -27 & -13 \\ 0 & 2 & -8 & 46 \\ 0 & 0 & 5 & 107 \\ 0 & 0 & 0 & -7 \end{pmatrix} =$$

mit Hilfe der Entwicklung z. B. nach der 3. Zeile

$$= +0 \begin{pmatrix} 15 & -27 & -13 \\ 2 & -8 & 46 \\ 0 & 0 & -7 \end{pmatrix} - 0 \begin{pmatrix} 4 & 15 & -13 \\ 0 & 2 & 46 \\ 0 & 0 & -7 \end{pmatrix} - 107 \begin{pmatrix} 4 & 15 & -27 \\ 0 & 2 & -8 \\ 0 & 0 & 0 \end{pmatrix} =$$
$$= +0 \cdot 462 - 0 \cdot 224 + 5 \cdot (-56) - 107 \cdot 0 = -20$$

Alternativ lässt sich die Determinante einer oberen oder unteren Dreiecksmatrix aus dem Produkt der Elemente der Hauptdiagonalen bilden.

$$det \begin{pmatrix} a_{11} & a_{12} & a_{13} & \cdots & a_{1n} \\ & a_{22} & a_{23} & \cdots & a_{2n} \\ & & a_{33} & \cdots & a_{3n} \\ & & & & \vdots \\ 0 & & & & a_{nn} \end{pmatrix} = a_{11} \cdot a_{22} \cdot \ldots \cdot a_{nn} = \prod_{i=1}^{n} a_{ii}$$

Beispiel:

$$det \begin{pmatrix} 4 & 15 & -27 & -13 \\ & 2 & -8 & 46 \\ & & 5 & 107 \\ 0 & & & -7 \end{pmatrix} = 4 \cdot 2 \cdot 5 \cdot (-7) = -280$$

Determinanten von 4×4 Matrizen

Beispiel:

$$A = \begin{pmatrix} 3 & 4 & 7 & 1 \\ 0 & 2 & 1 & -1 \\ 4 & 5 & -2 & 0 \\ 1 & 2 & 1 & 3 \end{pmatrix}$$

Bildung einer oberen Dreicksmatrix

$$\Rightarrow \begin{pmatrix} 3 & 4 & 7 & 1 \\ 0 & 2 & 1 & -1 \\ 0 & 0 & -\frac{67}{6} & -\frac{9}{6} \\ 0 & 0 & 0 & 3{,}2 \end{pmatrix}$$

$$det A = 3 \cdot 2 \cdot \left(-\frac{67}{6}\right) \cdot 3{,}223 = -216$$

→ einfachster Weg bei 4×4-Matrizen

5.5.3 Eigenschaften von Determinanten

A sei eine $(n \times n)$-Matrix, dann gilt:

(1) $det\,A = det\,A'$

Beispiel: $det \begin{pmatrix} 1 & 2 \\ 0 & 3 \end{pmatrix} = det \begin{pmatrix} 1 & 0 \\ 2 & 3 \end{pmatrix} = 3$

(2) Durch Vertauschen zweier Zeilen/Spalten ändert sich das Vorzeichen der Determinanten und somit das Ergebnis.

Beispiel: $det \begin{pmatrix} 1 & 2 \\ 0 & 3 \end{pmatrix} = 3 \quad det \begin{pmatrix} 2 & 1 \\ 3 & 0 \end{pmatrix} = -3$

(3) Die Zeilen-/Spaltenvektoren der Matrix A sind genau dann linear abhängig, wenn gilt: $det\,A = 0$,

d. h. dann ist A singulär $\rightarrow$ keine Inversenbildung möglich.

Beispiel: $\begin{pmatrix} 2 & 4 \\ 1 & 2 \end{pmatrix} = 0 \rightarrow$ linear abhängig

(4) $detA = 0$, wenn sämtliche Elemente einer Zeile oder einer Spalte Null sind.

(5) Für zwei $(n \times n)$-Matrizen, A, B, gilt:

$det(A \cdot B) = detA \cdot detB$

Im Allgemeinen gilt jedoch:

$det(A + B) \neq detA + detB$

5.6 Die Adjunkte einer Matrix

5.6.1 Begriffsbestimmung

Die Adjunkte einer Matrix ist die Transponierte der Kofaktoren-Matrix. Multipliziert man den Minor $detA_{ij}$ mit dem Faktor $(-1)^{i+j}$, so erhält man den Kofaktor α_{ij} des Elements a_{ij}. Werden die Kofaktoren α_{ij}, mit $i, j = 1, ..., n$, zu einer Matrix zusammengefasst, so erhält man die Kofaktormatrix $[\alpha_{ij}]_{n \times n}$. Wird die Kofaktormatrix $[\alpha_{ij}]_{n \times n}$ transponiert, so erhält man schließlich die Adjunkte.

$[\alpha_{ij}]'_{n \times n} = A_{ad}$ der Ausgangsmatrix A.

Beispiel: $A = \begin{pmatrix} 3 & 2 & 4 \\ 1 & 0 & 2 \\ 3 & 7 & 5 \end{pmatrix}$

$\Rightarrow A_{3 \times 3}$ existieren $3^2 = 9$ Unterdeterminanten (= Minoren).

$detA_{11} = det\begin{pmatrix} 0 & 2 \\ 7 & 5 \end{pmatrix} = 0 \cdot 5 - 2 \cdot 7 = -14 \Rightarrow \alpha_{11} = (-1)^{1+1} \cdot (-14) = -14$

$detA_{12} = det\begin{pmatrix} 1 & 2 \\ 3 & 5 \end{pmatrix} = 1 \cdot 5 - 2 \cdot 3 = -1 \Rightarrow \alpha_{12} = (-1)^{1+2} \cdot (-1) = 1$

$detA_{13} = det\begin{pmatrix} 1 & 0 \\ 3 & 7 \end{pmatrix} = 1 \cdot 7 - 0 \cdot 3 = 7 \Rightarrow \alpha_{13} = (-1)^{1+3} \cdot 7 = 7$

$detA_{21} = det\begin{pmatrix} 2 & 4 \\ 7 & 5 \end{pmatrix} = 2 \cdot 5 - 4 \cdot 7 = -18 \Rightarrow \alpha_{21} = (-1)^{2+1} \cdot (-18) = 18$

$detA_{22} = det\begin{pmatrix} 3 & 4 \\ 3 & 5 \end{pmatrix} = 3 \cdot 5 - 4 \cdot 3 = 3 \Rightarrow \alpha_{22} = (-1)^{2+2} \cdot 3 = 3$

5.6 Die Adjunkte einer Matrix

$$detA_{23} = det\begin{pmatrix} 3 & 2 \\ 3 & 7 \end{pmatrix} = 3 \cdot 7 - 2 \cdot 3 = 15 \Rightarrow \alpha_{23} = (-1)^{2+3} \cdot 15 = -15$$

$$detA_{31} = det\begin{pmatrix} 2 & 4 \\ 0 & 2 \end{pmatrix} = 2 \cdot 2 - 4 \cdot 0 = 4 \Rightarrow \alpha_{31} = (-1)^{3+1} \cdot 4 = 4$$

$$detA_{32} = det\begin{pmatrix} 3 & 4 \\ 1 & 2 \end{pmatrix} = 3 \cdot 2 - 4 \cdot 1 = 2 \Rightarrow \alpha_{32} = (-1)^{3+2} \cdot 2 = -2$$

$$detA_{33} = det\begin{pmatrix} 3 & 2 \\ 1 & 0 \end{pmatrix} = 3 \cdot 0 - 2 \cdot 1 = -2 \Rightarrow \alpha_{33} = (-1)^{3+3} \cdot (-2) = -2$$

$$\Rightarrow |\alpha_{ij}|_{3 \times 3} = \begin{pmatrix} -14 & 1 & 7 \\ 18 & 3 & -15 \\ 4 & -2 & -2 \end{pmatrix} = \text{Kofaktormatrix}$$

$$\Rightarrow A_{ad} = |\alpha_{ij}|'_{3 \times 3} = \begin{pmatrix} -14 & 18 & 4 \\ 1 & 3 & -2 \\ 7 & -15 & -2 \end{pmatrix} = \text{Adjunkte}$$

5.6.2 Bestimmung der Inverse mit Hilfe der Adjunkten

Es gilt:

$$A^{-1} = \frac{1}{detA} \cdot A_{ad} = \frac{1}{detA} \cdot [\alpha_{ij}]'_{n \times n}$$

Anmerkung:

Die Matrix A ist nur dann regulär (invertierbar), wenn $det A \neq 0$.

Beispiel:

$$A = \begin{pmatrix} 3 & 2 & 4 \\ 1 & 0 & 2 \\ 3 & 7 & 5 \end{pmatrix}$$

$A^{-1} = ?$

Es gilt:

$$A^{-1} = \frac{1}{detA} \cdot A_{ad}$$

$$[\alpha_{ij}]_{3\times 3} = \begin{pmatrix} -14 & 1 & 7 \\ 18 & 3 & -15 \\ 4 & -2 & -2 \end{pmatrix} = \text{Kofaktormatrix}$$

$\Rightarrow$ siehe Beispiel zu Kapitel 5.6.1.

$$\Rightarrow A_{ad} = \begin{pmatrix} -14 & 18 & 4 \\ 1 & 3 & -2 \\ 7 & -15 & -2 \end{pmatrix} = \text{Adjunkte}$$

$detA = ?$

Berechnung z. B. mit Hilfe der Regel von Sarrus (siehe Kapitel 5.5.2).

$$A = \begin{pmatrix} 3 & 2 & 4 \\ 1 & 0 & 2 \\ 3 & 7 & 5 \end{pmatrix} \begin{matrix} 3 & 2 \\ 1 & 0 \\ 3 & 7 \end{matrix}$$

$detA = 3 \cdot 0 \cdot 5 + 2 \cdot 2 \cdot 3 + 4 \cdot 1 \cdot 7 - 4 \cdot 0 \cdot 3 - 3 \cdot 2 \cdot 7 - 2 \cdot 1 \cdot 5 = -12$

5.6 Die Adjunkte einer Matrix

$$A^{-1} = \frac{1}{detA} \cdot A_{ad} = -\frac{1}{12} \cdot \begin{pmatrix} -14 & 18 & 4 \\ 1 & 3 & -2 \\ 7 & -15 & -2 \end{pmatrix} =$$

$$= \begin{pmatrix} \frac{14}{12} & -\frac{18}{12} & -\frac{4}{12} \\ -\frac{1}{12} & -\frac{3}{12} & \frac{2}{12} \\ -\frac{7}{12} & \frac{15}{12} & \frac{2}{12} \end{pmatrix} = \begin{pmatrix} \frac{7}{6} & -\frac{3}{2} & -\frac{1}{3} \\ -\frac{1}{12} & -\frac{1}{4} & \frac{1}{6} \\ -\frac{7}{12} & \frac{5}{4} & \frac{1}{6} \end{pmatrix}$$

Kapitel 6
Kombinatorik

6.1 Einführung

Eine Grundaufgabe der Kombinatorik besteht darin, für eine (Grund-) Gesamtheit von N verschiedenen Elementen $e_1, e_2, \ldots, e_N$ die Anzahl der möglichen Anordnungen (Permutationen) zu bestimmen.

Beispiel:

Bei einer (Grund-)Gesamtheit von $N = 3$ Elementen e_1, e_2, e_3 ergeben sich sechs verschiedene Anordnungen:

$$\left. \begin{array}{l} e_1 e_2 e_3 \\ e_1 e_3 e_2 \\ e_2 e_1 e_3 \\ e_2 e_3 e_1 \\ e_3 e_1 e_2 \\ e_3 e_2 e_1 \end{array} \right\} \Rightarrow 3! = 1 \cdot 2 \cdot 3 = 6$$

Allgemein gilt: für N voneinander verschiedenen Elementen gibt es $N!$ Anordnungen (= sogenannte Permutationen).

$N! = 1 \cdot 2 \cdot 3 \cdot 4 \cdot \ldots \cdot (N-1) \cdot N$ ($N!$, gelesen: "N Fakultät").

Anmerkung: $0! = 1$

Eine weitere wichtige Aufgabe der Kombinatorik ist die Bestimmmung von möglichen Anordnungen bei einer Auswahl von n Elementen aus einer Grundgesamtheit von N Elementen.

6 Kombinatorik

Urnenmodell:

Aus einer Urne mit insgesamt N Kugeln werden n Kugeln gezogen.

ohne Wiederholung von Elementen:	In jeder Anordnung kommt jedes Element höchstens einmal vor; Ziehen ohne Zurücklegen (Z.o.Z.).
mit Wiederholung von Elementen:	Mindestens ein Element kann auch mehrmals vorkommen; Ziehen mit Zurücklegen (Z.m.Z.).
Reihenfolge ist wesentlich:	Das Vertauschen von Elementen innerhalb einer Anordnung ergibt eine neue Anordnung (sogenannte Variation).
Reihenfolge ist unwesentlich:	Das Vertauschen von Elementen innerhalb einer Anordnung ergibt keine neue Anordnung (sogenannte Kombination).

Beispiele:

mit jeweils $N = 3$ und $n = 2$ Elementen

(1) mögliche Anordnungen **ohne** Wiederholung einzelner Elemente

(a) Reihenfolge ist **wesentlich:**

$$\left.\begin{array}{l} e_1 e_2 \\ e_1 e_3 \\ e_2 e_1 \\ e_2 e_3 \\ e_3 e_1 \\ e_3 e_2 \end{array}\right\} \Rightarrow \frac{N!}{(N-n)!} = \frac{3!}{(3-2)!} = \frac{6}{1} = 6 \text{ Variationen}$$

6.1 Einführung

(b) Reihenfolge ist **unwesentlich**:

$$\left.\begin{array}{l} e_1e_2 = e_2e_1 \\ e_1e_3 = e_3e_1 \\ e_2e_3 = e_3e_2 \end{array}\right\} \Rightarrow \binom{N}{n} = \frac{N!}{n!(N-n)!} = \binom{3}{2} = \frac{3!}{2!1!} = \frac{6}{2 \cdot 1}$$

$= 3$ Kombinationen

$\binom{N}{n}$ gelesen: "N über n" (Binomialkoeffizient)

Anmerkung:

$$\binom{N}{0} = \binom{N}{N} = 1$$

$$\binom{N}{1} = \binom{N}{N-1} = N$$

$$\binom{N}{n} = \binom{N}{N-n}$$

(2) mögliche Anordnungen **mit** Wiederholung einzelner Elemente

(a) Reihenfolge ist **wesentlich**:

$$\left.\begin{array}{l} e_1e_1 \\ e_2e_1 \\ e_3e_1 \\ e_1e_2 \\ e_2e_2 \\ e_3e_2 \\ e_1e_3 \\ e_2e_3 \\ e_3e_3 \end{array}\right\} \Rightarrow N^n = 3^2 = 9 \text{ Variationen}$$

(b) Reihenfolge ist **unwesentlich:**

$\left.\begin{array}{l} e_1e_1 \\ e_1e_2 \\ e_1e_3 \\ e_2e_2 \\ e_2e_3 \\ e_3e_3 \end{array}\right\} \Rightarrow \binom{N+n-1}{n} = \binom{3+2-1}{2} = \binom{4}{2} = \frac{4!}{2!(4-2)!} = \frac{24}{2 \cdot 2}$

$= 6$ Kombinationen

6.2 Permutationen

Definition:

Eine Permutation P von N verschiedenen Elementen entspricht der Anzahl möglicher Anordnungen bei einer **(Voll-)Erhebung** aller Elemente. Hierbei kann unterschieden werden, ob ein Element nur ein einziges Mal in der Grundgesamtheit vorhanden ist (ohne Wiederholung) oder ob ein Element mehrfach vorkommt und somit nicht unterscheidbar ist (mit Wiederholung).

ohne Wiederholung	mit Wiederholung
Jedes Element tritt pro Anordnung genau einmal auf. $P_{\text{o.Wdh.}} = N!$	Das i-te Element tritt mehrfach, d. h. wiederholt, auf. $P_{\text{m.Wdh.}} = \dfrac{N!}{n_1! \cdot n_2! \cdot \ldots \cdot n_k!}$
Beispiel: Elemente: $e_1, e_2 \Rightarrow N = 2$ $P_{\text{o.Wdh.}} = 2! = 2$ nämlich $e_1 e_2$; $e_2 e_1$	Beispiel: Elemente: e_1, e_2 $\Rightarrow n_{e_1} = 2; n_{e_2} = 1$ $P_{\text{m.Wdh.}} = \dfrac{(2+1)!}{2! \cdot 1!} = \dfrac{1 \cdot 2 \cdot 3}{2 \cdot 1 \cdot 1} = 3$ nämlich $e_1 e_1 e_2$; $e_1 e_2 e_1$; $e_2 e_1 e_1$

Beispiele:

Permutation ohne Wiederholung

Vier Pferde treten zu einem Pferderennen an. Wie viele Möglichkeiten existieren, dass die Pferde in unterschiedlicher Reihenfolge ins Ziel kommen?

Lösung: $P_{o.Wdh.} = N! = 4! = 4 \cdot 3 \cdot 2 \cdot 1 = 24$

Auf wie viele Arten können fünf Frauen und drei Männer eine Drehtüre passieren?

Lösung: $P_{o.Wdh.} = N! = 8! = 8 \cdot 7 \cdot 6 \cdot 5 \cdot 4 \cdot 3 \cdot 2 \cdot 1 = 40.320$

Auf einem Bücherregal befinden sich vier Bücher in deutscher Sprache und drei Bücher in Englisch. Die deutschen Bücher sollen links einsortiert werden, die englischen Bücher auf der rechten Seite dieses Bücherregals. Wie viele Möglichkeiten existieren, die Bücher in unterschiedlicher Reihenfolge einzuordnen?

Lösung: $P_{o.Wdh.} = N = N_1! \cdot N_2! = 4! \cdot 3! = 4 \cdot 3 \cdot 2 \cdot 1 \cdot 3 \cdot 2 \cdot 1 = 144$

Permutation mit Wiederholung

In einer Urne befinden sich zwei rote und drei weiße Kugeln. Wie viele Möglichkeiten gibt es, diese in eine Reihenfolge zu bringen?

Lösung: $P_{m.Wdh.} = \dfrac{N!}{n_1! \cdot n_2! \cdot \ldots \cdot n_k!} = \dfrac{5!}{2! \cdot 3!} = \dfrac{5 \cdot 4 \cdot 3 \cdot 2 \cdot 1}{(2 \cdot 1) \cdot (3 \cdot 2 \cdot 1)} = 10$

Wie viele Möglichkeiten gibt es, die einzelnen Buchstaben des Wortes MISSISSIPPI anzuordnen?

Lösung: insgesamt 11 Buchstaben $\Rightarrow N! = 11$

1xM, 4xI, 4xS, 2xP $\Rightarrow n_1 = 1; \quad n_2 = 4; \quad n_3 = 4; \quad n_4 = 2$

$$P_{\text{m.Wdh.}} = \frac{N!}{n_1! \cdot n_2! \cdot \ldots \cdot n_k!} = \frac{11!}{1! \cdot 4! \cdot 4! \cdot 2!} = \frac{39.916.800}{1.152} = 34.650$$

6.3 Variationen

Definition:

Eine Variation V von n Elementen aus einer Grundgesamtheit von N verschiedenen Elementen entspricht der Anzahl möglicher Anordnungen, wenn die Reihenfolge der Elemente in der Anordnung **wesentlich** ist. Hierbei kann unterschieden werden, ob Elemente nur einmal vorkommen (ohne Wiederholung) oder mehrfach vorkommen können (mit Wiederholung).

ohne Wiederholung	mit Wiederholung
$V_{\text{o.Wdh.}} = \dfrac{N!}{(N-n)!}$	$V_{\text{m.Wdh.}} = N^n$

Beispiel: Elemente: e_1, e_2, e_3 $\Rightarrow N = 3; n = 2$

$V_{\text{o.Wdh.}} = \dfrac{3!}{(3-2)!} = 6$	$V_{\text{m.Wdh.}} = 3^2 = 9$
nämlich	nämlich
$e_1 e_2, e_1 e_3, e_2 e_1, e_2 e_3,$ $e_3 e_1, e_3 e_2$	$e_1 e_1, e_2 e_1, e_3 e_1, e_1 e_2,$ $e_2 e_2, e_3 e_2, e_1 e_3, e_2 e_3, e_3 e_3$

Beispiele:

Variation ohne Wiederholung

An einem Autorennen nehmen zehn Autos teil. Wie viele Möglichkeiten gibt es, zur Belegung der ersten drei Plätze unter Beachtung der Reihenfolge?

Lösung: $V_{o.Wdh.} = \dfrac{N!}{(N-n)!} = \dfrac{10!}{(10-3)!} = \dfrac{10 \cdot 9 \cdot 8 \cdot 7 \cdot 6 \cdot 5 \cdot 4 \cdot 3 \cdot 2 \cdot 1}{7 \cdot 6 \cdot 5 \cdot 4 \cdot 3 \cdot 2 \cdot 1} = 720$

Variation mit Wiederholung

Bei einem Fahrradschloss wird ein vierstelliger Code aus den Ziffern 0 bis 9 gewählt. Wie viele Möglichkeiten gibt es, wenn die einzelnen Ziffern mehrmals vorkommen dürfen?

Lösung: $V_{m.Wdh.} = N^n = 10^4 = 10.000$

6.4 Kombinationen

Definition:

Unter einer Kombination K von n Elementen aus einer Grundgesamtheit von N verschiedenen Elementen versteht man die Anzahl der möglichen Anordnungen, wenn die Reihenfolge der Elemente in der Anordnung **unwesentlich** ist. Hierbei kann unterschieden werden, ob die Elemente nur einmal vorkommen (ohne Wiederholung) oder mehrfach vorkommen können (mit Wiederholung).

ohne Wiederholung	mit Wiederholung
$K_{\text{o.Wdh.}} = \binom{N}{n}$ $= \dfrac{N!}{n! \cdot (N-n)!}$	$K_{\text{m.Wdh.}} = \binom{N+n-1}{n}$ $= \dfrac{(N+n-1)!}{(N-1)! \cdot n!}$
Beispiel: Elemente: e_1, e_2, e_3	$\Rightarrow N = 3;\ n = 2$
$K_{\text{o.Wdh.}} = \binom{3}{2} = \dfrac{3!}{2! \cdot (3-2)!} = 3$	$K_{\text{m.Wdh.}} = \binom{3+2-1}{2} = \binom{4}{2}$ $= \dfrac{4!}{2! \cdot (4-2)!} = 6$
nämlich $e_1 e_2,\ e_1 e_3,\ e_2 e_3$	nämlich $e_1 e_1,\ e_1 e_2,\ e_1 e_3,\ e_2 e_2,$ $e_2 e_3,\ e_3 e_3$

Beispiele:

Kombination ohne Wiederholung

Bei Lotto 6 aus 49 sollen von 49 Zahlen genau sechs Stück angekreuzt werden. Wie viele Möglichkeiten gibt es, wenn die Reihenfolge nicht beachtet wird und eine gezogene Zahl nur einmal vorkommen darf?

Lösung: $K_{o.Wdh.} = \binom{N}{n} = \binom{49}{6} = \frac{49!}{6! \cdot (49-6)!} = \frac{49!}{6! \cdot 43!} = 13.983.816$

Für ein Projekt möchte ein Unternehmen ein Team aus drei Mitarbeitern zusammenstellen. Wie viele Möglichkeiten gibt es, ein Team zu bilden, wenn zwölf Mitarbeiter zur Verfügung stehen?

Lösung: $K_{o.Wdh.} = \binom{N}{n} = \binom{12}{3} = \frac{12!}{3! \cdot (12-3)!} = 220$

In einem Hörsaal gibt es neun Lampen, die unabhängig voneinander ein- und ausgeschaltet werden können. Wie viele Möglichkeiten gibt es, wenn mindestens sechs Lampen brennen sollen?

Lösung: mindestens 6 Lampen ⇒ genau 6, 7, 8 oder 9 Lampen brennen

$N = 9; \quad n_1 = 6, \quad n_2 = 7, \quad n_3 = 8, \quad n_4 = 9$

$K_{o.Wdh.} = \binom{N}{n} \Rightarrow \binom{9}{6} + \binom{9}{7} + \binom{9}{8} + \binom{9}{9}$

$= 84 + 36 + 9 + 1 = 130$

6.4 Kombinationen

Kombination mit Wiederholung

Beispiel 1:

Aus einer Urne mit sechs verschiedenfarbigen Kugeln sollen vier Kugeln mit Zurücklegen (mit Wiederholung) gezogen werden. Wie viele Möglichkeiten gibt es, wenn die Reihenfolge unbeachtet bleibt?

Lösung: $K_{\text{m.Wdh.}} = \dfrac{(N+n-1)!}{(N-1)! \cdot n!} = \dfrac{(6+4-1)!}{(6-1)! \cdot 4!} = \dfrac{9!}{5! \cdot 4!} = 126$

Die Süßwaren GmbH produziert Bonbons in den Geschmacksrichtungen Apfel, Orange, Banane, Ananas und Blaubeere. Wie viele mögliche Bonbonmischungen gibt es, wenn 15 Bonbons in eine Tüte passen und die Bonbons zufällig in die Tüten abgefüllt werden?

Lösung: $K_{\text{m.Wdh.}} = \dfrac{(N+n-1)!}{(N-1)! \cdot n!} = \dfrac{(5+15-1)!}{(5-1)! \cdot 15!} = \dfrac{19!}{4! \cdot 15!} = 3.876$

Beispiel 2:

Ein Schmuckhersteller stellt bunte Perlenketten her aus sieben verschiedenen Farben. Auf einer Kette werden 40 Perlen aufgefädelt.

Wie viele Perlenkombinationen sind möglich, wenn die Perlen zufällig auf die Kette gefädelt werden und sich die einzelnen Farben wiederholen dürfen?

Lösung: $K_{\text{m.Wdh.}}$: $N = 7, n = 40,$ d. h. hier ist $N < n$

$\dbinom{N+n-1}{n} = \dbinom{7+40-1}{40} = \dbinom{46}{40} = 46 \;\boxed{\text{nCr}}\text{-Taste } 40 = 9.366.819$

Es gibt 9.366.819 Perlenkombinationen für diese Kette.

Kombinatorische Grundformeln im Überblick:

Auswahl aus einer Grundgesamtheit → Teilerhebung $n < N$

Reihenfolge \ Wiederholung	**ohne** Wdh. einzelner Elemente	**mit** Wdh. einzelner Elemente
Reihenfolge **wesentlich** → Variation	$\dfrac{N!}{(N-n)!}$	N^n
Reihenfolge **unwesentlich** → Kombination	$\binom{N}{n}$	$\binom{N+n-1}{n}$

Alle Elemente werden berücksichtigt → Vollerhebung $n = N$

	ohne Wdh. einzelner Elemente	**mit** Wdh. einzelner Elemente
Permutation	$N!$	$\dfrac{N!}{n_1! \cdot n_2! \cdot \ldots \cdot n_k!}$

6.4 Kombinationen

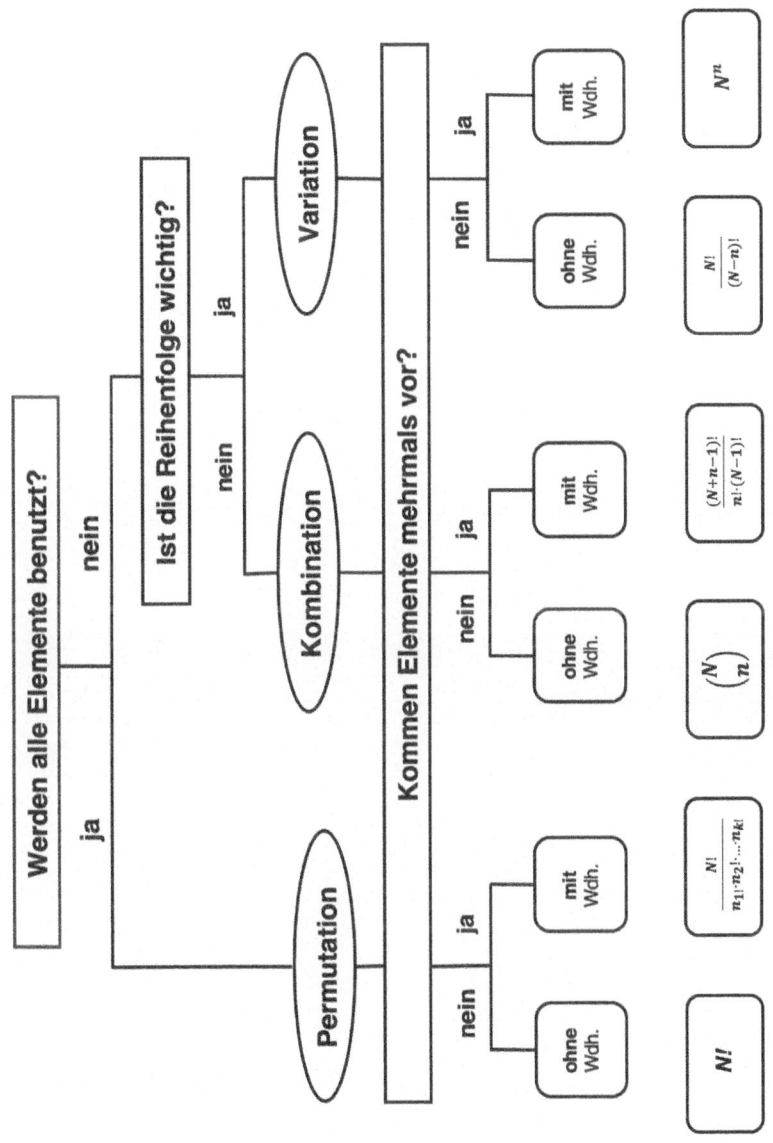

Kapitel 7

Finanzmathematik

7.1 Zinsrechnung

7.1.1 Grundbegriffe

Zins z Zinsen sind die Vergütung für ein leihweise überlassenes Kapital.

- Sollzinsen sind Schuldzinsen, die zu bezahlen sind.
- Habenzinsen sind Zinsen, die vereinnahmt werden.

Zinsfuß p Legt fest, welcher Prozentsatz des Anfangskapitals am Ende einer Zinsperiode für das Anfangskapital zu zahlen ist.

Zinssatz i Das Verhältnis $\frac{p}{100}$ (d. h. den Zins pro einer Geldeinheit, z. B. pro \$1)

Die Einteilung der Zinssätze erfolgt

- nach der Länge der Zinsperiode:
  - jährlicher Zinssatz (Jahr)
  - unterjähriger Zinssatz (Bruchteil eines Jahres, z. B. Quartal)

- nach der rechnerischen Bezugsgröße:
  - nachschüssige Verzinsung (Anfangskapital)
  - vorschüssige Verzinsung (Endkapital)

Anmerkung:
Der Standardfall ist ein jährlicher, nachschüssiger Zinssatz.

7.1.2 Jährliche Verzinsung

7.1.2.1 Einfache Zinsrechnung

Zinsfaktor q

$$q = 1 + i = 1 + \frac{p}{100}$$

mit i = Zinssatz in dezimaler Schreibweise (z. B. 0,01 bei 1%) und p = Zinsfuß in Prozent (z. B. 10 bei 10%)

Zinsperiode — Die Zinsperiode ist der Zeitraum zwischen zwei Zinszahlungen.

Anfangskapital K_0 — Kapital zu Beginn der Laufzeit (auch Barwert)

Endkapital K_n — Kapital nach der n-ten (Zins-)Periode (am Ende der Laufzeit)

n ist die Laufzeit gemessen in Jahren
t ist die Laufzeit gemessen in Tagen

Die Zinsen sind stets vom ursprünglichen Kapital K_0 zu berechnen, d. h. die jährlich fällig werdenden Zinsen bleiben immer gleich.

Zinsen

$$z_{1,2,3,\ldots,n} = \frac{K_0 \cdot p}{100} = K_0 \cdot i$$

$z = K_0 \cdot n \cdot i$ (für die Laufzeit n)

7.1 Zinsrechnung

Zinsanteil $z = \dfrac{K_0 \cdot i}{12}$ (pro Monat)

$$z = K_0 \cdot \dfrac{t \cdot i}{360} = K_0 \cdot \dfrac{t \cdot p}{360 \cdot 100} \text{ (für } t \text{ Tage)}$$

Endkapital $K_n = K_0 \cdot (1 + n \cdot i)$

$$K_n = K_0 + n \cdot z_{1,2,3,\ldots,n} = K_0 + n \cdot K_0 \cdot i$$

Kaufmännische Zinsformel:

$$K_n = K_0 \cdot \left(1 + \dfrac{t \cdot i}{360}\right) = K_0 \cdot \left(1 + \dfrac{t \cdot p}{360 \cdot 100}\right) = K_0 + z$$

Die Gleichung $K_n = K_0 \cdot (1 + n \cdot i)$ bildet die Grundlage für die Berechnung von K_0, i und n.

Durch entsprechendes Auflösen erhält man folgende Gleichungen:

Anfangskapital $K_0 = \dfrac{K_n}{1 + n \cdot i}$

Zinssatz $i = \dfrac{1}{n} \cdot \left(\dfrac{K_n}{K_0} - 1\right)$

Laufzeit $n = \dfrac{1}{i} \cdot \left(\dfrac{K_n}{K_0} - 1\right)$

Beispiel:

Endkapital $K_0 = \$2.000;\ t = 200$ Tage; $p = 10\,\%$

$$z = \$2.000 \cdot \dfrac{200 \cdot 10}{360 \cdot 100} = \$111{,}11$$

$$K_n = \$2.000 \cdot \left(1 + \frac{200 \cdot 10}{36.000}\right) = \$2.000 + \$111,11$$

$$K_n = \$2.111,11$$

Anfangskapital $K_n = \$15.000;\ n = 8\ \text{Jahre};\ p = 5,3\,\%$

$$K_0 = \frac{\$15.000}{1 + 8 \cdot 0,053}$$

$$K_0 = \$10.533,71$$

Zinssatz $K_0 = \$840;\ K_n = \$1.070;\ n = 4\ \text{Jahre}$

$$i = \frac{1}{4} \cdot \left(\frac{1.070}{840} - 1\right)$$

$$i = 0,0685$$

$$p = 0,0685 \cdot 100 = 6,85\,\%\ (\text{Zinsfuß})$$

Laufzeit $K_0 = \$5.000;\ K_n = \$7.000;\ p = 5\,\%$

$$n = \frac{1}{0,05} \cdot \left(\frac{\$7.000}{\$5.000} - 1\right) = 8\ \text{Jahre}$$

7.1.2.2 Zinseszinsrechnung

Zinsansprüche, die während der Laufzeit entstehen, werden am Ende des Jahres dem zinstragenden Kapital zugerechnet. In den folgenden Zinsperioden werden die Zinsen der vorangehenden Zinsperioden mitverzinst.

Endkapital $K_1 = K_0 \cdot (1+i)$

$K_2 = K_0 \cdot (1+i)^2$

$K_3 = K_0 \cdot (1+i)^3$

$\vdots$

$K_n = K_0 \cdot (1+i)^n = K_0 \cdot q^n$

Anfangskapital $K_0 = K_n \cdot (1+i)^{-n} = \dfrac{K_n}{q^n} = K_n \cdot q^{-n}$

Zinssatz $i = \sqrt[n]{\dfrac{K_n}{K_0}} - 1$

Laufzeit $K_n = K_0 \cdot (1+i)^n$

$\Leftrightarrow \lg(1+i)^n = \lg(K_n) - \lg(K_0)$

$\Leftrightarrow n \cdot \lg(1+i) = \lg(K_n) - \lg(K_0)$

$\Leftrightarrow n = \dfrac{\lg(K_n) - \lg(K_0)}{\lg(1+i)} = \dfrac{\lg(K_n) - \lg(K_0)}{\lg(q)}$

Beispiel:

Endkapital $K_0 = \$12.500; n = 6$ Jahre; $p = 4\%$

$$K_6 = \$12.500 \cdot (1 + 0,04)^6 = \$12.500 \cdot 1,04^6$$

$$K_6 = \$15.816,49$$

Anfangskapital $K_n = \$2.500; n = 7$ Jahre; $p = 5\%$

$$K_0 = \frac{\$2.500}{(1+0,05)^7} = \$2.500 \cdot 1,05^7$$

$$K_0 = \$1.776,70$$

Zinssatz $K_0 = \$2.000; K_n = \$4.000; n = 8$ Jahre

$$i = \sqrt[8]{\frac{\$4.000}{\$2.000}} - 1 = 0,091$$

Laufzeit $K_0 = \$9.050; K_n = \$11.000; p = 3\%$

$$\frac{\lg(\$11.000) - \lg(\$9.050)}{\lg(1+0,03)} = \frac{0,08474}{0,01284}$$

$$n = 6,6 \text{ Jahre}$$

7.1.2.3 Gemischte Verzinsung

Die gemischte Zinsrechnung ist bei gebrochenen Laufzeiten von Bedeutung (z. B. 1 Jahr + 25 Tage).

Sie stellt eine Addition aus der einfachen Zinsrechnung und der exponentiellen Zinsrechnung dar. Umfasst die Zinsperiode ein Jahr, wird bei vollen Jahren exponentiell verzinst, da die exponentielle Verzinsung ab einer vollen Zinsperiode ertragreicher ist als die lineare Verzinsung. Umfasst der Zeitraum weniger als eine Zinsperiode (unterjährig), wird einfach verzinst, da die lineare Verzinsung bei einer Verzinsung nur eines Teils einer vollen Periode einen höheren Ertrag erzielt als die exponentielle Verzinsung.

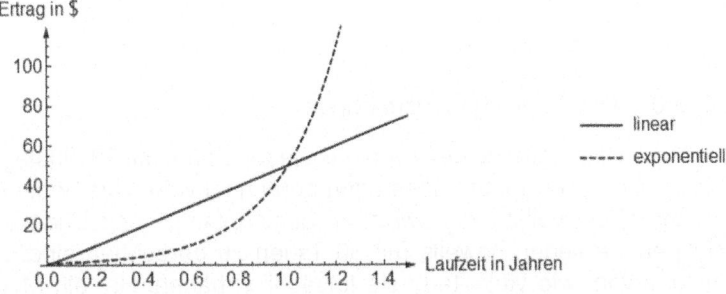

Die Abbildung der linearen versus der exponentiellen Verzinsung verdeutlicht, dass die Gerade bis zum Erreichen der ersten vollen Zinsperiode oberhalb der Exponentialfunktion liegt, da diese zu Beginn flacher ansteigt. Sie schneiden sich bei $t = 1$ Periode (hier $t = 1$ Jahr). Ab diesem Zeitpunkt erwirtschaftet die exponentielle Verzinsung einen höheren Ertrag als die lineare Verzinsung.

$n = n_1 + n_2$ mit

n gesamte Laufzeit in Jahren bei jährlichen Zinsperioden

n_1 Laufzeit einer ersten Teilperiode innerhalb der gesamten Zinsperiode n, bemessen in vollständigen (gesamten) Jahren

n_2 Laufzeit einer zweiten Teilperiode (Restperiode) innerhalb der gesamten Zinsperiode n, die der restlichen (unterjährigen) Laufzeit $(n - n_1)$ entspricht

Beispiel:

Endkapital $K_0 = \$5.000 \quad p = 3,9\%$ p. a.

Laufzeit: 12.02.2003 bis zum 20.08.2010

Der Februar in den Jahren 2004 und 2008 zählte 29 Tage.

a) 30E/360 ISDA (Deutsche Zinsmethode)

Die deutsche Zinsmethode sieht vor, dass jeder Monat mit 30 Zinstagen und ein ganzes Jahr mit 360 Zinstagen berechnet wird. Das bedeutet, dass Monate, die vollständig zwischen dem Anfangs- und Enddatum der Zinsperiode liegen, jeweils mit 30 Tagen zu berechnen sind, unabhängig davon, wie viele Tage sie tatsächlich haben. Hat ein Monat 31 Tage, so ist der 31. Kalendertag kein Zinstag. Fällt der Beginn oder das Ende der Periode auf den 31. eines Monats, wird dieser als 30. Kalendertag behandelt. Endet die Transaktion am 28. Februar oder, in einem Schaltjahr, am 29. Februar, werden die Zinsen nur bis zu diesem Tag berechnet. Geht die Transaktion dagegen über den Februar hinaus, wird der Februar wie alle Monate mit 30 Tagen behandelt. In dem o. a. Beispiel wird der 20. August 2010 nicht berechnet, da nach der kaufmännischen Zinsmethode der letzte Tag von Spareinlagen am deutschen Kapitalmarkt nicht verzinst wird (§§187, 188 BGB). Der erste Tag der Anlage wird verzinst, der letzte Tag der Anlage nicht.

10.01.2001 bis 10.03.2001 → 21 + 30 + 9 = 60 Tage
28.02.2001 bis 10.03.2001 → 3 + 9 = 12 Tage
10.01.2001 bis 28.02.2001 (kein Schaltjahr) → 21 + 27 = 48 Tage
10.01.2000 bis 29.02.2000 (Schaltjahr) → 21 + 28 = 49 Tage
10.01.2000 bis 01.03.2000 (Schaltjahr) → 21 + 30 = 51 Tage

7.1 Zinsrechnung

Monate werden immer mit 30 Tagen gezählt, unabhängig von der tatsächlichen Anzahl der Tage innerhalb des jeweils betrachteten Monats. Der 31. Tag eines Monats wird nicht berücksichtigt. Fällt das Ende oder der Beginn der Zinsperiode auf den 31. Tag eines Monats, wird dies nicht berücksichtigt. Jedes Jahr hat 12 x 30 = 360 Tage.

10.01.2001 bis 31.03.2001 → 21 + 30 + 29 = 80 Tage
31.01.2001 bis 31.03.2001 → 1 + 30 + 29 = 60 Tage
30.01.2001 bis 31.03.2001 → 1 + 30 + 29 = 60 Tage

$$K_n = K_0 \cdot \left(1 + \frac{\Delta t_1}{360} \cdot i\right) \cdot (1+i)^n \cdot \left(1 + \frac{\Delta t_2}{360} \cdot i\right)$$

K_n	Endkapital
K_0	Anfangskapital
Δt_1	Zeitraum von Kapitaleinzahlung bis zur 1. Zinsauszahlung
Δt_2	Zeitraum von letzter Zinsauszahlung bis Ende der Kapitalanlage
i	Zinssatz p. a.
n	Laufzeit gemessen in Jahren

$$K_n = \$5.000 \cdot \left(1 + \frac{319}{360} \cdot 0,039\right) \cdot (1 + 0,039)^6 \cdot$$
$$\cdot \left(1 + \frac{229}{360} \cdot 0,039\right)$$

$$K_n = \$6.669,00$$

Tag der Einzahlung → Jahresende	Laufzeit n-Jahre	Jahresende → Tag der Auszahlung
$\underbrace{\text{Restzeitraum 1}}$ einfache Verzinsung	$\underbrace{\text{Zinszeitraum}}$ Zinseszinsrechnung	$\underbrace{\text{Restzeitraum 2}}$ einfache Verzinsung
$\dfrac{30\cdot 10}{360}+\dfrac{19}{360}$ $=\dfrac{319}{360}=n_{21}$ 10 Monate + 19 Tage 12.02. inkludiert	6 Jahre $= n_1$	$\dfrac{30\cdot 7}{360}+\dfrac{19}{360}$ $=\dfrac{229}{360}=n_{22}$ 7 Monate + 19 Tage 20.08. nicht inkludiert

b) 30E/360 ICMA (US-Zinsmethode)[1]

Die Methode ähnelt der deutschen kaufmännischen Zinsmethode, da die Zinsmonate auf 30 Tage und das Zinsjahr auf 360 Tage festgelegt sind. Ausnahme ist der Februar, der kalendergenau mit 28 oder 29 Tagen kalkuliert wird, sofern der Beginn oder das Ende der Periode auf solche Tage fallen. Das Basisjahr wird, wie der Zinsmonat und das Zinsjahr, unabhängig von der Anzahl der tatsächlichen Tage mit 360 Tagen bemessen. Der erste Tag der Anlage wird nicht verzinst, der letzte Tag der Anlage hingegen schon.

10.01.2001 bis 10.03.2001 → 20 + 30 + 10 = 60 Tage
28.02.2001 (kein Schaltjahr) bis 10.03.2001 → 0 + 10 = 10 Tage
10.01.2001 bis 28.02.2001 (kein Schaltjahr) → 20 + 28 = 48 Tage
10.01.2000 bis 29.02.2000 (Schaltjahr) → 20 + 29 = 49 Tage
10.01.2000 bis 01.03.2000 → 20 + 30 + 1 = 51 Tage

---

[1] ICMA = International Capital Markets Association. Die ICMA ist ein internationaler Branchenverband für Kapitalmarktteilnehmer mit Sitz in Zürich. Die ICMA entstand 2005 durch den Zusammenschluss der International Primary Market Association und der International Securities Market Association (ISMA). Die ISMA war die frühere Association of International Bond Dealers (AIBD), die 1969 gegründet wurde. Die ICMA der Verband vor allem durch die von ihr entwickelte Zinsmethode. Die ICMA-Methode, auch als AIBD-Methode oder ISMA-Methode bezeichnet, ist heute in vielen finanzmathematischen Anwendungen internationaler Standard.

7.1 Zinsrechnung

Es zählt der 31. Kalendertag des Monats, sofern die Anlage an diesem Tag endet und die Zinsperiode nicht am 30. oder 31. eines anderen Monats beginnt.

10.01.2001 bis 31.03.2001 → 20 + 30 + 31 = 81 Tage
31.01.2001 bis 31.03.2001 → 0 + 30 + 30 = 60 Tage
30.01.2001 bis 31.03.2001 → 0 + 30 + 30 = 60 Tage

$$K_n = K_0 \cdot \left(1 + \frac{\Delta t_1}{360} \cdot i\right) \cdot (1+i)^n \cdot \left(1 + \frac{\Delta t_2}{360} \cdot i\right)$$

Erklärung der Parameter siehe a).

$$K_n = \$5.000 \cdot \left(1 + \frac{318}{360} \cdot 0{,}039\right) \cdot (1 + 0{,}039)^6 \cdot$$
$$\cdot \left(1 + \frac{230}{360} \cdot 0{,}039\right)$$

$$K_n = \$6.669{,}01$$

7 Finanzmathematik

Tag der Einzahlung → Jahresende	Laufzeit n-Jahre	Jahresende → Tag der Auszahlung
$\underbrace{\text{Restzeitraum 1}}$ einfache Verzinsung	$\underbrace{\text{Zinszeitraum}}$ Zinseszinsrechnung	$\underbrace{\text{Restzeitraum 2}}$ einfache Verzinsung
$\dfrac{30 \cdot 10}{360} + \dfrac{18}{360}$ $= \dfrac{318}{360} = n_{21}$ 10 Monate + 18 Tage 12.02. nicht inkludiert	6 Jahre $= n_1$	$\dfrac{30 \cdot 7}{360} + \dfrac{20}{360}$ $= \dfrac{230}{360} = n_{22}$ 7 Monate + 20 Tage 20.08. inkludiert

Bei allen ACT-Methoden[2] werden die Zinstage kalendergenau ermittelt. Folglich werden einzelne Monate mit 30 oder 31 Zinstagen bzw. der Februar mit 28 oder 29 Zinstagen berechnet, je nach deren tatsächlicher Anzahl an Tagen. Je nach Art der Anlage werden die Zinsen entweder am ersten oder am letzten Tag der Anlage berechnet.

c) ACT/360 (Eurozinsmethode)

Bei der ACT/360-Methode werden die Zinstage durch 360 geteilt, um den Anteil des nominalen Jahreszinssatzes zu ermitteln. Daraus ergeben sich 365 Zinstage für ein volles Jahr bzw. 366 Zinstage in einem Schaltjahr. Bei der Eurozinsmethode werden am ersten Tag der Anlage Zinsen gezahlt; am letzten Tag der Anlage werden keine Zinsen gezahlt.

---

[2] ACT oder act ist die englische Abkürzung für „actual" (in Deutsch: tatsächlich).

7.1 Zinsrechnung

$$K_n = K_0 \cdot \left(1 + \frac{\Delta t_1}{360} \cdot i\right) \cdot \left(1 + \frac{365}{360} \cdot i\right)^{t_2} \cdot$$

$$\cdot \left(1 + \frac{366}{360} \cdot i\right)^{t_3} \cdot \left(1 + \frac{\Delta t_4}{360} \cdot i\right)$$

K_n	Endkapital
K_0	Anfangskapital
Δt_1	Zeitraum von Kapitaleinzahlung bis zur 1. Zinsauszahlung
Δt_4	Zeitraum von letzter Zinsauszahlung bis Ende der Kapitalanlage
t_2	Anzahl der vollen Jahre, die kein Schaltjahr sind
t_3	Anzahl der vollen Schaltjahre
i	Zinssatz p. a.
n	Laufzeit gemessen in Jahren

$$K_n = \$5.000 \cdot \left(1 + \frac{323}{360} \cdot 0{,}039\right) \cdot \left(1 + \frac{365}{360} \cdot 0{,}039\right)^4 \cdot$$

$$\cdot \left(1 + \frac{366}{360} \cdot 0{,}039\right)^2 \cdot \left(1 + \frac{231}{360} \cdot 0{,}039\right)$$

$$K_n = \$6.695{,}50$$

Tag der Einzahlung → Jahresende	Laufzeit n-Jahre	Jahresende → Tag der Auszahlung
$\underbrace{\text{Restzeitraum 1}}$ einfache Verzinsung	$\underbrace{\text{Zinszeitraum}}$ Zinseszinsrechnung	$\underbrace{\text{Restzeitraum 2}}$ einfache Verzinsung
$\dfrac{17}{360} + \dfrac{4 \cdot 30}{360} + \dfrac{6 \cdot 31}{360}$ $= \dfrac{323}{360} = n_{21}$	4 Jahre mit 365 Tagen pro Jahr $= n_{11}$ 2 Jahre mit 366 Tagen pro Jahr $= n_{12}$	$\dfrac{28}{360} + \dfrac{2 \cdot 30}{360} + \dfrac{4 \cdot 31}{360} +$ $+ \dfrac{19}{360} = \dfrac{231}{360} = n_{22}$
10 Monate + 17 Tage 12.02. inkludiert		7 Monate + 19 Tage 20.08. nicht inkludiert

d) ACT/360 (Französiche Zinsmethode)

Der einzige Unterschied zwischen der französischen Zinsmethode und der Eurozinsmethode besteht darin, dass der erste Tag der Anlage nicht verzinst wird, der letzte Tag der Anlage jedoch schon.

$$K_n = K_0 \cdot \left(1 + \frac{\Delta t_1}{360} \cdot i\right) \cdot \left(1 + \frac{365}{360} \cdot i\right)^{t_2} \cdot$$

$$\cdot \left(1 + \frac{366}{360} \cdot i\right)^{t_3} \cdot \left(1 + \frac{\Delta t_4}{360} \cdot i\right)$$

Erklärung der Parameter siehe c).

7.1 Zinsrechnung

$$K_n = \$5.000 \cdot \left(1 + \frac{322}{360} \cdot 0,039\right) \cdot \left(1 + \frac{365}{360} \cdot 0,039\right)^4 \cdot$$

$$\cdot \left(1 + \frac{366}{360} \cdot 0,039\right)^2 \cdot \left(1 + \frac{232}{360} \cdot 0,039\right)$$

$$K_n = \$6.695,51$$

Tag der Einzahlung → Jahresende	Laufzeit n-Jahre	Jahresende → Tag der Auszahlung
Restzeitraum 1 einfache Verzinsung	Zinszeitraum Zinseszinsrechnung	Restzeitraum 2 einfache Verzinsung
$\frac{16}{360} + \frac{4 \cdot 30}{360} + \frac{6 \cdot 31}{360}$ $= \frac{322}{360} = n_{21}$	4 Jahre mit 365 Tagen pro Jahr $= n_{11}$ 2 Jahre mit 366 Tagen pro Jahr $= n_{12}$	$\frac{28}{360} + \frac{2 \cdot 30}{360} + \frac{4 \cdot 31}{360} +$ $+ \frac{20}{360} = \frac{232}{360} = n_{22}$
10 Monate + 16 Tage		7 Monate + 20 Tage
12.02. nicht inkludiert		20.08. inkludiert

e) ACT/365 fixed (Englische Zinsmethode)

Bei dieser Methode werden die Zinstage durch 365 geteilt, um den Anteil des nominalen Jahreszinssatzes zu ermitteln. Dies ist der einzige Unterschied zur ACT/360-Methode. Für den ersten Tag der Anlage werden keine Zinsen berechnet, während sie für den letzten Tag der Anlage berechnet werden.

$$K_n = K_0 \cdot \left(1 + \frac{\Delta t_1}{360} \cdot i\right) \cdot \left(1 + \frac{365}{360} \cdot i\right)^{t_2} \cdot$$

$$\cdot \left(1 + \frac{366}{360} \cdot i\right)^{t_3} \cdot \left(1 + \frac{\Delta t_4}{360} \cdot i\right)$$

Erklärung der Parameter siehe c).

$$K_n = \$5.000 \cdot \left(1 + \frac{322}{365} \cdot 0{,}039\right) \cdot \left(1 + \frac{365}{365} \cdot 0{,}039\right)^4 \cdot$$

$$\cdot \left(1 + \frac{366}{365} \cdot 0{,}039\right)^2 \cdot \left(1 + \frac{232}{365} \cdot 0{,}039\right)$$

$$K_n = \$6.669{,}26$$

Tag der Einzahlung → Jahresende	Laufzeit n-Jahre	Jahresende → Tag der Auszahlung
Restzeitraum 1 einfache Verzinsung	Zinszeitraum Zinseszinsrechnung	Restzeitraum 2 einfache Verzinsung
$\dfrac{16}{365} + \dfrac{4 \cdot 30}{365} + \dfrac{6 \cdot 31}{365}$ $= \dfrac{322}{365} = n_{21}$	4 Jahre mit 365 Tagen pro Jahr $= n_{11}$ 2 Jahre mit 366 Tagen pro Jahr $= n_{12}$	$\dfrac{28}{365} + \dfrac{2 \cdot 30}{365} + \dfrac{4 \cdot 31}{365} +$ $+ \dfrac{20}{365} = \dfrac{232}{365} = n_{22}$
10 Monate + 16 Tage 12.02. nicht inkludiert		7 Monate + 20 Tage 20.08. inkludiert

f) ACT/ACT-ICMA[3]

Die tagesspezifische Zinsmethode sieht vor, dass sowohl die Anzahl der Zinstage als auch die Länge des Basisjahres immer kalendergenau ermittelt werden. Daraus ergeben sich 365 Zinstage für ein volles Jahr bzw. 366 Zinstage für ein Schaltjahr.

$$K_n = K_0 \cdot \left(1 + \frac{\Delta t_1}{360} \cdot i\right) \cdot \left(1 + \frac{365}{360} \cdot i\right)^{t_2} \cdot$$

$$\cdot \left(1 + \frac{366}{360} \cdot i\right)^{t_3} \cdot \left(1 + \frac{\Delta t_4}{360} \cdot i\right)$$

Erklärung der Parameter siehe c).

$$K_n = \$5.000 \cdot \left(1 + \frac{322}{365} \cdot 0{,}039\right) \cdot \left(1 + \frac{365}{365} \cdot 0{,}039\right)^4 \cdot$$

$$\cdot \left(1 + \frac{366}{366} \cdot 0{,}039\right)^2 \cdot \left(1 + \frac{232}{365} \cdot 0{,}039\right)$$

$$K_n = \$6.667{,}89$$

---

[3] ACT/ACT = tagesgenaue Methode oder Effektivzinsmethode (ICMA-Methode, früher ISMA-Methode).

Tag der Einzahlung → Jahresende	Laufzeit n-Jahre	Jahresende → Tag der Auszahlung
Restzeitraum 1 einfache Verzinsung	Zinszeitraum Zinseszinsrechnung	Restzeitraum 2 einfache Verzinsung
$\dfrac{16}{365} + \dfrac{4 \cdot 30}{365} + \dfrac{6 \cdot 31}{365}$ $= \dfrac{322}{365} = n_{21}$	4 Jahre mit 365 Tagen pro Jahr $= n_{11}$ 2 Jahre mit 366 Tagen pro Jahr $= n_{12}$	$\dfrac{28}{365} + \dfrac{2 \cdot 30}{365} + \dfrac{4 \cdot 31}{365} +$ $+ \dfrac{20}{365} = \dfrac{232}{365} = n_{22}$
10 Monate + 16 Tage 12.02. nicht inkludiert		7 Monate + 20 Tage 20.08. inkludiert

7.1.3 Unterjährige Verzinsung

(Unterjährige) Teile eines Jahres, in der Regel eines Kalenderjahres, werden als Zinsperiode(n) definiert (halbjährige, vierteljährige, monatliche oder tägliche Verzinsung).

m entspricht der Anzahl der unterjährigen Zinsperioden pro Jahr

7.1 Zinsrechnung

j entspricht dem relativen Periodenzins linear verteilt auf die jeweils gleich langen unterjährigen Zinsperioden m

$$j = \frac{i}{m}$$

Die unterjährige Verzinsung erfolgt in analoger Vorgehensweise zur jährlichen Verzinsung.

7.1.3.1 Einfache Zinsrechnung (linear)

Endkapital $K_n = K_0 \cdot (1 + n \cdot i) = K_0 \cdot (1 + N \cdot j)$

Anfangskapital $K_0 = \dfrac{K_n}{1 + n \cdot i} = \dfrac{K_n}{1 + N \cdot j}$

Zinssatz $j = \dfrac{1}{N} \cdot \left(\dfrac{K_n}{K_0} - 1 \right)$

Laufzeit $N = \dfrac{1}{j} \cdot \left(\dfrac{K_n}{K_0} - 1 \right)$

Beispiel: $K_0 = \$3.000 \quad p = 7\%; \quad N_1 = 5$ Quartale; $N_2 = 0,3$ Quartale

$$j = \frac{7}{4} = 1,75\%$$

$K_{5,3} = \$3.000 \cdot (1 + 5,3 \cdot 0,0175) = \$3.278,25$

mit $j = 1,75\%$

7.1.3.2 Einfache Verzinsung unter Verwendung des nominellen Jahreszinssatzes

nomineller Zinssatz

$$K_0 \cdot (1+n \cdot i) = K_0 \cdot (1+N \cdot j) \quad \text{mit} \quad N = m \cdot n$$
$$K_0 \cdot (1+n \cdot i) = K_0 \cdot (1+m \cdot n \cdot j)$$
$$i = m \cdot j$$

Endkapital

$$K_n = K_0 \cdot (1+n \cdot i)$$

Anfangskapital

$$K_0 = \frac{K_n}{1+n \cdot i}$$

Relativer Zinssatz

$$j = \frac{1}{m \cdot n} \cdot \left(\frac{K_n}{K_0} - 1\right)$$

Laufzeit

$$n = \frac{1}{i} \cdot \left(\frac{K_n}{K_0} - 1\right)$$

Beispiel: $K_0 = \$2.000$; $j = 1,25\%$; $n = 3,5$;

$m = 4$, d. h. vierteljährige Verzinsung

nomineller Zinssatz $i = 4 \cdot 0,0125 = 0,05$

Endkapital $K_{3,5} = \$2.000 \cdot (1+3,5 \cdot 0,05) = \$2.350$

7.1 Zinsrechnung

7.1.3.3 Verzinsung mit Zinseszinsen (exponentiell)

Endkapital $\quad K_n = K_0 \cdot (1+j)^n$

Anfangskapital $\quad K_0 = K_n \cdot (1+j)^{-n}$

Zinssatz $\quad j = \sqrt[n]{\dfrac{K_n}{K_0}} - 1$

Laufzeit $\quad n = \dfrac{\ln\left(\dfrac{K_n}{K_0}\right)}{\ln(1+j)}$

Beispiel: $\quad K_n = \$20.000;\ p = 7\%;$

$m = 2$, d. h. halbjährige Verzinsung

Relativer Periodenzinssatz $\quad j = \dfrac{7}{2} = 3,5\%$

Anfangskapital $\quad K_0 = \$20.000 \cdot (1+0,035)^{-15,5} = \$11.734,23$ mit einem relativen Periodenzinssatz von $j = 3,5\%$

7.1.3.4 Verzinsung mit Zinseszinsen unter Verwendung eines konformen Jahreszinssatzes

Ein so genannter konformer (Perioden-)Zinssatz $i_{konform}$ (im Folgenden i_{kon}) führt bei m unterjährigen Verzinsungen per definitionem zum gleichen Ergebnis wie der Jahreszinssatz i.

konformer Periodenzinssatz $\quad K_0 \cdot (1+i_{kon})^n = K_0 \cdot (1+j)^N \quad$ mit $\quad N = m \cdot n$

$$K_0 \cdot (1+i_{kon})^n = K_0 \cdot (1+j)^{m \cdot n}$$

$$i_{kon} = (1+j)^m - 1$$

Endkapital $\qquad K_n = K_0 \cdot (1+i_{kon})^n$

Anfangskapital $\quad K_0 = K_n \cdot (1+i_{kon})^{-n}$

Zinssatz $\qquad j = \sqrt[m \cdot n]{\dfrac{K_n}{K_0}} - 1$

Laufzeit $\qquad n = \dfrac{\ln\left(\dfrac{K_n}{K_0}\right)}{\ln(1+i_{kon})}$

<u>Beispiel:</u> $\qquad K_0 = \$4.000;\ j = 0,5\%;\ m = 4;\ n = 6,5$

konformer $\qquad i_{kon} = (1+0,005)^4 - 1 = 0,02015050063 \approx 2\%$
Periodenzinssatz

Endkapital $\qquad K_0 \cdot (1+i_{kon})^n = K_0 \cdot (1+j)^{m \cdot n}$

$$\$4.000 \cdot (1+0,02015050063)^{6,5} = \$4.553,84$$

$$\$4.000 \cdot (1+0,005)^{4 \cdot 6,5} = \$4.553,84$$

Im vorliegenden Beispiel wird deutlich, dass ein so genannter konformer (Perioden-)Zinssatz i_{kon} bei m unterjährigen Verzinsungen per definitionem zum gleichen Ergebnis wie der (unterjährige) Jahreszinssatz j führt.

7.1.3.5 Gemischte Verzinsung

Endkapital $K_n = K_0 \cdot (1+j)^{n_1} \cdot (1+n_2 \cdot j)$ mit $n_1 = int(n)$

$n_2 = n - n_1$

Mit $int(...)$ wird die vom Taschenrechner her geläufige Integer- oder Ganzzahligkeitsfunktion repräsentiert. Das bedeutet, dass n_1 die größte Zahl ist, für die $n_1 \leq n$ gilt. Es folgt, dass n_2 auf das Intervall von 0 bis 1 beschränkt ist, $n_2 \in [0,1]$.[4]

Anfangskapital $K_0 = \dfrac{K_n}{(1+j)^{n_1} \cdot (1+n_2 \cdot j)}$

Zinssatz   Nullstellenbestimmung der Funktion

$$f(i) = -K_n + K_0 \cdot (1+j)^{n_1} \cdot (1+n_2 \cdot j)$$

Laufzeit $n = n_1 + \dfrac{1}{j} \cdot \left(\dfrac{K_n}{K_0 \cdot (1+j)^{n_1}} - 1 \right)$

mit $n_1 = int \dfrac{\left(\ln \dfrac{K_n}{K_0} \right)}{\ln(1+j)}$

<u>Beispiel:</u> $K_0 = \$10.000 \quad p = 5\%$ p. a.

$n_1 = 12$ Halbjahre; $n_2 = 3$ Monate $= 0,5$ Halbjahre

$$j = \dfrac{0,05}{2} = 0,025$$

$$K_n = \$10.000 \cdot (1+0,025)^{12} \cdot (1+0,5 \cdot 0,025)$$

---

[4] Vgl. Kruschwitz, L. (2010): Finanzmathematik, Lehrbuch der Zins-, Renten-, Tilgungs-, Kurs- und Renditerechnung, 5. Auflage, S. 6.

$$K_n = \$13.616{,}99$$

7.1.3.6 Stetige Verzinsung

Die stetige Verzinsung ist eine besondere Form der unterjährigen Verzinsung, bei der die Anzahl der Zinsperioden m unendlich groß ist bzw. gegen unendlich konvergiert. Die Dauer einer Zinsperiode nähert sich der Null an.

Die Zinserträge werden in infinitesimal kurzen Perioden erwirtschaftet und zum (jeweils vorherigen) Kapital kumuliert. Kapital und Zinsertrag werden dann (unmittelbar) wieder verzinst (Zinseszins). Bei einem gegebenen nominellen Zinssatz ist der Zinsertrag bei stetiger Verzinsung folglich höher als bei einer diskreten Verzinsung (jährliche, halbjährliche, etc.).

e Eulersche Zahl (2,71828...)
n Anzahl (Zeitraum) der Verzinsung in Jahren
i Zinssatz p. a.

Endkapital
$$K_n = \lim_{m \to \infty} \left[K_0 \cdot \left(1 + \frac{i}{m}\right)^{m \cdot n} \right]$$
$$= K_0 \cdot e^{i \cdot n}$$

Anfangskapital $K_0 = K_n \cdot e^{-i \cdot n}$

Zinssatz $i = \dfrac{\ln(K_n) - \ln(K_0)}{n}$

Laufzeit $n = \dfrac{\ln(K_n) - \ln(K_0)}{i}$

7.1 Zinsrechnung

Beispiel: $K_0 = \$1.000 \quad i = 3,3\%$ p. a. $\quad n = 5,75$ Jahre

Hinweis: Im vorliegenden Beispiel wurde ein sogenannter konformer (Perioden-)Zinssatz i_{kon} verwendet. Dieser führt per definitionem zum gleichen Ergebnis wie der (unterjährige) Jahreszinssatz j. Für die halbjährige Verzinsung wurde exemplarisch mit beiden Zinsätzen gerechnet.

- bei halbjähriger Verzinsung

<u>unter Verwendung des
(unterjährigen) Jahreszinssatzes:</u>

$$j = \frac{0,033}{2} = 0,0165$$

$$K_{5,75} = \$1.000 \cdot (1+0,0165)^{5,75 \cdot 2} \approx \$1.207,08$$

<u>unter Verwendung des
konformen Periodenzinssatzes:</u>

$$i_{kon} = \left(1 + \frac{0,033}{2}\right)^2 - 1 \approx 0,033272$$

$$K_{5,75} = \$1.000 \cdot (1+0,033272)^{5,75} \approx \$1.207,08$$

Hier wird erneut deutlich, dass ein sogenannter konformer (Perioden-)Zinssatz i_{kon} bei m unterjährigen Verzinsungen per definitionem zum gleichen Ergebnis wie der (unterjährige) Jahreszinssatz j führt.

- bei vierteljähriger Verzinsung

$$i_{kon} = \left(1 + \frac{0,033}{4}\right)^4 - 1 \approx 0,033411$$

$$K_{5,75} = \$1.000 \cdot (1 + 0,033411)^{5,75} \approx \$1.208,01$$

- bei monatlicher Verzinsung

$$i_{kon} = \left(1 + \frac{0,033}{12}\right)^{12} - 1 \approx 0,033504$$

$$K_{5,75} = \$1.000 \cdot (1 + 0,033504)^{5,75} \approx \$1.208,63$$

- bei täglicher Verzinsung

a) ACT/360

$$i_{kon} = \left(1 + \frac{0,033}{360}\right)^{360} - 1 \approx 0,033549$$

$$K_{5,75} = \$1.000 \cdot (1 + 0,033549)^{5,75} \approx \$1.208,94$$

7.1 Zinsrechnung

b) ACT/365, ACT/ACT

$$i_{kon} = \left(1 + \frac{0,033}{365}\right)^{365} - 1 \approx 0,033549$$

$$K_{5,75} = \$1.000 \cdot (1 + 0,033549)^{5,75} \approx \$1.208,94$$

c) ACT/ACT (im Falle eines Schaltjahres)

$$i_{kon} = \left(1 + \frac{0,033}{366}\right)^{366} - 1 = 0,033549$$

$$K_{5,75} = \$1.000 \cdot (1 + 0,033549)^{5,75} \approx \$1.208,94$$

- bei stetiger Verzinsung

$$K_{5,75} = \$1.000 \cdot e^{0,033 \cdot 5,75} \approx \$1.208,95$$

Im vorliegenden Beispiel wird deutlich, dass die tägliche Verzinsung der stetigen Verzinsung im Ergebnis (Kapitalendwert nach 5,75 Jahren $K_{5,75}$) sehr nahe kommt, was sich durch die relativ kurze Laufzeit von 5,75 Jahren begründet. Hingegen sind die sonstigen, hier aufgezeigten periodischen Unterschiede auch bei dieser kurzen Laufzeit signifikant.

7.2 Effektivzinsrechnung mittels ICMA-Methode

Der effektive Jahreszins ermöglicht einen Vergleich mehrerer Kreditangebote gleicher Zinsbindungsdauer. Bei der Berechnung des effektiven Jahreszinssatzes werden neben dem nominellen Jahreszinssatz auch Gebühren wie z. B. Bearbeitungsgebühren und Disagio miteinbezogen.

In Deutschland müssen seit 1985 die Kosten eines Kredits, der an einen Endverbraucher vergeben wird, nach den Vorschriften der Preisangabenverordnung (PAngV) explizit ausgewiesen werden.[5] Seit dem Jahr 2000 ist gemäß der EU-Richtlinie 98/7/EG vorgeschrieben, dass die jährlichen Kosten eines Kredits in Form des Effektivzinses mit Hilfe der international etablierten ICMA-Methode berechnet werden müssen. Die mathematische Formel der genauen Berechnung findet sich z. B. in der Anlage zur PAngV.[6]

Zur Berechnung des effektiven Jahreszinses sind die Gesamtkosten zu berücksichtigen, die vom Verbraucher (Darlehensnehmer) im Rahmen des betrachteten Kredites bzw. des zugrundeliegenden Darlehensvertrag zu tragen sind und die dem Darlehensgeber bekannt sind.

Einzubeziehen sind die zu zahlenden Zinsen sowie alle sonstigen Kosten. Zu den sonstigen Kosten gehören:

- Vermittlungskosten für das Darlehen,
- Kosten für die Eröffnung und für das Führen eines Kontos, das in Verbindung mit dem Verbraucherdarlehen steht,
- Kosten für die Verwendung von Zahlungsmitteln,
- sämtliche anderen Kosten für Zahlungsgeschäfte, die i. V.m. dem Darlehen stehen,

---

[5] Bundesministerium der Justiz und Verbraucherschutz (Hrsg.) (2021): Preisangabenverordnung (PAngV),
https://www.gesetze-im-internet.de/pangv_2022/BJNR492110021.html, zuletzt aufgerufen am 11. Januar 2024.

[6] Vgl. Bundesministerium der Justiz und Verbraucherschutz (Hrsg.) (2021): Preisangabenverordnung (PAngV), insbes. Anlage zu §16 PAngV,
https://www.gesetze-im-internet.de/pangv_2022/BJNR492110021.html, zuletzt aufgerufen am 11. Januar 2024.

7.2 Effektivzinsrechnung mittels ICMA-Methode

- Kosten für Bewertungen (z. B. für Immobilien).

Nicht zu berücksichtigen sind:

- Kosten, die aus einer Nichterfüllung von Verpflichtungen des Verbrauchers resultieren,
- Kosten für Versicherungen oder andere Zusatzleistungen, die für die Inanspruchnahme des Verbraucherdarlehens nicht vorausgesetzt sind,
- Kosten (mit Ausnahme des Kaufpreises), die vom Verkäufer unabhängig davon zu tragen sind, ob es sich um ein Bar- oder Verbraucherdarlehensgeschäft handelt,
- Kosten, z. B. in Form von Gebühren, für die Eintragung einer Eigentumsübertragung,
- Notarkosten.

In der PAngV wird zudem der Umgang mit zulässigen Zinsänderungen und Kostenveränderungen sowie die Berücksichtigung von zwingenden Nebenleistungen (z. B. Versicherungen und Mitgliedschaften) geregelt.

Für Deutschland ist in §16 PAngV die Rechenvorschrift auf Grundlage der International Capital Markets Association (ICMA), dem international führenden Branchenverband für Kapitalmarktteilnehmer, gesetzlich verankert.

Bei der Formel nach der ICMA-Methode werden die Verbraucherdarlehens-Auszahlungsbeträge und die Rückzahlungen (Tilgung, Zinsen und Verbraucherdarlehenskosten) einander gegenübergestellt.

$$\sum_{k=1}^{m} C_k (1+x)^{-t_k} = \sum_{l=1}^{m'} D_l (1+x)^{-s_l}$$

x effektiver Jahreszins

m laufende Nummer des letzten Verbraucherdarlehensauszahlungsbetrags

k laufende Nummer eines Verbraucherdarlehensauszahlungsbetrags wobei $1 \leq k \leq m$

C_k Höhe des Verbraucherdarlehensauszahlungsbetrags mit der Nummer k

t_k der in Jahren oder Jahresbruchteilen ausgedrückte Zeitraum zwischen der ersten Verbraucherdarlehensvergabe und dem Zeitpunkt der einzelnen nachfolgenden in Anspruch genommenen Verbraucherdarlehensauszahlungsbeträge, wobei $t_1 = 0$

m' laufende Nummer der letzten Tilgungs-, Zins- oder Kostenzahlung

l laufende Nummer einer Tilgungs-, Zins- oder Kostenzahlung

D_l Betrag einer Tilgungs-, Zins- oder Kostenzahlung

s_l in Jahren oder Jahresbruchteilen ausgedrückter Zeitraum zwischen dem Zeitpunkt der Inanspruchnahme des ersten Verbraucherdarlehensauszahlungsbetrags und dem Zeitpunkt jeder einzelnen Tilgungs, Zins- oder Kostenzahlung[7]

- Die von beiden Seiten zu unterschiedlichen Zeitpunkten gezahlten Beträge sind nicht notwendigerweise gleich groß und werden nicht notwendigerweise in gleichen Zeitabständen entrichtet.

- Anfangszeitpunkt ist der Tag der Auszahlung des ersten Verbraucherdarlehensbetrags.

- Der Zeitraum zwischen diesen Zeitpunkten wird in Jahren oder Jahresbruchteilen ausgedrückt. Zugrunde gelegt werden für ein Jahr 365 Tage (bzw. für ein Schaltjahr 366 Tage), 52 Wochen oder zwölf Standardmonate. Ein Standardmonat hat 30,41666 Tage (d. h. 365/12), unabhängig davon, ob es sich um ein Schaltjahr handelt oder nicht.

---

[7] Vgl. ebenda.

7.2 Effektivzinsrechnung mittels ICMA-Methode

- Das Rechenergebnis wird auf Dezimalstellen genau angegeben. Ist die Ziffer der dritten Dezimalstellle größer als oder gleich 5, so erhöht sich die Ziffer der zweiten Dezimalstelle um den Wert 1.[8]

Mittels der ICMA-Methode ist der Effektivzins nicht nur für volle Jahre, sondern auch unterjährig mit exponentiellen Zinsen zu kalkulieren, unabhängig von evtl. individuell festgelegten Zeitpunkten einer Verrechnung der Zinsen. Die Verrechnung der Zinsen erfolgt faktisch täglich, wobei die für einen Tag anfallenden Zinsen täglich dem Kapital zugeschlagen werden, so dass sie am folgenden Tag mit verzinst werden. Die Kapitalisierung findet unabhängig davon statt, ob Zahlungen geleistet werden oder nicht.

In Deutschland ist die Berechnung des Effektivzinses gesetzlich eindeutig an die Vorschriften der PAngV angelehnt, da andere Methoden, wie z. B. die Uniform-Methode[9], nur näherungsweise Lösungen liefern, die zum Teil stark differieren und daher wissenschaftlich zu verwerfen sind.[10]

Beispiele:

Beispiel 1: Berechnung des Effektivzinses unter Verwendung der ICMA-Methode bei Ratentilgung

Darlehenssumme: $1.000
2 Raten à $700 (nach 1 und 2 Jahren)
$n = 2$ Jahre

---

[8] Vgl. ebenda.
[9] Vgl. Rathmann, H. (1990): Preismessung bei Privatkrediten von Banken und Sparkassen: Eine Analyse unter besonderer Beruecksichtigung der Preisangabenverordnung. In: Hagener betriebswirtschaftliche Abhandlungen, Band 8, Heidelberg, S. 203.
Vgl. Locarek-Junge, H. (1997): Finanzmathematik: Lehr- und Übungsbuch. 3. Auflage, München, S. 147.
Vgl. Wessels, P. (1992): Zinsrecht in Deutschland und England: eine rechtsvergleichende Untersuchung. In: Münsterische Beiträge zur Rechtswissenschaft, Band 59, Berlin, S. 45.
Vgl. Geyer, H. (2014): Kennzahlen für die Bau- und Immobilienwirtschaft. 1. Auflage, Freiburg, S. 40.
[10] Vgl. Peren, F.W. (2023a): Formelsammlung Wirtschaftsmathematik, 5. Auflage, Berlin, S. 172 ff.

$$\$1.000 = \frac{\$700}{(1+i)^1} + \frac{\$700}{(1+i)^2}$$

$$q = 1+i$$

$$\$1.000 = \frac{\$700}{q} + \frac{\$700}{q^2}$$

$$\$1.000 \cdot q^2 = \$700 \cdot q + \$700$$

mit p/q-Formel: $q = 1,256918$

$$i_{eff} = q - 1 = 0,256918 = 25,69\,\%$$

Beispiel 2: Berechnung des Effektivzinses unter Verwendung der ICMA-Methode bei Ratentilgung

Darlehensumme: $100.000
zurückzuzahlen in 2 Raten à $60.000 (im Abstand von 9 Monaten)

$$\$100.000 = \frac{\$60.000}{(1+i)^1} + \frac{\$60.000}{(1+i)^2}$$

$$q = (1 + i_{eff})^{\frac{9}{12}}$$

$$\$100.000 = \frac{\$60.000}{q} + \frac{\$60.000}{q^2}$$

$$100 q^2 = 60 q + 60$$

mit p/q-Formel: $q = 1,13066239$

$$i_{eff} = q^{\frac{4}{3}} - 1 = 0,1779059$$

$$i_{eff} \approx 17,79\,\%$$

7.2 Effektivzinsrechnung mittels ICMA-Methode

Beispiel 3: Berechnung des Effektivzinses unter Verwendung der ICMA-Methode bei unterschiedlichen Rückzahlungsbeträgen

Darlehenssumme: $1.000
Rückzahlung: nach 3 Monaten: $274
               nach 6 Monaten: $274
               nach 12 Monaten: $548

$$\$1.000 = \frac{\$274}{(1+i)^{\frac{3}{12}}} + \frac{\$274}{(1+i)^{\frac{6}{12}}} + \frac{\$548}{(1+i)^{\frac{12}{12}}}$$

$$1+i = q$$

$$\$1.000 = \frac{\$274}{q^{\frac{1}{4}}} + \frac{\$274}{q^{\frac{1}{2}}} + \frac{\$548}{q^1}$$

mit numerischen Lösungsverfahren erhält man:

$$q \approx 1,1442283$$

$$i_{eff} = q - 1 \approx 1,1442283 - 1 \approx 0,1442283 \approx 14,42\,\%$$

Beispiel 4: Berechnung des Effektivzinses unter Verwendung der ICMA-Methode bei einem Disagio und unterjährige Zinszahlungen

Darlehenssumme: $5.000 (endfällig)
Disagio: $10\,\%$
$n = 15$ Monate
$i = 0,075$ (Zinszahlungen am Ende und in der Mitte eines jeden Kalenderjahres)

Zinszahlungen: nach 3 Monaten (31.12.): $93,75
               nach 9 Monaten (01.07.): $187,5
               nach 15 Monaten (31.12.): $187,5

$$\$4.500 = \frac{\$93,75}{(1+i)^{\frac{3}{12}}} + \frac{\$187,5}{(1+i)^{\frac{9}{12}}} + \frac{\$187,5+5000}{(1+i)^{\frac{15}{12}}}$$

$$1+i = q$$

$$\$4.500 = \frac{\$93,75}{q^{\frac{1}{4}}} + \frac{\$187,5}{q^{\frac{3}{4}}} + \frac{\$5187,5}{q^{\frac{5}{4}}}$$

mit numerischen Lösungsverfahren erhält man:

$$q \approx 1,1742722$$

$$i_{eff} = q - 1 \approx 1,1742722 - 1 \approx 0,1742722 \approx 17,43\%$$

Beispiel 5: Berechnung des Effektivzinses unter Verwendung der ICMA-Methode bei einem Disagio und endfälliger Tilgung

Darlehenssumme: $1.000
Disagio: $50
$n = 18$ Monate
Rückzahlung: $1.300   (endfällig nach 18 Monaten)

$$\$950 = \frac{\$1300}{(1+i)^{\frac{18}{12}}}$$

$$\frac{\$1300}{\$950} = (1+i)^{\frac{3}{2}}$$

$$1+i = \left(\frac{\$1300}{\$950}\right)^{\frac{2}{3}}$$

$$i_{eff} = \sqrt[3]{\left(\frac{\$1.300}{\$950}\right)^2} - 1 \approx 0,232574$$

$$i_{eff} \approx 23,26\%$$

7.3 Abschreibungen

Durch Abschreibungen werden Wertminderungen während ihrer wirtschaftlichen Nutzungsdauer buchhalterisch erfasst. Dabei handelt es sich um Güter des Anlage- und des Umlaufvermögens. Man unterscheidet zwischen der Zeitabschreibung und der Leistungsabschreibung.

7.3.1 Zeitabschreibung

Die Anschaffungs- bzw. Herstellungskosten werden auf die Jahre der wirtschaftlichen Nutzungsdauer verteilt.

7.3.1.1 Lineare Abschreibung

A	Anschaffungswert bzw. Nennwert
n	wirtschaftliche Nutzungsdauer in Jahren
Q_k	Abschreibungsbetrag, um den der Buchwert im k-ten Jahr vermindert wird
R_k	Buchwert nach k Jahren (mit $k = 1, 2, 3, ..., n$)
	$R_k = A - \sum Q_k$
R_n	Restwert (Restverkaufserlös, Altwert, Schrottwert) am Ende der wirtschaftlichen Nutzungsdauer
i	Abschreibungsrate, Abschreibungssatz

Bei der linearen Abschreibung wird die Differenz zwischen Anschaffungs- bzw. Herstellungskosten und dem Restwert am Ende der wirtschaftlichen Nutzungsdauer gleichmäßig auf die Perioden der Nutzung verteilt. Dabei wird ein gleichmäßiger Werteverzehr während der Nutzungsdauer unterstellt.

Es gilt: $Q_1 = Q_2 = \ldots = Q_n = \dfrac{A - R_n}{n}$

Beispiel: Ein Unternehmen erwirbt ein Fahrzeug im Wert von $90.000. Es wird eine wirtschaftliche Nutzungsdauer von 9 Jahren unterstellt. Ferner wird davon ausgegangen, dass das Fahrzeug am Ende der Nutzungsdauer für $9.000 verkauft werden kann. Das Unternehmen entscheidet sich für die lineare Abschreibung.

$A = \$90.000;\quad R_n = \$9.000;\quad n = 9$

Abschreibungsbetrag:

$$Q_1 = \frac{\$90.000 - \$9.000}{9} = \$9.000$$

Abschreibungsrate:

$$i = \frac{\$9.000}{\$90.000 - \$9.000} \cdot 100\% = 11,11\%$$

7.3.1.2 Arithmetisch-degressive Abschreibung

Bei der arithmetisch-degressiven Abschreibung verringern sich die jährlichen Abschreibungsbeträge um einen konstanten Betrag d. So werden die ersten Jahre stärker belastet als die späteren. Das bedeutet, dass ein abnehmender Werteverzehr während der wirtschaftlichen Nutzungsdauer unterstellt wird.

d Degressionsbetrag

N Summe der Jahresziffern der wirtschaftlichen Nutzungsdauer

T_k Restnutzungsdauer am Jahresbeginn nach k Jahren

7.3 Abschreibungen

Degressions- $\quad d = \dfrac{\text{Anschaffungskosten} - \text{Restwert}}{\text{Summe der Jahresziffern}}$
betrag

$$\text{bzw. } d = \frac{A - R_n}{1 + 2 + 3 + \ldots + n}$$

$$\text{oder } d = \frac{A - R_n}{\dfrac{n \cdot (n+1)}{2}}$$

$$\text{oder } d = \frac{2 \cdot (A - R_n)}{n \cdot (n+1)}$$

$$\text{oder } d = \frac{A - R_n}{N}$$

Abschreibungs- $\quad Q_k = d \cdot T_k$
betrag

Beispiel: Ein Unternehmen erwirbt ein Fahrzeug im Wert von $90.000. Es wird eine wirtschaftliche Nutzungsdauer von 9 Jahren unterstellt. Ferner wird davon ausgegangen, dass das Fahrzeug am Ende der Nutzungsdauer für $9.000 verkauft werden kann. Es wird ein um einen konstanten Betrag abnehmender Werteverzehr unterstellt.

$A = \$90.000; \quad R_n = \$9.000; \quad n = 9$

$$d = \frac{\$90.000 - \$9.000}{1 + 2 + 3 + 4 + \ldots + 9} = \$1.800$$

$Q_1 = \$1.800 \cdot 9 = \$16.200$

$Q_2 = \$1.800 \cdot 8 = \$14.400$

$$Q_3 = \$1.800 \cdot 7 = \$12.600$$

$$\vdots$$

$$Q_9 = \$1.800 \cdot 1 = \$1.800$$

Das Beispiel verdeutlicht, dass der Degressionsbetrag in Höhe von $1.800 dem Abschreibungsbetrag im letzten Jahr der wirtschaftlichen Nutzungsdauer entspricht.

7.3.1.3 Geometrisch-degressive Abschreibung

Bei der geometrisch-degressiven Abschreibung verringern sich die jährlichen Abschreibungsbeträge um die Abschreibungsrate.

Bestimmung der Buchwerte R_k und des Restwertes R_n

Anfang des 1. Jahres	A
Ende des 1. Jahres	$R_1 = A - A \cdot i = A \cdot (1-i)$
Ende des 2. Jahres	$R_2 = R_1 - R_1 \cdot i = R_1 \cdot (1-i) = A \cdot (1-i)^2$
Ende des 3. Jahres	$R_3 = R_2 - R_2 \cdot i = R_2 \cdot (1-i) = A \cdot (1-i)^3$
$\vdots$	
Ende des n-ten Jahres	$R_n = R_{n-1} - R_{n-1} \cdot i = R_{n-1} \cdot (1-i)$
	$R_n = A \cdot (1-i)^n$

Bestimmung der Abschreibungsbeträge Q_k

Ende des 1. Jahres	$Q_1 = A \cdot i$
Ende des 2. Jahres	$Q_2 = R_1 \cdot i = A \cdot (1-i) \cdot i$
Ende des 3. Jahres	$Q_3 = R_2 \cdot i = A \cdot (1-i)^2 \cdot i$
$\vdots$	
Ende des n-ten Jahres	$Q_n = R_{n-1} \cdot i = A \cdot (1-i)^{n-1} \cdot i$

7.3 Abschreibungen

Bestimmung der Abschreibungsrate $i = \dfrac{p}{100}$

Die Abschreibungsrate i wird durch das Verhältnis des angestrebten Restwertes R_n zum Anschaffungswert A bestimmt.

$$R_n = A \cdot \left(1 - \frac{p}{100}\right)^n \qquad |\div A$$

$$\Leftrightarrow \quad \frac{R_n}{A} = \left(1 - \frac{p}{100}\right)^n \qquad |\sqrt[n]{\ldots}$$

$$\Leftrightarrow \quad \sqrt[n]{\frac{R_n}{A}} = 1 - \frac{p}{100} \qquad |-1;\ \cdot(-100)$$

$$\Leftrightarrow \quad p = 100 \cdot \left(1 - \sqrt[n]{\frac{R_n}{A}}\right)$$

Beispiel: Ein Unternehmen erwirbt ein Fahrzeug im Wert von $90.000. Es wird eine wirtschaftliche Nutzungsdauer von 9 Jahren unterstellt. Ferner wird davon ausgegangen, dass das Fahrzeug am Ende der Nutzungsdauer für $9.000 verkauft werden kann. Der Abschreibungsbetrag soll jährlich um eine konstante Abschreibungsrate sinken.

$A = \$90.000;\quad R_n = \$9.000;\quad n = 9$

$$p = 100 \cdot \left(1 - \sqrt[9]{\frac{\$9.000}{\$90.000}}\right) \approx 22{,}57\,\%$$

$Q_1 = \$90.000,00 \cdot 0,2257 = \$20.313,00$

$R_1 = \$90.000,00 - \$20.313,00 = \$69.687,00$

$Q_2 = \$69.687,00 \cdot 0,2257 = \$15.728,36$

$$R_2 = \$69.687,00 - \$15.728,36 = \$53.958,64$$

k	Q_k in $	R_k in $
1	20.313,00	69.687,00
2	15.728,36	53.958,64
3	12.178,47	41.780,17
4	9.427,78	32.352,39
5	7.301,93	25.050,46
6	5.653,89	19.396,57
7	4.377,81	15.018,76
8	3.389,73	11.629,03
9	2.624,67	9.004,36

Differenzen sind auf Rundungsfehler zurückzuführen.

7.3.2 Leistungsabschreibung

Gemäß der wechselnden Inanspruchnahme der Anlagegüter erfolgt die Abschreibung entsprechend der Nutzungsintensität. Der Abschreibungsbetrag einer Periode hängt von der verbrauchten Leistung dieser Periode ab. Daher kann es hier in der Regel keinen einheitlichen Trend für den Verlauf der jährlichen Abschreibungsbeträge oder eine konstante Abschreibungsrate geben.

L_G Gesamtleistung des Anlageguts

L_{P_t} in der Periode verbrauchte Leistung

7.3 Abschreibungen

Beispiel: Ein Unternehmen erwirbt ein Fahrzeug im Wert von $90.000. Es wird eine Gesamtleistung von 300.000 Kilometern unterstellt. Im ersten Jahr legt das Fahrzeug 50.000 Kilometer zurück. Es soll dem Verbrauch entsprechend abgeschrieben werden.

$$A = \$90.000; \quad L_G = 300.000 \text{ km}; \quad L_{Pt} = 50.000 \text{ km}$$

$$Q_k = \frac{50.000}{300.000} \cdot \$90.000 = \$15.000$$

7.3.3 Außerplanmäßige Abschreibung

Neben den bisher erklärten planmäßigen Abschreibungsmethoden, die eine dauernde Wertminderung erfassen, kann auch außerplanmäßig abgeschrieben werden. Die außerplanmäßige oder außerordentliche Abschreibung erfasst Wertminderungen, die nicht durch die plangemäß unterstellte Nutzung verursacht werden. Dies ist z. B. bei außergewöhnlichem technologischem Fortschritt oder bei nicht vorhersehbaren, d. h. nicht geplanten, Sachschäden der Fall.

Beispiel: Ein Unternehmen erwirbt ein Fahrzeug im Wert von $90.000. Nach den ersten beiden Jahren, in denen planmäßig abgeschrieben wurde, hat das Fahrzeug einen Buchwert von $72.000. Im dritten Jahr ist das Fahrzeug in einen Unfall verwickelt und wird stark beschädigt. Trotz Reparatur hat das Fahrzeug als Unfallwagen an Wert verloren. Ein Gutachter bescheinigt einen aktuellen Wert von $40.000.

Bei der planmäßigen Abschreibung sei eine wirtschaftliche Nutzungsdauer von 9 Jahren und ein Verkaufserlös am Ende der Nutzungsdauer von $9.000 unterstellt.

Planmäßiger Abschreibungsbetrag:

$$Q_1 = \frac{\$90.000 - \$9.000}{9} = \$9.000$$

Außerplanmäßiger Abschreibungsbetrag:

$\$72.000 - \$40.000 = \$32.000$

Statt des planmäßigen Abschreibungsbetrages in Höhe von $9.000 wird im dritten Jahr der Nutzungsdauer eine Abschreibung in Höhe von $32.000 vorgenommen. So steht das Fahrzeug mit dem aktuellem (Buch-)Wert über $40.000 in den Büchern des Unternehmens.

7.4 Rentenrechnung

7.4.1 Grundbegriffe

Eine Rente r ist eine wiederkehrende Zahlung, die in regelmäßigen Abständen geleistet oder empfangen wird. Bei den Zahlungen kann es sich sowohl um Einzahlungen als auch um Auszahlungen handeln.

Rentenbarwert R_0	Gesamtwert einer Rente zu Beginn der Zahlungsperiode
Rentenendwert R_n	Gesamtwert einer Rente nach n Jahren
Rente r	Regelmäßig gezahlte Rate
Zinsfaktor q	Jährlicher Verzinsungsfaktor $q = 1 + i$
Aufzinsungsfaktor	Zinst einen Geldbetrag exponentiell (mit Zins und Zinseszins) über n Perioden auf

7.4 Rentenrechnung

$$q^n = (1+i)^n$$

Abzinsungsfaktor Zinst einen Geldbetrag exponentiell (mit Zins und Zinseszins) über n Perioden ab

$$q^{-n} = (1+i)^{-n}$$

Rentenbarwertfaktor $\dfrac{q^n - 1}{q^n \cdot (q-1)} = \dfrac{(1+i)^n - 1}{(1+i)^n \cdot i}$

Mit Hilfe des Rentenbarwertfaktors lässt sich der Rentenbarwert gleichförmiger (Renten-)Zahlungen ermitteln.

(a) (jährlich) nachschüssig:

$$R_0 = r \cdot \frac{q^n - 1}{q^n \cdot (q-1)} = r \cdot \frac{q^n - 1}{q^n \cdot i}$$

(b) (jährlich) vorschüssig:

$$R_0 = r \cdot \frac{q \cdot (q^n - 1)}{q^n \cdot (q-1)} = r \cdot \frac{q \cdot (q^n - 1)}{q^n \cdot i}$$

Rentenendwertfaktor $\dfrac{q^n - 1}{q^n \cdot (q-1)} = \dfrac{(1+i)^n - 1}{(1+i)^n \cdot i}$

Mit Hilfe des Rentenendwertfaktors lässt sich der Rentenendwert gleichförmiger (Renten-)Zahlungen ermitteln.

(a) (jährlich) nachschüssig:

$$R_n = r \cdot \frac{q^n - 1}{q - 1} = r \cdot \frac{q^n - 1}{i}$$

(b) (jährlich) vorschüssig:

$$R_n = r \cdot \frac{q \cdot (q^n - 1)}{q - 1} = r \cdot \frac{q \cdot (q^n - 1)}{i}$$

Annuitätenfaktor Der Annuitätenfaktor verteilt einen festen Geldbetrag zu gleichen Annuitäten A unter Berücksichtigung von Zins und Zinseszins auf n Perioden. Der Annuitätenfaktor entspricht somit dem Kehrwert des Rentenbarwertfaktors.

(a) (jährlich) nachschüssig

$$A_{nach} = \frac{q^n \cdot (q-1)}{q^n - 1} = \frac{q^n \cdot i}{q^n - 1}$$

(b) (jährlich) vorschüssig

$$A_{vor} = \frac{q^n \cdot i}{q \cdot (q^n - 1)}$$

Beispiel:

Frau Pfennig erbt am 1. Januar 2010 $1.000.000. Sie möchte diesen Betrag in den kommenden 15 Jahren zu jährlich gleichen Teilen verzehren. Dabei rechnet sie mit einem Kalkulationszinssatz (durchschnittlichem Zinssatz während dieser 15 Jahre) von 2,5 % p. a. Frau Pfennig möchte sich die jährliche Rente jeweils zu Beginn eines (Kalender-)Jahres auszahlen lassen.

Dieser jährliche, vorschüssige Annuitätenfaktor ergibt sich zu

$$A_{vor} = \frac{q^n \cdot i}{q \cdot (q^n - 1)} = \frac{(1,025)^{15} \cdot 0,025}{(1,025) \cdot (1,025^{15} - 1)} \approx 0,078798$$

$$\Rightarrow R_{15}^{vor} \approx \$78.798$$

Frau Pfennig stehen zu Beginn eines jeden (Kalender-)Jahres rund $78.798 15 Jahre lang zur Verfügung, möchte sie wie geplant die Summe von $1.000.000 bei einem Kalkulationszinssatz von 2,5 % p. a. verzehren.

7.4 Rentenrechnung

Übersicht:

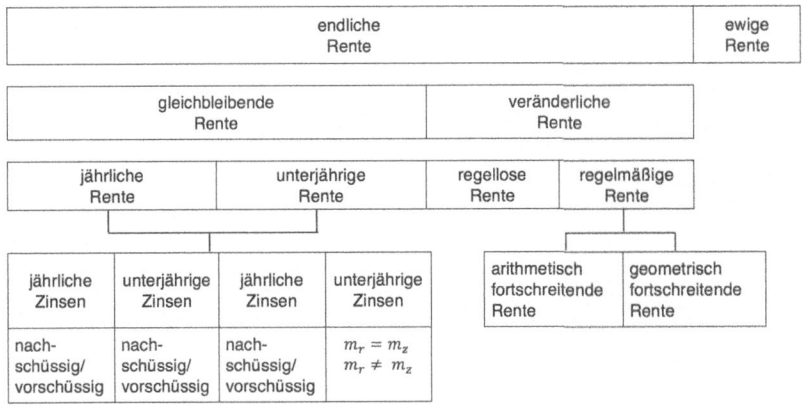

7.4.2 Endliche, gleichbleibende Rente

7.4.2.1 Jährliche Rente mit jährlichen Zinsen

Renten- und Zinsperioden betragen genau ein Jahr.

(a) nachschüssige Rente: Zahlung erfolgt am Jahresende

Rentenendwert $R_1 = r_1$

$$R_2 = r_2 + R_1 \cdot q = r_2 + r_1 \cdot q$$

$$R_3 = r_3 + R_2 \cdot q = r_3 + r_2 \cdot q + r_1 \cdot q^2$$

$$\vdots$$

$$R_n = r_n + r_{n-1} \cdot q + r_{n-2} \cdot q^2 + \ldots + r_2 \cdot q^{n-2} + r_1 \cdot q^{n-1}$$

$$R_n = r \cdot (1 + q^1 + q^2 + \ldots + q^{n-1})$$

$$R_n = r \cdot \underbrace{\frac{q^n - 1}{q - 1}}_{\text{Rentenendwertfaktor}} = r \cdot \frac{q^n - 1}{i}$$

Rentenbarwert $K_n = K_0 \cdot q^n \mathrel{\widehat{=}} R_n = R_0 \cdot q^n$

$$R_0 = r \cdot \underbrace{\frac{q^n - 1}{q^n \cdot (q - 1)}}_{\text{Rentenbarwertfaktor}} = r \cdot \frac{q^n - 1}{q^n \cdot i}$$

Rente (R_n geg.) $r = R_n \cdot \dfrac{q - 1}{q^n \cdot (q - 1)} = R_n \cdot \dfrac{i}{q^n - 1}$

Rente (R_0 geg.) $r = R_0 \cdot \dfrac{(q - 1) \cdot q^n}{q^n - 1} = R_0 \cdot \dfrac{i \cdot q^n}{q^n - 1}$

Zinssatz (R_n geg.) $R_n = r \cdot \dfrac{q^n - 1}{i}$

Nullstellenbestimmung der Funktion

$$f(i) = -R_n + r \cdot \frac{(1 + i)^n - 1}{i}$$

$$f'(i) = r \cdot \frac{i \cdot n \cdot q^{n-1} - q^n + 1}{i^2}$$

Newtonsches Näherungsverfahren[11]

$$i_{k+1} = i_k - \frac{f(i_k)}{f'(i_k)}$$

Zinssatz (R_0 geg.) $R_0 = r \cdot \dfrac{q^n - 1}{q^n \cdot (q - 1)}$

---

[11] Siehe Kapitel 4.5.2.

7.4 Rentenrechnung

Nullstellenbestimmung der Funktion

$$f(i) = -R_0 + r \cdot \frac{(1+i)^n - 1}{i \cdot (1+i)^n}$$

$$f'(i) = r \cdot \frac{q + n \cdot i - q^{n+1}}{i^2 \cdot q^{n+1}}$$

Newtons Tangentenmethode

$$i_{k+1} = i_k - \frac{f(i_k)}{f'(i_k)}$$

Laufzeit (R_n geg.) $\quad R_n = r \cdot \dfrac{q^n - 1}{i} \qquad\qquad |\; \cdot i;\; \div r;\; +1$

$$q^n = 1 + \frac{i \cdot R_n}{r} \qquad\qquad |\; \ln(...)$$

$$n = \frac{\ln\left(1 + \dfrac{i \cdot R_n}{r}\right)}{\ln(q)}$$

Laufzeit (R_0 geg.) $\quad R_0 = r \cdot \dfrac{q^n - 1}{i \cdot q^n}$

$$n = \ln\left(\frac{i \cdot R_n}{r} + 1\right) \cdot \frac{1}{\ln(q)}$$

(b) vorschüssige Rente: Zahlung erfolgt zu Beginn des jeweiligen Jahres

Rentenendwert $\quad R_1 = r_0 \cdot q$

$$R_2 = r_1 \cdot q + R_1 \cdot q = r_1 \cdot q^1 + r_0 \cdot q^2$$

$$R_3 = r_2 \cdot q + R_2 \cdot q = r_2 \cdot q^1 + r_1 \cdot q^2 + r_0 \cdot q^3$$

$$\vdots$$

$$R_n = r_{n-1} \cdot q^1 + r_{n-2} \cdot q^2 + \ldots + r_2 \cdot q^{n-2} + r_1 \cdot q^{n-1}$$

$$+ r_0 \cdot q^n$$

$$R_n = r \cdot (q^1 + q^2 + \ldots + q^n)$$

$$R_n = r \cdot q \cdot (1 + q^1 + q^2 + \ldots + q^{n-1})$$

$$R_n = r \cdot q \cdot \frac{q^n - 1}{q - 1} = r \cdot q \cdot \frac{q^n - 1}{i}$$

Rentenbarwert $\quad R_0 = r \cdot \dfrac{q \cdot (q^n - 1)}{i \cdot q^n}$

Rente (R_n geg.) $\quad r = R_n \cdot \dfrac{q - 1}{q \cdot (q^n - 1)} = \dfrac{R_n \cdot i}{q \cdot (q^n - 1)}$

Rente (R_0 geg.) $\quad r = R_0 \cdot \dfrac{(q - 1) \cdot q^n}{q \cdot (q^n - 1)} = R_0 \cdot \dfrac{i \cdot q^n}{q \cdot (q^n - 1)}$

Zinssatz (R_n geg.) $\quad f(i) = -R_n + r \cdot \dfrac{(1 + i)^{n+1} - (1 + i)}{i}$

$$f'(i) = r \cdot \frac{i \cdot (n + 1) \cdot q^n - q^{n+1} + 1}{i^2}$$

Zinssatz (R_0 geg.) $\quad f(i) = -R_0 + r \cdot \dfrac{(1 + i)^{n+1} - (1 + i)}{i \cdot (1 + i)^n}$

$$f'(i) = r \cdot \frac{i \cdot ((n + 1) \cdot n) - q + q^{1-n}}{i^2}$$

7.4 Rentenrechnung

Laufzeit (R_n geg.) $n = \dfrac{\ln\left(q + \dfrac{i \cdot R_n}{r}\right)}{\ln(q)} - 1$

Laufzeit (R_0 geg.) $n = 1 - \dfrac{\ln\left(q - \dfrac{i \cdot R_0}{r}\right)}{\ln(q)}$

7.4.2.2 Jährliche Rente mit unterjährigen Zinsen

Die Rentenperioden umfassen ein Jahr ($m_r = 1$), es gibt jedoch mehrere Zinsperioden pro Jahr ($m_z > 1$).

Nomineller, relativer und konformer Zinssatz

konformer Zinssatz   diskret $i^* = (1+j)^{m_z} - 1 = \left(1 + \dfrac{i}{m_z}\right)^{m_z} - 1$

stetig $i^* = e^i - 1$

relativer Zinssatz $j = (1 + i^*)^{\frac{1}{m_z}} - 1$

(a) nachschüssige Rente:

Rentenendwert $R_n = r \cdot \dfrac{(1+i^*)^n - 1}{i^*}$

Rentenbarwert $R_0 = r \cdot \dfrac{(1+i^*)^n - 1}{i^* \cdot (1+i^*)^n}$

Rente (R_n geg.) $r = R_n \cdot \dfrac{i^*}{(1+i^*)^n - 1}$

Rente (R_0 geg.) $\quad\quad r = R_n \cdot \dfrac{i^* \cdot (1+i^*)^n}{(1+i^*)^n - 1}$

Zinssatz (R_n geg.) $\quad\quad f(i^*) = -R_n + r \cdot \dfrac{(1+i^*)^n - 1}{i^*}$

$\quad\quad\quad\quad\quad\quad\quad\quad f'(i^*) = r \cdot \dfrac{i^* \cdot n \cdot (1+i^*)^{n-1} - (1+i^*)^n + 1}{(i^*)^2}$

Zinssatz (R_0 geg.) $\quad\quad f(i^*) = -R_0 + r \cdot \dfrac{(1+i^*)^n - 1}{i^* \cdot (1+i^*)^n}$

$\quad\quad\quad\quad\quad\quad\quad\quad f'(i^*) = r \cdot \dfrac{(1+i^*) + n \cdot i^* - (1+i^*)^{n+1}}{(i^*)^2 \cdot (1+i^*)^{n+1}}$

Laufzeit (R_n geg.) $\quad\quad n = \dfrac{\ln\left(1 + \dfrac{i^* \cdot R_n}{r}\right)}{\ln(1+i^*)}$

Laufzeit (R_0 geg.) $\quad\quad n = \ln\left(\dfrac{i^* \cdot R_n}{r} + 1\right) \cdot \dfrac{1}{\ln(q)}$

Beispiel:

Eine jährlich nachschüssig zahlbare Rente in Höhe von $700 wird über acht Jahre ausgezahlt. Die Verzinsung liegt bei 1,25 % im Quartal. Wie hoch ist der Barwert?

$$i^* = (1+0,0125)^4 - 1 = \left(1 + \dfrac{0,05}{4}\right) - 1 \approx 0,05095$$

$$R_0 = \$700 \cdot \dfrac{(1+0,05095)^8 - 1}{0,05095 \cdot (1+0,05095)^8} = \$4.506,93$$

Der Barwert beträgt $4.506,93.

7.4 Rentenrechnung

(b) vorschüssige Rente:

Rentenendwert $\quad R_n = r \cdot \dfrac{(1+i^*)^{n+1} - (1+i^*)}{i^*}$

Rentenbarwert $\quad R_0 = r \cdot \dfrac{(1+i^*)^n - 1}{i^* \cdot (1+i^*)^{n-1}}$

Rente (R_n geg.) $\quad r = R_n \cdot \dfrac{i^*}{(1+i^*)^{n+1} - (1+i^*)}$

Rente (R_0 geg.) $\quad r = R_0 \cdot \dfrac{i^* \cdot (1+i^*)^{n-1}}{(1+i^*)^n - 1}$

Zinssatz (R_n geg.) $\quad f(i^*) = -R_n + r \cdot \dfrac{(1+i^*)^{n+1} - (1+i^*)}{i^*}$

$$f'(i^*) = r \cdot \dfrac{(n+1)\cdot(1+i^*)^n \cdot i^* - i^* - (1+i^*)^{n+1} + (1+i^*)}{(i^*)^2}$$

Zinssatz (R_0 geg.) $\quad f(i^*) = -R_0 + r \cdot \dfrac{(1+i^*)^n - 1}{i^* \cdot (1+i^*)^{n-1}}$

$$f'(i^*) = r \cdot \dfrac{n \cdot i^* - (1+i^*) - i^* \cdot (n-1)}{(i^*)^2}$$

Laufzeit (R_n geg.) $\quad n = \dfrac{\ln\left((1+i^*) + \dfrac{i^* \cdot R_n}{r}\right)}{\ln(1+i^*)} - 1$

Laufzeit (R_0 geg.) $\quad n = 1 - \dfrac{\ln\left((1+i^*) - \dfrac{i^* \cdot R_0}{r}\right)}{\ln(^+i^*)}$

Beispiel:

Eine jährlich vorschüssig zahlbare Rente in Höhe von $700 wird über acht Jahre ausgezahlt. Die Verzinsung liegt bei 1,25 % im Halbjahr. Wie hoch ist der Rentenendwert?

$$i^* = (1+0{,}0125)^2 - 1 = \left(1 + \frac{0{,}025}{2}\right)^2 - 1 \approx 0{,}02516$$

$$R_8 = \$700 \cdot \frac{(1+0{,}02516)^{8+1} - (1+0{,}02516)}{0{,}02516} = \$4.585{,}76$$

Den Rentenendwert nach acht Jahren beträgt $4.585,76.

7.4.2.3 Unterjährige Rente mit jährlichen Zinsen

Die Rentenzahlungen erfolgen in unterjährigen Rentenperioden (halbjährlich $m_r = 2$, vierteljährlich $m_r = 4$, monatlich $m_r = 12$), die Zinsperioden umfassen ein Jahr.

T entspricht der Höhe der regelmäßigen Rentenzahlungen

(a) ganzzahlige Laufzeit

nachschüssige Rentenzahlung

$$T = r \cdot \left(m_r + \frac{i}{m_r} \cdot \left[0 + 1 + 2 + \ldots + (m_r - 1) \right] \right)$$

mit $0 + 1 + 2 + \ldots + (m_r - 1) = \dfrac{(m_r - 1) \cdot m_r}{2}$

$$T = r \cdot \left(m_r + \frac{i}{m_r} \cdot \left[\frac{(m_r - 1) \cdot m_r}{2} \right] \right)$$

$$T = r \cdot \left(m_r + \frac{i}{2} \cdot (m_r - 1) \right)$$

7.4 Rentenrechnung

Rentenendwert $R_n = \underbrace{r \cdot \left(m_r + \dfrac{i}{2} \cdot (m_r - 1)\right)}_{T} \cdot \dfrac{q^n - 1}{i}$

Rentenbarwert $R_0 = r \cdot \left(m_r + \dfrac{i}{2} \cdot (m_r - 1)\right) \cdot \dfrac{q^n - 1}{i \cdot q^n}$

vorschüssige Rentenzahlung

$$T = r \cdot \left(m_r + \dfrac{i}{m_r} \cdot \left[1 + 2 + 3 + \ldots + m_r\right]\right)$$

mit $1 + 2 + 3 + \ldots + m_r = \dfrac{(m_r + 1) \cdot m_r}{2}$

$$T = r \cdot \left(m_r + \dfrac{i}{m_r} \cdot \left[\dfrac{(m_r + 1) \cdot m_r}{2}\right]\right)$$

$$T = r \cdot \left(m_r + \dfrac{i}{2} \cdot (m_r + 1)\right)$$

Rentenendwert $R_n = \underbrace{r \cdot \left(m_r + \dfrac{i}{2} \cdot (m_r + 1)\right)}_{T} \cdot \dfrac{q^n - 1}{i}$

Rentenbarwert $R_0 = r \cdot \left(m_r + \dfrac{i}{2} \cdot (m_r + 1)\right) \cdot \dfrac{q^n - 1}{i \cdot q^n}$

Beispiel:

Frau Pfennig erbt einen Geldbetrag, den sie zu einer Verzinsung von 4 % p. a. anlegt. Sie möchte zehn Jahre lang monatlich vorschüssig einen konstanten Betrag von $1.400 ausgezahlt bekommen, so dass das Geld am Ende aufgebraucht ist. Wie hoch war der Geldbetrag, den sie geerbt hat?

$$R_0 = \$1.400 \cdot \left(12 + \frac{0,04}{2} \cdot (12+1)\right) \cdot \frac{1,04^{10}-1}{0,04 \cdot 1,04^{10}} = \$139.215,42$$

Der Geldbetrag, den Frau Pfennig geerbt hat, beträgt $139.215,42.

(b) nicht-ganzzahlige Laufzeiten

$n = \dfrac{N}{m_r}$ $\qquad\qquad N \in \mathbb{Z}$

$N_1 = n_1 \cdot m_r$ $\qquad\qquad n_1 = int(n)$

und $\qquad\qquad\qquad$ mit

$N_2 = n_2 \cdot m_r$ $\qquad\qquad n_2 = n - n_1$

nachschüssige Rentenzahlung

Rentenendwert

$$R_n = r \cdot \left[\left(m_r + \frac{i}{2} \cdot (m_r - 1)\right) \cdot \frac{q^{n_1}-1}{i} \cdot (1 + n_2 \cdot i) + \left(N_2 + \frac{i}{m_r} \cdot \frac{(N_2-1) \cdot N_2}{2}\right)\right]$$

Rentenbarwert

$$R_0 = r \cdot \frac{\left(m_r + \frac{i}{2} \cdot (m_r - 1)\right) \cdot \frac{q^{n_1}-1}{i} \cdot (1 + n_2 \cdot i) + \left(\frac{i}{m_r} \cdot \frac{(N_2-1) \cdot N_2}{2}\right)}{q^{n_1} \cdot (1 + n_2 \cdot i)}$$

7.4 Rentenrechnung

vorschüssige Rentenzahlung

Rentenendwert

$$R_n = r \cdot \left[\left(m_r + \frac{i}{2} \cdot (m_r + 1) \right) \cdot \frac{q^{n_1}-1}{i} \cdot (1 + n_2 \cdot i) + \left(N_2 + \frac{i}{m_r} \cdot \frac{(N_2+1) \cdot N_2}{2} \right) \right]$$

Rentenbarwert

$$R_0 = r \cdot \frac{\left(m_r + \frac{i}{2} \cdot (m_r + 1) \right) \cdot \frac{q^{n_1}-1}{i} \cdot (1 + n_2 \cdot i) + \left(\frac{i}{m_r} \cdot \frac{(N_2+1) \cdot N_2}{2} \right)}{q^{n_1} \cdot (1 + n_2 \cdot i)}$$

Beispiel:

Frau Pfennig zahlt jedes Quartal nachschüssig einen Betrag in Höhe von $500 auf ein Konto ein. Die Verzinsung beträgt 2 % p. a. Wieviel Geld ist nach 10 Jahren und 6 Monaten auf dem Konto?

$N_2 = 0,5 \cdot 4 = 2$

$$R_{10,5} = \$500 \cdot \left[\left(4 + \frac{0,02}{2} \cdot (4-1) \right) \cdot \frac{1,02^{10}-1}{0,02} \cdot (1 + 0,5 \cdot 0,02) + \right.$$
$$\left. + \left(2 + \frac{1}{4} \cdot \frac{(2-1) \cdot 2}{2} \right) \right]$$

$R_{10,5} = \$23.409,32$

Nach 10 Jahren und 6 Monaten befinden sich auf dem Konto $23.409,32.

7.4.2.4 Unterjährige Rente mit unterjähriger Verzinsung

Renten- und Zinsperioden sind kürzer als ein Jahr.

(a) Rentenperiode = Zinsperiode

<u>nachschüssige Rentenzahlung</u>

Rentenendwert $\quad R_N = r \cdot \dfrac{q^N - 1}{j} = r \cdot \dfrac{(1+j)^N - 1}{j} = r \cdot \dfrac{q^N - 1}{j}$

Rentenbarwert $\quad R_0 = r \cdot \dfrac{q^N - 1}{q^N \cdot (q-1)} = r \cdot \dfrac{(1+j)^N - 1}{(1+j)^N \cdot j} = r \cdot \dfrac{q^N - 1}{j \cdot q^N}$

<u>vorschüssige Rentenzahlung</u>

Rentenendwert $\quad R_N = r \cdot \dfrac{q \cdot (q^N - 1)}{j}$

Rentenbarwert $\quad R_0 = r \cdot \dfrac{q \cdot (q^N - 1)}{j \cdot q^N}$

mit $\quad j = \dfrac{i}{m_z} \quad$ unterjähriger Zinssatz

$\quad N = m_r \cdot n \quad$ Laufzeit der Rente in den unterjährigen Perioden

$\quad n = $ Anzahl der relevanten Jahre

$\quad m_z = $ Anzahl der unterjährigen Zinsperioden

$\quad m_r = $ Anzahl der unterjährigen Rentenperioden

hier $m_r = m_z$, da Rentenperiode = Zinsperiode

7.4 Rentenrechnung

Beispiel 1:

Camilla spart am Ende eines jeden Monats einen Betrag von $100, der zu 1,2 % p. a. monatlich verzinst wird. Wie hoch ist ihr Kapital nach 1,5 Jahren?

$R_N = $?

mit $r = \$100 \quad j = \dfrac{0,012}{12} = 0,001 \quad N = 12 \cdot 1,5 = 18 \quad q = 1,001$

$\Rightarrow R_N = 100 \cdot \dfrac{(1,001)^{18} - 1}{0,001} = \$1.815,38$

Beispiel 2:

Michelle erbt $20.000, die bei ihrer Geschäftsbank zu 3 % p. a. monatlich verzinst werden. Sie möchte zwei Jahre lang zu Beginn eines jeden Monats einen konstanten Betrag abheben. Wie hoch ist diese monatliche vorschüssige Rente?

$r = $?

$R_0 = r \cdot \dfrac{q \cdot (q^N - 1)}{j \cdot q^N}$

$\Rightarrow r = R_0 \cdot \dfrac{j \cdot q^N}{q \cdot (q^N - 1)}$

mit $R_0 = \$20.000$

$j = \dfrac{0,03}{12} = 0,0025$

$q = 1,0025$

$$N = 12 \cdot 2 = 24$$

$$r = 20.000 \cdot \frac{0,0025 \cdot 1,0025^{24}}{1,0025 \cdot (1,0025^{24} - 1)} = \$857,48$$

Beispiel 3:

Steven möchte zu Beginn eines jeden Monats einen Betrag von $500 auf sein Konto einzahlen, der monatlich mit 0,25% verzinst wird. Sein Ziel ist es, am Ende der Laufzeit dieser Rente über $10.000 zu verfügen. Wie lange muss Steven einzahlen?

$n = ?$

$$R_N = r \cdot \frac{q \cdot (q^N - 1)}{j} \quad \text{(vorschüssig)}$$

mit $N = m_r \cdot n$

$$\Rightarrow R_N = r \cdot \frac{q \cdot (q^{m_r \cdot n} - 1)}{j}$$

$$\Leftrightarrow \frac{R_N}{r} \cdot j = q \cdot (q^{m_r \cdot n} - 1)$$

$$\Leftrightarrow \frac{R_N \cdot j}{r \cdot q} + 1 = q^{m_r \cdot n}$$

$$\Leftrightarrow ln\left(\frac{R_N \cdot j}{r \cdot q} + 1\right) = m_r \cdot n \cdot lnq$$

$$\Leftrightarrow n = \frac{ln\left(\frac{R_N \cdot j}{r \cdot q} + 1\right)}{lnq \cdot m_r}$$

7.4 Rentenrechnung

mit $R_N = \$10.000$

$r = \$500$

$m_z = 0,0025$ bzw. $j = 0,0025 \cdot 12 = 0,03 = 3\%$ p. a.

$q = 1,0025$ $N = m_r \cdot n$ mit $m_r = 12$

$N =$ Laufzeit gemessen in Monaten

$n =$ Laufzeit gemessen in Jahren

$$n = \frac{ln\left(\frac{10.000 \cdot 0,0025}{500 \cdot 1,0025} + 1\right)}{ln 1,0025 \cdot 12} \approx 1,6244 \text{ Jahre}$$

$N = 12 \cdot 1,6244 \approx 19,4929$ Monate

(b) Rentenperiode < Zinsperiode

nachschüssige Rentenzahlung

Rentenendwert $R_N = r \cdot \dfrac{(1+j^*)^N - 1}{j^*} = r \cdot \dfrac{\left(1 + \frac{i^*}{m_r}\right)^N - 1}{\frac{i^*}{m_r}}$

mit $i^* =$ konformer Zinssatz

$j^* = \dfrac{i^*}{m_r}$

diskret $i^* = (1+j)^{m_z} - 1 = \left(1 + \dfrac{i}{m_z}\right)^{m_z} - 1$

stetig $\quad i^* = e^i - 1$

und $\quad j =$ relativer Zinssatz

$$j = \frac{1}{m_z}$$

bzw. $\quad j^* = (1+j)^{m_z/m_r} - 1$

und $\quad N = m_r \cdot n$

Beispiel:

Nawid zahlt am Ende eines jeden Quartals einen Betrag von $300 auf ein Sparkonto ein, der monatlich mit 0,25 % verzinst wird. Wie hoch ist sein Kapital nach 1,5 Jahren?

$R_N = ?$

mit $\quad r = \$300 \quad m_r = 4 \quad m_z = 12 \quad n = 1,5$

$$N = m_r \cdot n = 4 \cdot 1,5 = 6 \quad j = 0,0025$$

$$j^* = (1+j)^{m_z/m_r} - 1 =$$

$$= (1,0025)^{12/4} - 1 = 0,007519$$

$$R_N = r \cdot \frac{(1+j^*)^N - 1}{j^*}$$

$$R_6 = 300 \cdot \frac{(1,007519)^6 - 1}{0,007519} = \$1.834,18$$

7.4 Rentenrechnung

Die nachfolgende Tabelle verdeutlicht die Entwicklung des Kapitals zu dem oberen Beispiel.

Quartal	Kapital zu Beginn des Quartals	Zinsen	Rente	Kapital am Ende des Quartals
1	0,00	0,00	300	300,00
2	300,00	$300,00 \cdot 0,007519 = 2,26$	300	602,26
3	602,26	$602,26 \cdot 0,007519 = 4,53$	300	906,79
4	906,79	$906,79 \cdot 0,007519 = 6,82$	300	1.213,61
5	1.213,61	$1.213,61 \cdot 0,007519 = 9,13$	300	1.522,74
6	1.522,74	$1.522,74 \cdot 0,007519 = 11,45$	300	1.834,19[12]

---

[12] Rundungsfehler über 1 Cent.

Rentenbarwert $\quad R_0 = r \cdot \dfrac{(1+j^*)^N - 1}{j^* \cdot (1+j^*)^N} = r \cdot \dfrac{\left(1+\frac{i^*}{m_r}\right)^N - 1}{\frac{i^*}{m_r} \cdot \left(1+\frac{i^*}{m_r}\right)^N}$

mit $\quad j^* = \dfrac{i^*}{m_r}$

Beispiel:

Eva gewinnt einen Geldbetrag, der bei ihrer Geschäftsbank zu 0,2% monatlich verzinst wird. Sie möchte zwei Jahre lang jeweils am Ende eines jeden Halbjahres $6.000 ausgezahlt bekommen, so dass dieser Geldbetrag am Ende des 4. Semesters, d. h. nach zwei Jahren, aufgebraucht sein wird. Wie hoch ist der Geldbetrag, den sie gewonnen hat?

$R_0 = \ ?$

mit $\quad r = \$6.000 \quad m_r = 2 \quad m_z = 12 \quad n = 2$

$N = m_r \cdot n = 2 \cdot 2 = 4 \quad j = 0,002$

$j^* = (1+j)^{m_z/m_r} - 1 =$

$\quad = (1,002)^{12/2} - 1 = 0,01206$

$R_0 = r \cdot \dfrac{(1+j^*)^N - 1}{j^* \cdot (1+j^*)^N}$

$\quad = 6.000 \cdot \dfrac{(1,01206)^4 - 1}{0,01206 \cdot (1,01206)^4} = \$23.293,49$

Die nachfolgende Tabelle verdeutlicht die Entwicklung des Kapitals zu dem oberen Beispiel.

7.4 Rentenrechnung

Halbjahr	Kapital zu Beginn des Halbjahres	Zinsen	Rente	Kapital am Ende des Halbjahres
1	23.293,49	23.293,49 · 0,01206 = 280,92	6.000	23.293,49 +280,92 −6.000,00 = 17.574,41
2	17.574,41	17.574,41 · 0,01206 = 211,95	6.000	17.574,41 +211,95 −6.000,00 = 11.786,36
3	11.786,36	11.786,36 · 0,01206 = 142,14	6.000	11.786,36 +142,14 −6.000,00 = 5.928,50
4	5.928,50	5.928,50 · 0,01206 = 71,50	6.000	5.928,50 +71,50 −6.000,00 = 0,00

vorschüssige Rentenzahlung

Rentenendwert
$$R_N = r \cdot (1+j^*) \cdot \frac{(1+j^*)^N - 1}{j^*}$$

$$= r \cdot \frac{(1+j^*)^{N+1} - (1+j^*)}{j^*}$$

bzw. $$R_N = r \cdot \left(1 + \frac{i^*}{m_r}\right) \cdot \frac{\left(1 + \frac{i^*}{m_r}\right)^N - 1}{\frac{i^*}{m_r}}$$

$$= r \cdot \frac{\left(1 + \frac{i^*}{m_r}\right)^{N+1} - \left(1 + \frac{i^*}{m_r}\right)}{\frac{i^*}{m_r}}$$

mit $\quad j^* = \dfrac{i^*}{m_r}$

Beispiel:

Paul zahlt zu Beginn eines jeden Quartals einen Betrag von $300 auf ein Sparkonto ein, der monatlich mit 0,25 % verzinst wird. Wie hoch ist sein Kapital nach 1,5 Jahren?

$R_N = \;?$

mit $\quad r = \$300 \quad m_r = 4 \quad m_z = 12 \quad n = 1,5$

$N = m_r \cdot n = 4 \cdot 1,5 = 6 \quad j = 0,0025$

$j^* = (1+j)^{m_z/m_r} - 1 =$

$= (1,0025)^{12/4} - 1 = 0,007519$

$R_N = r \cdot \dfrac{(1+j^*)^{N+1} - (1+j)^*}{j^*}$

$R_6 = 300 \cdot \dfrac{(1,007519)^{6+1} - (1,007519)}{0,007519}$

$= \$1.847,97$

7.4 Rentenrechnung

$$= R_6^{\text{nachschüssig}} \cdot 1{,}007519 = \$1.834{,}18 \cdot 1{,}007519$$

Rentenbarwert $\quad R_0 = r \cdot (1+j^*) \cdot \dfrac{(1+j^*)^N - 1}{j^* \cdot (1+j^*)^N} =$

$$= r \cdot \frac{(1+j^*)^{N+1} - (1+j^*)}{j^* \cdot (1+j^*)^N} =$$

$$= r \cdot \frac{(1+j^*)^N - 1}{j^* \cdot (1+j^*)^{N-1}}$$

bzw. $\quad R_0 = r \cdot \left(1 + \dfrac{i^*}{m_r}\right) \cdot \dfrac{\left(1+\frac{i^*}{m_r}\right)^N - 1}{\frac{i^*}{m_r} \cdot \left(1+\frac{i^*}{m_r}\right)^N} =$

$$= r \cdot \frac{\left(1+\frac{i^*}{m_r}\right)^{N+1} - \left(1+\frac{i^*}{m_r}\right)}{\frac{i^*}{m_r} \cdot \left(1+\frac{i^*}{m_r}\right)^N} =$$

$$= r \cdot \frac{\left(1+\frac{i^*}{m_r}\right)^N - 1}{\frac{i^*}{m_r} \cdot \left(1+\frac{i^*}{m_r}\right)^{N-1}}$$

mit $\quad j^* = \dfrac{i^*}{m_r}$

Beispiel:

Maria gewinnt einen Geldbetrag, der ihr bei ihrer Geschäftsbank zu 0,2 % monatlich verzinst wird. Sie möchte zwei Jahre lang jeweils zu Beginn eines jeden Halbjahres $6.000 ausgezahlt bekommen, so dass dieser Geldbetrag zu Beginn des vierten Semesters aufgebraucht sein wird. Wie hoch ist der Geldbetrag, den sie gewonnen hat?

$R_0 = ?$

mit $r = \$6.000 \quad m_r = 2 \quad m_z = 12 \quad n = 2$

$N = m_r \cdot n = 2 \cdot 2 = 4 \quad j = 0,002$

$j^* = (1+j)^{m_z/m_r} - 1 = (1,002)^{12/2} - 1 = 0,01206$

$R_0 = r \cdot \dfrac{(1+j^*)^N - 1}{j^* \cdot (1+j^*)^{N-1}} =$

$= 6.000 \cdot \dfrac{(1,01206)^4 - 1}{0,01206 \cdot (1,01206)^3} = \$23.574,41$

$= R_0^{\text{nachschüssig}} \cdot 1,01206 = \$23.293,49 \cdot 1,01206$

(c) Rentenperiode > Zinsperiode

nachschüssige Rentenzahlung

Rentenendwert $\quad R_N = r \cdot \left(m_r + \dfrac{j}{2} \cdot (m_r - 1) \right) \cdot \dfrac{(1+j)^N - 1}{j}$

mit $\quad j =$ relativer Zinssatz

$\qquad j = \dfrac{1}{m_z}$

und $\quad N = m_z \cdot n$

7.4 Rentenrechnung

m_z = Anzahl der unterjährigen Zinsperioden =

= Anzahl der Zinsperioden p. a.

m_r = Anzahl der Rentenperioden je Zinsperiode

Beispiel:

Nawid zahlt am Ende eines jeden Monats einen Betrag von $300 auf ein Sparkonto ein, der mit 0,25 % je Quartal verzinst wird. Wie hoch ist sein Kapital nach 1,5 Jahren?

$R_N = ?$

mit $r = \$300$

m_r = Anzahl der Rentenperioden je Zinsperiode = 3

m_z = Anzahl der Zinsperioden p. a. = 4

$N = m_z \cdot n = 4 \cdot 1,5 = 6$

mit $n = 1,5$

$j = 0,0025$

$$R_N = r \cdot \left(m_r + \frac{j}{2} \cdot (m_r - 1)\right) \cdot \frac{(1+j)^N - 1}{j}$$

$$R_6 = 300 \cdot \left(3 + \frac{0,0025}{2} \cdot (3-1)\right) \cdot \frac{1,0025^6 - 1}{0,0025} = \$5.438,39$$

Alternative Berechnung unter Verwendung der ICMA-Methode

In der finanzwirtschaftlichen Praxis kann es gesetzlich vorgeschrieben sein, sich bei einer gemischten Verzinsung einer bestimmten Methode bedienen zu müssen (vgl. Kapitel 1.2.3). Exemplarisch soll im Folgenden der ICMA-Methode gefolgt werden.[13]

Der relative Zinssatz j ist dann wie folgt an die Rentenperiode anzupassen:

$$(1+j^*)^{m_r} = (1+j)^3 = 1,0025$$

mit $j^* = $ der über $m_r \cdot m_z \cdot n$ Perioden emanzipierte relative Zinssatz

$\Rightarrow q^* = (1+j^*) = 1,0025^{1/3} = 1,00083264$

$\Rightarrow j^* = 0,00083264 = 0,83264\text{‰}$ p. m.   (p. m. = pro Monat)

$$R_N = r \cdot \frac{(q^*)^{m_r \cdot m_z \cdot n} - 1}{j^*}$$

$$R_6 = 300 \cdot \frac{(1,00083264)^{3 \cdot 4 \cdot 1,5} - 1}{0,00083264} - \$5.438,39$$

Rentenbarwert $R_0 = r \cdot \left(m_r + \dfrac{j}{2} \cdot (m_r - 1)\right) \cdot \dfrac{(1+j)^N - 1}{j \cdot (1+j)^N}$

mit $j = $ relativer Zinssatz

$$j = \frac{1}{m_z}$$

und $N = m_z \cdot n$

---
[13] Für Deutschland gemäß §16 PAngV.

7.4 Rentenrechnung

m_z = Anzahl der unterjährigen Zinsperioden =

= Anzahl der Zinsperioden p. a.

m_r = Anzahl der Rentenperioden je Zinsperiode

Beispiel:

Eva gewinnt einen Geldbetrag, der bei ihrer Geschäftsbank zu 1,2 % je halbes Jahr, d. h. pro Semester, verzinst wird. Sie möchte zwei Jahre lang jeweils am Ende eines jeden Monats $50 ausgezahlt bekommen, so dass dieser Geldbetrag am Ende des 4. Semesters, d. h. nach zwei Jahren, aufgebraucht sein wird. Wie hoch ist der Geldbetrag, den sie gewonnen hat?

$R_0 = ?$

mit $r = \$50$

m_r = Anzahl der Rentenperioden je Zinsperiode = 6

m_z = Anzahl der Zinsperioden p. a. = 2

$N = m_z \cdot n = 2 \cdot 2 = 4$

mit $n = 2$

$j = 0,012$

$$R_0 = r \cdot \left(m_r + \frac{j}{2} \cdot (m_r - 1)\right) \cdot \frac{(1+j)^N - 1}{j \cdot (1+j)^N} =$$

$$= 50 \cdot \left(6 + \frac{0,012}{2} \cdot (6-1)\right) \cdot \frac{1,012^4 - 1}{0,012 \cdot 1,012^4} = \$1.170,67$$

Alternative Berechnung unter Verwendung der ICMA-Methode

Vgl. Kapitel 7.1.2.3

Der relative Zinssatz j ist dann wie folgt an die Rentenperiode anzupassen:

$$(1+j^*)^{m_r} = (1+j)^6 = 1,012$$

mit j^* = der über $m_r \cdot m_z \cdot n$ Perioden emanzipierte relative Zinssatz

$\Rightarrow q^* = (1+j^*) = 1,012^{1/6} = 1,001990073$

$\Rightarrow j^* = 0,001990073 = 1,990073‰$ p. m.   (p. m. = pro Monat)

$$R_0 = r \cdot \frac{(q^*)^{m_r \cdot m_z \cdot n} - 1}{j^* \cdot (q^*)^{m_r \cdot m_z \cdot n}}$$

$$R_0 = 50 \cdot \frac{(1,001990073)^{6 \cdot 2 \cdot 2} - 1}{0,001990073 \cdot (1,001990073)^{6 \cdot 2 \cdot 2}} = 1.170,66 \ [14]$$

vorschüssige Rentenzahlung

Rentenendwert $R_N = r \cdot \left(m_r + \dfrac{j}{2} \cdot (m_r + 1)\right) \cdot \dfrac{(1+j)^N - 1}{j}$

mit j = relativer Zinssatz

$$j = \frac{1}{m_z}$$

---

[14] Die Differenz zur originären Berechnung mittels der Formel
$R_0 = r \cdot \left(m_r + \dfrac{j}{2} \cdot (m_r - 1)\right) \cdot \dfrac{(1+j)^N - 1}{j \cdot (1+j)^N}$ beträgt hier 1 Cent.

7.4 Rentenrechnung

und $N = m_z \cdot n$

m_z = Anzahl der unterjährigen Zinsperioden =

= Anzahl der Zinsperioden p. a.

m_r = Anzahl der Rentenperioden je Zinsperiode

Beispiel:

Paul zahlt zu Beginn eines jeden Monats einen Betrag von $100 auf ein Sparkonto ein, der jedes Quartal mit 0,75 % verzinst wird. Wie hoch ist sein Kapital nach 1,5 Jahren?

$R_N = ?$

mit $r = \$100$

m_r = Anzahl der Rentenperioden je Zinsperiode = 3

m_z = Anzahl der Zinsperioden p. a. = 4

$N = m_z \cdot n = 4 \cdot 1,5 = 6$

mit $n = 1,5$

$j = 0,0075$

$$R_N = r \cdot \left(m_r + \frac{j}{2} \cdot (m_r + 1)\right) \cdot \frac{(1+j)^N - 1}{j}$$

$$R_6 = 100 \cdot \left(3 + \frac{0,0075}{2} \cdot (3+1)\right) \cdot \frac{1,0075^6 - 1}{0,0075} = \$1.843,26$$

Alternative Berechnung unter Verwendung der ICMA-Methode

Vgl. Kapitel 7.1.2.3

Der relative Zinssatz j ist dann wie folgt an die Rentenperiode anzupassen:

$$(1+j^*)^{m_r} = (1+j)^3 = 1,0075$$

mit $j^* = $ der über $m_r \cdot m_z \cdot n$ Perioden emanzipierte relative Zinssatz

$$\Rightarrow q^* = (1+j^*) = 1,0075^{1/3} = 1,002493776$$

$$\Rightarrow j^* = 0,002493776 = 2,493776\text{‰ p. m.} \quad \text{(p. m. = pro Monat)}$$

$$R_N = r \cdot \frac{q^* \cdot [(q^*)^{m_r \cdot m_z \cdot n} - 1]}{j^*}$$

$$R_6 = 100 \cdot \frac{1,002493776 \cdot \left[(1,002493776)^{3 \cdot 4 \cdot 1,5} - 1\right]}{0,002493776} = \$1.843,25 \ ^{15}$$

Rentenbarwert $\quad R_0 = r \cdot \left(m_r + \dfrac{j}{2} \cdot (m_r + 1)\right) \cdot \dfrac{(1+j)^N - 1}{j \cdot (1+j)^N}$

mit $\quad j = $ relativer Zinssatz

$$j = \frac{1}{m_z}$$

und $\quad N = m_z \cdot n$

---

[15] Die Differenz zur originären Berechnung mittels der Formel
$R_N = r \cdot \left(m_r + \dfrac{j}{2} \cdot (m_r + 1)\right) \cdot \dfrac{(1+j)^N - 1}{j}$ beträgt hier 1 Cent.

7.4 Rentenrechnung

m_z = Anzahl der unterjährigen Zinsperioden =

= Anzahl der Zinsperioden p. a.

m_r = Anzahl der Rentenperioden je Zinsperiode

Beispiel:

Maria gewinnt einen Geldbetrag, der ihr bei ihrer Geschäftsbank zu 0,6 % vierteljährlich verzinst wird. Sie möchte zwei Jahre lang jeweils zu Beginn eines jeden Monats $50 ausgezahlt bekommen, so dass dieser Geldbetrag zu Beginn des 24. Monats aufgebraucht sein wird. Wie hoch ist der Geldbetrag, den sie gewonnen hat?

$R_0 = ?$

mit $r = \$50$

m_r = Anzahl der Rentenperioden je Zinsperiode = 3

m_z = Anzahl der Zinsperioden p. a. = 4

$N = m_z \cdot n = 4 \cdot 2 = 8$

mit $n = 2$

$j = 0,006$

$$R_0 = r \cdot \left(m_r + \frac{j}{2} \cdot (m_r + 1)\right) \cdot \frac{(1+j)^N - 1}{j \cdot (1+j)^N} =$$

$$= 50 \cdot \left(3 + \frac{0,006}{2} \cdot (3+1)\right) \cdot \frac{1,006^8 - 1}{0,006 \cdot 1,006^8} = \$1.172,91$$

Alternative Berechnung unter Verwendung der ICMA-Methode

Vgl. Kapitel 7.1.2.3

Der relative Zinssatz j ist dann wie folgt an die Rentenperiode anzupassen:

$$(1+j^*)^{m_r} = (1+j)^3 = 1,006$$

mit $j^* = $ der über $m_r \cdot m_z \cdot n$ Perioden emanzipierte relative Zinssatz

$\Rightarrow q^* = (1+j^*) = 1,006^{1/3} = 1,001996013$

$\Rightarrow j^* = 0,001996013 = 1,996013$‰ p. m.   (p. m. = pro Monat)

$$R_0 = r \cdot \frac{q^* \cdot [(q^*)^{m_r \cdot m_z \cdot n} - 1]}{j^* \cdot (q^*)^{m_r \cdot m_z \cdot n}}$$

$$R_0 = 50 \cdot \frac{1,001996013 \cdot \left[(1,001996013)^{3 \cdot 4 \cdot 2} - 1\right]}{0,001996013 \cdot (1,001996013)^{3 \cdot 4 \cdot 2}} = \$1.172,91$$

7.4.3 Endliche, veränderliche Renten

Es handelt sich um wiederkehrende Zahlungen, die in regelmäßigen Abständen geleistet werden und dessen Ausmaß sich im Zeitablauf ändert. Die Höhe der Rente ändert sich im zeitlichen Verlauf.

Veränderungen der Rente können
- ohne System variieren (regellose Rente)
- systematisch erfolgen (regelmäßige Rente)
    - arithmetisch-fortschreitende Rente
    - geometrisch-fortschreitende Rente

7.4.3.1 Regellose Rente

Rentenendwert $\qquad R_n = q^n \cdot \sum_{k=1}^{n} r_k \cdot q^{-k}$

Rentenbarwert $\qquad R_0 = \sum_{k=1}^{n} r_k \cdot q^{-k}$

Zinssatz (R_n geg.) $\qquad f(i) = -R_n + q^n \cdot \sum_{k=1}^{n} r_k \cdot q^{-k}$

$\qquad\qquad\qquad\qquad f'(i) = q^{n-1} \cdot \sum_{k=1}^{n} (n-k) \cdot r_k \cdot q^{-k}$

Zinssatz (R_0 geg.) $\qquad f(i) = -R_0 + \sum_{k=1}^{n} r_k \cdot q^{-k}$

$\qquad\qquad\qquad\qquad f'(i) = -q^{-1} \cdot \sum_{k=1}^{n} k \cdot r_k \cdot q^{-k}$

Beispiel 1:

Camilla zahlt drei Jahre lang zu Beginn eines jeden Jahres unregelmäßige Beträge auf ihr Sparkonto ein:

1. Jahr: $1.000
2. Jahr: $2.500
3. Jahr: $3.200

Das Guthaben wird mit 2 % p. a. verzinst.

Über welchen Betrag verfügt Camilla nach drei Jahren?

$r_1 = \$1.000 \quad r_2 = \$2.500 \quad r_3 = \$3.200$

$n = 3$ Jahre $\quad q = 1,02 \quad k = 3$

$R_0 = \$1.000 \cdot 1,02^{-1} + \$2.500 \cdot 1,02^{-2} + \$3.200 \cdot 1,02^{-3} = \$6.398,74$

$R_n = R_3 = 6.398,74 \cdot 1,02^3 = \$6.790,39$

Nach drei Jahren verfügt Camilla über $6.790,39.

Beispiel 2:

Es gelten die Bedingungen aus dem Beispiel 1 (siehe oben). D. h. Camilla zahlt zu Beginn eines jeden Jahres über drei Jahre die folgenden Beträge ein:

$r_1 = \$1.000 \quad r_2 = \$2.500 \quad r_3 = \$3.200$

$n = 3$ Jahre

$R_0 = \$6.398,74$

$R_n = R_3 = \$6.790,39$

Der Zinssatz i sei nicht bekannt und soll näherungsweise mittels des Näherungsverfahrens nach Newton bestimmt werden. Dar Markt lässt vermuten, dass dieser Zinssatz zwischen 1 % und 4 % liegen dürfte. Als Startwert soll deshalb fiktiv $i = 0,03$ angenommen werden.

Anzuwenden ist das **Newtonsche Näherungsverfahren**[16] mit

$$i_{k+1} = i_k - \frac{f(i_k)}{f'(i_k)}$$

i_k entspricht dem (fiktiven) Startwert = erster (fiktiv angenommener) Näherungswert

---

[16] Siehe Kapitel 4.5.2.

7.4 Rentenrechnung

i_{k+1} entspricht dem nächsten (berechneten) Näherungswert

a) bei gegebenem Rentenendwert R_n

$$f(i) = -R_n + r \cdot \frac{q^n-1}{i} + \frac{d}{i} \cdot \left(\frac{q^n-1}{i} - n\right)$$

$$f'(i) = \frac{r}{i} \cdot \left(nq^{n-1} - \frac{q^n-1}{i}\right) + \frac{d}{i^2} \cdot \left(n + nq^{n-1} - 2\frac{q^n-1}{i}\right)$$

b) bei gegebenem Rentenbarwert R_0

$$f(i) = -R_0 + r \cdot \frac{q^n-1}{i \cdot q^n} + \frac{d}{i} \cdot \left(\frac{q^n-1}{i \cdot q^n} - n \cdot q^{-n}\right)$$

$$f'(i) = \frac{r}{i} \cdot \left(\frac{n}{q^{n+1}} - \frac{q^n-1}{iq^n}\right) + \frac{d}{i^2} \cdot \left(\frac{n}{q^{n+1}}(1+q+in) - 2\frac{q^n-1}{iq^n}\right)$$

$i_k = 0,03$ fiktiv angenommener Startwert innerhalb des Intervalls
$[1\%; 4\%]$

$i_{k+1} = ?$

1. Näherungswert bestimmen

$i = 0,03$ (geschätzt) $q = 1,03$ $R_n = \$6.790,39$

$f(0,03)$ bestimmen: $\qquad$ $f'(0,03)$ bestimmen:

$\sum\limits_{k=1}^{n} r_k \cdot q^{-k}$ $\qquad$ $\sum\limits_{k=1}^{n} (n-k) \cdot r_k \cdot q^{-k}$

$k = 1:\ 1.000 \cdot 1,03^{-1} = 970,874$ $\qquad$ $k = 1:\ (3-1) \cdot 1.000 \cdot 1,03^{-1} = 1.941,75$

$k = 2:\ 2.500 \cdot 1,03^{-2} = 2.356,49$ $\qquad$ $k = 2:\ (3-2) \cdot 2.500 \cdot 1,03^{-2} = 2.356,49$

$k = 3:\ 3.200 \cdot 1,03^{-3} = \underline{2.928,45}$ $\qquad$ $k = 3:\ (3-3) \cdot 3.200 \cdot 1,03^{-3} = \underline{0}$

$\quad\quad\quad\quad\quad\quad\quad\quad\quad \sum 6.255,81$ $\qquad\qquad\qquad\qquad\qquad\qquad\quad \sum 4.298,24$

$1,03^3 \cdot 6.255,81 = 6.835,89$

$f(0,03) = -6.790,39 + 6.835,89 =$ $\qquad$ $f'(0,03) = 1,03^{3-1} \cdot 4.298,24 =$

$\quad\quad\quad\ = 45,5$ $\qquad\qquad\qquad\qquad\qquad\quad = 4.560$

$$i_{n+1} = 0,03 - \frac{45,5}{4.560} = 0,020022$$

$i_1 = 0,020022 =$ erster Näherungswert = neuer Startwert

2. Näherungswert bestimmen

$i_1 = 0,020022 \quad q = 1,020022 \quad R_n = 6.790,39$

$f(0,020022)$ bestimmen: $\qquad$ $f'(0,020022)$ bestimmen:

$\sum\limits_{k=1}^{n} r_k \cdot q^{-k}$ $\qquad$ $\sum\limits_{k=1}^{n} (n-k) \cdot r_k \cdot q^{-k}$

$k = 1:\ 1.000 \cdot 1,020022^{-1} = 980,371$ $\qquad$ $k = 1:\ (3-1) \cdot 1.000 \cdot 1,020022^{-1} = 1.960,74$

$k = 2:\ 2.500 \cdot 1,020022^{-2} = 2.402,82$ $\qquad$ $k = 2:\ (3-2) \cdot 2.500 \cdot 1,020022^{-2} = 2.402,82$

$k = 3:\ 3.200 \cdot 1,020022^{-3} = \underline{3.015,24}$ $\qquad$ $k = 3:\ (3-3) \cdot 3.200 \cdot 1,020022^{-3} = \underline{0}$

7.4 Rentenrechnung

$$\Sigma 6.398,43 \qquad \Sigma 4.363,56$$

$1,020022^3 \cdot 6.398,43 = 6.790,5$

$f(0,020022) = -6.790,39 + 6.790,5 = \qquad f'(0,020022) = 1,020022^{3-1} \cdot 4.363,56 =$
$\qquad\qquad\qquad\quad = 0,11 \qquad\qquad\qquad\qquad\qquad\qquad = 4.540,04$

$$i_{n+1} = 0,020022 - \frac{0,11}{4.540,04} = 0,019998$$

$i_2 = 0,019998$

3. Näherungswert bestimmen

$i_2 = 0,019998 \quad q = 1,019998 \quad R_n = 6.790,39$

$f(0,019998)$ bestimmen: $\qquad\qquad f'(0,019998)$ bestimmen:

$\sum_{k=1}^{n} r_k \cdot q^{-k} \qquad\qquad\qquad \sum_{k=1}^{n} (n-k) \cdot r_k \cdot q^{-k}$

$k = 1:\ 1.000 \cdot 1,019998^{-1} = 980,384 \qquad k = 1:\ (3-1) \cdot 1.000 \cdot 1,019998^{-1} = 1.960,79$

$k = 2:\ 2.500 \cdot 1,019998^{-2} = 2.402,93 \qquad k = 2:\ (3-2) \cdot 2.500 \cdot 1,019998^{-2} = 2.402,93$

$k = 3:\ 3.200 \cdot 1,019998^{-3} = 3.015,45 \qquad k = 3:\ (3-3) \cdot 3.200 \cdot 1,019998^{-3} = 0$
$\qquad\qquad\qquad\qquad\quad \overline{\Sigma 6.398,77} \qquad\qquad\qquad\qquad\qquad\qquad\qquad \overline{\Sigma 4.363,72}$

$1,019998^3 \cdot 6.398,77 = 6.790,39$

$f(0,019998) = -6.790,39 + 6.790,39 = \qquad f'(0,019998) = 1,019998^{3-1} \cdot 4.363,72 =$

$= 0 \qquad\qquad = 4.540$

$$i_{n+1} = 0,019998 - \frac{0}{4.540} = 0,019998$$

$i_3 = 0,019998$

Lösung:

Durch (iterative) Fortsetzung der Bestimmung weiterer Näherungswerte erhält man:

$i_1 = 0,020022$

$i_2 = 0,019998$ ($\approx 0,02$ → auf zwei Nachkommastellen gerundet)

$i_3 = 0,019998$ ($\approx 0,02$ → auf zwei Nachkommastellen gerundet)

→ Das Ergebnis für den Zinssatz i beträgt $0,019998$, d. h. approximativ gilt $i = 0,02$ bzw. $p = 2\%$

7.4.3.2 Arithmetisch-fortschreitende Rente

Die Rentenzahlung steigt von Periode zu Periode um einen vorgegebenen Betrag.

r entspricht der Rentenzahlung zum Zeitpunkt $k = 1$

d entspricht der Differenz zwei aufeinander folgender Rentenzahlungen $d = r_{k+1} - r_k$

Rentenendwert $\qquad r_1 = r$

7.4 Rentenrechnung

$$r_2 = r + d$$

$$r_3 = r + 2d$$

$$\vdots$$

$$r_n = r + (n-1) \cdot d$$

$$R_n = \sum_{k=1}^{n} \left[r + (k-1) \cdot d \right] \cdot q^{n-k}$$

$$R_n = r \cdot \frac{q^n - 1}{i} + \frac{d}{i} \cdot \left(\frac{q^n - 1}{i} - n \right)$$

Rentenbarwert
$$R_0 = r \cdot \frac{q^n - 1}{i \cdot q^n} + \frac{d}{i} \cdot \left(\frac{q^n - 1}{i \cdot q^n} - n \cdot q^{-n} \right)$$

Rente (R_n geg.)
$$r = \frac{R_n \cdot i + d \cdot n}{q^n - 1} - \frac{d}{i}$$

Rente (R_0 geg.)
$$r = \frac{R_0 \cdot i \cdot q^n + d \cdot n}{q^n - 1} - \frac{d}{i}$$

Zinssatz (R_n geg.)
$$f(i) = -R_n + r \cdot \frac{q^n - 1}{i} + \frac{d}{i} \cdot \left(\frac{q^n - 1}{i} - n \right)$$

Zinssatz (R_0 geg.)
$$f(i) = -R_0 + r \cdot \frac{q^n - 1}{i \cdot q^n} + \frac{d}{i} \cdot \left(\frac{q^n - 1}{i \cdot q^n} - n \cdot q^{-n} \right)$$

Laufzeit (R_n geg.)
$$f(n) = -R_n + r \cdot \frac{q^n - 1}{i} + \frac{d}{i} \cdot \left(\frac{q^n - 1}{i} - n \right)$$

Laufzeit (R_0 geg.)
$$f(n) = -R_0 + r \cdot \frac{q^n - 1}{i \cdot q^n} + \frac{d}{i} \cdot \left(\frac{q^n - 1}{i \cdot q^n} - n \cdot q^{-n} \right)$$

Beispiel 1:

Frau Pfennig möchte für ihr gerade geborenes Patenkind Penny Geld sparen, welches diese an ihrem 18. Geburtstag erhalten soll. Sie beginnt $500 im ersten Jahr einzuzahlen, möchte den Betrag jedoch jährlich um $50 erhöhen. Die Verzinsung liegt bei 0,7 % p. a.

Wieviel Geld erhält Penny an ihrem 18. Geburtstag?

$$R_n = \$500 \cdot \frac{1,007^{18} - 1}{0,007} + \frac{\$50}{0,007} \cdot \left(\frac{1,007^{18} - 1}{0,007} - 18 \right)$$

$$R_n \approx \$17.499,27$$

Penny stehen nach Ablauf der 18 Jahre $17.499,27 zu, zahlt Frau Pfennig - wie geplant - jedes Jahr den steigenden Betrag auf das Konto.

Beispiel 2:

Steven bezieht eine Rente (= Rentenrate) über 8 Jahre. Die erste Rentenrate beträgt $2.000. Diese wird jährlich um $100 erhöht. Der Zinsfuß beträgt 5 % p. a.

Welchen Rentenbarwert weist diese Rente auf?

$n = 8 \quad i = 0,05 \quad q = 1,05 \quad r = \$2.000 \quad d = \$100$

$$R_0 = 2.000 \cdot \frac{1,05^8 - 1}{0,05 \cdot 1,05^8} + \frac{100}{0,05} \cdot \left(\frac{1,05^8 - 1}{0,05 \cdot 1,05^8} - 8 \cdot 1,05^{-8} \right)$$

$$= \$15.023,42$$

Der Rentenbarwert dieser arithmetisch-fortschreitenden Rente beträgt $15.023,42.

7.4 Rentenrechnung

Beispiel 3:

Frau Pfennig hat für ihren Enkel 18 Jahre lang insgesamt $9.736,46 ($R_n$) angespart. Das Geld wurde zu 0,5 % p. a. verzinst und sie hat den Betrag jährlich um $50 erhöht.

Wie hoch war die erste Rentenrate dieser Rente?

$R_n = \$9.736,46 \quad i = 0,005 \quad d = \$50 \quad n = 18 \quad q = 1,005$

$$r = \frac{9.736,46 \cdot 0,005 + 50 \cdot 18}{1,005^{18} - 1} - \frac{50}{0,005}$$

$r = \$100$

Die erste Rentenrate betrug $100.

Beispiel 4:

Gegeben ist der Rentenbarwert in Höhe von $15.023,42. Die Rentenrate wurde acht Jahre lang jährlich um $100 angehoben bei einem Zinsfuß von 5 % p. a.

Wie hoch war die erste Rentenrate dieser Rente?

$R_0 = \$15.023,42 \quad i = 0,05 \quad q = 1,05 \quad d = \$100 \quad n = 8$

$$r = \frac{15.023,42 \cdot 0,05 \cdot 1,05^8 + 100 \cdot 8}{1,05^8 - 1} - \frac{100}{0,05}$$

$r = 1.999,9998 \approx \$2.000$

Die erste Rentenrate betrug $2.000.

Berechnung des Zinssatzes i

Anzuwenden ist das Newtonsche Näherungsverfahren (siehe Kapitel 4.5.2) mit

$$i_{k+1} = i_k - \frac{f(i_k)}{f'(i_k)}$$

i_k entspricht dem (fiktiven) Startwert = erster (fiktiv angenommener) Näherungswert

i_{k+1} entspricht dem nächsten (berechneten) Näherungswert

a) bei gegebenem Rentenendwert R_n

$$f(i) = -R_n + r \cdot \frac{q^n-1}{i} + \frac{d}{i} \cdot \left(\frac{q^n-1}{i} - n\right)$$

$$f'(i) = \frac{r}{i} \cdot \left(nq^{n-1} - \frac{q^n-1}{i}\right) + \frac{d}{i^2} \cdot \left(n + nq^{n-1} - 2\frac{q^n-1}{i}\right)$$

b) bei gegebenem Rentenbarwert R_0

$$f(i) = -R_0 + r \cdot \frac{q^n-1}{i \cdot q^n} + \frac{d}{i} \cdot \left(\frac{q^n-1}{i \cdot q^n} - n \cdot q^{-n}\right)$$

$$f'(i) = \frac{r}{i} \cdot \left(\frac{n}{q^{n+1}} - \frac{q^n-1}{iq^n}\right) + \frac{d}{i^2} \cdot \left(\frac{n}{q^{n+1}}(1+q+in) - 2\frac{q^n-1}{iq^n}\right)$$

Berechnung der Laufzeit n

Anzuwenden ist das Newtonsche Näherungsverfahren (siehe Kapitel

7.4 Rentenrechnung

4.5.2) mit

$$n_{k+1} = n_k - \frac{f(n_k)}{f'(n_k)}$$

n_k entspricht dem (fiktiven) Startwert = erster (fiktiv angenommener) Näherungswert

n_{k+1} entspricht dem nächsten (berechneten) Näherungswert

a) bei gegebenem Rentenendwert R_n

$$f(n) = -R_n + r \cdot \frac{q^n - 1}{i} + \frac{d}{i} \cdot \left(\frac{q^n - 1}{i} - n \right)$$

$$f'(n) = -\frac{d}{i} + \frac{q^n \ln q}{i} \cdot \left(r + \frac{d}{i} \right)$$

b) bei gegebenem Rentenbarwert R_0

$$f(n) = -R_0 + r \cdot \frac{q^n - 1}{i \cdot q^n} + \frac{d}{i} \cdot \left(\frac{q^n - 1}{i \cdot q^n} - n \cdot q^{-n} \right)$$

$$f'(n) = -q^{-n} \left(\frac{d}{i} - \frac{\ln q}{i} \cdot \left(r + nd + \frac{d}{i} \right) \right)$$

Beispiel 1:

Frau Pfennig möchte für ihr gerade geborenes Patenkind Penny Geld sparen, welches diese an ihrem 18. Geburtstag erhalten soll. Sie beginnt $500 im ersten Jahr einzuzahlen, möchte den Betrag jedoch jährlich um $50 erhöhen. Die Verzinsung liegt bei 0,7 % p. a. An ihrem 18. Geburtstag, d. h. nach Ablauf von 18 Lebensjahren, sollen Penny $R_n =$

$17.499,27 (siehe o. a. Beispiel) zur Verfügung stehen.

$r = \$500$

$d = \$50$

$i = 0,007 \ (0,7\%) \quad q = 1,007$

Als fiktiver (geschätzter) Startwert sollen $n_0 = 20$ Jahre angenommen werden mit $q^n = 1,007^{20} \approx 1,1497$

$$n_{k+1} = n_k - \frac{f(n)}{f'(n)}$$

$$f(n) = -R_n + r \cdot \frac{q^n - 1}{i} + \frac{d}{i} \cdot \left(\frac{q^n - 1}{i} - n\right)$$

$$f(20) = -17.499,27 + 500 \cdot \frac{1,007^{20} - 1}{0,007} + \frac{50}{0,007} \cdot \left(\frac{1,007^{20} - 1}{0,007} - 20\right)$$

$$f(20) = 3.105,65$$

$$f'(n) = -\frac{d}{i} + \frac{q^n \cdot ln(q)}{i} \cdot \left(r + \frac{d}{i}\right)$$

$$f'(20) = -\frac{50}{0,007} + \frac{1,007^{20} \cdot ln(1,007)}{0,007} \cdot \left(500 + \frac{50}{0,007}\right)$$

$$f'(20) = 1.613,62$$

$$n_{k+1} = n_k - \frac{f(x)}{f'(x)}$$

$n_0 = 20$

$n_1 = 20 - \dfrac{3.105,65}{1.613,62}$

7.4 Rentenrechnung

$n_1 = 18{,}075352$ = erster Näherungswert = neuer Startwert

Der Näherungswert $n_1 = 18{,}075352$ wird nun an Stelle des zunächst fiktiv angenommenen Startwertes von $n_0 = 20$ in die Formel

$$n_{k+1} = n_k - \frac{f(n_k)}{f'(n_k)}$$

eingesetzt. Dieses iterative Verfahren wird so lange fortgesetzt, bis sich die Näherungswerte nur noch marginal ändern und gegen einen festen Wert konvergieren. Im o. a. Beispiel ergeben sich die folgende Werte:

$n_2 = 18{,}000114$

$n_3 = 18{,}000000$

$n_4 = 18{,}000000$

Somit lautet das Ergebnis n = 18 Jahre.

Beispiel 2:

Michelle zahlte monatlich Geld auf ihrem Konto ein. Im ersten Monat zahlte sie $50 ein, in den weiteren Monaten erhöhte sie ihre Einzahlung um jeweils $25. Das Guthaben wurde mit 1 % monatlich exponentiell verzinst. Nun, am Ende der Laufzeit dieses Sparplans, bekommt Michelle R_n =$1.678,64 ausgezahlt.

Über wie viele Monate n verlief dieser Sparplan?

Die genaue Laufzeit n ist Michelle nicht mehr bekannt und soll näherungsweise mittels des Näherungsverfahrens nach Newton bestimmt werden. Michelle erinnert sich vage, dass die Laufzeit dieses Sparplans zwischen 8 und 13 Monaten betrug. Als Startwert soll deshalb fiktiv ein Jahr, d. h. 12 Monate, angenommen werden.

$$n_{k+1} = n_k - \frac{f(n)}{f'(n)}$$

$$f(n) = -R_n + r \cdot \frac{q^n - 1}{i} + \frac{d}{i} \cdot \left(\frac{q^n - 1}{i} - n \right)$$

$$f(12) = -1.678,64 + 50 \cdot \frac{1,01^{12} - 1}{0,01} + \frac{25}{0,01} \cdot \left(\frac{1,01^{12} - 1}{0,01} - 12 \right) =$$

$$= \$661,734$$

$$f'(n) = -\frac{d}{i} + \frac{q^n \cdot ln(q)}{i} \cdot \left(r + \frac{d}{i} \right)$$

$$f'(12) = -\frac{25}{0,01} + \frac{1,01^{12} \cdot ln(1,01)}{0,01} \cdot \left(50 + \frac{25}{0,01} \right) =$$

$$= \$359,132$$

$$n_{k+1} = n_k - \frac{f(x)}{f'(x)}$$

$$n_0 = 12$$

$$n_1 = 12 - \frac{661,734}{359,132}$$

$n_1 = 10,1574 = $ erster Näherungswert = neuer Startwert

Der Näherungswert $n_1 = 10{,}1574$ wird nun an Stelle des zunächst fiktiv angenommenen Startwertes von $n_0 = 12$ in die Formel

$$n_{k+1} = n_k - \frac{f(n_k)}{f'(n_k)}$$

eingesetzt. Dieses iterative Verfahren wird so lange fortgesetzt, bis sich

7.4 Rentenrechnung

die Näherungswerte nur noch marginal ändern und gegen einen festen Wert konvergieren. Im o. a. Beispiel ergeben sich die folgenden Berechnungen und Werte:

2. Näherungswert bestimmen

$$f(10,1574) = -1.678,64 + 50 \cdot \frac{1,01^{10,1574} - 1}{0,01} + \frac{25}{0,01} \cdot$$

$$\cdot \left(\frac{1,01^{10,1574} - 1}{0,01} - 10,1574 \right) = 48,0077$$

$$f'(10,1574) = -\frac{25}{0,01} + \frac{1,01^{10,1574} \cdot ln1,01}{0,01} \cdot \left(50 + \frac{25}{0,01} \right) = 307,185$$

$$n_{k+1} = 10,1574 - \frac{48,0077}{307,185}$$

$$n_2 = 10,0011$$

3. Näherungswert bestimmen

$$f(10,0011) = -1.678,64 + 50 \cdot \frac{1,01^{10,0011} - 1}{0,01} + \frac{25}{0,01} \cdot$$

$$\cdot \left(\frac{1,01^{10,0011} - 1}{0,01} - 10,0011 \right) = 0,335072$$

$$f'(10,0011) = -\frac{25}{0,01} + \frac{1,01^{10,0011} \cdot ln1,01}{0,01} \cdot \left(50 + \frac{25}{0,01} \right) = 302,826$$

$$n_{k+1} = 10,0011 - \frac{0,335072}{302,826}$$

$$n_3 = 9,99999 \approx 10$$

4. Näherungswert bestimmen

$$f(9,99999) = -1.678,64 + 50 \cdot \frac{1,01^{9,99999} - 1}{0,01} + \frac{25}{0,01} \cdot$$

$$\cdot \left(\frac{1,01^{9,99999} - 1}{0,01} - 9,99999 \right) = -0,001048$$

$$f'(9,99999) = -\frac{25}{0,01} + \frac{1,01^{9,99999} \cdot ln1,01}{0,01} \cdot \left(50 + \frac{25}{0,01} \right) = 302,795$$

$$n_{k+1} = 9,99999 - \frac{-0,001048}{302,795}$$

$$n_4 = 9,99999 \approx 10$$

5. Näherungswert bestimmen (Probe)

$$f(10) = -1.678,64 + 50 \cdot \frac{1,01^{10} - 1}{0,01} + \frac{25}{0,01} \cdot \left(\frac{1,01^{10} - 1}{0,01} - 10 \right) =$$

$$= 0,00198$$

$$f'(10) = -\frac{25}{0,01} + \frac{1,01^{10} \cdot ln1,01}{0,01} \cdot \left(50 + \frac{25}{0,01} \right) = 302,796$$

$$n_{k+1} = 10 - \frac{0,00198}{302,796}$$

$$n_5 = 9,99999 \approx 10$$

Durch Fortführung der Näherungsweise erhält man

$n_1 = 10,1574$
$n_2 = 10,0011$
$n_3 = 9,99999 \approx 10$
$n_4 = 9,99999 \approx 10$
$n_5 = 9,99999 \approx 10$

Die Laufzeit n dieser arithmetisch-fortschreitenden Rente betrug 10 Monate.

7.4.3.3 Geometrisch-fortschreitende Rente

Die Rentenzahlung steigt jährlich um einen vorgegebenen Prozentsatz.

g entspricht dem Wachstumsfaktor zwei aufeinander folgender Rentenzahlungen

$$g = \frac{r_{k+1}}{r_k}$$

(a) Zinsfaktor $\neq$ Wachstumsfaktor $(q \neq g)$

Rentenendwert $\qquad R_n = r \cdot \dfrac{q^n - g^n}{q - g}$

Rentenbarwert $\qquad R_0 = r \cdot \dfrac{q^n - g^n}{(q - g) \cdot q^n}$

Rente (R_n geg.) $\qquad r = R_n \cdot \dfrac{q - g}{q^n - g^n}$

Rente (R_0 geg.) $\qquad r = R_0 \cdot \dfrac{(q - g) \cdot q^n}{q^n - g^n}$

Zinssatz (R_n geg.) $\qquad f(i) = -R_n + r \cdot \dfrac{q^n - g^n}{q - g}$

Zinssatz (R_0 geg.) $\qquad f(i) = -R_0 + r \cdot \dfrac{q^n - g^n}{(q-g) \cdot q^n}$

Laufzeit (R_n geg.) $\qquad f(n) = -R_n + r \cdot \dfrac{q^n - g^n}{q-g}$

Laufzeit (R_0 geg.) $\qquad f(n) = -R_0 + r \cdot \dfrac{q^n - g^n}{(q-g) \cdot q^n}$

Beispiel:

Frau Pfennig möchte wissen, wie sich der Betrag für ihr gerade geborenes Patenkind verändert, wenn sie den ersten Betrag von $500 in den Folgejahren jeweils um 10 % erhöht.

$$g = \frac{\$550}{\$500} = 1,1$$

$$R_n = \$500 \cdot \frac{1,007^{18} - 1,1^{18}}{1,007 - 1,1}$$

$$R_n \approx \$23.796,41$$

Erhöht Frau Pfennig den jährlichen Betrag jeweils um 10 %, bekäme Penny an ihrem 18. Geburtstag $23.796,41 ausgezahlt.

(b) Zinsfaktor = Wachstumsfaktor ($q = g$)

Rentenendwert $\qquad R_n = r \cdot n \cdot q^{n-1}$

Rentenbarwert $\qquad R_0 = \dfrac{r \cdot n}{q}$

Rente (R_n geg.) $\qquad r = \dfrac{R_n}{n \cdot q^{n-1}}$

7.4 Rentenrechnung

Rente (R_0 geg.) $\quad r = \dfrac{R_0 \cdot q}{n}$

Zinssatz (R_n geg.) $\quad i = \sqrt[n-1]{\dfrac{R_n}{r \cdot n}} - 1$

Zinssatz (R_0 geg.) $\quad i = \dfrac{r \cdot n}{R_0} - 1$

Laufzeit (R_n geg.) $\quad f(n) = -R_n + r \cdot n \cdot q^{n-1}$

Laufzeit (R_0 geg.) $\quad n = \dfrac{q \cdot R_0}{r}$

Beispiel:

Frau Pfennig möchte wieder $500 im Jahr für Penny sparen. Dieses mal möchte sie den jährlichen Sparbetrag jeweils um 5 % erhöhen. Sie rechnet mit einem Kalkulationszinssatz von 5 % p. a.

$R_n = \$500 \cdot 18 \cdot 1{,}05^{18-1}$

$R_n \approx \$20.628{,}16$

Penny bekäme an ihrem 18. Geburtstag $20.628,16 ausgezahlt.

7.4.4 Ewige Rente

Eine ewige Rente (auch Perpetuität genannt) ist eine Rente, die sich aus dem Zinsertrag einer festverzinslichen Kapitalanlage generieren lässt, ohne dass sich die Höhe des angelegten Kapitals reduziert. Eine ewige Rente ist entsprechend durch einen unendlich lang fließenden Zahlungsstrom gekennzeichnet. Demzufolge wird der Rentenendwert unendlich groß. Da das Kapital vollständig erhalten bleibt, wird der hieraus resultierende Ertrag „ewig" erzielt.

(a) nachschüssige Rente

Rentenbarwert $R_0 = r \cdot \dfrac{q^n - 1}{i \cdot q^n}$ mit $i > 0$

$$R_0 = \frac{r}{i} \cdot \left(\frac{q^n - 1}{q^n} \right)$$

$$R_0 = \frac{r}{i} \cdot \left(\frac{q^n}{q^n} - \frac{1}{q^n} \right)$$

$$R_0 = \frac{r}{i} \cdot \left(1 - \frac{1}{q^n} \right)$$

wenn $q > 1$ und $i > 0$:

$$\boxed{R_0 = \lim_{n \to \infty} \frac{r}{i} \cdot \left(1 - \frac{1}{q^n} \right) = \frac{r}{i}}$$

da $\lim\limits_{n \to \infty} \dfrac{1}{q^n} = 0$

(b) vorschüssige Rente

Rentenbarwert $R_0 = r \cdot \dfrac{q \cdot (q^n - 1)}{i \cdot q^n}$ mit $i > 0$

$$R_0 = \frac{r \cdot q}{i} \cdot \left(\frac{q^n - 1}{q^n} \right)$$

$$R_0 = \frac{r \cdot q}{i} \cdot \left(\frac{q^n}{q^n} - \frac{1}{q^n} \right)$$

$$R_0 = \frac{r \cdot q}{i} \cdot \left(1 - \frac{1}{q^n} \right)$$

wenn $q > 1$ und $i > 0$:

$$R_0 = \lim_{n \to \infty} \frac{r \cdot q}{i} \cdot \left(1 - \frac{1}{q^n}\right) = \frac{r \cdot q}{i}$$

da $\lim_{n \to \infty} \frac{1}{q^n} = 0$

Beispiel:

Frau Pfennig besitzt eine Immobilie, die sie verkaufen möchte. Die Immobilie erbringt ihr einen jährlichen Nettoertrag in Höhe von $30.000. Zu welchem Preis sollte Frau Pfennig die Immobilie bei einem angenommen Zinssatz von 2 % p. a. veräußern, wenn sie alternativ davon ausgeht, dass diese Immobilie ihr bzw. ihrer Familie ewig gehören würde?

$$R_0 = \frac{\$30.000 \cdot 1,02}{0,02} = \$1.530.000$$

Der „ewige" Wert der Immobilie beträgt $1.530.000 bei der Annahme, dass der Zins auf Dauer, d. h. „ewig", 2 % p. a. beträgt.

7.5 Tilgungsrechnung

Die Tilgungsrechnung befasst sich mit der Rückzahlung von Darlehen, Krediten und Hypotheken. Die Schuld wird in Teilbeträgen innerhalb eines im Voraus vereinbarten Zeitraumes zurückgezahlt. Der Gläubiger erwartet dabei eine Verzinsung.

7.5.1 Grundbegriffe

Annuität A_k — Gesamtzahlung je Periode mit $k = 1,...,n$

Jede Annuität besteht aus einer Zins- und einer Tilgungsrate.

$$A_k = T_k + Z_k$$

Tilgungsrate T_k — Betrag, der die Schuld am Ende der Periode durch Zahlung verringert, mit $k = 1,...,n$

Eine (Anfangs-)Schuld wird nur durch die Tilgungsbeträge verringert.

Zinsbetrag Z_k — Zinsen für die jeweilige Restschuld K_k, mit $k = 1,...,n$. Zur Ermittlung der Zinsen bei jährlicher nachschüssiger Zahlung multipliziert man den Zinssatz mit der Restschuld des Vorjahres.

$$Z = i \cdot K_{k-1}$$

Anfangsschuld K_0 — Entspricht der ursprünglichen Darlehenshöhe. Ist n die Gesamtzahl aller Tilgungsperioden, so ist die Anfangsschuld K_0 gleich der Summe aller Tilgungsbeträge T_k.

$$K_0 = T_1 + T_2 + ... + T_{n-1} + T_n = \sum_{k=1}^{n} T_k$$

7.5 Tilgungsrechnung

Restschuld K_k — Entspricht dem verbleibenden Betrag nach k Perioden, mit $k = 1, ..., n$. Die Restschuld der laufenden Periode entspricht der Differenz zwischen dem Restschuldbetrag der vorherigen Periode und der Tilgungsrate der laufenden Periode.

$$K_k = K_{k-1} - T_k$$

Die Restschuld K_k nach k Perioden ist gleich der Anfangsschuld K_0 minus der Summe der Tilgungsbeträge T_k.

$$K_k = K_0 - (T_1 + T_2 + ... + T_k) = K_0 - \sum_{k=1}^{k} T_k$$

Periode k — Dauer, für die eine Annuität A_k zu zahlen ist.

Tilgungsdauer n — Gesamtlaufzeit des Darlehens

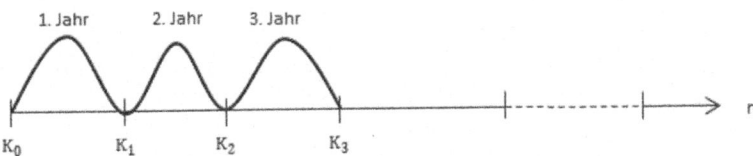

7.5.2 Annuitätentilgung

Bei der Annuitätentilgung ist die Höhe der Annuität während der gesamten Laufzeit konstant.

$\overline{A}$ konstante Annuität, $A_1 = A_2 = \ldots = A_n = \overline{A}$

Dabei nimmt der Zinsanteil von Periode zu Periode immer weiter ab, während der Tilgungsanteil in entsprechender Höhe steigt. Die Zahlung der Annuitäten entspricht einer nachschüssigen Rente. K_0 ist der Barwert aller Annuitäten.

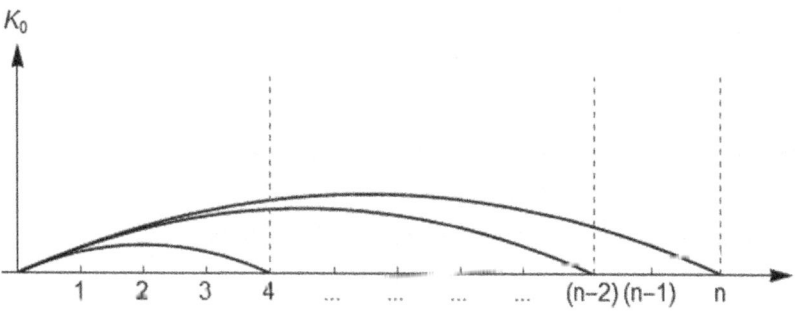

Annuität $\quad \overline{A} = K_0 \cdot \underbrace{\dfrac{q^n \cdot (q-1)}{q^n - 1}}_{\text{nachschüssiger Annuitätenfaktor}} \quad$ oder $\quad \overline{A} = T_1 \cdot q^n$

Anfangsschuld $\quad K_0 = A \cdot \underbrace{\dfrac{q^n - 1}{q^n \cdot (q-1)}}_{\substack{\text{nachschüssiger} \\ \text{Rentenbarwertfaktor}}} \quad$ oder $\quad K_0 = T_1 \cdot \underbrace{\dfrac{q^n - 1}{i}}_{\substack{\text{nachschüssiger} \\ \text{Rentenendwertfaktor}}}$

Restschuld $\quad K_k = K_0 \cdot q^k - A \cdot \dfrac{q^k - 1}{q - 1} \quad$ oder $\quad K_k = K_0 - T_1 \cdot \dfrac{q^k - 1}{q - 1}$

7.5 Tilgungsrechnung

Tilgungsrate $\quad T_k = K_0 \cdot \dfrac{i \cdot q^{k-1}}{q^n - 1} \quad$ oder $\quad T_k = T_1 \cdot (1+i)^{k-1} \quad$ oder

$$T_1 = K_0 \cdot \dfrac{i}{(1+i)^n - 1} \quad \text{oder} \quad T_1 = \overline{A} \cdot q^{-n}$$

Zinsbetrag $\quad Z_k = \overline{A} - T_1 \cdot q^{k-1} \quad$ oder $\quad Z_k = K_{k-1} \cdot i \quad$ oder

$$Z_k = \overline{A} \cdot (1 - q^{k-1}) + K_0 \cdot i \cdot q^{k-1}$$

Zinsfaktor $\quad q^n = \dfrac{\overline{A}}{\overline{A} - K_0 \cdot i} = \dfrac{\overline{A}}{T_1}$

Tilgungslaufzeit $\quad n = \dfrac{\log\left(\dfrac{\overline{A}}{T_1}\right)}{\log(q)} \quad$ oder $\quad n = \dfrac{\ln\left(\dfrac{\overline{A}}{T_1}\right)}{\ln(q)}$

Beispiel 1: Frau Pfennig hat ein Darlehen über $200.000 aufgenommen. Sie verpflichtet sich, jeweils am Ende des Jahres Zinsen in Höhe von 3,5 % p. a. zu zahlen. Nach 6 Jahren möchte Sie das Darlehen komplett zurückgezahlt haben. Damit der jährlich zu entrichtende Betrag konstant bleibt, wählt Frau Pfennig die Annuitätentilgung.

$$\overline{A} = \$200.000 \cdot \dfrac{1{,}035^6 \cdot 0{,}035}{1{,}035^6 - 1} = \$37.533{,}64$$

$$Z_1 = \$200.000 \cdot 0{,}035 = \$7.000$$

$$T_1 = \$37.533{,}64 - \$7.000 = \$30.533{,}64$$

k	Restbetrag zu Beginn des Jahres	Zinsbetrag	Tilgungs-rate	Annuität	Restbetrag am Ende des Jahres
1	200.000,00	7.000,00	30.533,64	37.533,64	169.466,36
2	169.466,36	5.931,32	31.602,32	37.533,64	137.864,04
3	137.864,04	4.825,24	32.708,40	37.533,64	105.155,64
4	105.155,64	3.680,45	33.853,19	37.533,64	71.302,45
5	71.302,45	2.495,59	35.038,05	37.533,64	36.264,40
6	36.264,40	1.269,25	36.264,39	37.533,64	0,01

Die Differenz von $0,01 ist auf Rundungsfehler zurückzuführen.

Beispiel 2: Ihre Bank gewährt Ihnen ein Darlehen über $30.000 und vereinbart mit Ihnen, dass das Darlehen in Form einer Annuitätentilgung zu tilgen ist. Der anfängliche Tilgungssatz beträgt 20 Prozent, der jährliche Zinssatz 7 %.

a) Berechnen Sie die exakte Laufzeit des Darlehens in Jahren, inklusive zwei Nachkommastellen.

b) Erstellen Sie einen Tilgungsplan.

a) $\overline{A} = T_1 \cdot q^n \Leftrightarrow T_1 = \dfrac{\overline{A}}{q^n}$

$$T_1 = \frac{6.000 + 2.100}{(1,07)^n}$$

mit $6.000 = 30.000 \cdot 0,2\,(20\%)$

und $2.100 = 30.000 \cdot 0,07$

$\Rightarrow \overline{A} = 6.000 + 2.100 = \$8.100$

$n = ?$

7.5 Tilgungsrechnung

$$(1,07)^n = \frac{8.100}{T_1} = \frac{8.100}{6.000}$$

$$ln(1,07)^n = ln\left(\frac{8.100}{6.000}\right)$$

$$n \cdot ln(1,07) = ln\left(\frac{8.100}{6.000}\right)$$

$$n = \frac{ln(8.100/6.000)}{ln(1,07)} \approx 4,436 \text{ Jahre}$$

b)

k	Kontostand zu Beginn des Jahres	Zinsbetrag	Tilgungs-rate	Annuität	Kontostand am Ende des Jahres
1	30.000	2.100	6.000	8.100	24.000
2	24.000	1.680	6.420	8.100	17.580
3	17.580	1.230,60	6.869,40	8.100	10.710,60
4	10.710,60	749,74	7.350,26	8.100	3.360,34
5	3.360,34	235,22	3.360,34	3.595,56	0

7.5.3 Ratentilgung

Bei der Ratentilgung wird eine Schuld K_0 durch jährlich konstant bleibende Tilgungsraten $\overline{T}$ getilgt.

$\overline{T}$ konstante Tilgungsrate, $T_1 = T_2 = ... = T_n = \overline{T}$

Hierbei nimmt der zu entrichtende Zinsbetrag von Periode zu Periode ab.

Tilgungsrate $\quad \overline{T} = \dfrac{K_0}{n}$

Anfangsschuld $\quad K_0 = n \cdot \overline{T}$

Restschuld $\quad K_k = K_0 - k \cdot \overline{T}\ $ oder

$$K_k = K_0 \cdot \left(1 - \dfrac{k}{n}\right)$$

Zinsbetrag $\quad Z_k = i \cdot K_{k-1}\ $ oder

$$Z_k = i \cdot \left[K_0 - (k-1) \cdot \overline{T}\right]\ \text{oder}$$

$$Z_k = i \cdot K_0 \cdot \left(1 - \dfrac{k-1}{n}\right)$$

Annuität $\quad A_k = \underbrace{i \cdot K_0 \cdot \left(1 - \dfrac{k-1}{n}\right)}_{Z_k} + \underbrace{\dfrac{K_0}{n}}_{T_k}$

$$A_k = \dfrac{K_0}{n} \cdot \left[1 + (n-k+1) \cdot i\right]$$

<u>Beispiel:</u> Frau Pfennig hat ein Darlehen über $150.000 zu einem nachschüssig zu zahlenden Zins in Höhe von 2,25 % p. a. Sie vereinbart eine Ratentilgung über 5 Jahre.

$$\overline{T} = \dfrac{\$150.000}{5} = \$30.000$$

$$Z_1 = \$150.000 \cdot 0,0225 = \$3.375$$

7.5 Tilgungsrechnung

k	Restbetrag zu Beginn des Jahres	Zinsbetrag	Tilgungsrate	Annuität	Restbetrag am Ende des Jahres
1	150.000,00	3.375,00	30.000,00	33.375,00	120.000,00
2	120.000,00	2.700,00	30.000,00	32.700,00	90.000,00
3	90.000,00	2.025,00	30.000,00	32.025,00	60.000,00
4	60.000,00	1.350,00	30.000,00	31.350,00	30.000,00
5	30.000,00	675,00	30.000,00	30.675,00	0,00

7.5.4 Tilgung mit Aufgeld (Agio)

Übersteigt der Rückzahlungsbetrag eines Darlehens den Nominalbetrag, spricht man von einem Aufgeld bzw. Agio a. Das Aufgeld bezieht sich auf die jeweilige Tilgungsperiode und wird als fester Prozentsatz α ausgedrückt. Es ist mit zu tilgen. Allerdings darf das Aufgeld nicht verzinst werden, da der Gläubiger nur auf den Nominalbetrag des Darlehens Zinsen erhält.

a Aufgeld bzw. Agio
α Aufschlagsatz in Prozent

Das Gegenteil eines Agio ist ein Disagio (siehe Kapitel 7.5.5).

7.5.4.1 Annuitätentilgung mit Aufgeld

(a) Annuitätentilgung mit nicht eingeschlossenem Aufgeld

Das Aufgeld bzw. Agio wird zusätzlich zur Annuität gezahlt. Dabei bleibt die Annuität (= Summe aus Tilgungsrate und Zinsbetrag) über die gesamte Laufzeit konstant. Das Aufgeld bzw. Agio erhöht sich von Jahr zu Jahr, da es als prozentualer Anteil der ebenfalls steigenden Tilgungsrate berechnet wird. Daraus folgt, dass die Annuität inkl. Aufgeld (= Summe aus Tilgungsrate, Zinsbetrag und Aufgeld) steigt.

A_α Annuität inkl. Aufgeld

Beispiel: Frau Pfennig schuldet der Bank ein Darlehen in Höhe von $100.000. Dieses soll in 5 Jahren bei einer Verzinsung von 1,5 % p. a. durch Annuitätentilgung abgezahlt werden. Es wird ein Aufgeld bzw. ein Agio von 5 % vereinbart.

$$\overline{A} = K_0 \cdot \frac{q^n \cdot i}{q^n - 1} =$$

$$= \$100.000 \cdot \frac{1,015^5 \cdot 0,015}{1,015^5 - 1} = \$20.908,93$$

$$T_1 = K_0 \cdot \frac{q^{k-1} \cdot i}{q^n - 1} =$$

$$- \$100.000 \cdot \frac{1,015^0 \cdot 0,015}{1,015^5 - 1} = \$19.408,93$$

$Z_1 = K_{k-1} \cdot i = \$100.000 \cdot 0,015 = \$1.500$

alternativ: $Z_1 = \overline{A} - T_1 =$

$$= \$20.908,93 - \$19.408,93 = \$1.500$$

$$K_1 = K_0 - T_1 \cdot \frac{q^k - 1}{q - 1} =$$

$$= \$100.000 - \$19.408,93 \cdot \frac{1,015^1 - 1}{1,015 - 1} = \$80.591,07$$

7.5 Tilgungsrechnung

alternativ: $K_1 = K_0 \cdot q^k - \overline{A} \cdot \dfrac{q^k - 1}{q - 1} =$

$= \$100.000 \cdot 1,015^1 - \$20.908,93 \cdot$

$\cdot \dfrac{1,015^1 - 1}{1,015 - 1} = \$80.591,07$

$a_1 = T_1 \cdot \alpha = \$19.408,93 \cdot 0,05 = \$970,45$

$A_\alpha = \overline{A} + a_1 = \$20.908,93 + \$970,45 = \$21.879,38$

k	Restbetrag zu Beginn des Jahres	Zinsbetrag	Tilgungsrate	Annuität	Aufgeld	Aufwand inkl. Aufgeld
1	100.000,00	1.500,00	19.408,93	20.908,93	970,45	21.879,38
2	80.591,07	1.208,87	19.700,06	20.908,93	985,00	21.893,93
3	60.891,01	913,37	19.995,56	20.908,93	999,78	21.908,71
4	40.895,45	613,43	20.295,50	20.908,93	1.014,78	21.923,71
5	20.599,95	309,00	20.599,93	20.908,93	1.029,99	21.938,92

Differenzen sind auf Rundungsfehler zurückzuführen.

(b) Annuitätentilgung mit eingeschlossenem Aufgeld

Das Aufgeld bzw. Agio ist bereits in der Annuität enthalten. Dadurch bleibt der jährlich zu zahlende Betrag während der gesamten Laufzeit konstant. Man spricht von einer Annuität mit eingeschlossenem Aufgeld.

$\overline{A}_\alpha$ Annuität mit eingeschlossenem Aufgeld

K_α Ersatzkapital ($=$ Rückzahlungswert, fiktive Schuld)

i_α Ersatzzinssatz ($=$ fiktiver Zinssatz), der angewandt auf K_α den gleichen Zinsbetrag ergibt, wie der Zinssatz i, der auf das Anfangskapital K_0 erhoben wird.

q_α^n fiktiver Aufzinsungsfaktor

$$q_\alpha^n = (1+i_\alpha)^n$$

Annuität $\qquad \overline{A}_\alpha = \dfrac{i \cdot (1+i_\alpha)^n}{(1+i_\alpha)^n - 1} \cdot K_0 \quad \text{oder}$

$$\overline{A}_\alpha = (1+i_\alpha)^n \cdot K_\alpha \cdot \dfrac{(1+i_\alpha) - 1}{(1+i_\alpha)^n - 1}$$

fiktiver Zinssatz $\qquad i_\alpha = \dfrac{i}{1+\alpha}$

Rückzahlungswert $\qquad K_\alpha = K_0 \cdot (1+\alpha) = \dfrac{K_0 \cdot i}{i_\alpha}$

Tilgungsrate mit Aufgeld $\qquad T_k = A_\alpha - i \cdot K_k$

Tilgungsrate ohne Aufgeld $\qquad T_k = \dfrac{A_\alpha - i \cdot K_k}{1+\alpha}$

Beispiel: Frau Pfennig schuldet der Bank ein Darlehen in Höhe von $100.000. Dieses soll wiederum in 5 Jahren bei einer Verzinsung von 1,5 % p. a. durch Annuitätentilgung abgezahlt werden. Das Aufgeld bzw. Agio von 5 % soll in der Tilgungsrate eingeschlossen sein, so dass die jährliche Gesamtzahlung während der Laufzeit konstant bleibt.

7.5 Tilgungsrechnung

$$i_\alpha = \frac{0,015}{1+0,05} = 0,01428571429$$

$$\overline{A}_\alpha = \frac{0,015 \cdot (1+0,01428571429)^5}{(1+0,01428571429)^5 - 1} \cdot \$100.000 =$$

$$= \$21.908,51$$

$$T_1 = \frac{\$21.908,51 - 0,015 \cdot \$100.000}{1+0,05} = \$19.436,68$$

$$Z_1 = \$100.000 \cdot 0,015 = \$1.500,00$$

$$a_1 = \$21.908,51 - \$19.436,68 - \$1.500,00 = \$971,83$$

k	Restbetrag zu Beginn des Jahres	Zinsbetrag	Tilgungsrate ohne Aufgeld	Aufgeld	Tilgungsrate mit Aufgeld	Aufwand (Annuität) inkl. Aufgeld
1	100.000	1.500,00	19.436,68	971,83	20.408,51	21.908,51
2	80.563,32	1.208,45	19.714,34	985,72	20.700,06	21.908,51
3	60.848,98	912,73	19.995,98	999,80	20.995,78	21.908,51
4	40.853,00	612,80	20.281,63	1.014,08	21.295,71	21.908,51
5	20.571,37	308,57	20.571,37	1.028,57	21.599,94	21.908,51

7.5.4.2 Tilgung einer Ratenschuld mit Aufgeld

Bei der Ratentilgung bleibt der Tilgungsbetrag über die Laufzeit konstant. Die Annuität erhöht sich jeweils um das Aufgeld bzw. Agio.

Aufgeld $\quad a = \dfrac{K_0}{n} \cdot \alpha = \overline{T}_k \cdot \alpha$

Tilgungsbetrag inkl. Aufgeld $\quad T_\alpha = (1+\alpha) \cdot \overline{T}_k$

Annuität inkl. Aufgeld $\quad A_k = K_0 \cdot \left[\dfrac{1}{n} + \left(1 - \dfrac{k-1}{n}\right) \cdot i + \dfrac{\alpha}{n} \right]$ oder

$$A_k = \underbrace{K_0 \cdot i \cdot \left(1 - \dfrac{k-1}{n}\right)}_{Z} + \underbrace{\dfrac{K_0}{n}}_{T} + \underbrace{\dfrac{K_0}{n} \cdot \alpha}_{a}$$

$$A_k = Z_k + \overline{T}_k + (1+\alpha)$$

$$A_k = Z_k + \overline{T}_k + a$$

Beispiel: Frau Pfennig schuldet der Bank ein Darlehen in Höhe von $100.000. Dieses soll in 5 Jahren bei einer Verzinsung von 1,5 % p. a. durch Ratentilgung abgezahlt werden. Das vereinbarte Aufgeld bzw. Aglo beträgt 5 %.

$a = \$20.000 \cdot 0,05 = \$1.000$

k	Restbetrag zu Beginn des Jahres	Zinsbetrag	Tilgungsrate	Aufgeld	Aufwand inkl. Aufgeld
1	100.000,00	1.500,00	20.000,00	1.000,00	22.500,00
2	80.000,00	1.200,00	20.000,00	1.000,00	22.200,00
3	60.000,00	900,00	20.000,00	1.000,00	21.900,00
4	40.000,00	600,00	20.000,00	1.000,00	21.600,00
5	20.000,00	300,00	20.000,00	1.000,00	21.300,00

7.5.5 Tilgung mit Abgeld (Disagio)

Ein Abgeld (Disagio oder Damnum) entspricht einem Abschlag vom Nennwert, der bei einem Darlehen oder auch bei einer Emission eines Wertpapiers vereinbart werden kann.

b Abgeld bzw. Disagio
β Abgeldsatz in Prozent

Das Gegenteil eines Disagios ist das Agio (siehe Kapitel 7.5.4).

Annuitätentilgung mit Abgeld

Der Auszahlungsbetrag eines Darlehens vermindert sich bei der Vereinbarung eines Disagios um den Betrag b. Das Disagio, b, gehört jedoch in vollem Umfang zum Rückzahlungsbetrag. Das Disagio lässt sich quasi als vorab geleisteter Zins interpretieren. Durch ein Disagio reduziert sich der nominale Zinssatz für die periodisch zu zahlende Rate während der gesamten Laufzeit des Darlehens.

Ein Disagio kann in Form des Auszahlungsbetrags bzw. des Ausgabekurses (z. B. bei der Emission von Wertpapieren) in Geldeinheiten (z. B. $) angegeben werden oder in Prozent des Darlehensbetrags: 5 % Disagio = 95 % Auszahlungsbetrag oder -kurs.

Bei einem Darlehen mit Disagio wird nur der um das Disagio gekürzte Dahrlehensbetrag, nicht die vollständige Darlehenssumme, ausgezahlt. So beträgt z. B. bei einer Darlehenssumme von $100.000 und einem Disagio von 5 % der Auszahlungsbetrag $95.000.

Der Rückzahlungsbetrag entspricht jedoch dem Betrag der gesamten Darlehenssumme (100 % = $100.000). Diese Verbindlichkeit ist entsprechend in voller Höhe der gesamten Darlehenssumme, hier über $100.000, in der Bilanz auszuweisen.

Rechtlich erfolgt die Verbuchung eines Disagios international unterschiedlich. Oft, wie z. B. in Deutschland[17], besteht für bilanzierungspflichtige Unternehmen beim Disagio ein Aktivierungswahlrecht,

a) das Disagio sofort, d. h. zum Zeitpunkt der Darlehensgewährung in voller Höhe als Aufwand in der Gewinn- und Verlustrechnung (GuV) zu berücksichtigen, oder

b) einen aktiven Rechnungsabgrenzungsposten[18] innerhalb der Bilanz zu bilden und durch planmäßige Abschreibungen über die gesamte Laufzeit des Darlehens zu verteilen.

7.5.5.1 Annuitätentilgung mit Abgeld bei sofortiger Verbuchung als Zinsaufwand

Wird das Disagio als Zinsaufwand sofort verbucht, wird der Betrag des Abgeldes, b, nur dieser einen Periode zugerechnet.

Beispiel:

Ein Unternehmen nimmt ein Darlehen auf zu $100.000 mit einer Laufzeit von fünf Jahren. Mit der dahrlehensgebenden Bank wird ein Disagio von β = 5 % vereinbart. Das Darlehen soll in fünf Jahren bei einer Verzinsung von 1,5 % p. a. auf den Auszahlungsbetrag durch Annuitätentilgung abbezahlt werden.

Da das Unternehmen die $100.000 im vollem Umfang benötigt, erhöht der Kreditgeber den Nominalbetrag aufgrund des Disagios auf $105.263,16.[19]

---

[17] In Deutschland ist die Verbuchung eines Disagios in § 250 Abs. 3 HGB geregelt.
[18] In Deutschland gem. § 266 Abs. 2 C. HGB („Rechnungsabgrenzungsposten").
[19] $\dfrac{\$100.000}{0,95} = \$105.263,16$ bzw. $\$105.263,16 \cdot 0,95 = \$100.000$

7.5 Tilgungsrechnung

$$\overline{A} = K_0 \cdot \frac{q^n \cdot i}{q^n - 1} =$$

$$= \$100.000 \cdot \frac{1,015^5 \cdot 0,015}{1,015^5 - 1} = \$20.908,93$$

$$T_1 = K_0 \cdot \frac{q^{k-1} \cdot i}{q^n - 1} =$$

$$= \$100.000 \cdot \frac{1,015^0 \cdot 0,015}{1,015^5 - 1} = \$19.408,93$$

$$Z_1 = K_{k-1} \cdot i = \$100.000 \cdot 0,015 = \$1.500$$

alternativ: $Z_1 = \overline{A} - T_1 =$

$$= \$20.908,93 - \$19.408,93 = \$1.500$$

$$K_1 = K_0 - T_1 \cdot \frac{q^k - 1}{q - 1} =$$

$$= \$100.000 - \$19.408,93 \cdot \frac{1,015^1 - 1}{1,015 - 1} = \$80.591,07$$

alternativ: $K_1 = K_0 \cdot q^k - \overline{A} \cdot \frac{q^k - 1}{q - 1} =$

$$= \$100.000 \cdot 1,015^1 - \$20.908,93 \cdot$$

$$\cdot \frac{1,015^1 - 1}{1,015 - 1} = \$80.591,07$$

$$\beta = K_0 \cdot \beta = \$100.000 \cdot 0,05 = \$5.000,00$$

k	Restbetrag zu Beginn des Jahres	Zinsbetrag	Tilgungsrate	Annuität	Abgeld	Aufwand inkl. Abgeld
1	100.000,00 (Auszahlungsbetrag)	1.500,00	19.408,93	20.908,93	5.263,16	26.172,09
2	80.591,07	1.208,87	19.700,06	20.908,93		20.908,93
3	60.891,01	913,37	19.995,56	20.908,93		20.908,93
4	40.895,45	613,43	20.295,50	20.908,93		20.908,93
5	20.599,95	309,00	20.599,93	20.908,93		20.908,93

Differenzen sind auf Rundungsfehler zurückzuführen.

7.5.5.2 Annuitätentilgung mit Abgeld bei Einstellung eines Disagios in einen aktiven Rechnungsabgrenzungsposten

Sind die rechtlichen Voraussetzungen für ein solches Vorgehen erfüllt[20], so ist der Unterschiedsbetrag zwischen Darlehenssumme und Auszahlungsbetrag (Disagio) durch planmäßige jährliche Abschreibungen zu tilgen, die auf die gesamte jährliche Laufzeit der Verbindlichkeit verteilt werden können.[21]

Für das o. a. Beispiel gilt:

---

[20] In Deutschland gem. § 250 Abs. 3 HGB.
[21] In Deutschland gem. § 250 Abs. 3 Satz 2 HGB.

7.5 Tilgungsrechnung

k	Restbetrag zu Beginn des Jahres	Zins-betrag	Tilgungs-rate	Annuität	Abgeld (linear verteilt)[22]	Aufwand inkl. Abgeld
1	100.000,00	1.500,00	19.408,93	20.908,93	1.052,63	21.961,56
2	80.591,07	1.208,87	19.700,06	20.908,93	1.052,63	21.961,56
3	60.891,01	913,37	19.995,56	20.908,93	1.052,63	21.961,56
4	40.895,45	613,43	20.295,50	20.908,93	1.052,63	21.961,56
5	20.599,95	309,00	20.599,93	20.908,93	1.052,63	21.961,56

Differenzen sind auf Rundungsfehler zurückzuführen.

7.5.5.3 Tilgung einer Ratenschuld mit Abgeld bei sofortiger Verbuchung als Zinsaufwand

Bei der Ratentilgung bleibt der Tilgungsbetrag über die gesamte Laufzeit konstant.

Beispiel:

Ein Unternehmen nimmt ein Darlehen auf zu $100.000 mit einer Laufzeit von fünf Jahren. Mit der darlehensgebenden Bank wird ein Disagio von $\beta = 5\,\%$ vereinbart. Das Darlehen soll in fünf Jahren bei einer Verzinsung von 1,5 % auf den Auszahlungsbetrag p. a. durch Ratentilgung abbezahlt werden.

Da das Unternehmen die $100.000 im vollen Umfang benötigt, erhöht der Kreditgeber den Nominalbetrag aufgrund des Disagios auf $105.263,16.[23]

---

[22] $\$5.263,16 / 5 = \$1.052,63$
[23] $\dfrac{\$100.000}{0{,}95} = \$105.263{,}16$ bzw. $\$105.263{,}16 \cdot 0{,}95 = \$100.000$

k	Restbetrag zu Beginn des Jahres	Zinsbetrag	Tilgungsrate	Abgeld	Aufwand inkl. Abgeld
1	100.000,00	1.500,00	20.000,00	5.263,16	26.500,00
2	80.000,00	1.200,00	20.000,00		21.200,00
3	60.000,00	900,00	20.000,00		20.900,00
4	40.000,00	600,00	20.000,00		20.600,00
5	20.000,00	300,00	20.000,00		20.300,00

Differenzen sind auf Rundungsfehler zurückzuführen.

7.5.5.4 Tilgung einer Ratenschuld mit Abgeld bei Einstellung des Disagios in einen aktiven Rechnungsabgrenzungsposten

Sind die rechtlichen Voraussetzungen für ein solches Vorgehen erfüllt[24], so ist der Unterschiedsbetrag zwischen Darlehenssumme und Auszahlungsbetrag (Disagio) durch planmäßige jährliche Abschreibungen zu tilgen, die auf die gesamte jährliche Laufzeit der Verbindlichkeit verteilt werden können.[25]

Für das o. a. Beispiel gilt:

k	Restbetrag zu Beginn des Jahres	Zinsbetrag	Tilgungsrate	Abgeld (linear verteilt)	Aufwand inkl. Abgeld
1	100.000,00	1.500,00	20.000,00	1.052,63	22.552,63
2	80.000,00	1.200,00	20.000,00	1.052,63	22.252,63
3	60.000,00	900,00	20.000,00	1.052,63	21.952,63
4	40.000,00	600,00	20.000,00	1.052,63	21.652,63
5	20.000,00	300,00	20.000,00	1.052,63	21.352,63

---

[24] In Deutschland gem. § 250 Abs. 3 HGB.
[25] In Deutschland gem. § 250 Abs. 3 Satz 2 HGB.

7.5.6 Tilgungsfreie Zeiten

Übersteigt die Kreditlaufzeit n_L die Tilgungsdauer n_T, also $n_L > n_T$, spricht man von einer tilgungsfreien Zeit. Innerhalb dieses tilgungsfreien Zeitraumes sind lediglich Zinsen auf die Schuld zu zahlen. Die Tilgung setzt aus, folglich wird die Belastung des Darlehensnehmers für diese Zeit reduziert.

Es gilt: $T_k = 0$ wenn $k \leq n_L - n_T$

n_L Kreditlaufzeit in Jahren

n_T Tilgungsdauer in Jahren

Beispiel:

(1) Tilgungsfreie Zeiten bei Annuitätentilgung

Penny nimmt ein Darlehen in Höhe von $50.000 auf. Da sie noch in der Ausbildung ist, möchte sie in den ersten drei Jahren mit der Tilgung aussetzen. Danach kann sie das Darlehen innerhalb von 5 Jahren zurückzahlen. Der Zinssatz beträgt 4 % p. a.

$n_L = 8;\ n_T = 5$

Zur Berechnung der Annuität ist die Tilgungsdauer n_T entscheidend.

$$\overline{A} = \$50.000 \cdot \frac{1,04^5 \cdot 0,04}{1,04^5 - 1} = \$11.231,36$$

k	Restbetrag zu Beginn des Jahres	Zinsbetrag	Tilgungsrate	Annuität
1	50.000,00	2.000,00	0,00	2.000,00
2	50.000,00	2.000,00	0,00	2.000,00
3	50.000,00	2.000,00	0,00	2.000,00
4	50.000,00	2.000,00	9.231,36	11.231,36
5	40.768,64	1.630,75	9.600,61	11.231,36
6	31.168,03	1.246,72	9.984,64	11.231,36
7	21.183,39	847,34	10.384,02	11.231,36
8	10.799,37	431,97	10.799,37	11.231,36

(2) Tilgungsfreie Zeiten bei Ratentilgung

Penny möchte wissen, wie hoch die jährliche Belastung ausfallen würde, wenn sie statt der Annuitätentilgung eine Ratentilgung vereinbaren würde.

$$\overline{T}_k = \frac{\$50.000}{5} = \$10.000$$

k	Restbetrag zu Beginn des Jahres	Zinsbetrag	Tilgungsrate	Annuität
1	50.000,00	2.000,00	0,00	2.000,00
2	50.000,00	2.000,00	0,00	2.000,00
3	50.000,00	2.000,00	0,00	2.000,00
4	50.000,00	2.000,00	10.000,00	12.000,00
5	40.000,00	1.600,00	10.000,00	11.600,00
6	30.000,00	1.200,00	10.000,00	11.200,00
7	20.000,00	800,00	10.000,00	10.800,00
8	10.000,00	400,00	10.000,00	10.400,00

7.5.7 Gerundete Annuitäten

In einigen Fällen sind glatte Beträge als Annuität gewünscht, z. B. bei der Prozentannuität und bei der Tilgung von Anleihen. Bei der Berechnung wird deshalb von dem strengen Ideal gleichbleibender Annuitäten über die gesamte Laufzeit abgewichen.

7.5.7.1 Prozentannuität

Bei der Prozentannuität wird der Tilgungssatz i_T im ersten Jahr als Prozentsatz der Schuldsumme K_0 angegeben. Zusammen mit dem Zinssatz i wird die Annuität berechnet. Die eingesparten Zinsen in den Folgejahren werden zur Tilgung verwendet.

$T = i_T \cdot K_0$ definiert den Tilgungsbetrag des 1. Jahres

Es ergeben sich krumme Laufzeiten. Daher wird die Laufzeit in zwei Komponenten n_1 und n_2 zerlegt. Durch die nicht in vollen Jahren anfallende Laufzeit wird eine Ausgleichszahlung fällig. Wird die Ausgleichszahlung am Ende der Laufzeit gezahlt, so nennt man sie Restzahlung. Wird sie hingegen zu Beginn der Laufzeit gezahlt, nennt man sie Vorleistung.

p_T Tilgungsfuß im ersten Jahr

       Der Tilgungsfuß gibt die Tilgungsrate des ersten Jahres als Prozentsatz an.

i_T Tilgungssatz im ersten Jahr

$$i_T = \frac{p_T}{100}$$

n_1 $n_1 = int(n)$

n_2 $n_2 = n - n_1$

Annuität $\quad A = K_0 = (i + i_T)$

Laufzeit $\quad n = \dfrac{\ln\left(\dfrac{i+i_T}{i_T}\right)}{\ln(q)} \quad$ mit $n \notin \mathbb{Z}$

Restzahlung $\quad A_{n_1+1} = \left(K_0 \cdot q^{n_1} - A \cdot \dfrac{q^{n_1}-1}{i}\right) \cdot q$

Vorleistung $\quad A_1 = K_0 \cdot q - A \cdot \dfrac{q^{n_1}-1}{i \cdot q^{n_1}}$

Beispiel:

Penny nimmt ein Darlehen in Höhe von $120.000 auf. Das Darlehen soll in Form einer Prozentannuitätentilgung zurückgezahlt werden. Der anfängliche Tilgungssatz beträgt 7 %, der jährliche Zinssatz 3 % p. a.

$K_0 = \$120.000; \quad p = 3\%; \quad p_T = 7\%$

$A = \$120.000 \cdot (0,03 + 0,07) = \$12.000$

$$n = \dfrac{\ln\left(\dfrac{0,03+0,07}{0,07}\right)}{\ln(1,03)} = 12,06 \text{ Jahre}$$

(1) Restzahlung

Penny leistet die Ausgleichszahlung am Ende der Laufzeit.

$$A_{13} = \left(\$120.000 \cdot 1,03^{12} - \$12.000 \cdot \dfrac{1,03^{12}-1}{0,03}\right) \cdot 1,03$$

$\quad\quad = \$810,56$

7.5 Tilgungsrechnung

k	Restbetrag zu Beginn des Jahres	Zinsbetrag	Tilgungsrate	Annuität
1	120.000,00	3.600,00	8.400,00	12.000,00
2	111.600,00	3.348,00	8.652,00	12.000,00
3	102.948,00	3.088,44	8.911,56	12.000,00
4	94.036,44	2.821,09	9.178,91	12.000,00
5	84.857,53	2.545,73	9.454,27	12.000,00
6	75.403,26	2.262,10	9.737,90	12.000,00
7	65.665,36	1.969,96	10.030,04	12.000,00
8	55.635,32	1.669,06	10.330,94	12.000,00
9	45.304,38	1.359,13	10.640,87	12.000,00
10	34.663,51	1.039,91	10.960,09	12.000,00
11	23.703,42	711,10	11.288,90	12.000,00
12	12.414,52	372,44	11.627,56	12.000,00
13	786,96	23,61	786,96	810,56

(2) Vorleistung

Penny leistet die Ausgleichszahlung zu Beginn der Laufzeit.

$$A_1 = \$120.000 \cdot 1,03 - \$12.000 \cdot \frac{1,03^{12} - 1}{0,03 \cdot 1,03^{12}} =$$
$$= \$4.151,95$$

k	Restbetrag zu Beginn des Jahres	Zinsbetrag	Tilgungsrate	Annuität
1	120.000,00	3.600,00	551,95	4.151,95
2	119.448,05	3.583,44	8.416,56	12.000,00
3	111.031,49	3.330,94	8.669,06	12.000,00
4	102.362,43	3.070,87	8.929,13	12.000,00
5	93.433,30	2.803,00	9.197,00	12.000,00
6	84.236,30	2.527,09	9.472,91	12.000,00
7	74.763,39	2.242,90	9.757,10	12.000,00
8	65.006,29	1.950,19	10.049,81	12.000,00
9	54.956,48	1.648,69	10.351,31	12.000,00
10	44.605,17	1.338,16	10.661,84	12.000,00
11	33.943,33	1.018,30	10.981,70	12.000,00
12	22.961,63	688,85	11.311,15	12.000,00
13	11.650,48	349,51	11.650,48	12.000,00

7.5.7.2 Tilgung von Anleihen

Bei der Finanzierung von Investitionen großer Unternehmen kommt es häufig vor, dass die benötigte Darlehenssumme nicht von einem einzelnen Gläubiger aufgebracht werden kann. Dann gibt das Unternehmen eine Anleihe aus, an der sich eine Vielzahl von Gläubigern beteiligen kann.

Die Anleihe wird zu runden Teilbeträgen w (z. B. $100, $500, $1.000, $5.000 und $10.000) gestückelt.

Die rechnerischen Tilgungsraten T_k werden in runde Teilbeträge (endgültige-, gerundete Tilgungsrate T_k^* und Rückstand R_k) zerlegt. Dabei sind nur Tilgungsraten erlaubt, die sich ohne Rest durch die Teilbeträge teilen lassen. Eine teilweise Tilgung einer ganzzahligen Mengeneinheit ist nicht möglich.

7.5 Tilgungsrechnung

w — Wert je Stück

pi_k — Zahl der getilgten Stücke

T_k^* — endgültige Tilgungsrate

R_k — Tilgungsrückstand

a_k — Anzahl der zu tilgenden Stücke

Annuität $\qquad A = K_0 \cdot \dfrac{i \cdot q^n}{q^n - 1}$

Zinsbetrag $\qquad Z_k = i \cdot K_{k-1}$

vorläufige Tilgungsraten

$T_k = A - Z_k \qquad$ wenn $k = 1$

$T_k = A - Z_k + (1+i) \cdot R_{k-1} \qquad$ wenn $k > 1$

Anzahl der zu tilgenden Stücke $\qquad a_k = \text{int}\left(\dfrac{T_k}{w}\right)$

endgültige Tilgungsrate $\qquad T_k^* = w \cdot a_k$

Tilgungsrückstand $\qquad R_k = T_k - T_k^*$

Restschuld $\qquad K_k = K_{k-1} - T_k^*$

Beispiele:

(1) Tilgung einer Anleihe mit gleicher Stückelung

Bei einer Anleihe mit gleicher Stückelung weisen die einzelnen Wertpapiere den gleichen Nennwert auf.

$K_0 = \$5.000.000$; $p = 6\%$; $n = 5$; 5.000 Stück;
$w = \$1.000$ je Stück

$$A = \$5.000.000 \cdot \frac{0,06 \cdot 1,06^5}{1,06^5 - 1} = \$1.186.982,00$$

$$Z_1 = 0,06 \cdot \$5.000.000 = \$300.000$$

$$T_1 = \$1.186.982,00 - \$300.000 = \$886.982,00$$

$$a_1 = int\left(\frac{\$886.982}{1.000}\right) = 886$$

$$T_k^* = 886 \cdot \$1.000 = \$886.000$$

$$K_1 = \$5.000.000 - \$886.000 = \$4.114.000$$

$$R_1 = \$886.982 - \$886.000 = \$982,00$$

$$T_2 = \underbrace{\$1.186.982,00}_{A} - \underbrace{\$246.840}_{Z_2} + \underbrace{(1+0,06) \cdot \$982,00}_{(1+i) \cdot R_1} = \$941.182,92$$

k	K_{k-1}	Z_k	T_k	a_k	T_k^*	R_l	A_k
1	5.000.000,00	300.000,00	886.982,00	886	886.000,00	982,00	1.186.000,00
2	4.114.000,00	246.840,00	941.183,00	941	941.000,00	182,92	1.187.840,00
3	3.173.000,00	190.380,00	996.796,00	996	996.000,00	795,90	1.186.380,00
4	2.177.000,00	130.620,00	1.057.206,00	1.057	1.057.000,00	205,66	1.187.620,00
5	1.120.000,00	67.200,00	1.120.000,00	1.120	1.120.000,00	0,00	1.187.200,00

7.5 Tilgungsrechnung

(2) Tilgung einer Anleihe mit ungleicher Stückelung

Bei einer Anleihe mit ungleicher Stückelung weisen die einzelnen Wertpapiere unterschiedliche Nennwerte auf.

$K_0 = \$5.000.000; \quad p = 6\%; \quad n = 5$

Stückelung: a) 250 Stück zu je $10.000

b) 500 Stück zu je $5.000

Tilgungsplan mit Stückelung für Teilanleihe a):

k	K_{k-1}	Z_k	T_k	a_k	T_k^*	R_l	A_k
1	2.500.000,00	150.000,00	443.491,00	44	440.000,00	3.491,00	590.000,00
2	2.060.000,00	123.600,00	473.591,46	47	470.000,00	3.591,46	593.600,00
3	1.590.000,00	95.400,00	501.897,95	50	500.000,00	1.897,95	595.400,00
4	1.090.000,00	65.400,00	530.102,83	53	530.000,00	102,83	595.400,00
5	560.000,00	33.600,00	560.000,00	56	560.000,00	0	593.600,00
				250	2.500.000		

Tilgungsplan mit Stückelung für Teilanleihe b):

k	K_{k-1}	Z_k	T_k	a_k	T_k^*	R_l	A_k
1	2.500.000,00	150.000,00	443.491,00	88	440.000,00	3.491,00	590.000,00
2	2.060.000,00	123.600,00	473.591,46	94	470.000,00	3.591,46	593.600,00
3	1.590.000,00	95.400,00	501.897,95	100	500.000,00	1.897,95	595.400,00
4	1.090.000,00	65.400,00	530.102,83	106	530.000,00	102,83	595.400,00
5	560.000,00	33.600,00	560.000,00	112	560.000,00	0	593.600,00
				500	2.500.000		

Gesamttilgungsplan für die Teilanleihen a) und b):

$$A_{a/b} = \$2.500.000 \cdot \frac{1,06^5 \cdot 0,06}{1,06^5 - 1} = \$593.491,00$$

$T_{1a/b} = \$593.491 - \$150.000 = \$443.491,00$

$T_{2a/b} = \$593.491 - \$123.600 + 1,06 \cdot \$3.491 = \$473.591,46$

$\vdots$

$T_{5a/b} = \$593.491 - \$33.600 + 1,06 \cdot \$102,83 = \$560.000,00$

$a_{1a} = int\left(\dfrac{\$443.491}{\$10.000}\right) = 44$ $\qquad a_{1b} = int\left(\dfrac{\$443.491}{\$5.000}\right) = 88$

$\vdots$

$a_{5a} = int\left(\dfrac{\$560.000}{\$10.000}\right) = 56$ $\qquad a_{5b} = int\left(\dfrac{\$560.000}{\$5.000}\right) = 112$

k	K_{k-1}	Z_k	T_k^*	A_k	a_k a)	b)
1	500.000,00	300.000,00	886.000,00	1.186.000,00	44	88
2	4.114.000,00	246.840,00	941.000,00	1.187.840,00	47	94
3	3.173.000,00	190.380,00	996.000,00	1.186.380,00	50	100
4	2.177.000,00	130.620,00	1.057.000,00	1.187.620,00	53	106
5	1.120.000,00	67.200,00	1.120.000,00	1.187.200,00	56	112
		935.040,00	5.000.000,00	5.935.040,00	250	500

7.5.8 Unterjährige Tilgung

Gibt es innerhalb eines Jahres mehrere Tilgungs- und/oder Zinsperioden, so spricht man von der unterjährigen Tilgung.

m_r $\qquad$ Anzahl der Tilgungsperioden pro Jahr

7.5 Tilgungsrechnung

m_z Anzahl der Zinsperioden pro Jahr

N Gesamte Laufzeit eines Darlehens/Kredits gemessen in Tilgungsperioden

N_1 $N_1 = n_1 \cdot m_r$

N_2 $N_2 = n_2 \cdot m_r$

7.5.8.1 Unterjährige Annuitätentilgung

Bei der unterjährigen Annuitätentilgung ist die Belastung durch Tilgungsrate und Zinsbetrag für jede unterjährige Tilgungsperiode konstant.

Es gilt: $A_1 = A_2 = A_3 = \ldots = A_n = \overline{A}$

(a) Gleiche Anzahl an Zins- und Tilgungsperioden $(m_z = m_r)$

relativer Zinssatz $j = \dfrac{i}{m_z}$

Annuität $\overline{A} = K_0 \cdot \dfrac{j \cdot (1+j)^N}{(1+j)^N - 1}$

Laufzeit eines Kredits $N = n \cdot m_r$ (gemessen in Tilgungsperioden)

Beispiel: Penny nimmt ein Darlehen über $12.000 zu einem Zinssatz von 5 % p. a. auf. Die Zins- und Tilgungszahlungen erfolgen vierteljährlich. Das Darlehen soll nach drei Jahren getilgt sein.

$K_0 = \$12.000; \quad p = 5\%; \quad n = 3; \quad m_z = m_r = 4$

$N = 3 \cdot 4 = 12$ Quartale (Tilgungsperioden)

$$j = \frac{0,05}{4} = 0,0125$$

$$\overline{A} = \$12.000 \cdot \frac{0,0125 \cdot (1+0,0125)^{12}}{(1+0,0125)^{12}-1} = \$1.083,10$$

Jahr	Quartal	Restbetrag zu Beginn des Jahres	Zinsbetrag	Tilgungsrate	Annuität
	1	12.000,00	150,00	933,10	1.083,10
1	2	11.066,90	138,34	944,76	1.083,10
	3	10.122,14	126,53	956,57	1.083,10
	4	9.165,57	114,57	968,53	1.083,10
	1	8.197,04	102,46	980,64	1.083,10
2	2	7.216,40	90,21	992,89	1.083,10
	3	6.223,51	77,79	1.005,31	1.083,10
	4	5.218,20	65,23	1.017,87	1.083,10
	1	4.200,33	52,50	1.030,60	1.083,10
3	2	3.169,73	39,62	1.043,48	1.083,10
	3	2.126,25	26,58	1.056,52	1.083,10
	4	1.069,73	13,37	1.069,73	1.083,10

(b) Mehr Zins- als Tilgungsperioden $(m_z > m_r)$

relativer Zinssatz $\quad j = \left(1 + \dfrac{i}{m_z}\right)^{\frac{m_z}{m_r}} - 1$

7.5 Tilgungsrechnung

Annuität
$$\overline{A} = K_0 \cdot \frac{j \cdot (1+j)^N}{(1+j)^N - 1}$$

Laufzeit eines Kredits
$N = n \cdot m_r$ (gemessen in Tilgungsperioden)

Beispiel: Penny nimmt ein Darlehen über $12.000 zu einem Zinssatz von 5 % p. a. auf. Die Zinszahlung erfolgt monatlich, während die Tilgungszahlung vierteljährig erfolgt. Das Darlehen soll nach drei Jahren getilgt sein.

$K_0 = \$12.000$; $p = 5\%$; $n = 3$; $m_r = 4$; $m_z = 12$

$N = 3 \cdot 4 = 12$ Quartale (Tilgungsperioden)

$$j = \left(1 + \frac{0,05}{12}\right)^{\frac{12}{4}} - 1 = 0,0126$$

$$\overline{A} = \$12.000 \cdot \frac{0,0126 \cdot (1+0,0126)^{12}}{(1+0,0126)^{12} - 1} = \$1.083,78$$

Jahr	Quartal	Restbetrag zu Beginn des Jahres	Zinsbetrag	Tilgungsrate	Annuität
1	1	12.000,00	151,20	932,58	1.083,78
	2	11.067,42	139,45	944,33	1.083,78
	3	10.123,09	127,55	956,23	1.083,78
	4	9.166,86	115,50	968,28	1.083,78
2	1	8.198,58	103,30	980,48	1.083,78
	2	7.218,10	90,95	992,83	1.083,78
	3	6.225,27	78,44	1.005,34	1.083,78
	4	5.219,93	65,77	1.018,01	1.083,78
3	1	4.201,92	52,94	1.030,84	1.083,78
	2	3.171,08	39,96	1.043,82	1.083,78
	3	2.127,26	26,80	1.056,98	1.083,78
	4	1.070,28	13,49	1.070,28	1.083,77

Differenzen sind auf Rundungsfehler zurückzuführen.

(c) Mehr Tilgungs- als Zinsperioden $(m_r > m_z)$

Gibt es mehr Tilgungs- als Zinsperioden, fallen die Zinszahlungen nicht mehr am Ende jeder Tilgungsperiode an, sondern nur wenn

- eine Zinsperiode beendet ist.
- das Ende der Laufzeit erreicht ist.

7.5 Tilgungsrechnung

Rechnerische Zinsen am Ende der k-ten Tilgungsperiode

$$Z_k^* = \frac{i}{m_r} \cdot K_{k-1}$$

Zinszahlungen am Ende einer Tilgungsperiode

$$Z_k = \begin{cases} 0 & \text{wenn } \frac{k}{m_r} \neq int\left(\frac{k}{m_r}\right) \text{ und } k < N \\ \sum_{\tau=k-m_r+1}^{k} Z_\tau^* & \text{wenn } \frac{k}{m_r} = int\left(\frac{k}{m_r}\right) \\ \sum_{\tau=n_1 \cdot m_r+1}^{N} Z_\tau^* & \text{wenn } \frac{k}{m_r} \neq int\left(\frac{k}{m_r}\right) \text{ und } k = N \end{cases}$$

Annuität

$$\overline{A} = K_0 \cdot \frac{q^{n_1} \cdot (1 + n_2 \cdot i)}{\left(m_r + \frac{i}{2} \cdot (m_r - 1)\right) \cdot \frac{q^{n_1}-1}{i} \cdot (1 + n_2 \cdot i) + \left(N_2 + \frac{i}{m_r} \cdot \frac{(N_2-1) \cdot N_2}{2}\right)}$$

Laufzeitkomponenten

$n_1 = int(n)$ $n_2 = n - n_1$
$N_1 = n_1 \cdot m_r$ $N_2 = n_2 \cdot m_r$

Beispiel:

Nawid nimmt ein Darlehen über $12.000 zu einem Zinssatz von 5 % p. a. auf. Die Tilgungszahlungen erfolgen vierteljährlich während die Zinszahlungen jährlich erfolgen. Das Darlehen soll nach 2,5 Jahren getilgt sein.

$K_0 = \$12.000$; $p = 5\%$; $n_1 = 2$; $n_2 = 0,5$; $m_r = 4$; $m_z = 1$

$N_1 = 2 \cdot 4 = 8$ Quartale (Tilgungsperioden)

$N_2 = 0,5 \cdot 4 = 2$ Quartale (Tilgungsperioden)

$N = 2,5 \cdot 4 = 10$ Quartale (Tilgungsperioden)

$$\overline{A} = \$12.000 \cdot \frac{1,05^2 \cdot (1+0,5 \cdot 0,05)}{\left(4 + \frac{0,05}{2} \cdot (4-1)\right) \cdot \frac{1,05^2-1}{0,05} \cdot (1+0,5 \cdot 0,05) + \left(2 + \frac{0,05}{4} \cdot \frac{(2-1) \cdot 2}{2}\right)}$$

$$= \$12.000 \cdot \frac{1,1300625}{10,57509375} = \$1.282,33$$

$$Z_1^* = \frac{0,05}{4} \cdot \$12.000 = \$150,00$$

$Z_2 = 0$, da $\frac{2}{4} \neq int\left(\frac{2}{4}\right)$ und $2 < 10$

$Z_4 = \underbrace{\$150,00}_{Z_1^*} + \underbrace{\$133,97}_{Z_2^*} + \underbrace{\$117,94}_{Z_3^*} + \underbrace{\$101,91}_{Z_4^*} = \$503,82$

da $\frac{4}{4} = int\left(\frac{4}{4}\right)$

$Z_8 = \underbrace{\$92,18}_{Z_5^*} + \underbrace{\$76,15}_{Z_6^*} + \underbrace{\$60,12}_{Z_7^*} + \underbrace{\$44,09}_{Z_8^*} = \$272,54$

da $\frac{8}{4} = int\left(\frac{8}{4}\right)$

$Z_{10} = \underbrace{\$31,47}_{Z_9^*} + \underbrace{\$15,44}_{Z_{10}^*} = \$46,91$

da $\frac{10}{4} \neq int\left(\frac{10}{4}\right)$ und $k = N$ $(10 = 10)$

7.5 Tilgungsrechnung

Jahr	Quartal	Restbetrag zu Beginn des Jahres	Zinsen		Tilgungsrate	Annuität
			rechn.	Zahlung		
1	1	12.000,00	150,00	0,00	1.282,33	1.282,33
	2	10.717,67	133,97	0,00	1.282,33	1.282,33
	3	9.435,34	117,94	0,00	1.282,33	1.282,33
	4	8.153,01	101,91	503,82	778,51	1.282,33
2	1	7.374,50	92,18	0,00	1.282,33	1.282,33
	2	6.092,17	76,15	0,00	1.282,33	1.282,33
	3	4.809,84	60,12	0,00	1.282,33	1.282,33
	4	3.527,51	44,09	272,54	1.009,79	1.282,33
3	1	2.517,72	31,47	0,00	1.282,33	1.282,33
	2	1.235,39	15,44	46,91	1.235,39	1.282,30

Differenzen sind auf Rundungsfehler zurückzuführen.

7.5.8.2 Unterjährige Ratentilgung

Bei der unterjährigen Ratentilgung bleibt die Tilgungsrate für jede unterjährige Tilgungsperiode konstant.

Es gilt: $T_1 = T_2 = T_3 = \ldots = T_n = \overline{T}$

Tilgungsrate $\quad \overline{T} = \dfrac{K_0}{N}$

Laufzeit eines Kredits $\quad N = n \cdot m_r \quad$ (gemessen in Tilgungsperioden)

(a) Gleiche Anzahl an Zins- und Tilgungsperioden ($m_r = m_z$)

relativer Zinssatz $\quad j = \dfrac{i}{m_z}$

Beispiel: Nawid nimmt ein Darlehen über $12.000 zu einem Zinssatz von 5 % p. a. auf. Das Darlehen soll in Form einer Ratentilgung abbezahlt werden. Die Zins- und Tilgungszahlungen erfolgen vierteljährlich. Nach drei Jahren soll das Darlehen getilgt sein.

$K_0 = \$12.000; \quad p = 5\%; \quad n = 3; \quad m_r = m_z = 4$

$N = 3 \cdot 4 = 12$ Quartale (Tilgungsperioden)

$$\overline{T} = \frac{\$12.000}{12} = \$1.000$$

$$j = \frac{0,05}{4} = 0,0125$$

7.5 Tilgungsrechnung

Jahr	Quartal	Restbetrag zu Beginn des Jahres	Zinsbetrag	Tilgungsrate	Annuität
1	1	12.000,00	150,00	1.000,00	1.150,00
	2	11.000,00	137,50	1.000,00	1.137,50
	3	10.000,00	125,00	1.000,00	1.125,00
	4	9.000,00	112,50	1.000,00	1.112,50
2	1	8.000,00	100,00	1.000,00	1.100,00
	2	7.000,00	87,50	1.000,00	1,087,50
	3	6.000,00	75,00	1.000,00	1.075,00
	4	5.000,00	62,50	1.000,00	1.062,50
3	1	4.000,00	50,00	1.000,00	1.050,00
	2	3.000,00	37,50	1.000,00	1.037,50
	3	2.000,00	25,00	1.000,00	1.025,00
	4	1.000,00	12,50	1.000,00	1.012,50

(b) Mehr Zins- als Tilgungsperioden $(m_z > m_r)$

relativer Zinssatz $\qquad j = \left(1 + \dfrac{i}{m_z}\right)^{\frac{m_z}{m_r}} - 1$

Beispiel: Nawid nimmt ein Darlehen über $12.000 zu einem Zinssatz von 5 % p. a. auf. Das Darlehen soll in Form einer Ratentilgung abbezahlt werden. Die Zinszahlungen erfolgen monatlich während die Tilgungszahlungen vierteljährlich erfolgen. Das Darlehen soll nach drei Jahren getilgt sein.

$K_0 = \$12.000; \quad p = 5\%; \quad n = 3; \quad m_r = 4; \quad m_z = 12$

$N = 3 \cdot 4 = 12$ Quartale (Tilgungsperioden)

$$\overline{T} = \frac{\$12.000}{12} = \$1.000,00$$

$$j = \left(1 + \frac{0,05}{12}\right)^{\frac{12}{4}} - 1 = 0,01255$$

Jahr	Quartal	Restbetrag zu Beginn des Jahres	Zinsbetrag	Tilgungsrate	Annuität
1	1	12.000,00	150,60	1.000,00	1.150,60
	2	11.000,00	138,05	1.000,00	1.138,05
	3	10.000,00	125,50	1.000,00	1.125,50
	4	9.000,00	112,95	1.000,00	1.112,95
2	1	8.000,00	100,40	1.000,00	1.100,40
	2	7.000,00	87,85	1.000,00	1.087,85
	3	6.000,00	75,30	1.000,00	1.075,30
	4	5.000,00	62,75	1.000,00	1.062,75
3	1	4.000,00	50,20	1.000,00	1.050,20
	2	3.000,00	37,65	1.000,00	1.037,65
	3	2.000,00	25,10	1.000,00	1.025,10
	4	1.000,00	12,55	1.000,00	1.012,55

(c) Mehr Tilgungs- als Zinsperioden $(m_r > m_z)$

Gibt es mehr Tilgungs- als Zinsperioden, fallen die Zinszahlungen nicht mehr am Ende jeder Tilgungsperiode an. Die Zinszahlungen fallen nur dann am Ender jeder Tilgungsperiode an, wenn

- eine Zinsperiode beendet ist oder

7.5 Tilgungsrechnung

- das Ende der Laufzeit erreicht ist.

Rechnerische Zinsen am Ende der k-ten Tilgungsperiode

$$Z_k^* = \frac{i}{m_r} \cdot K_{k-1}$$

Zinszahlungen am Ende einer Tilgungsperiode

$$Z_k = \begin{cases} 0 & \text{wenn } \frac{k}{m_r} \neq int\left(\frac{k}{m_r}\right) \text{ und } k < N \\ \sum_{\tau=k-m_r+1}^{k} Z_\tau^* & \text{wenn } \frac{k}{m_r} = int\left(\frac{k}{m_r}\right) \\ \sum_{\tau=n_1 \cdot m_r+1}^{N} Z_\tau^* & \text{wenn } \frac{k}{m_r} \neq int\left(\frac{k}{m_r}\right) \text{ und } k = N \end{cases}$$

Beispiel: Nawid nimmt ein Darlehen über $12.000 zu einem Zinssatz von 5 % p. a. auf. Das Darlehen soll in Form einer Ratentilgung abbezahlt werden. Die Tilgungszahlungen erfolgen vierteljährlich während die Zinszahlungen jährlich erfolgen. Das Darlehen soll nach 2,5 Jahren getilgt sein.

$K_0 = \$12.000; \quad p = 5\%; \quad n = 2,5; \quad m_r = 4; \quad m_z = 1$

$N = 2,5 \cdot 4 = 10$ Quartale (Tilgungsperioden)

$$\overline{T} = \frac{\$12.000}{10} = \$1.200$$

$$Z_1^* = \frac{0,05}{4} \cdot \$12.000 = \$150$$

$$Z_4 = \underbrace{\$150}_{Z_1^*} + \underbrace{\$135}_{Z_2^*} + \underbrace{\$120}_{Z_3^*} + \underbrace{\$105}_{Z_4^*} = \$510$$

da $\dfrac{4}{4} = int\left(\dfrac{4}{4}\right)$

$$Z_8 = \underbrace{\$90}_{Z_5^*} + \underbrace{\$75}_{Z_6^*} + \underbrace{\$60}_{Z_7^*} + \underbrace{\$45}_{Z_8^*} = \$270$$

da $\dfrac{8}{4} = int\left(\dfrac{8}{4}\right)$

$$Z_{10} = \underbrace{\$30}_{Z_9^*} + \underbrace{\$15}_{Z_{10}^*} = \$45$$

da $\dfrac{10}{4} \neq int\left(\dfrac{10}{4}\right)$ und $k = N$ $(10 = 10)$

Jahr	Quartal	Restbetrag zu Beginn des Jahres	Zinsen		Tilgungsrate	Annuität
			rechn.	Zahlung		
1	1	12.000,00	150,00	0,00	1.200,00	1.200,00
	2	10.800,00	135,00	0,00	1.200,00	1.200,00
	3	9.600,00	120,00	0,00	1.200,00	1.200,00
	4	8.400,00	105,00	510,00	1.200,00	1.710,00
2	1	7.200,00	90,00	0,00	1.200,00	1.200,00
	2	6.000,00	75,00	0,00	1.200,00	1.200,00
	3	4.800,00	60,00	0,00	1.200,00	1.200,00
	4	3.600,00	45,00	270,00	1.200,00	1.470,00
3	1	2.400,00	30,00	0,00	1.200,00	1.200,00
	2	1.200,00	15,00	45,00	1.200,00	1.245,00

7.6 Investitionsrechnung

Bei der Investitionsrechnung werden alternative Investitionsprojekte beurteilt und miteinander verglichen. Dafür werden die für die Investitionsentscheidung bedeutsamen Informationen zu einer Kennziffer verdichtet, so dass eine Empfehlung für eine der Investitionsalternativen ausgesprochen werden kann.

Es werden statische und dynamische Verfahren unterschieden:

Statische Verfahren	Dynamische Verfahren
• Kostenvergleichsrechnung • Gewinnvergleichsrechnung • Amortisationsrechnung • Rentabilitätsrechnung	• Annuitätenmethode • Kapitalwertmethode • Rentabilitätsrechnung

7.6.1 Grundbegriffe

Kapitalbarwert K_0 — Der Kapitalbarwert entspricht dem Wert einer Investition zum Zeitpunkt t_0. Er wird durch Addition der mit dem Kalkulationszinssatz i diskontierten Salden der erwarteten Ein- und Auszahlungen ($=$ Zahlungsreihe) auf den Bewertungszeitpunkt t_0 bezogen ermittelt.

Kapitalendwert K_n — Der Kapitalendwert ist der durch eine Investition verursachte Gewinn oder Verlust. Er entspricht der Summe der mit dem Kalkulationszinssatz i aufgezinsten Salden der Ein- und Auszahlungen ($=$ Zahlungsreihe) auf den Endzeitpunkt der Investitionsdauer.

Vermögensendwert V_n — Der Vermögensendwert spaltet - im Unterschied zum Kapitalendwert - den Kalkulationszinssatz in Sollzinssatz (für die Verzinsung des in der Investition eingesetzten Kapitals) und Habenzinssatz (für die Wiederanlage der Rückflüsse).

B_a Barwert der Ausgaben/Auszahlungen

B_e Barwert der Einnahmen/Einzahlungen

A_q Gewinnannuität

A_a Ausgabenannuität

A_e Einnahmenannuität

z_k Zahlungssaldo der k-ten Periode
mit $k = 1, 2, \ldots, n$

7.6 Investitionsrechnung

e_k Einnahmen/Einzahlungen der k-ten Periode mit $k = 1, 2, \ldots, n$

a_k Ausgaben/Auszahlungen der k-ten Periode mit $k = 1, 2, \ldots, n$

t_k Zeitpunkt der k-ten Periode mit $k = 1, 2, \ldots, n$

n Gesamtlaufzeit

p Kalkulationszinsfuß

i Kalkulationszinssatz $\left(i = \dfrac{p}{100}\right)$

p_{int} interner Zinsfuß

r interner Zinssatz $\left(r = \dfrac{p_{int}}{100}\right)$

i_{soll} Sollzinssatz für die Verzinsung des eingesetzten Kapitals

i_{haben} Habenzinssatz für die Wiederanlage der Rückflüsse

Zahlungsreihe einer Investition

Zeitpunkt	t_0	t_1	t_2	t_3	...	t_{n-1}	t_n
Einnahmen	e_0	e_1	e_2	e_3	...	e_{n-1}	e_n
Ausgaben	a_0	a_1	a_2	a_3	...	a_{n-1}	a_n
Zahlungsreihe	$e_0 - a_0$	$e_1 - a_1$	$e_2 - a_2$	$e_3 - a_3$	...	$e_{n-1} - a_{n-1}$	$e_n - a_n$

Kalkulationszinssatz

Der Kalkulationszinssatz entspricht der Rendite der Anlagesumme. Auf diese Weise lässt sich eine reale Verzinsung eines (nominal dargestellten) Darlehens berücksichtigen. Mit Hilfe des Kalkulationszinssatzes wird die Zahlungsreihe einer Investition in eine Kennziffer transformiert, anhand derer die Vorteilhaftigkeit (komparativ) bewertet werden kann.

Der Kalkulationszinssatz:

- ist der Mindestzinssatz, mit dem bei der Verzinsung noch ausstehender Beträge gerechnet wird;
- liegt im Normalfall über dem Marktzinssatz;
- muss um so höher angesetzt werden, je höher das Risiko einer Investition ist;
- ist bei der Verwendung von Fremdkapital $\geq$ dem Zinssatz für die Überlassung des Fremdkapitals durch einen möglichen Reinvestor.

7.6.2 Finanzmathematische Grundlagen

Zinseszinsrechnung

Aufzinsungsfaktor $(1+i)^n$

Abzinsungsfaktor $\dfrac{1}{(1+n)^n} = (1+n)^{-n}$

Kapitalendwert $K_n = K_0 \cdot (1+i)^n$

Kapitalbarwert $K_0 = K_n \cdot \dfrac{1}{(1+i)^n} = K_n \cdot (1+i)^{-n}$

Beispiele:

Aufzinsungsfaktor/Abzinsungsfaktor:

7.6 Investitionsrechnung

Jahresende	Aufzinsungsfaktor 8 %	Abzinsungsfaktor 8 %
1	1,0800	0,9259
2	1,1664	0,8573
3	1,2597	0,7938
4	1,3605	0,7350

Kapitalendwert: $K_0 = \$2.000$; $p = 8\%$; $n = 5$

$$K_n = \$2.000 \cdot (1+0{,}08)^5 = \$2.938{,}66$$

Kapitalbarwert: $K_n = \$2.938{,}66$; $p = 8\%$; $n = 5$

$$K_0 = \$2.938{,}66 \cdot (1+0{,}08)^{-5} = \$2.000$$

Rentenrechnung

Rentenbarwertfaktor $\quad \dfrac{(1+i)^n - 1}{(1+i)^n \cdot i}$

Annuitätenfaktor $\quad \dfrac{1}{\text{Rentenbarwertfaktor}} = \dfrac{(1+i)^n \cdot i}{(1+i)^n - 1}$

Gegenwartswert einer Rente $\quad R = K_0 \cdot \dfrac{1}{\text{Rentenbarwertfaktor}} = K_0 \cdot \text{Annuitätenfaktor}$

$$R = K_0 \cdot \dfrac{(1+i)^n \cdot i}{(1+i)^n - 1}$$

Barwert einer Rente $\quad K_0 = R \cdot \dfrac{(1+i)^n - 1}{(1+i)^n \cdot i}$

7 Finanzmathematik

Barwert einer ewigen Rente $\quad K_0 = \dfrac{R}{i}$

Beispiele:

Annuitätenfaktor/Rentenbarwertfaktor:

Jahresende	Annuitätenfaktor 10 %	Rentenbarwertfaktor 10 %
1	1,1000	0,9091
2	0,5762	1,7355
3	0,4021	2,4869
4	0,3155	3,1699

Gegenwartswert einer Rente $\quad K_0 = \$4.500; \; p = 10\%; \; n = 4$

$$R = \$4.500 \cdot \frac{(1+0,1)^4 \cdot 0,1}{(1+0,1)^4} - 1 = \$1.419,62$$

Barwert einer Rente $\quad R = \$1.419,62; \; p = 10\%; \; n = 4$

$$R = \$1.419,62 \cdot \frac{(1+0,1)^4 - 1}{(1+0,1)^4 \cdot 0,1} = \$4.500$$

Barwert einer ewigen Rente $\quad R = \$1.419,62; \; p = 10\%$

$$K_0 = \frac{\$1.419,75}{0,1} = \$14.196,20$$

7.6.3 Statische Verfahren der Investitionsrechnung

Bei der statischen Investitionsrechnung wird der Bezug zur Zeit bzw. zu zeitlich (dynamischen) Änderungen entweder gar nicht oder nur unvollkommen berücksichtigt.

Kostenvergleichsrechnung

Bei der Kostenvergleichsrechnung wird die Alternative mit den geringsten Kosten empfohlen. Das Verfahren wird in praxi bei Ersatz- und Rationalisierungsinvestitionen eingesetzt, da die Erlöse hier gar nicht oder nur untergeordnet entscheidungsrelevant sind.

Gewinnvergleichsrechnung

Die Gewinnvergleichsrechnung berücksichtigt per definitionem neben den Kosten auch die Erlöse (Gewinn = Umsatz − Kosten). Hier wird die Alternative mit dem höchsten Gewinn empfohlen.

Amortisationsrechnung
(Pay-back-Methode, Pay-off-Methode oder Pay-out-Methode)

Bei der Amortisationsrechnung steht die Frage im Mittelpunkt, zu welchem Zeitpunkt bzw. innerhalb welchen Zeitraums sich der Kapitaleinsatz eines Investitionsprojektes amortisieren wird. Das Projekt mit der kürzesten Amortisationsdauer wird empfohlen.

Rentabilitätsrechnung

Das Entscheidungskriterium der Rentabilitätsrechnung ist die Periodenrentabilität innerhalb eines bestimmten Zeitraums (Periode). Die Rentabilität relativiert den Gewinn zum Kapitaleinsatz. Die Investition mit der höchsten Periodenrentabilität wird empfohlen.

7.6.4 Methoden der dynamischen Investitionsrechnung

Die dynamischen Verfahren der Investitionsrechnung beruhen auf Zahlungsreihen, die auf einen bestimmten Zeitpunkt bezogen werden, d.

h. auf einem bestimmten Zeitpunkt basieren. Eine Zahlungsreihe entspricht den Salden von Einzahlungen und Auszahlungen.

7.6.4.1 Kapitalwertmethode
(Kapitalbarwert, Kapitalendwert, Vermögensendwert)

Bei der Kapitalwertmethode ist das Entscheidungskriterium einer Investition der Kapitalwert (Kapitalbarwert oder Kapitalendwert).

Zahlungssaldo $\quad z_k = e_k - a_k$

Kapitalbarwert $\quad K_0 = z_0 + \dfrac{z_1}{(1+i)} + \dfrac{z_2}{(1+i)^2} + \ldots + \dfrac{z_n}{(1+i)^n}$

$\qquad\qquad\qquad = z_0 + z_1 \cdot (1+i)^{-1} + z_2 \cdot (1+i)^{-2} + \ldots + z_n \cdot (1+i)^{-n}$

Kapitalendwert $\quad K_n = z_0 \cdot (1+i)^n + z_1 \cdot (1+i)^{n-1} + \ldots + z_n$

Vermögens- $\quad V_n = z_0 \cdot (1+i_{soll})^n + z_1 \cdot (1+i_{haben})^{n-1} +$
endwert
$\qquad\qquad\quad + z_2 \cdot (1+i_{haben})^{n-2} + \ldots + z_n$

Nach der Kapitalwertmethode gilt eine Investition als zweckmäßig, wenn der Kapitalwert (d. h. der Kapitalbarwert, der Kapitalendwert oder der Vermögensendwert) größer oder gleich Null ist (K_0; K_n; $V_n \geq 0$).

Kapitalwert $> 0 \quad\Rightarrow\quad$ Die Investition gilt gegenüber einer alternativen (Finanz-)Investition oder erwarteten Mindestverzinsung als vorteilhaft.

Kapitalwert $= 0 \quad\Rightarrow\quad$ Die Investition erzielt (zumindest) die geforderte Mindestrendite.

Kapitalwert $< 0 \quad\Rightarrow\quad$ Die Investition ist nicht zweckmäßig.

7.6 Investitionsrechnung

Beispiel:

$p = 8\%$ bzw. $i = 0,08$

$n = 4$ Perioden mit den fünf Zeitpunkten t_0 bis t_4

Zeitpunkt	t_0	t_1	t_2	t_3	t_4
Einzahlungen	$0	$100.000	$120.000	$150.000	$45.000
Auszahlungen	$60.000	$30.000	$50.000	$105.000	$40.000
Zahlungsreihe	−$60.000	$70.000	$70.000	$45.000	$5.000

Kapitalbarwert

$$K_0 = -\$60.000 + \$70.000 \cdot (1,08)^{-1} + \$70.000 \cdot (1,08)^{-2} + \$45.000 \cdot$$
$$\cdot (1,08)^{-3} + \$5.000 \cdot (1,08)^{-4}$$

$K_0 = \$104.226,13$

t_0	t_1	t_2	t_3	t_4
−60.000,00	70.000,00	70.000,00	45.000,00	5.000,00
64.814,81 ← ·1,08⁻¹				
60.013,72 ←		·1,08⁻²		
35.722,45 ←			·1,08⁻³	
3.675,15 ←				·1,08⁻⁴
Σ 104.226,13				

Kapitalendwert

$K_n = -\$60.000 \cdot (1,08)^4 + \$70.000 \cdot (1,08)^3 + \$70.000 \cdot (1,08)^2 +$
$\quad + \$45.000 \cdot (1,08) + \$5.000$

$K_n = \$141.798,50$

Der Kapitalendwert entspricht dem über die gesamte Laufzeit (zu 8 %) verzinsten Kapitalbarwert:

$K_n = K_0 \cdot q^n$

$K_n \cdot \text{Abzinsungsfaktor} = K_0$ $\quad K_0 \cdot \text{Aufzinsungsfaktor} = K_n$
$\Rightarrow \$141.798,50 \cdot 1,08^{-4}$ $\quad\quad \Rightarrow \$104.226,13 \cdot 1,08^4$
$= \$104.226,13$ $\quad\quad\quad\quad\quad\quad = \$141.798,50$

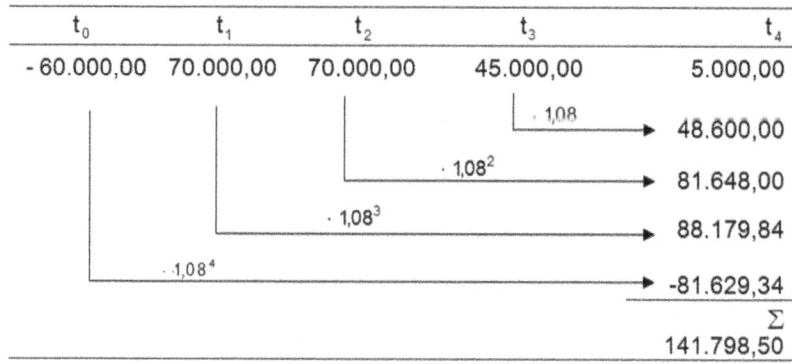

Vermögensendwert

Sollzinssatz = 10%   Habenzinssatz = 8%

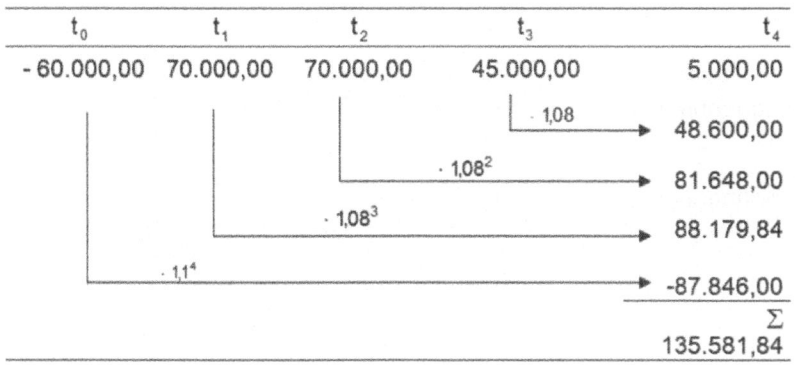

Kapitalwerte (Kapitalbarwerte, Kapitalendwerte oder Vermögensendwerte) drücken den jeweils monetären Wert aus, welcher sich durch die angenommenen bzw. erwarteten Ein- und Auszahlungen einer zum Kalkulationsszinsatz kalkulierten Zeitreihe (Investition) zum Anfang oder zum Ende einer betrachteten Laufzeit ergibt.

7.6.4.2 Annuitätenmethode

Die Annuitätenmethode drückt die (monetäre) Bewertung einer Investition periodenbezogen aus. Sie vergleicht den Barwert der Einnahmen mit dem Barwert der Ausgaben.

Barwert der Einnahmen $B_e = \sum_{k=0}^{n} \frac{e_k}{(1+i)^k}$

Barwert der Ausgaben	$B_a = \sum_{k=0}^{n} \dfrac{a_k}{(1+i)^k}$
Einnahmenannuität	$A_e = B_e \cdot \dfrac{q^n \cdot (q-1)}{q^n - 1}$
Ausgabenannuität	$A_a = B_a \cdot \dfrac{q^n \cdot (q-1)}{q^n - 1}$
Gewinnannuität[26]	$A_g = A_e - A_a$

$$\text{oder } A_g = \underbrace{K_0}_{\text{Kapitalbarwert}} \cdot \underbrace{\dfrac{(1+i)^n \cdot i}{(1+i)^n - 1}}_{\text{nachschüssiger Annuitätenfaktor}}$$

Ist die Gewinnannuität A_g größer gleich Null, so ist die Investition vorteilhaft:

$$A_g = A_e - A_a \geq 0$$

Gewinnannuität > 0	$\rightarrow$	Die Investition gilt gegenüber einer alternativen (Finanz-)Investition oder erwarteten Mindest- verzinsung als vorteilhaft.
Gewinnannuität $= 0$	$\Rightarrow$	Die Investition erzielt (zumindest) die geforderte Mindestrendite.
Gewinnannuität < 0	$\Rightarrow$	Die Investition ist nicht zweckmäßig.

Beispiel:

$p = 8\%$ bzw. $i = 0{,}08$

$n = 4$ Perioden mit den fünf Zeitpunkten t_0 bis t_4

---
[26] Gewinn im Sinne von Einnahmenüberschuss.

7.6 Investitionsrechnung

Zeitpunkt	t_0	t_1	t_2	t_3	t_4
Einzahlungen	$0	$100.000	$120.000	$150.000	$45.000
Auszahlungen	$60.000	$30.000	$50.000	$105.000	$40.000
Zahlungsreihe	−$60.000	$70.000	$70.000	$45.000	$5.000

$$B_a = \$60.000 + \frac{\$30.000}{1,08} + \frac{\$50.000}{1,08^2} + \frac{\$105.000}{1,08^3} + \frac{\$40.000}{1,08^4} = \$243.398,30$$

$$B_e = \frac{\$100.000}{1,08} + \frac{\$120.000}{1,08^2} + \frac{\$150.000}{1,08^3} + \frac{\$45.000}{1,08^4} = \$347.624,43$$

$$A_a = \$243.398,30 \cdot \frac{0,08 \cdot (1,08)^4}{(1,08)^4 - 1} = \$73.487,01$$

$$A_e = \$347.624,43 \cdot \frac{0,08 \cdot (1,08)^4}{(1,08)^4 - 1} = \$104.955,05$$

$$A_g = \$104.995,05 - \$73.487,01 = \$31.468,04$$

oder alternativ über $A_g = K_0 \cdot \dfrac{(1+i)^n \cdot i}{(1+i)^n - 1}$

$$K_0 = -\$60.000 + \$70.000 \cdot (1,08)^{-1} + \$70.000 \cdot (1,08)^{-2} + \\ + \$45.000 \cdot (1,08)^{-3} + \$5.000 \cdot (1,08)^{-4}$$

$$K_0 = \$104.226,13$$

$$\Rightarrow A_g = \$104.226,13 \cdot \frac{(1+0,08)^4 \cdot 0,08}{(1+0,08)^4 - 1} = \$31.468,04$$

Die Gewinnannuität von $31.468,04 entspricht dem jährlichen Überschuss (durchschnittliche jährliche Gewinnrate) der Investition bei einem Kalkulationszinssatz von 8 %. Die Investition erscheint somit wegen der positiven Gewinnannuität als ökonomisch sinnvoll.

7.6.4.3 Interne Zinsfußmethode

Der interne Zinsfuß p_{int} ist der Zinsfuß, bei dem der Kapitalwert und die Gewinnannuität gleich Null sind.

Der interne Zinssatz r wird durch ein Näherungsverfahren ermittelt und mit dem Kalkulationszinssatz i verglichen.

Abzinsungsfaktor für das k-te Jahr

$$q^{-k} = (1+r)^{-k}$$

Gleichung zur Berechnung des internen Zinssatzes

$$0 = -z_0 + \frac{z_1}{(1+r)^1} + \frac{z_2}{(1+r)^2} + \frac{z_3}{(1+r)^3} + \ldots + \frac{z_n}{(1+r)^n}$$

$$\Rightarrow 0 = -z_0 + \sum_{k=1}^{n} \frac{z_k}{(1+r)^k}$$

Beispiele:

(1) Einperiodenfall

Zeitpunkt	t_0	t_1
Zahlungsreihe	−$100	$110

Interner Zinssatz: $0 = -\$100 + \dfrac{\$110}{(1+r)^1} \Rightarrow 10\% = p_{int}$ (interner Zinsfuß)

$$\Rightarrow \frac{\text{Gewinn}}{\text{Kapital}} = \frac{\$110 - \$100}{\$100} = 10\% \text{ Rendite}$$

7.6 Investitionsrechnung

(2) Zahlungsreihe über mehrere Perioden

Zeitpunkt	t_0	t_1	t_2
Einzahlungen	$0	$82.100	$73.000
Auszahlungen	$50.000	$55.000	$43.000

Aufstellen der Gleichung zur Berechnung von r:

$$0 = -\$50.000 + \frac{\$82.100 - \$55.000}{q} + \frac{\$73.000 - \$43.000}{q^2}$$

Multiplikation der Gleichung mit $\frac{q^2}{1.000}$:

$$0 = \left(-\$50.000 + \frac{\$27.100}{q} + \frac{\$30.000}{q^2}\right) \cdot \frac{q^2}{1.000}$$

$$0 = \left(-\$50.000 \cdot \frac{q^2}{1.000}\right) + \left(\frac{\$27.100}{q} \cdot \frac{q^2}{1.000}\right) + \left(\frac{\$30.000}{q^2} \cdot \frac{q^2}{1.000}\right)$$

$$0 = -50q^2 + 27{,}1q + 30 \qquad |\div(-50)$$

Anwendung der p/q-Formel:

$$0 = q^2 - 0{,}542q - 0{,}6 \quad \Rightarrow \quad q_{1/2} = -\frac{(-0{,}542)}{2} \pm \sqrt{\left(\frac{-0{,}542}{2}\right)^2 - (-0{,}6)}$$

$$\Leftrightarrow q_{1/2} = 0{,}271 \pm \sqrt{0{,}073441}$$

$$\Rightarrow q_1 = 0{,}271 + 0{,}8206 = 1{,}0916$$

$$\Rightarrow q_2 = 0{,}271 - 0{,}8206 = -0{,}5496$$

q_1 entspricht einem internen Zinsfuß von $p_{int} \approx 9{,}16\,\%$. Liegt dieser interne Zinsfuß über dem (angenommenen) Kalkulationszinsfuß, so ist die Investition vorteilhaft.

q_2 kann wegen des negativen Vorzeichens kein interner Zinssatz zugeordnet werden. Auch einem q–Wert unter 1 könnte kein Zinssatz zugeordnet werden.

Kapitel 8
Optimierung linearer Modelle

Mit Hilfe der *Lagrange-Methode* oder der *Linearen Optimierung* lassen sich die relativen Extrema (Minimum oder Maximum) einer linearen (Ziel-)Funktion unter einschränkenden linearen Nebenbedingungen (Restriktionen) ermitteln.

Liegen die Nebenbedingungen in Form einer Gleichung vor, so lässt sich das Modell mit Hilfe der *Lagrange-Methode* lösen, bestehen die Restriktionen hingegen aus Ungleichungen, ist das Modell unter Verwendung eines *LP-Ansatzes (Lineare Programmierung, Lineare Optimierung)* lösbar.

8.1 Lagrange-Methode

8.1.1 Einführung

Die Lagrange-Methode[1] ist ein mathematisches Verfahren, das die relativen Extrema eines linearen mathematischen Modells (= lineare Zielfunktion und lineare Nebenbedingungen) ermittelt, wenn die Restriktionen in Form von *Gleichungen* vorliegen.

8.1.2 Bildung der Lagrange-Funktion

Gegeben sei eine (Ziel-)Funktion

$$f = f(x_1, x_2, \ldots, x_n) \qquad x_i > 0 \quad \text{mit} \quad i = 1, \ldots, n$$

für die die lokalen Extrema bestimmt werden sollen.

---

[1] Joseph Louis Lagrange (1736 - 1813) war ein italienischer Mathematiker.

Die Funktion f sei eingeschränkt durch die Nebenbedingungen

$$\phi = \phi_j(x_1, x_2, \ldots, x_n) \qquad j = 1, \ldots, m$$

Die Lagrange-Funktion $L = L(x_1, x_2, \ldots, x_n)$ verknüpft die (Ziel-) Funktion mit den Restriktionen additiv:

$$\begin{aligned} L = \quad & f(x_1, \ldots, x_n) \\ & + \lambda_1 \phi_1(x_1, \ldots, x_n) + \\ & + \lambda_2 \phi_2(x_1, \ldots, x_n) + \\ & \vdots \\ & + \lambda_m \phi_m(x_1, \ldots, x_n) \end{aligned}$$

$\lambda_j =$ Lagrange-Multiplikator für die j-te Nebenbedingung $\quad \lambda_j \in \mathbb{R}$

$$j = 1, \ldots, m$$
$$m < n$$

8.1.3 Bestimmung der Lösung

Entsprechend der notwendigen Bedingungen zur Bestimmung von relativen Extrema, werden die ersten partiellen Ableitungen der Lagrange-Funktion nach den Variablen x_i mit $i = 1, \ldots, n$ sowie nach den Lagrange-Multiplikatoren λ_j mit $j = 1, \ldots, m$ gleich Null gesetzt. Man erhält ein System von $(n+m)$ Gleichungen mit $(n+m)$ Unbekannten und somit eine eindeutige Lösung:

$$\frac{\partial L}{\partial x_1} = \frac{\partial L}{\partial x_2} = \ldots = \frac{\partial L}{\partial x_n} = \frac{\partial L}{\partial \lambda_1} = \frac{\partial L}{\partial \lambda_2} = \ldots = \frac{\partial L}{\partial \lambda_m} = 0$$

$\Rightarrow (n+m)$ Gleichungen mit $(n+m)$ Unbekannten.

Aus diesem Gleichungssystem bestimmen sich die Lösungen der Variablen und damit auch die Koordinaten der gesuchten Extremstellen eindeutig.

8.1 Lagrange-Methode

Beispiel:

Es stehen zwei verschiedene Getränke zur Auswahl. Der gesamte Nutzen aus dem Verzehr dieser Getränke soll bei begrenztem Budget maximiert werden. Das Budget beträgt $60 und der Nutzen folgt der Funktion:

$$U(x,y) = 2xy$$

Die Budgetrestriktion lässt sich durch die Güterpreise als Gleichung ausdrücken. Eine Mengeneinheit (ME) x (Wein) kostet $5 und eine ME y (Wasser) kostet $1.

$$5x + y = 60$$
$$60 - 5x - y = 0 \qquad \text{(absolutes Glied positiv)}$$

Anmerkung: Wird die Restriktion so umgeformt, dass das absolute Glied dieser Gleichung positiv ist, so lässt sich λ im Folgenden unmittelbar interpretieren.

Zielfunktion: $\quad U(x,y) = 2xy$
Nebenbedingung: $\quad 60 - 5x - y = 0$

(1) $\quad L(x,y,\lambda) \;=\; \underbrace{2xy}_{\text{Zielfunktion}} \;+\; \underbrace{\lambda \cdot (60 - 5x - y)}_{\text{Nebenbedingung}}$

(2) notwendige Bedingungen für lokale Extrema:

$L'x = 2y - 5\lambda = 0$ (I) $\Rightarrow$ $2y - 5\lambda = 0$
$L'y = 2x - \lambda = 0$ (II) $\Rightarrow$ $2x - \lambda = 0$
$L'\lambda = 60 - 5x - y = 0$ (III) $\Rightarrow$ $60 - 5x - y = 0$

$\Rightarrow$ 3 Gleichungen mit 3 Unbekannten

Lösung des Gleichungssystems:

(I) und (II) nach λ umstellen:

(I) $\lambda = \dfrac{2}{5} y$

(II) $\lambda = 2x$

(I) mit (II) gleichsetzen:

$$\dfrac{2}{5} y = 2x \Leftrightarrow x = \dfrac{1}{5} y$$

x in (III) einsetzen:

$$60 - 5 \cdot \dfrac{1}{5} y - y = 0$$

$$y = 30$$

$$\Rightarrow x = 6; \quad \lambda = +12$$

Der maximale Nutzen wird bei gegebener Nutzenfunktion (= Funktionalisierung des Nutzens) und limitiertem Budget von $60 innerhalb der betrachteten Zeiteinheit erreicht, wenn x = 6 ME Wein und y = 30 ME Wasser verzehrt werden.

Der maximal zu generierende Nutzen ergibt sich als

$$U_{max} = 2 \cdot 6 \cdot 30 = 360 \text{ NE} \quad \text{(Nutzeneinheiten)}$$

Es lässt sich bei voller Verwendung des Budgets über $60 keine alternative x/y-Kombination finden, die einen höheren Nutzen stiften könnte, als das hier identifizierte, lokale Maximum.

8.1.4 Interpretation von λ

Erhöht/vermindert sich die Vorgabe der j-ten Restriktion um eine Einheit, so variiert das Ergebnis der Zielfunktion approximativ (= näherungsweise) um λ_j Einheiten. Die folgende Tabelle gibt einen Überblick über die Veränderungen des Ergebnisses der Zielfunktion.

Δ Restriktion \ λ	positiv	negativ
positiv	Erhöhung	Verringerung
negativ	Verringerung	Erhöhung

Interpretation von λ aus dem Beispiel von Kapitel 8.1.3:

$$\lambda = +12$$

Anmerkung: λ ist dimensionslos

Würde das Budget von gegenwärtig $60 ceteris paribus (c. p.) um $1 auf $61 erhöht werden, so würde der maximale Nutzen absolut steigen um 12 NE auf 372 NE. Würde stattdessen das Budget c. p. um $1 auf $59 reduziert werden, so würde sich der maximal zu erreichende Nutzen vermindern um 12 NE auf 348 NE.

Wenn $\lambda = -12$ wäre, so würde eine Erhöhung des Budgets von gegenwärtig $61 c. p. um $1 auf $61, den maximalen Nutzen absolut vermindern um 12 NE auf 348 NE. Würde stattdessen das Budget c. p. um

$1 auf $59 reduziert werden, so würde sich dann der maximal zu erreichende Nutzen erhöhen um 12 NE auf 372 NE.

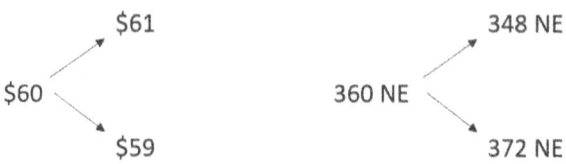

8.1.5 Identifizierung der Art des Optimums

Bei der klassischen Lösung einer Lagrange-Aufgabe, wie diese auch im Kapitel 8.1.3 aufgezeigt ist, wird noch nicht deutlich, um welche Art von Extremum (Minimum oder Maximum) es sich handelt.

Hierzu gibt es verschiedene Lösungen, die im Folgenden anhand von drei Beispielen aufgezeigt werden.

Beispiel 1:

Zielfunktion: $f(x,y) = 4 - x^2 - y^2$

Nebenbedingung: $g(x,y) = x + y = 1$

1. Schritt: Die Nebenbedingung nach 0 umstellen

$\Rightarrow \quad x+y=1 \Leftrightarrow 1-x-y=0$

2. Schritt: Lagrangefunktion bilden

$\Rightarrow \quad L(x,y,\lambda) = f(x,y) + \lambda \cdot g(x,y) \quad \rightarrow$ Die Nebenbedingung wird mit der Variablen multipliziert.

$L(x,y,\lambda) = 4 - x^2 - y^2 + \lambda(1 - x - y)$

$L(x,y,\lambda) = 4 - x^2 - y^2 + \lambda - \lambda x - \lambda y$

8.1 Lagrange-Methode

3. Schritt: Partielle Ableitungen nach jeder Variablen x, y und λ bilden

$\Rightarrow \quad L'_x = -2x - \lambda$

$ L'_y = -2y - \lambda$

$ L'_\lambda = 1 - x - y$

4. Schritt: Notwendiges Kriterium $\rightarrow$ alle Ableitungen erster Ordnung gleich Null setzen

$\Rightarrow \quad -2x - \lambda = 0$

$ -2y - \lambda = 0$

$ 1 - x - y = 0$

5. Schritt: Gleichungssystem lösen

(I) $-2x - \lambda = 0 \mid +\lambda \;\Rightarrow\; -2x = \lambda \mid : (-2) \;\Rightarrow\; x = -\dfrac{1}{2}\lambda$

(II) $-2y - \lambda = 0 \mid +\lambda \;\Rightarrow\; -2y = \lambda \mid : (-2) \;\Rightarrow\; y = -\dfrac{1}{2}\lambda$

(III) $1 - x - y = 0$

x und y in die Gleichung (III) einsetzen

(III) $1 + \dfrac{1}{2}\lambda + \dfrac{1}{2}\lambda = 0 \;\Leftrightarrow\; 1 + \lambda = 0 \;\Leftrightarrow\; \lambda = -1$

$\Rightarrow x = -\dfrac{1}{2} \cdot (-1) = \dfrac{1}{2} \qquad y = -\dfrac{1}{2} \cdot (-1) = \dfrac{1}{2}$

Lösung: An dem Punkt $P(\dfrac{1}{2} \mid \dfrac{1}{2})$ könnte eine Extremstelle liegen.

6. Schritt: Bildung sämtlicher Ableitungen zweiter Ordnung zur Identifizierung der Art der möglichen Extremstelle

1. Ableitung

$$L'_x = -2x - \lambda \quad L'_y = -2y - \lambda \quad L'_\lambda = 1 - x - y$$

2. Ableitung

$$L''_{xx} = -2 \quad L''_{xy} = 0 \quad L''_{x\lambda} = -1$$
$$L''_{yx} = 0 \quad L''_{yy} = -2 \quad L''_{y\lambda} = -1$$
$$L''_{\lambda x} = -1 \quad L''_{\lambda y} = -1 \quad L''_{\lambda\lambda} = 0$$

7. Schritt: Art der Extremstelle identifizieren

⇒ Hesse-Matrix aufstellen mit λ als erste Variable und unter Verwendung der **Regel von Sarrus** für eine $3x3$-Matrix anwenden.

$$\begin{pmatrix} L''_{\lambda\lambda} & L''_{\lambda x} & L''_{\lambda y} \\ L''_{x\lambda} & L''_{xx} & L''_{xy} \\ L''_{y\lambda} & L''_{yx} & L''_{yy} \end{pmatrix}$$ Die konkreten Werte der Ableitungen zweiter Ordnung einsetzen

⇒ $$\begin{pmatrix} 0 & -1 & -1 \\ -1 & -2 & 0 \\ -1 & 0 & -2 \end{pmatrix}$$ Falls hier Variablen vorhanden sein sollten, würden hier für $x = \dfrac{1}{2}$ und für $y = \dfrac{1}{2}$ eingesetzt werden. Sämtliche Werte innerhalb der Hesse-Matrix sind dann numerisch (ohne Variablen).

8. Schritt: Determinante berechnen

det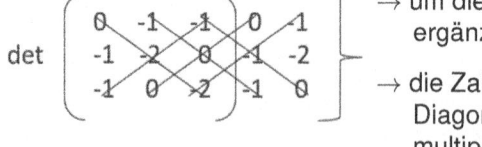

→ um die ersten beiden Spalten ergänzen

→ die Zahlen auf der jeweiligen Diagonalen miteinander multiplizieren

8.1 Lagrange-Methode

det $= 0 \cdot (-2) \cdot (-2) + (-1) \cdot 0 \cdot (-1) + (-1) \cdot (-1) \cdot 0 - (-1) \cdot (-2) \cdot (-1) -$
$- 0 \cdot 0 \cdot 0 - (-1) \cdot (-1) \cdot (-2) = 0 + 0 + 0 + 2 - 0 + 2 = 4$

Lösung: $4 > 0$, das bedeutet an der Stelle $P(0,5 | 0,5)$ liegt ein Extremum vor.

Da $L''_{xx} = -2 < 0$ und $L''_{yy} = -2 < 0$ sind, ist die Funktion in beide Richtungen konkav gekrümmt, so dass hier ein Maximum vorliegt.

Alternative Lösung zur Identifizierung der Art des Optimums

Die Identifizierung der Art des möglichen Extremums kann auch durch das Einsetzen von **Nachbarwerten** des Funktionswertes des Extremums unter der Nebenbedingung $x + y = 1$ erfolgen.

$$f(x_0, y_0) = f(\frac{1}{2}; \frac{1}{2}) = 4 - (\frac{1}{2})^2 - (\frac{1}{2})^2 = 4 - \frac{1}{4} - \frac{1}{4} = 3,5$$

Nachbarwerte (exemplarische Auswahl):

$$f(\frac{1}{3}; \frac{2}{3}) = 4 - (\frac{1}{3})^2 - (\frac{2}{3})^2 = 3,44 < 3,5$$

$$f(\frac{4}{5}; \frac{1}{5}) = 4 - (\frac{4}{5})^2 - (\frac{1}{5})^2 = 3,32 < 3,5$$

$\Rightarrow$ Maximum an der Stelle $(\frac{1}{2} | \frac{1}{2})$

Beispiel 2:

Berechnung möglicher Extrema mit drei unbekannten Variablen unter zwei Nebenbedingungen unter Verwendung der **Regel von Sarrus**

Gesucht sind die Extremstellen der Funktion $f(x, y, z)$ unter den Nebenbedingungen $g_1(x, y, z)$ und $g_2(x, y, z)$.

$f(x, y, z) = x^2 + 3y^2 + 2z^2$

$g_1(x, y, z) = 4x + 12y = 120$

$g_2(x, y, z) = 6y + 12z = 120$

1. Schritt: Nebenbedingungen = 0 setzen

$g_1(x,y,z) = 120 - 4x - 12y = 0$

$g_2(x,y,z) = 120 - 6y - 12z = 0$

2. Schritt: Determinante berechnen

$$\Rightarrow \begin{pmatrix} f'(x) & g_1'(x) & g_2'(x) \\ f'(y) & g_1'(y) & g_2'(y) \\ f'(z) & g_1'(z) & g_2'(z) \end{pmatrix} = 0$$

$$\det \begin{pmatrix} 2x & -4 & 0 & 2x & -4 \\ 6y & -12 & -6 & 6y & -12 \\ 4z & 0 & -12 & 4z & 0 \end{pmatrix}$$

$\det = 2x \cdot (-12) \cdot (-12) + (-4) \cdot (-6) \cdot 4z + 0 \cdot 6y \cdot 0 - 0 \cdot (-12) \cdot 4z - 2x \cdot (-6) \cdot 0 - (-4) \cdot 6y \cdot (-12) = 288x + 96z - 288y$

Null setzen: $\quad 288x + 96z - 288y = 0 \,|\, : 96$

$\qquad\qquad\qquad 3x + z - 3y = 0$

Nach x, y, z aufgelöst: $\quad x = -\dfrac{1}{3}z + y$

$\qquad\qquad\qquad\qquad y = x + \dfrac{1}{3}z$

$\qquad\qquad\qquad\qquad z = -3x + 3y$

3. Schritt: In Nebenbedingung einsetzen, um x, y und z zu berechnen

$g_1(x,y,z) = 120 - 4x - 12y = 0 \qquad \text{mit} \quad y = x + \dfrac{1}{3}z$

$\Rightarrow \quad 120 - 4x - 12(x + \dfrac{1}{3}z) = 0$

8.1 Lagrange-Methode

$\Leftrightarrow \quad 120 - 4x - 12x - 4z = 0$

$\Leftrightarrow \quad 120 - 16x - 4z = 0$

$\Leftrightarrow \quad 16x = 120 - 4z$

$\quad x = 7{,}5 - \frac{1}{4}z \quad$ und $\quad y = x + \frac{1}{3}z \quad$ (siehe oben)

$\Rightarrow$ einsetzen in die zweite Nebenbedingung:

$g_2(x,y,z) = 120 - 6y - 12z = 0$

$\Rightarrow \quad 120 - 6(x + \frac{1}{3}z) - 12z = 0$

$\Rightarrow \quad 120 - 6x - 2z - 12z = 0$

$\Rightarrow \quad 120 - 6(7{,}5 - \frac{1}{4}z) - 14z = 0$

$\Leftrightarrow \quad 120 - 45 + \frac{3}{2}z - 14z = 0$

$\quad 12{,}5z = 75$

$\quad z = 6$

$x = 7{,}5 - \frac{1}{4}z = 7{,}5 - \frac{1}{4} \cdot 6 = 6$

$y = x + \frac{1}{3}z = 6 + \frac{1}{3} \cdot 6 = 8$

Mögliches Extremum an der Stelle $(6\,|\,8\,|\,6)$.

4. Schritt: Bestimmung der Art des Extremums

Da $f''_{xx} = 2 > 0$, $f''_{yy} = 6 > 0$ und $f''_{zz} = 4 > 0$ sind, ist die Funktion in allen drei Richtungen konvex gekrümmt, so dass hier ein Minimum vorliegt.

5. Schritt: Bestimmung von Lambda

$$L(x,y,z,\lambda_1,\lambda_2) = x^2 + 3y^2 + 2z^2 + \lambda_1(120 - 4x - 12y) + \lambda_2(120 - 6y - 12z)$$

$L'_x = 2x - 4\lambda_1 = 0$ $\qquad$ $L'_y = 6y - 12\lambda_1 - 6\lambda_2 = 0$

$\Rightarrow 4\lambda_1 = 2x$ $\qquad\qquad\quad$ $\Rightarrow 6\lambda_2 = 6y - 12 \cdot 3$

$\Rightarrow \lambda_1 = \dfrac{2}{4} \cdot 6 = 3$ $\qquad\quad$ $\Rightarrow \lambda_2 = \dfrac{6 \cdot 8 - 12 \cdot 3}{6} = 2$

Beispiel 3:

Bestimmung von Extrema mit drei unbekannten Variablen unter zwei Nebenbedingungen

Gesucht sind die Extremstellen der Funktion $f(x_1,x_2,x_3)$ unter den Nebenbedingungen $g_1(x_1,x_2,x_3)$ und $g_2(x_1,x_2,x_3)$.

$f(x_1,x_2,x_3) = (x_1 - 2)^2 + (x_2 - 3)^2 - x_3^2 = x_1^2 - 4x_1 + 4 + x_2^2 - 6x_2 + 9 - x_3^2$

$g_1(x_1,x_2,x_3) = x_1 + x_2 + x_3 = 2$

$g_2(x_1,x_2,x_3) = 3x_1 + x_2 - x_3 = 2$

1. Schritt: Nebenbedingungen $= 0$ setzen

$g_1(x_1,x_2,x_3) = 2 - x_1 - x_2 - x_3 = 0$

$g_2(x_1,x_2,x_3) = 2 - 3x_1 - x_2 + x_3 = 0$

2. Schritt: Lagrangefunktion bilden

$L(x_1,x_2,x_3,\lambda_1,\lambda_2) = (x_1 - 2)^2 + (x_2 - 3)^2 - x_3^2 + \lambda_1(2 - x_1 - x_2 - x_3 = 0) +$
$\qquad\qquad\qquad\qquad + \lambda_2(2 - 3x_1 - x_2 + x_3)$

8.1 Lagrange-Methode

3. Schritt: Alle partiellen Ableitungen $= 0$ setzen und nach x_1, x_2 und x_3 umstellen

$L'_{x_1} = 2 \cdot (x_1 - 2) - \lambda_1 - 3\lambda_2 = 0$

$L'_{x_2} = 2 \cdot (x_2 - 3) - \lambda_1 - \lambda_2 = 0$

$L'_{x_3} = -2x_3 - \lambda_1 + \lambda_2 = 0$

$L'_{\lambda_1} = 2 - x_1 - x_2 - x_3 = 0$

$L'_{\lambda_2} = 2 - 3x_1 - x_2 + x_3 = 0$

$x_1 = 2 + 0,5\lambda_1 + 1,5\lambda_2$

$x_2 = 3 + 0,5\lambda_1 + 0,5\lambda_2$

$x_3 = -0,5\lambda_1 + 0,5\lambda_2$

4. Schritt: Gleichungssystem lösen

$L'_{\lambda_1} = 2 - x_1 - x_2 - x_3 = 0$

$L'_{\lambda_1} = 2 - (2 + 0,5\lambda_1 + 1,5\lambda_2) - (3 + 0,5\lambda_1 + 0,5\lambda_2) - (-0,5\lambda_1 + 0,5\lambda_2) = 0$

$-3 - 0,5\lambda_1 - 2,5\lambda_2 = 0$

$\lambda_1 = -6 - 5\lambda_2$

einsetzen in die nach x_1, x_2 und x_3 umgestellten Ableitungen

$x_1 = 2 + 0,5\lambda_1 + 1,5\lambda_2$

$x_1 = 2 + 0,5 \cdot (-6 - 5\lambda_2) + 1,5\lambda_2$

$x_1 = -1 - \lambda_2$

$x_2 = 3 + 0,5\lambda_1 + 0,5\lambda_2$

$x_2 = 3 + 0,5 \cdot (-6 - 5\lambda_2) + 0,5\lambda_2$

$x_2 = -2\lambda_2$

$x_3 = -0,5\lambda_1 + 0,5\lambda_2$

$x_3 = -0,5 \cdot (-6 - 5\lambda_2) + 0,5\lambda_2$

$x_3 = 3 + 3\lambda_2$

einsetzen in L'_{λ_2}

$L'_{\lambda_2} = 2 - 3x_1 - x_2 + x_3 = 0$

$2 - 3 \cdot (-1 - \lambda_2) - (-2\lambda_2) + (3 + 3\lambda_2) = 0$

$8 + 8\lambda_2 = 0$

$\lambda_2 = -1$

$\lambda_1 = -6 - 5\lambda_2 =$

$= \lambda_1 = -6 - 5 \cdot (-1) =$

$= \lambda_1 = -6 + 5 = -1$

$\lambda_1 = -1$

$x_1 = -1 - \lambda_2 = -1 - (-1)$

$x_1 = 0$

$x_2 = -2\lambda_2 = -2 \cdot (-1)$

$x_2 = 2$

$x_3 = 3 + 3\lambda_2 = 3 + 3 \cdot (-1)$

$x_3 = 0$

Mögliches Extremum in dem Punkt $(2|0|2)$

8.1 Lagrange-Methode

Interpretation von Lambda: Wenn beide Nebenbedingungen ceteris paribus, d. h. unter sonst gleichen Bedingungen, jeweils um eine Einheit erhöht oder vermindert werden, so vermindert oder erhöht sich das Ergebnis der Funktion $f(x_1,x_2,x_3)$ um 1 Einheit.

Bestimmung der Art des Extremums unter Verwendung der **Regel von Sarrus**

$g_1(x_1,x_2,x_3) = 2 - x_1 - x_2 - x_3$

$g_2(x_1,x_2,x_3) = 2 - 3x_1 - x_2 + x_3$

$$\Rightarrow \begin{pmatrix} f'(x_1) & g'_1(x_1) & g'_2(x_1) \\ f'(x_2) & g'_1(x_2) & g'_2(x_2) \\ f'(x_3) & g'_1(x_3) & g'_2(x_3) \end{pmatrix} = 0$$

det $\begin{bmatrix} 2x_1-4 & -1 & -3 & 2x_1-4 & -1 \\ 2x_2-6 & -1 & -1 & 2x_2-6 & -1 \\ -2x_3 & -1 & 1 & -2x_3 & -1 \end{bmatrix}$

det $= (2x_1-4) \cdot (-1) \cdot 1 + (-1) \cdot (-1) \cdot (-2x_3) + (-3) \cdot (2x_2-6) \cdot (-1) -$
$- (-3) \cdot (-1) \cdot (-2x_3) - (2x_1-4) \cdot (-1) \cdot (-1) - (-1) \cdot (2x_2-6) \cdot 1$

Null setzen: $\quad -2x_1 + 4 - 2x_3 + 6x_2 - 18 + 6x_3 - 2x_1 + 4 + 2x_2 - 6$

$\Rightarrow \quad -4x_1 + 8x_2 + 4x_3 - 16 = 0 \mid : 4$

$\Leftrightarrow \quad -x_1 + 2x_2 + x_3 - 4 = 0$

Nach x_1, x_2, x_3 aufgelöst: $x_1 = x_3 + 2x_2 - 4$

$x_2 = -0,5x_1 - 0,5x_3 + 2$

$x_3 = x_1 - 2x_2 + 4$

In Nebenbedingungen einsetzen, um x_1, x_2 und x_3 zu berechnen

$g_1 = (x_1, x_2, x_3) = 2 - x_1 + x_2 + x_3 = 0$ mit $x_1 = x_3 + 2x_2 - 4$

$\Rightarrow 2 - x_3 - 2x_2 + 4 - x_2 - x_3 = 0$

$\Leftrightarrow 6 - 3x_2 - 2x_3 = 0$

$\Leftrightarrow 3x_2 = 6 - 2x_3$

$\Leftrightarrow x_2 = 2 - \frac{2}{3}x_3$

und $x_3 = x_1 - 2x_2 + 4$ (siehe oben)

$\Rightarrow$ einsetzen in die zweite Nebenbedingung:

$g_2(x_1, x_2, x_3) = 2 - 3x_1 - x_2 + x_3 = 0$

$\Rightarrow 2 - 3x_1 - (2 - \frac{2}{3}x_3) + x_3 = 0$

$\Leftrightarrow 2 - 3x_1 - 2 + \frac{2}{3}x_3 + x_3 = 0$

$\Leftrightarrow -3x_1 + \frac{5}{3}x_3 = 0$

$\Rightarrow -3 \cdot (x_3 + 2x_2 - 4) + \frac{5}{3}x_3 = 0$

$\Leftrightarrow -3x_3 - 6x_2 + 12 + \frac{5}{3}x_3 = 0$

$\Rightarrow -3x_3 - 6 \cdot (2 - \frac{2}{3}x_3) + 12 + \frac{5}{3}x_3 = 0$

$\Leftrightarrow -3x_3 - 12 + \frac{12}{3}x_3 + 12 + \frac{5}{3}x_3 = 0$

$\Leftrightarrow \frac{8}{3}x_3 = 0$

$\Leftrightarrow x_3 = 0$

$\Rightarrow x_2 = 2 - \frac{2}{3}x_3 = 2$

8.2 Lineare Optimierung

$\Rightarrow \quad x_1 = x_3 + 2x_2 - 4 = 0 + 2 \cdot 2 - 4 = 0$

$\Rightarrow$ mögliches Extremum in dem Punkt $(0|2|0)$
   ($=$ gleiches Ergebnis wie via Lagrange)

Bestimmung der Art des Extremums

Da $f''_{x_1 x_1} = 2 > 0$, $f''_{x_2 x_2} = 2 > 0$ jedoch $f''_{x_3 x_3} = -2 < 0$ ist, herrscht Indifferenz. In x_1- und x_2-Richtungen ist die Funktion konvex und in x_3-Richtung konkav gekrümmt.

8.2 Lineare Optimierung

8.2.1 Einführung

Die *Lineare Optimierung* bzw. *Lineare Programmierung* (Linearplanung) ist dann zur Bestimmung von Extremwerten anzuwenden, wenn die Nebenbedingung eines linearen mathematischen Modells in Form von Ungleichungen und/oder Gleichungen vorliegen.

8.2.2 Der lineare Programmierungsansatz

(1) Zielfunktion

$z = z(x_1, x_2, \ldots, x_n) \Rightarrow$ opt!

opt = Optimierung = Maximierung oder Minimierung

(2) Nebenbedingungen

$\phi_j = \phi_j(x_1, x_2, \ldots, x_n) \leq c_j$ mit $j = 1, \ldots, m$

Anmerkung: Die $\leq$-Restriktionen lassen sich durch Multiplikation mit -1 auch als $\geq$-Restriktionen darstellen und umgekehrt.

(3) Nichtnegativitätsbedingungen

$x_i \geq 0$ mit $i = 1, \ldots, n$

8.2.3 Graphische Bestimmung der Lösung

Zur besseren Veranschaulichung soll das nachfolgend diskutierte Modell zunächst auf zwei Variablen, x_1 und x_2, sowie zwei Restriktionen beschränkt werden.

Dann ergibt sich folgender LP-Ansatz:

(1) Zielfunktion

$z = z(x_1, x_2, \ldots, x_n) \Rightarrow$ opt!

(2) Nebenbedingungen

$a_{11}x_1 + a_{12}x_2 \leq a_1$ \hspace{2em} $a_{ij} \in \mathbb{R};\ i;j = 1;2 =$ konstant

$a_{22}x_1 + a_{22}x_2 \leq a_2$

(3) Nichtnegativitätsbedingung

$x_1, x_2 \geq 0$

8.2 Lineare Optimierung 315

Die Lösungsmenge besteht aus der Menge aller geordneten Wertepaare $(x_1, x_2) \in \mathbb{R} \times \mathbb{R}$, die den o. g. Nebenbedingungen genügen:

$$L = \{(x_1, x_2) \mid (x_1, x_2) \in \mathbb{R} \times \mathbb{R} \land a_{11}x_1 + a_{12}x_2 \leq a_1 \land a_{21}x_1 + a_{22}x_2 \leq a_2\}$$

Jede Restriktion teilt das Koordinatensystem in die jeweils relevante Halbebene. Aufgrund der Nichtnegativitätsbedingung ist nur der vierte Quadrant des Koordinatensystems von Relevanz. Die möglichen Lösungen sind im nachfolgenden Beispiel durch die schraffierte Fläche gekennzeichnet. Die *Zielfunktion* markiert die entsprechende Gerade (Niveaulinie) $z = z(x_1, x_2)$. Das Optimum (= das gesuchte Wertepaar), (x_1^{opt}, x_2^{opt}), erhält man je nach Aufgabenstellung durch paralleles Verschieben der Zielfunktion $z = \text{fl}z(x_1, x_2)$. Bei der Maximierung (Minimierung) wird die Zielfunktion nach außen (innen) - weg vom (hin zum) Ursprung - verschoben, bis sie die durch die Restriktionen beschränkte Ebene (schraffierte Fläche) erreicht.

Das Optimum ist eindeutig, wenn die Zielfunktion eine Ecke des relevanten Bereichs tangiert. Die Lösung ist mehrdeutig, wenn die Zielfunktion parallel (deckungsgleich) zu einer der Geraden der Nebenbedingungen verläuft.

Beispiel:

Es werden zwei Produkte mit drei verschiedenen Maschinen hergestellt, wobei die Kapazität der Maschinen begrenzt ist. x_1 hat einen Deckungsbeitrag von $\$150$ pro Stück, bei x_2 sind es $\$100$ pro Stück. Ziel ist die Maximierung des Deckungsbeitrages (DB) unter Berücksichtigung der beschränkten Maschinenkapazitäten.

Entscheidungsvariablen: x_1, x_2 = produzierte Menge der Produkte

Zielfunktion: $DB(x_1, x_2) = 150x_1 + 100x_2 \Rightarrow \max!$

Nebenbedingungen: (1) $4x_1 + 2x_2 \leq 200$ mit $x_1, x_2 \leq 0$
(2) $2x_1 + 4x_2 \leq 200$
(3) $2x_1 + 2x_2 \leq 120$

Interpretation der Nebenbedingung (1):
4 ZE/ME $\cdot x_1$ ME + 2 ZE/ME $\cdot x_2$ ME $\leq$ 200 ZE   ME = Mengeneinheiten
ZE = Zeiteinheiten

mit 4; 2 $\,\widehat{=}\,$ Produktionskoeffizienten
200 $\,\widehat{=}\,$ maximalen Kapazität der ersten Maschine

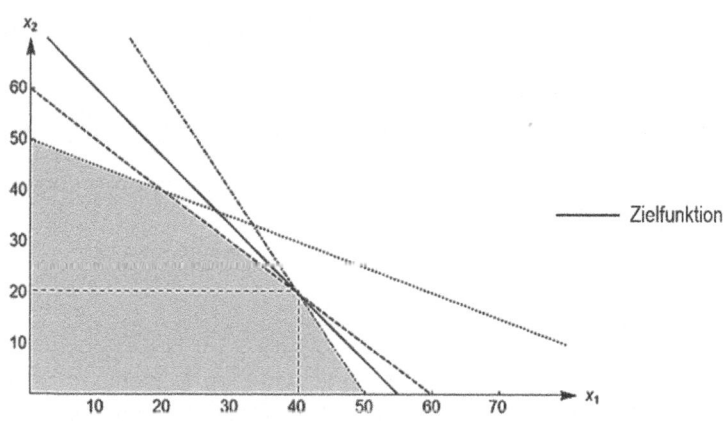

Berechnung der Achsenabschnitte:

(1) $4x_1 + 2x_2 \leq 200$ ZE

$x_1 = 0 \Rightarrow x_2^{max} = 100$ ME
$x_2 = 0 \Rightarrow x_1^{max} = 50$ ME

8.2 Lineare Optimierung

(2) $2x_1 + 4x_2 \leq 200$ ZE

$x_1 = 0 \Rightarrow x_2^{max} = 50$ ME
$x_2 = 0 \Rightarrow x_1^{max} = 100$ ME

(3) $2x_1 + 2x_2 \leq 120$ ZE

$x_1 = 0 \Rightarrow x_2^{max} = 60$ ME
$x_2 = 0 \Rightarrow x_1^{max} = 60$ ME

Zielfunktion $150x_1 + 100x_2 = \$1.500$

$\Rightarrow x_1^{max} = 10$ ME

$\Rightarrow x_2^{max} = 15$ ME

$\Rightarrow$ Verschiebung dieser Geraden, bis die Fläche, die durch die Nebenbedingungen begrenzt wird, berührt wird.

Die optimale Verteilung der Güter x_1 und x_2 lässt sich nun an den Achsen ablesen. Von x_1 werden 40 Stück, von x_2 20 Stück produziert, um den gesamten Deckungsbeitrag zu maximieren.

Für die Zielfunktion ergibt sich die folgende Lösung:

$150x_1 + 100x_2 \qquad \Rightarrow$ max!
$150 \cdot 40 + 100 \cdot 20 \qquad = \$8.000$

Bei optimal gewählten Mengen beider Produkte ergibt sich ein Deckungsbetrag von $8.000.

8.2.4 Primaler Simplex-Algorithmus

Der *primale (= ursprüngliche) Simplex-Algorithmus* ist ein *Iterationsverfahren* zur schrittweisen Annäherung an das Optimum. Es ist gültig ab zwei Variablen. Der Maximalwert (bzw. Minimalwert) z_{opt} der Zielfunktion $z = z(x_i)$ mit $i = 1, \ldots, n$, liegt dann vor, wenn das zugrundeliegende *Simplextableau* in kanonischer Form vorliegt und die Koeffizienten aller Nicht-Basisvariablen ≥ 0 (≤ 0) sind. Die Form eines linearen mathematischen Modells ist dann kanonisch, wenn in jeder Nebenbedingung eine Variable (= Basisvariable) den Koeffizienten eins besitzt und diese Variable in allen anderen Restriktionen nicht vorkommt.

8.2.5 Simplextableau (grundsätzlicher Aufbau)

Dem Simplextableau liegt folgender (grundsätzlicher) LP-Ansatz zugrunde:

LP-Ansatz (lineares Optimierungsmodell)

(1) <u>Zielfunktion</u>

$z = z(x_i) = b_1 x_1 + b_2 x_2, \ldots, + b_n x_n \quad \Rightarrow$ max! bzw. min!

$b_i \in \mathbb{R}$ = konstant
$i = 1, \ldots, n$

(2) <u>Nebenbedingungen</u>

$a_{11}x_1 + a_{12}x_2 + \ldots + a_{1n}x_n \leq a_1$
$\vdots$
$a_{m1}x_1 + a_{m2}x_2 + \ldots + a_{mn}x_n \leq a_m$

$a_{ij} \in \mathbb{R}$ = konstant

mit $j = 1, \ldots, m$

8.2 Lineare Optimierung

(3) Nichtnegativitätsbedingung

$$x_i \geq 0 \qquad \text{mit } i = 1, \ldots, n$$

Liegt ein Simplextableau in kanonischer Form vor und sind innerhalb der Zielfunktion sämtliche Koeffizienten der Nicht-Basisvariablen ≥ 0 (≤ 0), so entspricht z_0 dem Minimalwert (Maximalwert) der Funktion.

Beispiel:

Ein Unternehmen produziert zwei Güter in den Mengen x_1 und x_2 [ME] unter Verwendung von drei Maschinen, A, B und C, welche in ihren Kapazitäten [ZE/Monat] begrenzt sind. Die maximal verfügbaren Kapazitäten, gemessen in [ZE/Monat], sowie die Produktionskoeffizienten für die Gütermengen, gemessen in [ZE/1 ME], sind in der nachfolgenden Tabelle zusammengefasst:

Maschine	Produktionskoeffizienten [ZE/ME]		Max. Kapazitäten [ZE/Monat]
A	2 ZE / 1 ME x_1	1 ZE / 1 ME x_2	200
B	1 ZE / 1 ME x_1	1 ZE / 1 ME x_2	120
C	1 ZE / 1 ME x_1	3 ZE / 1 ME x_2	240
Stückgewinn	$ 2 / 1 ME x_1	$ 3 / 1 ME x_2	

Der Gesamtgewinn, bemessen in $, ist zu maximieren.

Zielfunktion: $\qquad G(x_1, x_2) = 2x_1 + 3x_2 \Rightarrow$ max!

Nebenbedingungen: $\qquad 2x_1 + x_2 \leq 200 \qquad$ mit $\quad x_1, x_2 \geq 0$
$\qquad\qquad\qquad\qquad\quad x_1 + x_2 \leq 200$
$\qquad\qquad\qquad\qquad\quad x_1 + 3x_2 \leq 120$

Um das *Simplextableau* aufstellen zu können, werden *Hilfsvariablen* für die nicht ausgenutzten Maschinenkapazitäten eingeführt (y_1, y_2, y_3) und die Zielfunktion gleich Null gesetzt. Es ergeben sich die folgenden Gleichungen:

(I)   ⇒ $2x_1 + x_2 + y_1 = 200$

(II)   ⇒ $x_1 + x_2 + y_2 = 120$

(III)   ⇒ $x_1 + 3x_2 + y_3 = 240$

(IV)   ⇒ $-2x_1 - 3x_2 + G = 0$

Aus diesen Gleichungen, genauer aus den Koeffizienten der Variablen, wird im nächsten Schritt das *Simplextableau* aufgestellt.

x_1	x_2	y_1	y_2	y_3	G	freie Kapazitäten
2	1	1	0	0	0	200
1	1	0	1	0	0	120
1	3	0	0	1	0	240
-2	-3	0	0	0	1	0

Nicht-Basisvariablen   *Basisvariablen*

Da in der 4. Zeile in den Spalten eins und zwei negative Werte stehen, ist das Simplextableau bzw. die hier ausgewiesene "Lösung" nicht optimal. Für den ersten Verbesserungsschritt wird die zweite Spalte als *Pivotspalte* ausgewählt, da -3 den kleinsten Wert aller negativen Werte innerhalb der unteren Zeile ausweist. Um die *Pivotzeile* auszuwählen, wird für jede Zeile der Wert der Pivotspalte durch die Maschinenkapazität geteilt. So wird der (aktuelle) Maschinenengpass identifiziert. Es ergibt sich:

8.2 Lineare Optimierung

Maschine A: $\quad \dfrac{200\,\frac{h}{Monat}}{1\,\frac{h}{ME}} = 200\,\dfrac{ME}{Monat}$

Maschine B: $\quad \dfrac{120\,\frac{h}{Monat}}{1\,\frac{h}{ME}} = 120\,\dfrac{ME}{Monat}$

Maschine C: $\quad \dfrac{240\,\frac{h}{Monat}}{3\,\frac{h}{ME}} = 80\,\dfrac{ME}{Monat}$

⇒ Bei Maschine C ist als erstes die Kapazitätsgrenze erreicht, daher ist Zeile drei unsere Pivotzeile. Um an der Stelle 3. Zeile (Pivotzeile) und 2. Spalte (Pivotspalte) eine 1 zu erhalten, wird die dritte Zeile mit dem entsprechenden Kehrwert (hier $\frac{1}{3}$) multipliziert.

Es ergibt sich:

x_1	x_2	y_1	y_2	y_3	G	freie Kapazitäten
2	1	1	0	0	0	200
1	1	0	1	0	0	120
1/3	1	0	0	1/3	0	80
−2	−3	0	0	0	1	0

Im nächsten Schritt ist der Einheitsvektor für x_2 zu erzeugen, so dass das Pivotelement (3. Zeile/2. Spalte) gleich eins wird (und alle übrigen Spaltenelemente gleich Null). Hierzu wird das (-1)fache der dritten Zeile zu den Zeilen eins und zwei addiert und das 3fache der dritten Zeile zur letzten Zeile addiert.

Es ergibt sich:

x_1	x_2	y_1	y_2	y_3	G	freie Kapazitäten
5/3	0	1	0	−1/3	0	120
2/3	0	0	1	−1/3	0	40
1/3	1	0	0	1/3	0	80
−1	0	0	0	1	1	240

$\underbrace{\qquad\qquad\qquad\qquad}_{\text{Basisvariablen}}$

In Zeile 4/Spalte 1 befindet sich noch immer eine negative Lösung, daher ist auch dieses Simplextableau bzw. die hier ausgewiesene Lösung nicht optimal. Für den zweiten Verbesserungsschritt ist die erste Spalte die *Pivotspalte*, da −1 den letzten negativen Wert innerhalb der unteren Zeile ausweist. Zur Auswahl der *Pivotzeile* wird wieder für jede Zeile der Wert der Pivotspalte durch die Maschinenkapazität geteilt.

Es ergibt sich:

Maschine A: $\dfrac{120\,\frac{h}{Monat}}{\frac{5}{3}\,\frac{h}{ME}} = 72\,\dfrac{ME}{Monat}$

Maschine B: $\dfrac{40\,\frac{h}{Monat}}{\frac{2}{3}\,\frac{h}{ME}} = 60\,\dfrac{ME}{Monat}$

Maschine C: $\dfrac{80\,\frac{h}{Monat}}{\frac{1}{3}\,\frac{h}{ME}} = 240\,\dfrac{ME}{Monat}$

8.2 Lineare Optimierung

⇒ Bei Maschine B ist als erstes die Kapazitätsgrenze erreicht, daher ist Zeile zwei unsere jetzige Pivotzeile. Um an der Stelle 2. Zeile (Pivotzeile) und 1. Spalte (Pivotspalte) eine 1 zu erhalten, wird die zweite Spalte mit dem entsprechenden Kehrwert (hier $\frac{3}{2}$) multipliziert.

Es ergibt sich:

x_1	x_2	y_1	y_2	y_3	G	freie Kapazitäten
5/3	0	1	0	−1/3	0	120
1	0	0	3/2	−1/2	0	60
1/3	1	0	0	1/3	0	80
−1	0	0	0	1	1	240

Um den Einheitsvektor für x_1 zu erzeugen, so dass das Pivotelement 1. Zeile/2. Spalte gleich eins wird (und alle übrigen Spaltenelemente gleich Null werden):

- das $(-\frac{5}{3})$-fache der zweiten Zeile zu der ersten Zeile addiert,

- das $(-\frac{1}{3})$-fache der ersten Zeile zu der dritten Zeile addiert,

- die zweite Zeile zu der letzten Zeile addiert.

Es ergibt sich:

x_1	x_2	y_1	y_2	y_3	G	freie Kapazitäten
0	0	1	$-2,5$	$0,5$	0	20
1	0	0	$1,5$	$-0,5$	0	60
0	1	0	$-0,5$	$0,5$	0	60
0	0	0	$1,5$	$0,5$	1	300

Basisvariablen

In der 4. Zeile der Matrix befinden sich nun keine negativen Elemente mehr. Somit ist die optimale Lösung erreicht. Zur Optimierung dieses hier diskutierten Problems sind jeweils 60 ME von x_1 und x_2 zu produzieren, wobei bei Maschine A eine Kapazität von 20 Stunden ungenutzt bleibt. Der maximale Gewinn beträgt $300.

8.2.6 Dualer Simplex-Algorithmus

Der *duale Simplex-Algorithmus* wird verwendet, wenn in der Spalte ganz rechts im Simplextableau negative Werte stehen. Ziel ist es, sämtliche negativen Werte in der rechten Spalte iterativ durch positive Werte zu ersetzen, so dass in einem ersten Schritt eine machbare Lösung gefunden wird. Anschließend kann der primale (= ursprüngliche) Simplex-Algorithmus verwendet werden, um die optimale Lösung zu finden.

Der duale Simplex Algorithmus beginnt mit der Definition eines Minimierungsproblems:[2]

---

[2] Wenn die Werte in der rechten Spalte des Simplextableaus negativ sind, dann fehlen die dort angezeigten Mengen, d. h. sie müssten beschafft werden. Daraus folgt zwangsläufig, dass es sich hier um ein Minimierungsproblem handelt.

8.2 Lineare Optimierung

Minimiere
$$z = \sum_{j=1}^{n} c_j \cdot x_j$$

unter Berücksichtigung der Nebenbedingungen
$$\sum_{j=1}^{n} d_{ij} \cdot x_j \geq b_j$$

$$x_j \geq 0 \qquad c_j \geq 0$$

(1) <u>Zielfunktion</u>

$$z = z(x_i) = \sum_{i=1}^{n} c_i \cdot x_i \quad \Rightarrow \quad \text{min!}$$

$c_i \in \mathbb{R} = \text{konstant}$ mit $i = 1, \ldots, n$

(2) <u>Nebenbedingungen</u>

$$a_{11}x_1 + a_{12}x_2 + \ldots + a_{1n}x_n \geq b_1$$
$$\vdots$$
$$a_{m1}x_1 + a_{m2}x_2 + \ldots + a_{mn}x_n \geq b_m$$

$x_i \geq 0$ und $a_{ij} \in \mathbb{R} = \text{konstant}$ mit $j = 1, \ldots, m$

(3) <u>Nichtnegativitätsbedingung</u>

$x_i \geq 0$ mit $i = 1, \ldots, n$

Nach der Transformation in ein <u>Maximierungsproblem</u> und der Einführung der Schlupfvariablen $y_1, \ldots, y_m$ stellt sich das ursprüngliche Simplextableau wie folgt dar:

x_1 $\cdots$ x_n	y_1 $\cdots$ y_m	z	b
a_{11} $\cdots$ a_{1n}	1 $\cdots$ 0	0	$-b_1$
$\vdots$ $\quad$ $\vdots$	$\vdots$ $\ddots$ $\vdots$	$\vdots$	$\vdots$
a_{m1} $\cdots$ a_{mn}	0 $\cdots$ 1	0	$-b_m$
c_1 $\cdots$ c_n	0 $\cdots$ 0	1	z-Wert

Beispiel: [3]

Ein Unternehmen produziert drei Güter in den Mengen x_1, x_2 und x_3 [ME] unter Verwendung von zwei Maschinen, A und B, welche einer wirtschaftlich oder technisch bedingten Minimalauslastung [ZE/Tag] unterliegen.

Die Produktionskoeffizienten für die Gütermengen x_1, x_2 und x_3, gemessen in [ZE/ 1 ME], sind in der nachfolgenden Tabelle zusammengefasst:

Maschine	Produktionskoeffizienten [ZE/ME]			Min. Auslastung [ZE/Tag]
A	4 ZE / 1 ME x_1	2 ZE / 1 ME x_2	5 ZE / 1 ME x_3	12
B	2 ZE / 1 ME x_1	3 ZE / 1 ME x_2	1 ZE / 1 ME x_3	8
Stückkosten in $100	$ 0,8 / 1 ME x_1	$ 1,0 / 1 ME x_2	$ 0,75 / 1 ME x_3	

Die Gesamtkosten, bemessen in $, sind zu minimieren.

Zielfunktion: $K(x_1, x_2, x_3) = 0,8x_1 + x_2 + 0,75x_3 \Rightarrow$ min!

---

[3] Das nachfolgende Beispiel ist angelehnt an Zimmermann, H.-J. (2005), S. 102 ff.

8.2 Lineare Optimierung

Nebenbedingungen: $4x_1 + 2x_2 + 5x_3 \geq 12$

$2x_1 + 3x_2 + x_3 \geq 8$

mit $x_i \geq 0 \quad i = 1, 2, 3$

Zunächst sind die $\geq$-Restriktion zu $\leq$-Restriktionen durch Multiplikation mit -1 umzuwandeln. Zudem ist das Minimierungsproblem in ein Maximierungsproblem zu transformieren. Die Nichtnegativitätsbedingungen gelten weiterhin. Die Standardform, bekannt vom *linearen Programmierungsansatz*, wird hierdurch erreicht:

$-4x_1 - 2x_2 - 5x_3 \leq -12$

$-2x_1 - 3x_2 - x_3 \leq -8$

$-0,8x_1 - x_2 - 0,75x_3 = -K \Rightarrow$ max!

mit $x_i \geq 0 \quad i = 1, 2, 3$

Die Schlupfvariablen y_j sind zu integrieren, so dass Gleichungen gebildet werden können:

$-4x_1 - 2x_2 - 5x_3 + y_1 = -12$

$-2x_1 - 3x_2 - x_3 + y_2 = -8$

$-0,8x_1 - x_2 - 0,75x_3 = -K = k \Rightarrow$ max!

mit $x_i \geq 0 \quad i = 1, 2, 3$
und $y_j \geq 0 \quad j = 1, 2$

Dieses Glechungssystem kann in das folgende Simplextableau transformiert werden:

	x_1	x_2	x_3	y_1	y_2	b_i
I	−4	−2	−5	1	0	−12
II	−2	−3	−1	0	1	−8
III	0,8	1	0,75	0	0	0

Das obere Simplextableau zeigt die Nicht-Basisvariablen x_1, x_2 und x_3 sowie die Basisvariablen y_1 und y_2. Die einzig mögliche Lösung aus mathematischer Sicht ist $x_1, x_2, x_3 = 0$ und $y_1 = -12, y_2 = -8$. Es ist dual, aber nicht primal lösbar. Da in der rechten Spalte negative Werte stehen, kann der primale Simplex-Algorithmus nicht angewendet werden. Die negativen Werte sind zuerst zu eliminieren.

Im Gegensatz zum *primalen Simplex-Algorithmus* wird anstelle der Pivotspalte erst die Pivotzeile ausgewählt. Dafür muss die Zeile mit dem kleinsten negativen Wert in der b_i-Spalte identifiziert werden. Falls es mehrere Zeilen mit dem gleichen kleinsten negativen Wert gibt, kann eine davon beliebig ausgewählt werden.

In der folgenden Tabelle ist diese Zeile grau hinterlegt. −12 ist der kleinste <u>negative</u> Wert. Die erste Zeile wird somit zur Pivotzeile.

	x_1	x_2	x_3	y_1	y_2	b_i
I	−4	−2	−5	1	0	−12
II	−2	−3	−1	0	1	−8
III	0,8	1	0,75	0	0	0

Nun ist jeder Wert der Zeile der Zielfunktion durch den entsprechenden Wert in der Pivotzeile zu dividieren wie folgend dargestellt:

	Zielfunktion	Zeile I	Quotient
x_1	0,8	−4	−0,2
x_2	1	−2	−0,5
x_3	0,75	−5	−0,15

8.2 Lineare Optimierung

Die Spalte mit dem höchsten negativen Wert wird als Pivotspalte festgelegt. Das Pivotelement befindet sich dort, wo die Pivotzeile die Pivotspalte schneidet. Das Pivotelement ist in der folgenden Tabelle dunkel hinterlegt.

	x_1	x_2	x_3	y_1	y_2	b_i
I	-4	-2	-5	1	0	-12
II	-2	-3	-1	0	1	-8
III	$0,8$	1	$0,75$	0	0	0

Um an der Stelle 1. Zeile (Pivotzeile) und 3. Spalte (Pivotspalte) eine 1 zu erhalten, wird die 1. Zeile mit dem entsprechenden Kehrwert $(-\frac{1}{5})$ multipliziert.

Es ergibt sich das folgende Tableau:

	x_1	x_2	x_3	y_1	y_2	b_i
I	$0,8 = -4 \cdot (-\frac{1}{5})$	$0,4$	1	$-0,2$	0	$2,4$
II	-2	-3	-1	0	1	-8
III	$0,8$	1	$0,75$	0	0	0

Im nächsten Schritt ist der Einheitsvektor für x_3 zu erzeugen. Hierzu wird die erste Zeile zur zweiten Zeile addiert und das (-0,75)fache der ersten Zeile zur dritten Zeile addiert. Es ergibt sich das folgende Tableau:

	x_1	x_2	x_3	y_1	y_2	b_i
I	$0,8$	$0,4$	1	$-0,2$	0	$2,4$
II	$-1,2$	$-2,6$	0	$-0,2$	1	$-5,6$
III	$0,8 \cdot (-0,75) + 0,8 = 0,2$	$0,4 \cdot (-0,75) + 1 = 0,7$	$1 \cdot (-0,75) + 0,75 = 0$	$-0,2 \cdot (-0,75) + 0 = 0,15$	$0 \cdot (-0,75) + 0 = 0$	$2,4 \cdot (-0,75) + 0 = -1,8$

Die rechte Spalte enthält innerhalb der oberen zwei Zeilen immer noch einen negativen Wert.

	x_1	x_2	x_3	y_1	y_2	b_i
I	0,8	0,4	1	$-0,2$	0	2,4
II	$-1,2$	$-2,6$	0	$-0,2$	1	$-5,6$
III	0,2	0,7	0	0,15	0	$-1,8$

Somit kann der aktuelle Status nicht die optimale Lösung darstellen.

Die folgende Iteration beginnt mit der Identifizierung des nächsten Pivotelements. $-5,6$ ist nun der kleinste <u>negative</u> Wert der ersten beiden Zeilen. Die zweite Zeile ist die Pivotzeile.

	Zielfunktion	Zeile II	Quotient
x_1	0,2	$-1,2$	$-0,167$
x_2	0,7	$-2,6$	$-0,269$
x_3	0	0	0

Die Spalte mit dem höchsten negativen Wert (= der niedrigste positive <u>absolute</u> Wert) wird als Pivotspalte festgelegt. Das Pivotelement befindet sich dort, wo die Pivotzeile die Pivotspalte schneidet. Das Pivotelement ist in der folgenden Tabelle dunkel hinterlegt.

	x_1	x_2	x_3	y_1	y_2	b_i
I	0,8	0,4	1	$-0,2$	0	2,4
II	$-1,2$	$-2,6$	0	$-0,2$	1	$-5,6$
III	0,2	0,7	0	0,15	0	$-1,8$

Um an der Stelle 2. Zeile (Pivotzeile) und 1. Spalte (Pivotspalte) eine 1 zu erhalten, wird die 2. Zeile mit dem entsprechenden Kehrwert $(-\frac{1}{1,2})$ multipliziert.

8.2 Lineare Optimierung

Es ergibt sich das folgende Tableau:

	x_1	x_2	x_3	y_1	y_2	b_i
I	0,8	0,4	1	$-0,2$	0	2,4
II	1	2,1667	0	0,1667	$-0,8333$	4,6667
III	0,2	0,7	0	0,15	0	$-1,8$

Im nächsten Schritt ist der Einheitsvektor für x_1 zu erzeugen. Hierzu wird das (-0,8)fache der zweiten Zeile zur ersten Zeile addiert und das (-0,2)fache der zweiten Zeile zur dritten Zeile addiert. Es ergibt sich das folgende Tableau:

	x_1	x_2	x_3	y_1	y_2	b_i
I	0	$-1,3333$	1	$-0,3333$	0,6666	$-1,3333$
II	1	2,1667	0	0,1667	$-0,8333$	4,6667
III	0	0,2667	0	0,1167	0,1667	$-2,7333$

Die rechte Spalte enthält immer noch einen negativen Wert in den ersten beiden Zeilen. Somit kann der aktuelle Status nicht die optimale Lösung darstellen.

Die folgende Iteration beginnt mit der Identifizierung des nächsten Pivotelements. $-1,333$ ist nun der kleinste <u>negative</u> Wert der ersten beiden Zeilen. Die erste Zeile ist die Pivotzeile.

	Zielfunktion	Zeile I	Quotient
x_1	0	0	0
x_2	0,2667	$-1,3333$	$-0,2$
x_3	0	1	0

Die zweite Spalte wird als Pivotspalte festgelegt. Das Pivotelement befindet sich dort, wo die Pivotzeile die Pivotspalte schneidet. Das Pivotelement ist in der folgenden Tabelle dunkel hinterlegt.

	x_1	x_2	x_3	y_1	y_2	b_i
I	0	−1,3333	1	−0,3333	0,6666	−1,3333
II	1	2,1667	0	0,1667	−0,8333	4,6667
III	0	0,2667	0	0,1167	0,1667	−2,7333

Um an der Stelle 1. Zeile (Pivotzeile) und 2. Spalte (Pivotspalte) eine 1 zu erhalten, wird die 1. Zeile mit dem entsprechenden Kehrwert $(-\frac{1}{1,3333})$ multipliziert.

Es ergibt sich das folgende Tableau:

	x_1	x_2	x_3	y_1	y_2	b_i
I	0	1	−0,75	0,25	−0,5	1
II	1	2,1667	0	0,1667	−0,8333	4,6667
III	0	0,2667	0	0,1167	0,1667	−2,7333

Im nächsten Schritt ist der Einheitsvektor für x_2 zu erzeugen. Hierzu wird das (-2,1667)fache der ersten Zeile zur zweiten Zeile addiert und das (-0,2667)fache der ersten Zeile zur dritten Zeile addiert. Es ergibt sich das folgende Tableau:

	x_1	x_2	x_3	y_1	y_2	b_i
I	0	1	−0,75	0,25	−0,5	1
II	1	0	1,625	−0,375	0,25	2,5
III	0	0	0,2	0,05	0,3	−3

Die rechte Spalte enthält keinen negativen Wert mehr innerhalb der ersten beiden Zahlen. Somit wurde nun die optimale Lösung identifiziert.

$x_1 = 2,5$

$x_2 = 1$

$k = -K = -3 \Rightarrow K = 3 \cdot \$100 = \$300$

Zur Minimierung der gesamten Kosten sind pro Tag $2,5$ ME von x_1, 1 ME von x_2 und keine ME von x_3 zu produzieren. Die dann resultierenden Minimalkosten betragen \$300 pro Tag.

8.3 Nichtlineare Optimierung

8.3.1 Einführung

Optimierung beschäftigt sich mit der Maximierung oder Minimierung realer Probleme, die durch eine mathematische Funktion quantifiziert werden können. Nichtlineare Optimierung, auch bekannt als nichtlineare Programmierung, unterscheidet sich von linearen Programmen durch verschiedene Entwicklungen und Eigenschaften.

Lineare Programme sind durch folgende Merkmale definiert:[4]

1. Die Zielfunktion ist linear.
2. Alle Einschränkungen (Nebenbedingungen) sind linear und umfassen mindestens eine Gleichung oder Ungleichung.
3. Sie enthalten viele verschiedene Variablen.
4. Sie können mit Hilfe von endlichen Algorithmen gelöst werden.

Nichtlineare Programme sind im Allgemeinen durch folgende Merkmale definiert:[5]

1. Sie enthalten mindestens eine nichtlineare Funktion.
2. Es gibt eine oder mehrere kontinuierliche Variablen.
3. Sie enthalten Nebenbedingungen (Restriktionen) in Form von Ungleichungen und/oder Gleichungen oder sie verfügen über keine Einschränkungen.

---

[4] Nach Cottle, R.W. & Thapa, M.N. (2017).
[5] Vgl. ebenda.

4. Ihre enthaltenen Funktionen besitzen Eigenschaften, die Stetigkeit, Differenzierbarkeit und/oder Konvexität/Konkavität umfassen können.
5. Gelegentlich weisen sie komplizierte Optimalitätskriterien auf.
6. Sie lassen sich durch konvergente (aber in der Regel nicht endliche) Lösungsalgorithmen lösen.

Ein System der nichtlinearen Optimierung muss entsprechend kontinuierliche Variablen und mindestens eine nichtlineare Funktion enthalten. Das System kann Nebenbedingungen (Restriktionen) in Form von Ungleichungen und/oder Gleichungen umfassen oder über keine Einschränkungen verfügen. Ein nichtlineares Optimierungsproblem wird stark durch die Eigenschaften der Zielfunktion und die Eigenschaften des zulässigen Definitionsbereichs beeinflusst.[6]

Die nichtlineare Optimierung ist auch durch ihre iterative Natur gekennzeichnet, die durch Sequenzen von Problemlösungen und Zielfunktionswerten determiniert ist. Idealerweise konvergieren diese Sequenzen zu zulässigen Lösungen, die (lokal) optimierte Zielfunktionswerte liefern.[7]

8.3.2 Grundlegende Eigenschaften der nichtlinearen Optimierung

In diesem Kontext bedeutet Optimierung, eine Zielfunktion durch den Vergleich unterschiedlicher Handlungsalternativen im Hinblick auf die Erfüllung eines Zielkriteriums zu maximieren oder zu minimieren und schließlich die beste von verschiedenen, gegebenen Alternativen auszuwählen.[8] Die Zielfunktion kann beispielsweise eine Qualitäts- oder Kostenfunktion einer technischen Anlage oder eines Prozesses sein, die von verschiedenen Parametern quantitativ beeinflusst wird. Oft ist jedoch nicht jede zielführende Anpassung der relevanten Parameter realisierbar, sondern vielmehr Teil einer zulässigen Menge, mathematisch in Form von zulässigen Punkten innerhalb eines mehrdimensionalen Systems.[9] Falls der zulässige Wertebereich nicht begrenzt ist,

---

[6] Vgl. Scholz, D. (2018).
[7] Vgl. Cottle, R.W. & Thapa, M.N. (2017).
[8] Vgl. Stein, O. (2021), S. 2.
[9] Vgl. Marti, K. & Gröger, D. (2013), S. 2 ff.

8.3 Nichtlineare Optimierung

handelt es sich um ein **unbeschränktes Optimierungsproblem**. Unbeschränkte Optimierungsprobleme unterliegen keinen Einschränkungen, so dass der zulässige Wertebereich dann den gesamten Raum der reellen Zahlen umfasst.[10]

Im Fall eines **beschränkten Optimierungsproblems** ist der zulässige Bereich des Optimums auf einen kleineren zulässigen Wertebereich eingeschränkt. Diese Einschränkungen lassen sich wie folgt beschreiben:

$h_j = 0$ mit $j = 1,...,n_h$ → Gleichungsbedingungen

$g_j \leq 0$ mit $j = 1,...,n_g$ → Ungleichungsbedingungen

Gleichungsbedingungen schränken den Wertebereich der betrachteten Funktion durch gegebene Gleichungen ein. Solche Einschränkungen können die Form von konstanten, linearen oder nichtlinearen Gleichungen annehmen.[11]

Ein beschränktes Optimierungsproblem kann mathematisch wie folgt zusammengefasst werden:[12]

(a) minimieren/maximieren $f(x)$ Zielfunktion
(b) unter der Bedingung $x \in X$ wobei X die Menge aller (möglichen) x-Werte umfasst und dem Definitionsbereich entspricht
(c) uneingeschränkt $X = \mathbb{R}^n$
  eingeschränkt $X \neq \mathbb{R}^n$

Beispiel: beschränktes Optimierungsproblem

$f = f(x) \to \min!$ mit $x \in \mathbb{R}$

unter der Bedingung $X = \{x \in \mathbb{R} | x \geq 1\}$

$f(x)$ ist durch die Nebenbedingung $x \geq 1$ eingeschränkt.

---

[10] Vgl. Meywerk, M. (2007), S. 324.
[11] Vgl. ebenda.
[12] Vgl. Alt, W. (2011), S. 41 ff.

Die Zielfunktion kann sowohl lokale und globale Minima als auch Maxima besitzen. Die Identifizierung globaler Extrema kann aufgrund der Vielzahl von lokalen Extrema komplex sein, da jedes lokale Minimum oder Maximum auch ein globales Extremum sein kann. Daher wird die Bestimmung lokaler Extrema oft vorrangig behandelt.[13] Globale Extrema können sich auch an den Rändern des Definitionsbereichs befinden.

Extrema, beschrieben durch optimale Punkte, x^{opt}, der Zielfunktion $f = f(x)$, werden wie folgt definiert:[14]

x^{opt} ist ein Extermum (optimaler Punkt) der Funktion $f = f(x)$, wenn

(a) $x^{opt} \in X$, x^{opt} ist Element der Menge X
(b) X ist die Menge aller möglichen x-Werte, d. h. aller zulässigen Punkte (Definitionsbereich)
(c) $f(x^{opt}) \leq f(x)$ oder $f(x^{opt}) \geq f(x)$ für jedes $x \in X$

8.3.3 Methoden der nichtlinearen Optimierung

Angelehnt an *Meywerk* soll hier zwischen sogenannten *Suchstrategien* und *Gradientenstrategien* unterschieden werden (Abb. 8.1).[15] Bei den Suchstrategien wird zwischen deterministischen und stochastischen Suchstrategien unterschieden. Gradientenstrategien unterscheiden zwischen *Quasi-Newton-Methoden* und *Gauss-Newton-Methoden*.

8.3.3.1 Suchstrategien

Suchstrategien basieren auf Suchverfahren zur Lösung nichtlinearer Optimierungsprobleme. Suchstrategien können in deterministische oder stochastische Methoden unterteilt werden. Oft sind Suchstrategien heuristisch geprägt.[16] Die Anforderungen an die Identifizierung der Zielfunktion sind bei Suchstrategien geringer als bei Gradientenstrategien. Suchstrategien, wie der Name schon sagt, spiegeln die Zielfunktion oft

---

[13] Vgl. Ulbrich, M. & Ulbrich, S. (2012), S. 1 ff.
[14] Vgl. Marti, K. & Gröger, D. (2013), S. 2 ff.
[15] Vgl. Meywerk, M. (2007), S. 271.
[16] Vgl. hierzu Peren, F.W. & Neifer, T. (Ed.) (2024), S. 131 ff.

8.3 Nichtlineare Optimierung

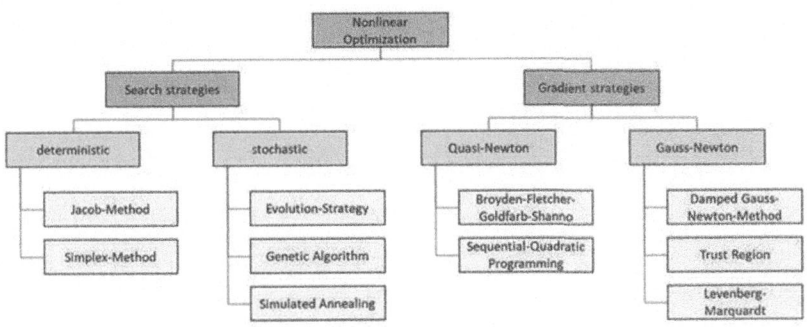

Abb. 8.1: Optimierungsmethoden der nichtlinearen Optimierung nach Meywerk, M. (2007).

nur annähernd wider. Bei Verfahren, die sich Suchstrategien bedienen, wird die Zielfunktion innerhalb sich wiederholender Iterationen gemäß des ausgewählten Algorithmus eingegrenzt.[17]

8.3.3.2 Deterministische Suchstrategien

Bei deterministischen Methoden sind alle zukünftigen Ereignisse eindeutig durch die Anfangsbedingungen definiert. Die Zielergebnisse des jeweils nächsten Schrittes sind eindeutig durch den vorherigen Schritt determiniert. Die einzelnen Schritte sind reproduzierbar und liefern für denselben Anfangswert stets dieselbe Lösung.[18] Deterministische Suchstrategien umfassen vor allem vollständige Aufzählungen oder heuristische Suchtechniken.

Eine bekannte deterministische Suchstrategie ist die *Simplex-Methode*, die auch als *Polyeder-Methode* oder *Nelder-Mead-Simplex-Suchverfahren* bezeichnet wird, benannt nach *John Nelder* und *Roger Mead*.[19] Diese Simplex-Methode verfügt über keine parallelen Kausalitäten zur Simplex-Methode der linearen Optimierung.

---

[17] Vgl. Meywerk, W. (2007), S. 277 ff.
[18] Vgl. Klemmt, A. (2012), S. 26 ff.
[19] John A. Nelder (1924–2010) und Roger Mead (1938–2015) waren britische Statistiker.

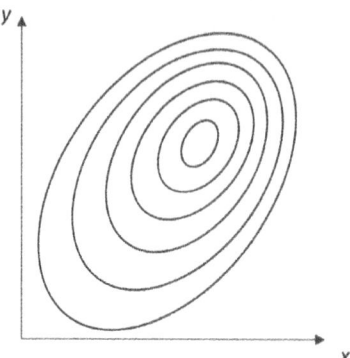

Abb. 8.2: Schema eines zweidimensionalen Optimierungsproblems nach Wiley-VCH GmbH & Co. KGaA (Ed.) (2021).

Die hier ausgewählte Methode wurde 1965 veröffentlicht und entspricht einem deterministischen Verfahren zur Lösung nichtlinearer Funktionen mit mehreren Parametern. Es handelt sich um einen Algorithmus zur mehrdimensionalen und unbeschränkten Optimierung ohne Ableitungen. Die Methode ist einfach und robust und vergleicht Punkte in einem definierten Raum. Diese Punkte werden auch als Simplexe bezeichnet. Ein Simplex ist ein Objekt mit $n+1$ Vektoren, das innerhalb eines n-dimensionalen Raum abgebildet wird.

Das Konturliniendiagramm in Abb. 8.2 zeigt exemplarisch ein Minimum. Ziel ist es, dieses Minimum zu lokalisieren, was durch die Untersuchung der Koordinaten, Koordinate für Koordinate, erfolgen kann. Da die hier abgebildete Funktion durch zwei Variablen, x und y, bestimmt ist, ist sowohl in der x- als auch in der y-Richtung zu rastern. Dieser Optimierungsprozess funktioniert auch für höher dimensionierten Probleme.

8.3.3.3 Das Nelder-Mead-Simplex-Suchverfahren

Das Ziel dieser Methode besteht darin, das Simplex zu verkleinern, das zum Beispiel innerhalb eines Definitionsbereichs von $\mathbb{R}^2$ die Form eines Dreiecks hat, welches es in seiner Fläche möglichst zu minimieren gilt, da das Minimum einer mehrdimensionalen Funktion innerhalb des

Dreiecks liegt.[20] Die Fläche wird sukzessive eingeschränkt, bis das Optimum (approximativ) lokalisiert ist.

Das Nelder-Mead-Simplex-Suchverfahren ist eines der bekanntesten Algorithmen für mehrdimensionale unbeschränkte Optimierungen ohne Ableitungen. Der grundlegende Algorithmus ist sehr robust und einfach anzuwenden. Diese Methode wird daher häufig zur Lösung von Parameterschätzungen oder zur Lösung von anderen statistischen Problemstellungen angewendet, bei denen die Funktionswerte mit Unsicherheiten behaftet sind. Sie lässt sich auch nutzen zur Lösung von Problemen, die sich unter Verwendung diskontinuierlicher Funktionen beschreiben lassen.

Das Nelder-Mead-Simplex-Suchverfahren ist darauf ausgelegt, unbeschränkte Optimierungsprobleme (ohne Nebenbedingungen) zu lösen, bei denen eine gegebene nichtlineare Funktion $f = f(x_0,\ldots,x_n)$ mit $x_i \in \mathbb{R}$ und $i = 1,\ldots,n$ minimiert werden soll mit dem Ziel, lokale Extrema zu identifizieren.

Das Nelder-Mead-Simplex-Suchverfahren basiert algorithmisch auf dem Konzept des Simplex. Ein Simplex S in $\mathbb{R}^n$ ist definiert als eine konvexe Einheit von $n+1$ Eckpunkten mit $x_0,\ldots,x_n \in \mathbb{R}^n$. So lässt sich z. B. ein Simplex in $\mathbb{R}^2$ graphisch durch ein Dreieck abbilden (siehe Abb. 8.3):

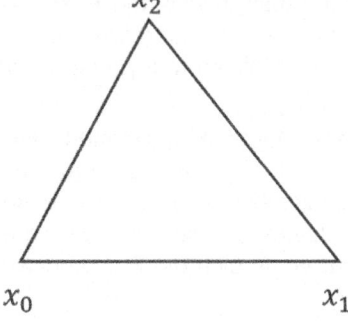

Abb. 8.3 Simplex in $\mathbb{R}^2$ (Dreieck) nach Singer, S. & Nelder, J.A. (2009).

---

[20] Die nachfolgenden Ausführungen dieses Kapitels basieren weitgehend auf Nelder, J.A. & Mead, R. (1965) sowie Singer, S. & Nelder, J.A. (2009).

Ein Simplex in $\mathbb{R}^3$ lässt sich durch ein Tetraeder darstellen (siehe Abb. 8.4):

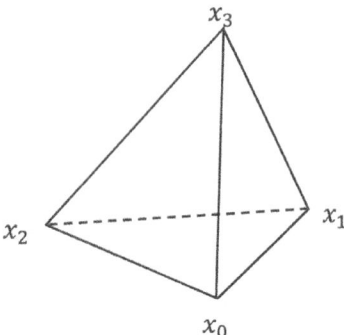

Abb. 8.4 Simplex in $\mathbb{R}^3$ (Tetraeder) nach Singer, S. & Nelder, J.A. (2009).

Eine deterministische Suchmethode, die auf einem Simplex basiert, beginnt mit einer Menge von $n+1$ Punkten $x_0, \ldots, x_n \in \mathbb{R}^n$, die geographisch als die Ecken eines Arbeitssimplex S betrachtet werden können.

Der Startpunkt des nachfolgend beschriebenen Algorithmus kann frei gewählt werden, idealerweise in der Nähe des Punktes, an dem das Minimum vermutet wird. Ausgehend von diesem Arbeitssimplex S müssen die Funktionswerte der Ecken, d. h. der Eckpunkte des Simplex S, miteinander verglichen werden. Wenn nach dem Minimum gesucht wird, muss jeweils die Ecke (der Eckpunkt) mit dem höchsten Funktionswert verbessert werden. Dieser Algorithmus wird fortgesetzt, bis sich das Minimum (approximativ) lokalisieren lässt.

Diese Methodik führt eine Reihe von Transformationen des Arbeitssimplex S in Form eines (iterativen) Algorithmus durch mit dem Ziel, die Funktionswerte an seinen Ecken (Eckpunkten) zu verringern. Dieser Prozess wird beendet, wenn das Arbeitssimplex S hinreichend klein ist oder wenn sich die Funktionswerte nur noch marginal verbessern lassen.

Das Nelder-Mead-Simplex-Suchverfahren erfordert typischerweise nur eine Evaluierung der (Ziel-)Funktion pro Schritt und Iteration, während andere Suchmethoden gleichzeitig (simultan) mehrere Funktionsbewer-

8.3 Nichtlineare Optimierung

tungen nutzen. Der grundsätzliche Algorithmus, der dem Nelder-Mead-Simplex-Suchverfahren zugrunde liegt, funktioniert wie folgt:[21]

- Der anfängliche Arbeitssimplex S ist zu konstruieren.
- Die folgenden Schritte sind zu wiederholen, bis die Anforderungen zum Abbruch der Iteration erfüllt sind, d. h. das Minimum/Maximum (hinreichend approximativ) lokalisiert ist:
  - Die Anforderungen zum Abbruch der Iteration müssen quantifiziert und festgelegt werden.
  - Wenn die (quantitative) Testung zum Abbruch der Iteration nicht erfüllt ist, ist der Arbeitssimplex S durch eine der folgenden vier möglichen Optionen zu transformieren: Reflexion, Expansion, Kontraktion und Kompression.[22]
- Der beste Eckpunkt (im Sinne der Optimierungsaufgabe – Minimierung vs. Maximierung) des jeweils aktuellen Simplex S mit den zugehörigen Funktionswerten muss transformiert (zurückgesetzt) werden.[23]

Das anfängliche Simplex S wird üblicherweise durch das Generieren von $n+1$ Ecken (Eckpunkte) $x_0, \ldots, x_n \in \mathbb{R}^n$ um einen gegebenen Startpunkt $x_{input} \in \mathbb{R}^n$ herum konstruiert. In praxi wird häufig $x_{input} = x_0$ gewählt, um einheitliche Neustarts des Algorithmus realisieren zu können. Die verbleibenden n Ecken (Eckpunkte) werden dann so gebildet, dass sie eine der zwei formalen Standards des Simplex S erfüllen:

- S ist bei x_0 rechtwinklig zu den Koordinatenachsen:
  $x_j = x_0 + h_j e_j$ mit $j = 1, \ldots, n$, bei dem h_j einer Schrittgröße von einer Einheit in Richtung des Einheitsvektors e_j in $\mathbb{R}^n$ entspricht;
- S ist ein reguläres Simplex, bei dem alle Kanten über die gleiche Länge verfügen.

Eine Iteration innerhalb des Nelder-Mead-Simplex-Suchverfahrens umfasst die folgenden drei Schritte:[24]

---

[21] Vgl. Singer, S. &, Nelder, J. (2009).
[22] Vgl. Nelder, J.A. & Mead, R. (1965), S. 308 ff.; Singer, S. & Nelder, J.A. (2009).
[23] Vgl. ebenda.
[24] Vgl. ebenda.

1. **Schritt (= Anordnen):** Bestimmung der Indizes h, s, l wie folgt:

   a. Index h für den schlechtesten Eckpunkt innerhalb des aktuellen Arbeitssimplex S
   $$f_h = \max_j f_j$$
   b. Index s für den zweitschlechtesten Eckpunkt innerhalb des aktuellen Arbeitssimplex S
   $$f_s = \max_{j \neq h} f_j$$
   c. Index l für den besten Eckpunkt innerhalb des aktuellen Arbeitssimplex S
   $$f_l = \min_{j \neq h} f_j$$

   In praxi werden die Eckpunkte von S oft nach ihren Funktionswerten geordnet:
   $$f_0 \leq f_1 \leq \ldots \leq f_{n-1} \leq f_n \quad \text{mit} \quad h = n, s = n-1 \text{ und } l = 0.$$

2. **Schritt (= Schwerpunkt bilden):** Berechnung des Schwerpunkts c der besten Seite. Die beste Seite ist diejenige, die gegenüber dem schlechtesten Eckpunkt x_h liegt.
   $$c = \frac{1}{n} \sum_{j=1}^{n} x_j \quad \text{mit} \quad j \neq h$$

3. **Schritt (= Transformation):** Hierzu wird zunächst versucht, den schlechtesten Eckpunkt x_h durch einen besseren Punkt zu ersetzen, indem zur besten Seite reflektiert, expandiert oder kontraktiert wird. Dabei hat jeder geprüfte Punkt stets auf der Geraden, die durch x_h und c führt, zu liegen. Wenn dies gelingt, wird der so akzeptierte Punkt zum neuen Eckpunkt des Arbeitssimplex. Falls dies nicht gelingt, wird das Simplex in Richtung des besten Eckpunkts x_l komprimiert. In diesem Fall sind n neue Eckpunkte zu berechnen. Die Simplex-Transformationen des Nelder-Mead-Simplex-Suchverfahrens werden durch vier Parameter gesteuert:

   α für die *Reflexion* mit $\alpha > 0$

   β für die *Kontraktion* mit $0 < \beta < 1$

   γ für die *Expansion* mit $\gamma > 1$ und $\gamma > \alpha$

   δ für die *Kompression* mit $0 < \delta < 1$

   In praxi werden oft die folgenden Standardwerte verwendet: $\alpha = 1$, $\beta = \frac{1}{2}$, $\gamma = 2$ und $\delta = \frac{1}{2}$.

8.3 Nichtlineare Optimierung

Die Auswirkungen der verschiedenen Transformationen sind in den entsprechenden Abbildungen 8.5 bis 8.9 abgebildet. Die jeweils neuen Arbeitssimplexe sind in Rot dargestellt.[25]

- **Reflexion**
  Reflexion ist die erste Methodik, mit der zu prüfen ist. Der größte Punkt des Simplex, das graphisch durch ein Dreieck beschrieben wird, wird an der Spiegelachse gespiegelt (Abb. 8.5). Bei der Reflexion ist als erstes der Schwerpunkt (Spiegelzentrum) zu bestimmen:

$$c = \frac{1}{n}\sum_{j=1}^{n} x_j \quad \text{mit} \quad j \neq h$$

Der Reflexionspunkt x_r wird wie folgt berechnet:

- $x_r = c + \alpha(c - x_h)$ und
- $f_r = f(x_r)$

Falls gilt: $f_l \leq f_r < f_s$, wird x_r akzeptiert und weitere Iterationen sind nicht erforderlich.

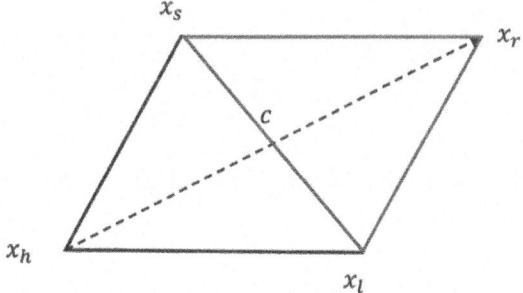

Abb. 8.5: Reflexion des größten Punktes des Simplex nach Singer, S. & Nelder, J.A. (2009).

- **Expansion**
  Die Expansion verdoppelt die Strecke der Reflexion (Abb. 8.6). Falls gilt: $f_r < f_l$, wird der Expansionspunkt wie folgt bestimmt:

---

[25] Vgl. ebenda in Verbindung mit Wright, M.H. (1996).

- $x_e = c + \gamma(x_r - c)$ und
- $f_e = f(x_e)$

Wenn $f_e < f_r$, wird x_e akzeptiert und weitere Iterationen sind nicht erforderlich.

Das Simplex wird nur erweitert, wenn gilt: $f_e < f_r < f_l$. Diese Art einer sogenannten "gierigen Minimierung"[26] wird hauptsächlich bei Implementierungen verwendet.

In der ursprünglichen Veröffentlichung von *Nelder* und *Mead* wird x_e ebenfalls akzeptiert, wenn gilt: $f_e < f_l$ und $f_r < f_l$, unabhängig von der Beziehung zwischen f_r und f_e. Falls gilt: $f_r < f_e$, ist x_e für das neue Simplex zu wählen.[27]

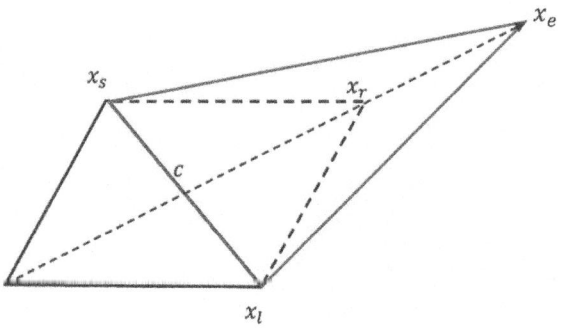

Abb. 8.6: Expansion des Simplex nach Singer, S. & Nelder, J.A. (2009).

---

[26] Ein gieriger Algorithmus ist ein Algorithmus, der (operational) immer die beste unmittelbare Lösung wählt, während er eine (strategische) Antwort sucht. In vielen Fällen führen gierige Algorithmen nicht zur optimalen Lösung, aber eine gierige Heuristik ist oft in der Lage, eine lokal optimale Lösung zu finden, die sich einer globalen optimalen Lösung in angemessener Zeit annähert. Vgl. hierzu z. B. Black, P.E. (2005).
[27] Vgl. Nelder, J.A. & Mead, R. (1965), S. 308 ff.; Singer, S. & Nelder, J.A. (2009).

8.3 Nichtlineare Optimierung

- **Kontraktion**
  Falls gilt: $f_r \geq f_s$, ist der Kontraktionspunkt x_c zu identifizieren, indem der bessere der beiden Punkte x_h oder x_r verwendet wird.
  - **Äußere Kontraktion** (Abb. 8.7):
    Falls gilt: $f_s \leq f_r < f_h$, wird der Kontraktionspunkt wie folgt berechnet:
    - $x_c = c + \beta(x_r - c)$ und
    - $f_c = f(x_c)$

    Falls gilt: $f_c \leq f_r$, ist x_c zu akzeptieren und weitere Iterationen sind nicht erforderlich. Andernfalls ist eine Kompression (siehe unten) durchzuführen.

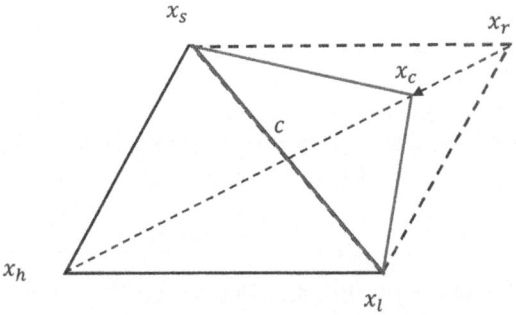

Abb. 8.7: Äußere Kontraktion des Simplex nach Singer, S. & Nelder, J.A. (2009).

  - **Innere Kontraktion** (Abb. 8.8):
    Falls gilt: $f_r \geq f_h$, ist der Kontraktionspunkt wie folgt zu berechnen:
    - $x_c = c + \beta(x_h - c)$ und
    - $f_c = f(x_c)$

    Falls gilt: $f_c < f_h$, ist x_c zu akzeptieren und weitere Iterationen sind nicht erforderlich. Andernfalls ist eine Kompression (siehe unten) durchgeführt werden.

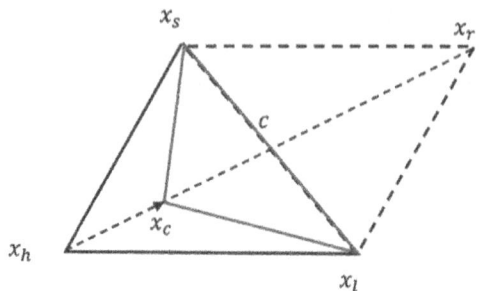

Abb. 8.8: Innere Kontraktion des Simplex nach Singer, S. & Nelder, J.A. (2009).

- **Kompression**
Diese Methode ist zu verwenden, wenn die anderen, oben beschriebenen Methoden nicht anwendbar sind. Sämtliche Vektoren sind dann zu komprimieren. In praxi werden die Vektoren $x_s \to x_l$ und $x_h \to x_l$ in der Regel halbiert (Abb. 8.9). Die komprimierten Vektoren bilden das neue Simplex. Alle n neuen Eckpunkte sind zu berechnen:

- $x_j = x_l + \delta(x_j - x_l)$, und
- $f_j = f(x_j)$ mit $j = 0, ..., n$ und $j \neq l$

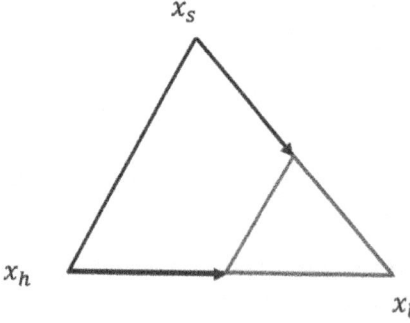

Abb. 8.9: Kompression des Simplex nach Singer, S. & Nelder, J.A. (2009).

8.3 Nichtlineare Optimierung

Der Nelder-Mead-Simplex-Algorithmus ist erneut zu iterieren. Die Iterationen enden, wenn das Minimum resp. Maximum (approximativ) identifiziert werden kann oder der Abbruchgrund, z. B. eine begrenzte Anzahl von Iterationen, erreicht ist.

Das Nelder-Mead-Simplex-Suchverfahren wird in vielen praktischen Anwendungsfällen eingesetzt, wie z. B. bei der Schätzung von Parametern oder bei der Prozesssteuerung. Oft ist eine genaue Lösung in Form einer vollständigen Optimierung oder durch vollständige Enumeration nicht erforderlich oder möglicherweise (temporär) nicht berechenbar. Das Nelder-Mead-Simplex-Suchverfahren liefert häufig nützliche und praktisch verwendbare Ergebnisse. Diese Methode erfordert typischerweise nur eine Funktionsberechnung und -auswertung pro Iteration, außer bei Kompressionstransformationen, die in praxi äußerst selten auftreten. Für praktische Probleme ist diese heuristische Methode oft schneller als andere (Optimierungs-)Verfahren. Da das Nelder-Mead-Simplex-Suchverfahren einfach zu verstehen ist und heuristisch relativ schnell zufriedenstellende Ergebnisse liefert, wird das Nelder-Mead-Simplex-Suchverfahren in praxi häufig genutzt.[28]

8.3.4 Fazit

Ein Überblick über Methoden der nichtlinearen Optimierung, differenziert nach *Suchstrategien* und *Gradientenstrategien*, wird in Abb. 8.1 gegeben. Nichtlineare Optimierungsmethoden minimieren oder maximieren eine gegebene Zielfunktion, wenn die Zielfunktion und/oder die Nebenbedingungen nichtlinear sind.

Maximierungsprobleme können in Minimierungsprobleme umgewandelt werden. Nichtlineare Optimierungsprobleme können unbeschränkt sein. Die Zielfunktion kann unbekannte Parameter enthalten, wobei diese Parameter durch Nebenbedingungen eingeschränkt sein können. Abb. 8.1 zeigt eine Vielzahl von Möglichkeiten zur Lösung nichtlinearer Optimierungsprobleme.

Suchstrategien werden verwendet, wenn die Zielfunktion nicht (vollständig) bekannt ist. Die Zielfunktion wird mithilfe eines Suchalgorithmus

---
[28] Vgl. Nelder, J.A. & Mead, R. (1965), S. 308 ff.; Singer, S. & Nelder, J.A. (2009).

durch wiederholte Iterationen identifiziert. Suchstrategien lassen sich differenzieren in *deterministische Suchstrategien* einerseits und in *stochastische Suchmethoden* anderseits. Deterministische Suchstrategien werden verwendet, wenn alle möglichen zukünftigen Ereignisse eindeutig durch Vorbedingungen determiniert sind. Dieselben Anfangswerte führen dann immer zur gleichen Lösung. Stochastische Suchstrategien werden zur Lösung von Problemen mit inhärentem Zufälligkeiten verwendet. Stochastische Methoden schränken den Zielkorridor der Zielfunktion durch den Einsatz stochastischer Prozesse ein, die zufällig definierten Operationen folgen. Die Lösung ist stochastisch und ändert sich normalerweise bei Nutzung derselben anfänglichen Eingabewerte (Startwerte).

Gradientenstrategien setzen differenzierbare Funktionen voraus. Um ein lokales Optimum (Minimum oder Maximum) zu identifizieren, werden, ausgehend von einem Startpunkt, sich wiederholende Schritte in die entgegengesetzte Richtung des Gradienten der Zielfunktion unternommen. Die Schritte in die entgegengesetzte Richtung des (approximativen) Gradienten der Funktion an dem jeweils aktuellen Punkt werden wiederholt, da sie in die Richtung der höchsten Steigung weisen und zu einem lokalen Maximum/Minimum dieser Funktion führen, wenn eine differenzierbare Funktion konkav/konvex ist. Gradientenstrategien können unterschieden werden zwischen der Anwendung der *Gauss-Newton-Methode* einerseits oder den *Quasi-Newton-Methoden* andererseits (Abb. 0.1).

Mit Hilfe des sogenannten *Gradientenverfahrens* lassen sich in der Numerik allgemeine Optimierungsprobleme iterativ lösen. Dabei entspricht ein Anstieg des Gradienten, bezeichnet als *gradient descent* (Anstieg des Gradienten; Steigerung der Steigung der betrachteten Funktion) einem iterativen Optimierungsalgorithmus erster Ordnung, um ein lokales Minimum einer differenzierbaren Funktion zu finden. Die Idee besteht darin, wiederholt Schritte in die entgegengesetzte Richtung des Gradienten der Funktion am jeweils aktuell betrachteten Punkt vorzunehmen, da dieses der Richtung des steilsten Abstiegs entspricht. Umgekehrt führt ein Schritt in Richtung des Gradienten zu einem lokalen Maximum dieser Funktion; das Verfahren nutzt dann den Abstieg des Gradienten und wird als *gradient ascent* (Abstieg des Gradienten; Verminderung der Steigung der betrachteten Funktion) bezeichnet.

8.3 Nichtlineare Optimierung

Ein *Gauss-Newton Algorithmus*[29] wird verwendet, um nichtlineare Minimierungsprobleme mit Hilfe der Methode der kleinsten Quadrate zu lösen, die ein Standardansatz innerhalb der Regressionsanalyse ist, um die Lösung überbestimmter Systeme (Gleichungssysteme, bei denen es mehr Gleichungen als unbekannte Parameter gibt) zu approximieren, indem die Summe der Quadrate der Residuen minimiert wird.[30]

Quasi-Newton-Methoden sind der Gauss-Newton-Methode ähnlich. Sie können als Alternative zum Gauss-Newton-Algorithmus verwendet werden, um lokale Maxima oder Minima nichtlinearer Funktionen zu identifizieren. Ihr Einsatz ist dann sinnvoll, wenn die Hesse-Matrix[31] nicht innerhalb jeder Iteration berechnet werden kann. Die Gauss-Newton-Methode erfordert die Hesse-Matrix, um Extrema zu identifizieren, oder die Jacobi-Matrix[32], um nach Nullstellen zu suchen.

Das *Nelder-Mead-Simplex-Suchverfahren* beschreibt entsprechend eine mögliche Option, wie nichtlineare Optimierungsprobleme gelöst werden können. Dieses Verfahren wurde ausgewählt, um ein praktisch machbares Beispiel zu geben. Es ist einfach zu verstehen und anzuwenden und stellt eine typische heuristische Methode dar, die oft schneller und robuster ist als alternative (Optimierungs-)Methoden. In der Praxis kann es auch nützlich sein, nichtlineare Probleme oder Entwicklungen durch die Verwendung von Dummy-Variablen zu linearisieren.[33]

---

[29] Isaac Newton (1642 - 1727) war ein englischer Mathematiker; Johann Carl Friedrich Gauss (1777 - 1855) war ein deutscher Mathematiker.
[30] Vgl. Peren, F.W. (2022a), S. 51 ff.; siehe auch Mittelhammer, R.C., Judge, G.G. & Miller, D.J. (2000).
[31] Die Hesse-Matrix ist eine quadratische Matrix aller partiellen Ableitungen zweiter Ordnung einer differenzierbaren Funktion. Sie beschreibt die lokale Krümmung einer differenzierbaren Funktion mit mehreren Variablen (siehe Kapitel 8.1.5). Sie wurde von Ludwig Otto Hesse (1811 - 1874), einem deutschen Mathematiker, entwickelt.
[32] Die Jacobi-Matrix ist die Matrix aller partiellen Ableitungen erster Ordnung einer differenzierbaren Funktion mit mehreren Variablen. Sie wurde von Carl Gustav Jacob Jacobi (1804 - 1851), einem deutschen Mathematiker, entwickelt.
[33] Vgl. hierzu Peren, F.W. & Neifer, T. (Hrsg.) (2024).

Kapitel 9
Funktionen

9.1 Einführung

Eine Funktion $f = f(x)$ ist eine eindeutige Zuordnung von „x auf f von x": $x \mapsto f(x)$. Bei einer Funktion $y = f(x)(x \mapsto y)$ ist jedem Argument x genau ein Funktionswert y zugeordnet.

Mengenschreibweise

$f = \{(x,y) \mid y = f(x), x \in X, y \in Y\}$

mit $X =$ Menge aller x - Werte (Definitionsbereich)
$Y =$ Menge aller y - Werte (Wertebereich)

Graphische Darstellung

Bei der graphischen Darstellung der Funktion $y = f(x)$ im rechtwinkligen Koordinatensystem wird jedem Wertepaar (x,y) ein Punkt $P(x,y)$ in der x-y-Ebene eindeutig zugeordnet. Es ergibt sich die sogenannte *Funktionskurve* bzw. der *Funktionsgraph*.

Definitionsbereich D_f

D_f – auch $D(f)$ – umfasst die Menge aller (zulässigen oder gewünschten) x - Werte. Im kartesischen Koordinatensystem beschreibt D_f die möglichen Abszissenwerte von f.

Wertebereich W_f

W_f – auch $W(f)$ – umfasst die Menge aller Funktionswerte (y-Werte). Graphisch beschreibt W_f die aus der Funktion f resultierenden Ordinatenwerte.

Funktionswert

$f(x_0)$ ist der Funktionswert der Funktion $f = f(x)$ an der Stelle $x = x_0$.

Funktionsgraph

Graphische Abbildung der Funktion f im kartesischen Koordinatensystem (Funktionskurve/Funktionsgraph)

$y = ax + b$ **lineare Funktion**

a entspricht der (konstanten) Steigung der Funktion,
b entspricht dem Ordinatenabschnitt (Schnittpunkt mit der Ordinate) der Funktion.

Beispiele:

- $y = 2x + 5$ **lineare Funktion**

  Steigung: $\tan \alpha = 2$

  Ordinatenabschnitt: $y(0) = 5$

  Funktionswert an der Stelle $x_0 = 4$

  $y_0 = y(4) = 2 \cdot 4 + 5 = 13$

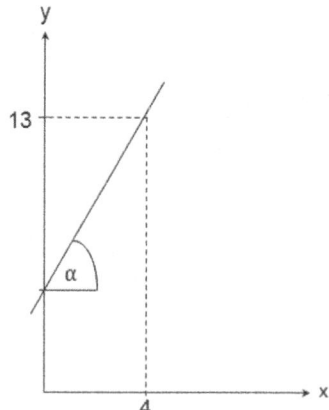

9.1 Einführung

- $y = x^2$ **quadratische Funktion**

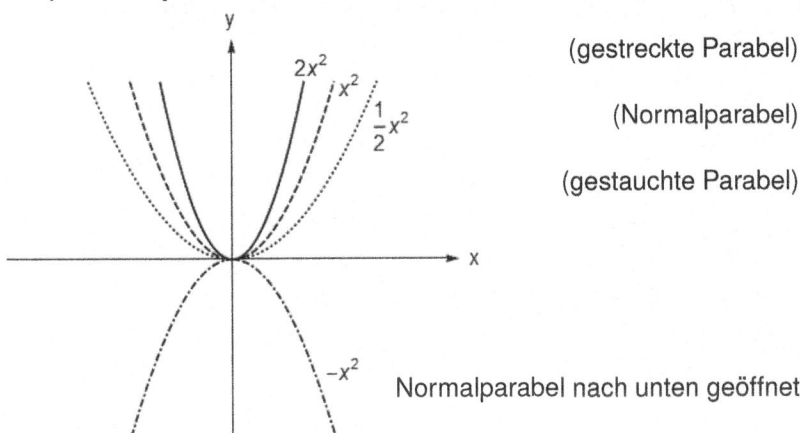

(gestreckte Parabel)

(Normalparabel)

(gestauchte Parabel)

Normalparabel nach unten geöffnet

Gleichheit von Funktionen

Zwei Funktionen $f = f(x)$ und $g = g(x)$ sind gleich, wenn $f(x) = g(x)$ für alle $x \in D$ mit $D = D_f = D_g$.

Surjektion, Injektion, Bijektion

Eine Funktion $f = f(x)$ mit $D_f = X$ und $W_f = Y$ (X = Menge aller x-Werte; Y = Menge aller y-Werte) ist

surjektiv, wenn es zu jedem $y \in Y$ mindestens ein $x \in X$ gibt, für das gilt: $y = f(x)$. Eine surjektive Funktion ist eine *eindeutige* Abbildung.

injektiv, wenn es zu jedem $y \in Y$ höchstens ein (d. h. eventuell gar kein) $x \in X$ gibt, für das gilt: $y = f(x)$. Auch eine injektive Funktion ist eine *eindeutige* Abbildung.

$$\begin{pmatrix} 1 \\ 2 \\ 3 \end{pmatrix} \longrightarrow \begin{pmatrix} F \\ G \\ H \\ I \end{pmatrix}$$

X   Y

bijektiv, wenn die Funktion $f = f(x)$ *injektiv* und *surjektiv* ist. Die Funktion ist *umkehrbar*, d. h. *eineindeutig*. D. h. jedem $x \in X$ wird genau ein $y \in Y$ zugeordnet und jedem $y \in Y$ wird genau ein $x \in X$ zugeordnet. Die Richtung der Kausalität ist umkehrbar, d. h. beide Variablen können zum Argument werden. Es gilt $x = x(y)$ oder $y = y(x)$. Beide Abbildungen sind möglich und bilden damit per definitionem jeweils eine Funktion, d. h. jeweils eine eindeutige Abbildung. Man spricht deshalb von einer eineindeutigen Funktion.

X   Y

$$\begin{pmatrix} 1 \\ 2 \\ 3 \\ 4 \end{pmatrix} \longleftrightarrow \begin{pmatrix} F \\ G \\ H \\ I \end{pmatrix}$$

9.1 Einführung

9.1.1 Verkettung von Funktionen

Gegeben seien die Funktionen

$f = f(x) \qquad x \mapsto f(x) \qquad$ mit $x \in D_f$ und $f(x) \in W_f$

und

$g = g(x) \qquad x \mapsto g(x) \qquad$ mit $x \in D_g$ und $g(x) \in W_g$

Verkettungen

- $f(g(x)) = f \circ g = fg$
  gelesen „f nach g"; $x \mapsto f(g(x))$

  g innere, f äußere Funktion für deren Verkettung $f(g(x))$ gilt:

  $D(f \circ g) = D_g \qquad$ Definitionsbereich

  $W(f \circ g) = \{f(g(x)) \mid x \in D_g\} \subseteq D_f$
  Wertebereich $=$ echte oder unechte Teilmenge des Definitionsbereichs der Funktion f

- $g(f(x)) = g \circ f = gf$
  gelesen „g nach f"; $x \mapsto g(f(x))$

  f innere, g äußere Funktion für deren Verkettung $g(f(x))$ gilt:

  $D(g \circ f) = D_f \qquad$ Definitionsbereich

  $W(g \circ f) = \{g(f(x)) \mid x \in D_f\} \subseteq D_g$
  Wertebereich $=$ echte oder unechte Teilmenge des Definitionsbereichs der Funktion g

Beachte:

Zur Verkettung von zwei Funktionen muss der Wertebereich der inneren Funktion (echte oder unechte) Teilmenge des Definitionsbereichs der äußeren Funktion sein.

Beispiele:

(1) $f(x) = x^4 + 1$ (2) $f(x) = x^{100}$

$g(x) = \sqrt{x}$ $g(x) = x^2 + e$

$f(g(x)) = (\sqrt{x})^4 + 1$ $f(g(x)) = (x^2 + e)^{100}$

$g(f(x)) = \sqrt{x^4 + 1}$ $g(f(x)) = (x^{100})^2 + e$

Allgemeine Verkettung von (n+1)-Funktionen

$$f = f(g_1(g_2(g_3 \ldots g_n(x))))$$

Beispiel:

$$f(g_1(g_2(x))) = [\ln(x^4 + 1)]^8$$

mit $f(x) = x^8$ (Potenzfunktion)

       $g_1(x) = \ln x$ (Logarithmusfunktion)

       $g_2(x) = x^4 + 1$ (Ganzrationale Funktion / Polynom 4. Grades)

9.1 Einführung

$$f(g_1(x)) = (lnx)^8 \quad \Rightarrow \quad f'(g_1(x)) = 8 \cdot (lnx)^7 \cdot \frac{1}{x}$$

$$g_1(g_2(x)) = ln(x^4+1) \quad \Rightarrow \quad g_1'(g_2(x)) = \frac{1}{x^4+1} \cdot 4x^3$$

$$g_2(x) = x^4+1 \quad \Rightarrow \quad g_2'(x) = 4x^3$$

$$g_2(g_1(f(x))) = \left(ln(x^8)\right)^4 + 1 \quad \Rightarrow \quad g_2'(g_1(f(x))) = 4\left(ln(x^8)\right)^3 \cdot \frac{1}{x^8} \cdot 8x^7$$

9.1.2 Umkehrfunktion, inverse Funktion

Bildet man die Umkehrfunktion, so kehren sich Argument und Funktionswert um:

$$f: y(x) \quad \Rightarrow \quad f^{-1}: x(y)$$

Voraussetzung ist, dass die Funktion f eineindeutig ist, d. h. dass die eindeutige Funktion nach ihrer Umkehrung wieder eindeutig ist. Jede streng monotone Funktion ist umkehrbar.

Bildung der Umkehrfunktion

$y = f(x)$ nach x auflösen: $x = f^{-1}(y)$

$$D_{f^{-1}} = W_f \qquad W_{f^{-1}} = D_f$$

Graphisch bedeutet die Invertierung einer Funktion eine Spiegelung der originären Funktion an der $45°$-Winkelhalbierenden im gleichdimensionierten, kartesischen Koordinatensystem.

Beispiel:

$f(x): y = \sqrt{x}$

$D_f = \mathbb{R}_0^+ \quad W_f = \mathbb{R}$

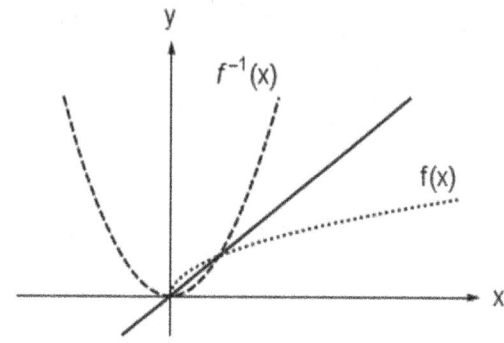

Auflösen nach x: $x = y^2$ und vertauschen der Variablenbezeichnung:

$f^{-1}(x): y = x^2$

$D_{f^{-1}} = W_f = \mathbb{R}$

$W_{f^{-1}} = D_f = \mathbb{R}_0^+$

9.2 Klassifizierung von Funktionen

(reelle) Funktionen

rationale Funktionen	nichtrationale Funktionen
a) ganzrationale Funktionen	a) Potenzfunktionen/ Wurzelfunktionen
b) gebrochenrationale Funktionen	b) transzendente Funktionen
• echt gebrochene Funktionen	• Exponentialfunktionen
• unecht gebrochene Funktionen	• Logarithmusfunktionen
	• trigonometrische Funktionen
	• Hyperbelfunktionen/ Areafunktionen

Reelle Funktionen

Bei reellen Funktionen, $f = f(x)$, umfasst der Definitionsbereich D_f die Menge der reellen Zahlen oder einer Teilmenge davon: $D_f \subseteq \mathbb{R}$.

9.2.1 Rationale Funktionen

ganzrationale Funktionen

gebrochenrationale Funktionen

9.2.1.1 Ganzrationale Funktionen

= Polynome n-ten Grades

$$f(x) = a_n x^n + a_{n-1} x^{n-1} + \cdots + a_1 x + a_0 = \sum_{k=0}^{n} a_k x^k$$

mit $n \in \mathbb{N}$; $a_i \in \mathbb{R}$; $a_n \neq 0$

9.2.1.2 Gebrochenrationale Funktionen

= ein Bruch von ganzrationalen Funktionen

= ein Bruch von Polynomen

$$y = \frac{a_n x^n + a_{n-1} x^{n-1} + \cdots + a_1 x + a_0}{b_m x^m + b_{m-1} x^{m-1} + \cdots + b_1 x + b_0} = \frac{\sum_{k=0}^{n} a_k x^k}{\sum_{l=0}^{m} b_l x^l}$$

mit $n, m \in \mathbb{N}$; $a_i, b_j \in \mathbb{R}$; $a_n, b_m \neq 0$

Echt gebrochenrationale Funktionen

= gebrochenrationale Funktionen mit $n < m$ (Zählergrad < Nennergrad)

Beispiel: $f(x) = \dfrac{x^1 + 6}{x^2 + x}$

9.2 Klassifizierung von Funktionen

Unecht gebrochenrationale Funktionen

= gebrochenrationale Funktionen mit $n > m$ (Zählergrad > Nennergrad)

Beispiel: $f(x) = \dfrac{x^2 + x}{x^1 + 6}$

Besonderheiten

- Einschränkungen im Definitionsbereich
- Definitionslücken
- Polstellen
- Asymptoten

Einschränkungen im Definitionsbereich

Alle x - Werte, für die der Nenner gleich 0 wird, müssen aus dem Definitionsbereich der Funktion ausgeschlossen werden.

$\mathbb{D} = \mathbb{R} \backslash \{\text{Nullstellen des Nenners}\}$

Beispiel: $f(x) = \dfrac{(x-5)}{(x+1)^2}$

Nenner gleich 0 setzen:

$$(x+1)^2 = 0 \quad | \sqrt{()}$$
$$\Leftrightarrow \quad x+1 = 0 \quad | -1$$
$$\Leftrightarrow \quad x = -1$$

$f(-1) = \dfrac{-1-5}{(-1+1)^2} = \dfrac{-6}{0^2} \qquad \rightarrow \mathbb{D} = \mathbb{R} \backslash \{-1\}$

Definitionslücke

Definitionslücken bei gebrochenrationalen Funktionen ergeben sich in der Regel zu *Polstellen*.

Beispiel: $f(x) = \dfrac{x^3}{x-1}$ mit $D_f = \mathbb{R}\setminus\{1\}$

$\Rightarrow$ Polstelle bei $x = 1$

Ausnahmen bilden sogenannte *behebbare/hebbare* (beide Bezeichnungen werden synonym verwandt) *Definitionslücken*.

Eine Definitionslücke ist behebbar/hebbar, wenn dies durch Kürzen des entsprechenden Funktionsterms behoben werden kann. D. h. die ursprüngliche Funktion hat an dieser Stelle, die originär nicht definiert ist, auch eine Nullstelle.

Beispiel:

$$f(x) = \dfrac{1-x^2}{x^2-x-2}$$

$\Leftrightarrow \quad \dfrac{(1+x)\cdot(1-x)}{(x-2)\cdot(x+1)} = \dfrac{(1-x)}{(x-2)}$

$\Rightarrow \quad$ Nullstellen bei $x = -1$ und $x = 1$
Definitionslücken bei $x = -1$ und $x = 2$

$\Rightarrow \quad D_f = \mathbb{R}\setminus\{-1; 2\}$

Die Definitionslücke bei $x = -1$ ist behebbar/hebbar; d. h. der Term $(x+1)$ lässt sich kürzen. In der ursprünglichen Funktion $f(x)$ bleibt an der Stelle $x = -1$ jedoch eine Definitionslücke, die aus dem Definitionsbereich auszuschließen ist.

Die Definitionslücke bei $x = 2$ lässt sich nicht beheben; d. h. sie lässt sich nicht kürzen. Hier liegt eine Polstelle vor.

9.2 Klassifizierung von Funktionen

Der Typus der Polstelle lässt sich bestimmen durch den linken und rechten Grenzwert (Limes) der Funktion:

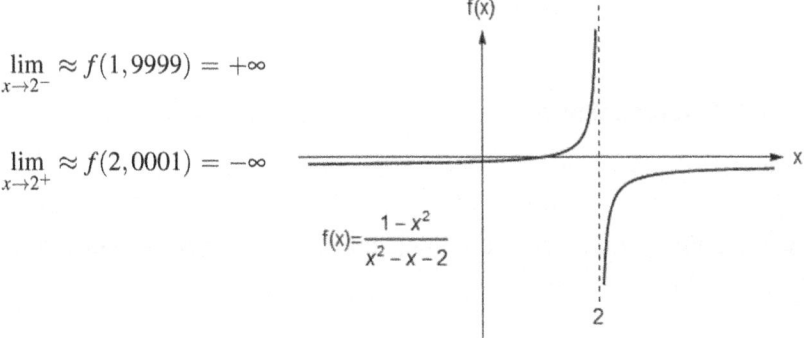

$$\lim_{x \to 2^-} \approx f(1,9999) = +\infty$$

$$\lim_{x \to 2^+} \approx f(2,0001) = -\infty$$

$$f(x) = \frac{1-x^2}{x^2-x-2}$$

Es gibt vier Typen von Polstellen:

Beispiel:

$$f(x) = \frac{5}{x} = 5x^{-1} \text{ mit } D_f = \mathbb{R}\backslash\{0\}$$

Dann existiert eine Polstelle bei $x = 0$. Dann könnte sich der Funktionsgraph von $f(x)$ an der Stelle $x = 0$ grundsätzlich wie folgt entwickeln:

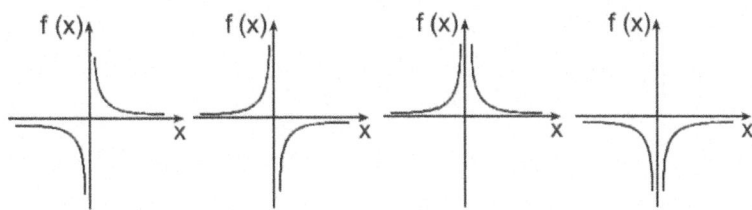

Diese vier Möglichkeiten einer Polstelle existieren. Im vorliegenden Fall für $f(x) = 5x^{-1}$ verhält sich der Graph wie in der ersten, ganz links dargestellten Graphik.

9.2.2 Nichtrationale Funktionen

Potenzfunktionen/ Wurzelfunktionen/ Transzendente Funktionen

9.2.2.1 Potenzfunktionen

$f(x) = ax^k$ mit $k \in \mathbb{R}$; $a \in \mathbb{R}$; $D_f = \mathbb{R}$

Die unabhängige Variable x der Funktion $f = f(x)$ bildet die Basis (des exponentiellen Ausdrucks).

Die Form von Potenzfunktionen

$f(x) = ax^k$

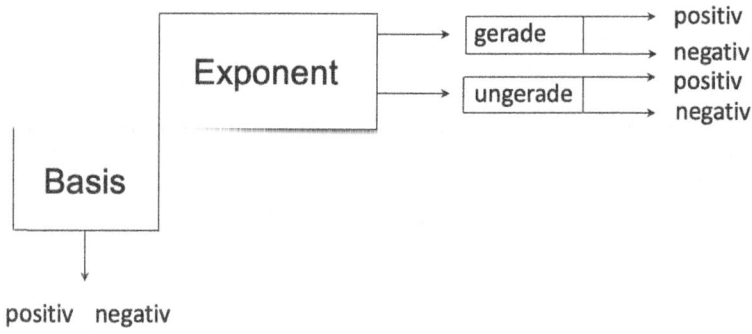

9.2 Klassifizierung von Funktionen

Beispiel:

k positiv:

$f(x) = x^2$ Normalparabel
$f(x) = -x^2$ Normalparabel nach unten geöffnet
$|a| < 1$ gestauchte Parabel
$|a| > 1$ gestreckte Parabel

$f_1(x) = x^3;\quad f_2(x) = x^5$ $\qquad f_1(x) = -x^3;\quad f_2(x) = -x^5$

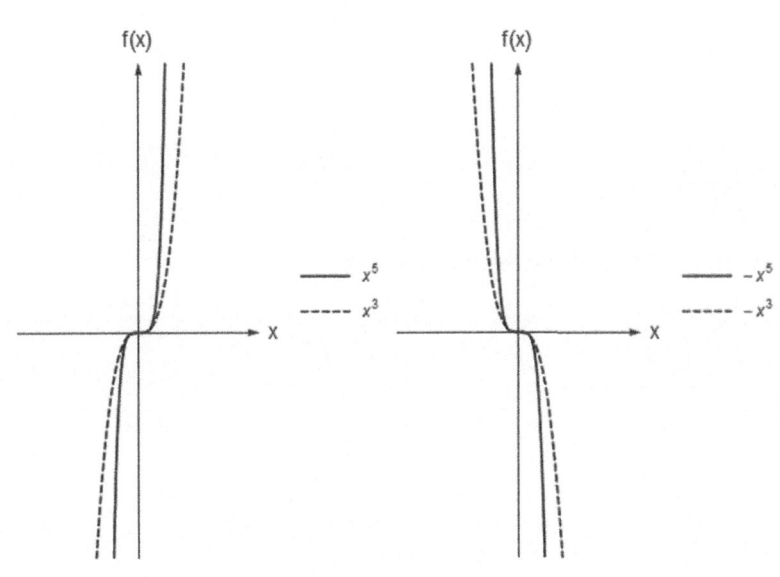

k negativ:

gerade Potenzfunktion

⇒ Pol (Hyperbel) ohne Vorzeichenwechsel

$f(x) = x^{-2} = \dfrac{1}{x^2};$

$f(x) = x^{-4} = \dfrac{1}{x^4};$

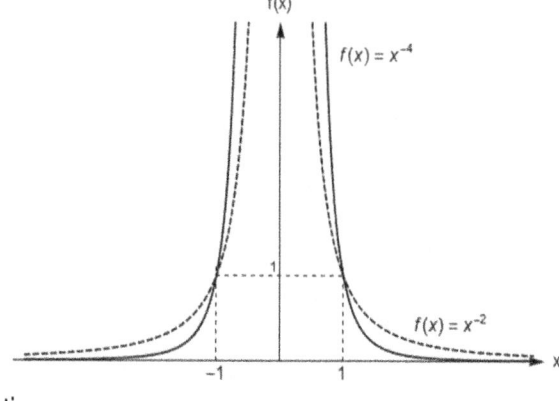

ungerade Potenzfunktion

⇒ Pol (Hyperbel) mit Vorzeichenwechsel

$f(x) = x^{-1} = \dfrac{1}{x^1};$

$f(x) = x^{-3} = \dfrac{1}{x^3};$

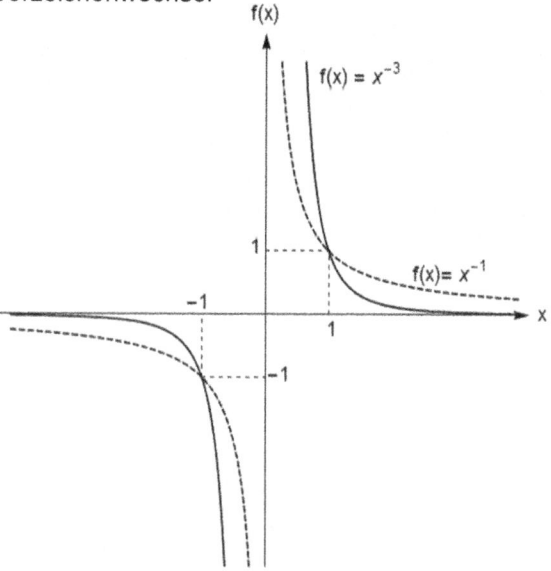

9.2.2.2 Wurzelfunktion

$$f(x) = a\sqrt[l]{x^k} = ax^{\frac{k}{l}} \quad \text{mit} \quad k \in \mathbb{R};$$
$$l \in \mathbb{N} \text{ mit } n \geq 1;$$
$$a \in \mathbb{R} \text{ mit } a \neq 0;$$
$$D_f = \mathbb{R}_0^+$$

Die unabhängige Variable x steht im Radikanten. Die Wurzelfunktion ist die Umkehrfunktion zu der entsprechenden Potenzfunktion.

Beispiele:

$f(x) = \sqrt{x} = x^{\frac{1}{2}}$

$f^{-1}(x) = y^2$

$g(x) = 8x^{\frac{5}{7}} = 8\sqrt[7]{x^5}$

$g^{-1}(x) = \sqrt[5]{\left(\frac{y}{8}\right)^7}$

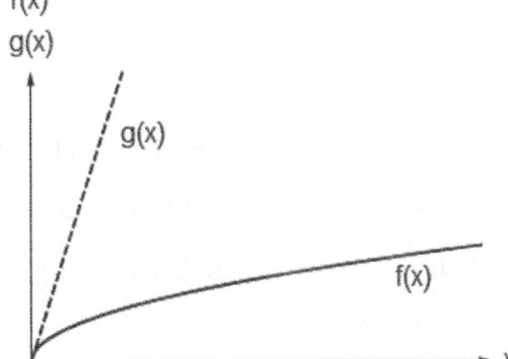

9.2.2.3 Transzendente Funktionen

Funktionen, die nicht algebraisch sind, sind sogenannte *transzendente Funktionen*.

9.2.2.3.1 Exponentialfunktionen

$$f(x) = a^x \quad \text{mit} \quad a \in \mathbb{R}^+, \quad a \neq 1$$
$$D_f = \mathbb{R}, \quad W_f = \mathbb{R}^+$$

Die unabhängige Variable x steht im Exponenten.

Eigenschaften:

$a > 1$	f streng monoton steigend
$0 < a < 1$	f streng monoton fallend
$x = 0$	$f(0) = 1$

Da $a > 0$ und somit $f(x) = a^x$ immer positiv ist, gilt:

- Die Werte jeder Exponentialfunktion sind positiv.
- Die Wertemenge jeder Exponentialfunktion ist die Menge $\mathbb{R}^+$.
- Es gibt keine Nullstellen. Die horizontale Asymptote entspricht der Abszisse.
- Verlauf der Exponentialfunktion ist abhängig von der Basis a.

9.2 Klassifizierung von Funktionen

Beispiele:

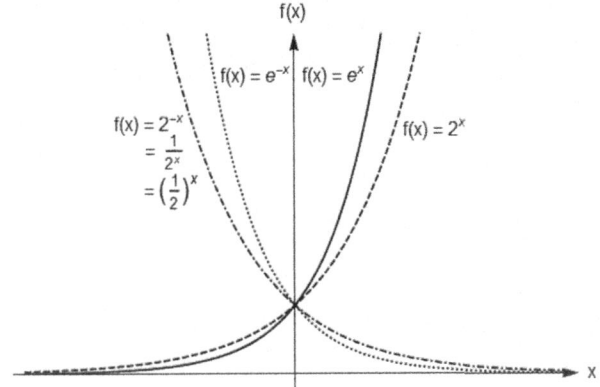

Stauchung/Streckung

Stauchung in Richtung der x-Achse

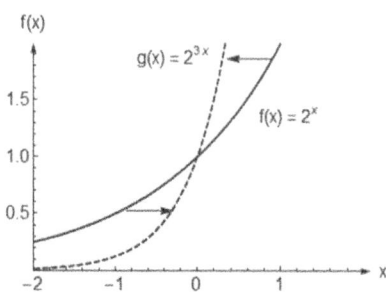

⇒ Exponent wird mit einer Zahl $n > 1$ multipliziert

$f(x) = a^x \quad \rightarrow \quad g(x) = a^{n \cdot x}$

Streckung in Richtung der x-Achse

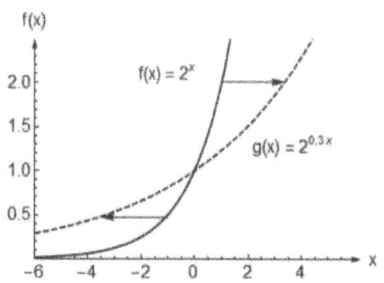

⇒ Exponent wird mit einer Zahl $0 < n < 1$ multipliziert

$f(x) = a^x \quad \rightarrow \quad g(x) = a^{n \cdot x}$

Streckung in Richtung der y-Achse

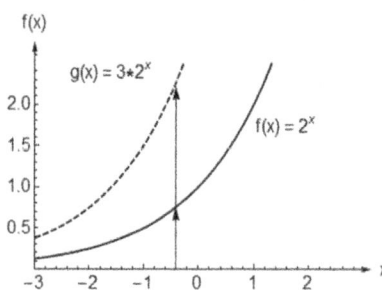

⇒ Funktion $f(x)$ wird mit einer Zahl $n > 1$ multipliziert

$f(x) = a^x \quad \rightarrow \quad g(x) = n \cdot a^x$

Stauchung in Richtung der y-Achse

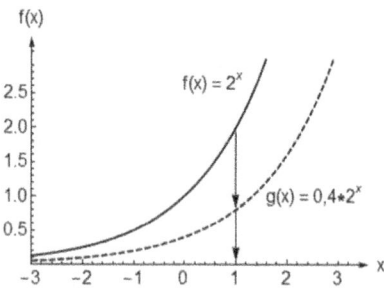

⇒ Funktion $f(x)$ wird mit einer Zahl $0 < n < 1$ multipliziert

$f(x) = a^x \quad \rightarrow \quad g(x) = n \cdot a^x$

Spiegelungen

Spiegelung an der x-Achse

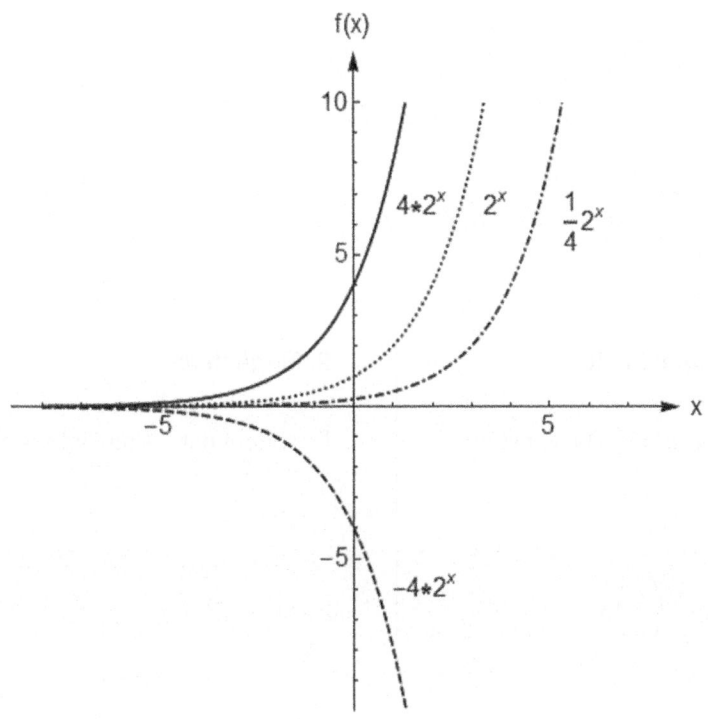

$f(x) = a^x$ mit -1 multipliziert ergibt sich: $g(x) = -a^x$

$y = 4 \cdot 2^x$ $\rightarrow$ $y = -4 \cdot 2^x$

Spiegelung an der y-Achse

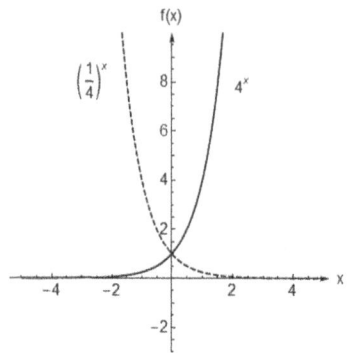 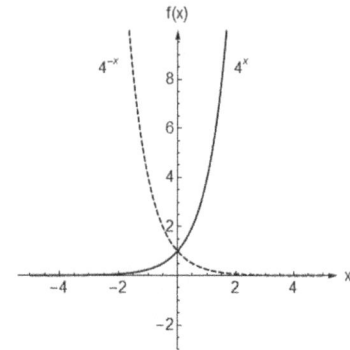

1. Möglichkeit	2. Möglichkeit
Kehrwert der Basis bilden	Exponent mit -1 multiplizieren
$f_1(x) = a^x$	$g_1(x) = a^x$
$f_2(x) = \left(\dfrac{1}{a}\right)^x$	$g_2(x) = a^{-x}$

9.2 Klassifizierung von Funktionen

Verschiebung

Verschiebung nach oben

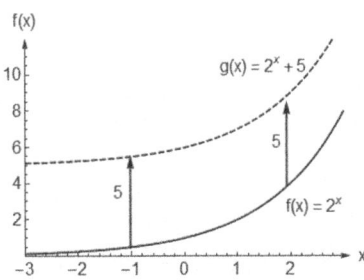

⇒ Konstante $k > 0$
zur Funktion hinzufügen

$f(x) = a^x \quad \to \quad g(x) = a^x + k$

Verschiebung nach unten

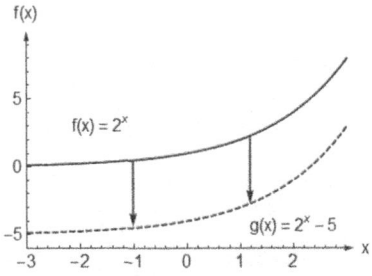

⇒ Konstante $k < 0$
zur Funktion hinzufügen

$f(x) = a^x \quad \to \quad g(x) = a^x - k$

Linksverschiebung

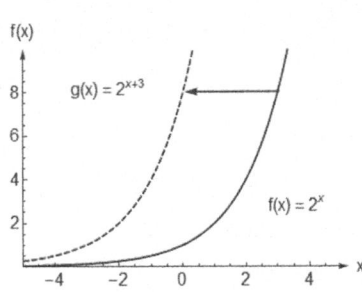

⇒ Konstante $k > 0$
zum Exponenten hinzufügen

$f(x) = a^x \quad \to \quad g(x) = a^{x+k}$

Rechtsverschiebung

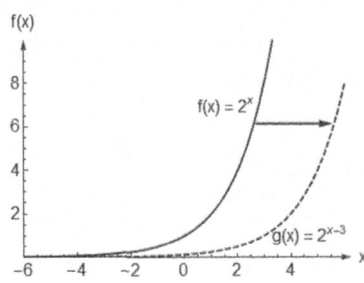

⇒ Konstante $k < 0$
zum Exponenten hinzufügen

$f(x) = a^x \quad \to \quad g(x) = a^{x-k}$

Natürliche Exponentialfunktion

$f(x) = e^x$ Eulersche Zahl

$\to e = 2,718281828459$

Verwendung

- bei stetigem Wachstum
- bei stetigem Zerfall

Bedingungen

- gleiche Zeitabschnitte
- gleichbleibender Wachstumsfaktor

9.2.2.3.2 Logarithmusfunktionen

$f(x) = \log_a x$ mit $a \in \mathbb{R}^+$, $a \neq 1$; $D_f = \mathbb{R}^+$; $W_f = \mathbb{R}$

gelesen „Logarithmus von x zur Basis a".

Die Logarithmusfunktion ist die Umkehrfunktion zur entsprechenden Exponentialfunktion.

Eigenschaften:

$a > 1$	f streng monoton steigend
$0 < a < 1$	f streng monoton fallend
$x = 1$	$f(x) = 0$

senkrechte Asymptote ist die Ordinate.

9.2 Klassifizierung von Funktionen

Beispiele:

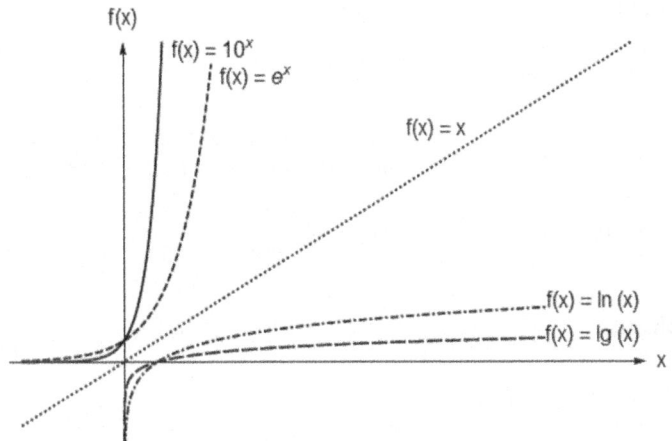

Berechnung eines beliebigen Logarithmus

$$log_{4711} 13 = \frac{\log 13}{\log 4711} = \frac{\ln 13}{\ln 4711}$$

Logarithmieren

$a^x = c$ → a = Basis
x = Exponent
c = Potenzwert

$log_a(x) = c$ → x = Numerus
c = Logarithmuswert

Beispiel:

Gesucht ist: $\quad log_5 125 = x$

Äquivalente Gleichung: $\quad 5^x = 125$

In Worten: Mit welcher Zahl x ist 5 zu potenzieren, um die Zahl 125 zu erhalten?

Die Lösung: $\quad x = 3 = \dfrac{\lg 125}{\lg 5} = \dfrac{\ln 125}{\ln 5}$

Spiegelung

Spiegelung an der x-Achse

$f(x) = log_a c \quad$ mit -1 multipliziert zu $\quad g(x) = -log_a c$

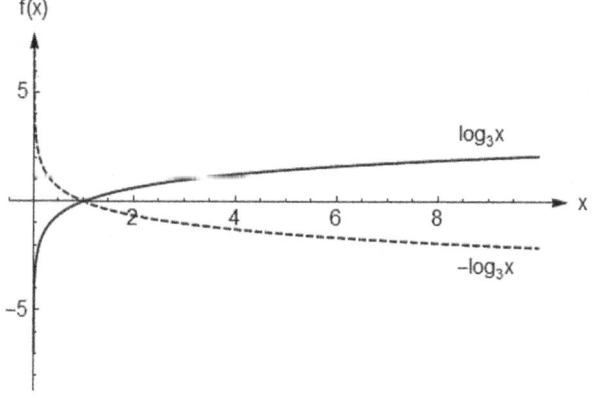

Spiegelung an der y-Achse

$f(x) = \log_a x$

Numerus (x) erhält ein negatives Vorzeichen

$g(x) = \log_a(-x)$

Definitionsbereich von $g(x)$: $D_f = R < 0$

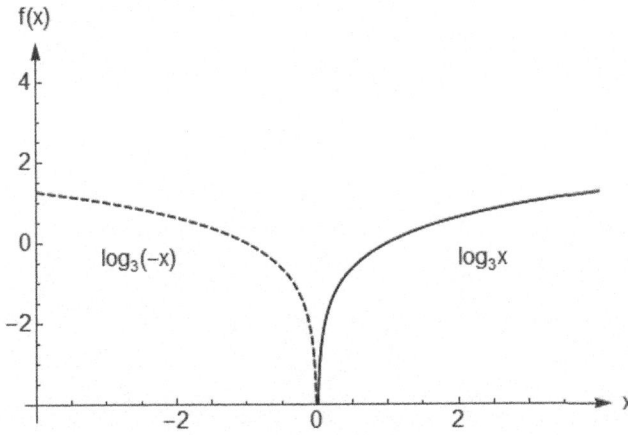

$g(-1) = \log_3(-(-1))$
$g(-1) = \log_3(1)$
$g(-1) = 0$

Verschiebung

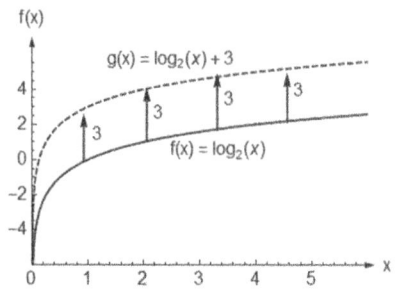
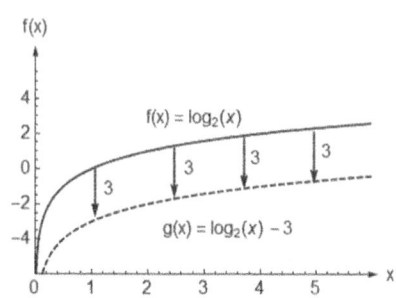

Nach oben

$f(x) = \log_a$

⇒ Funktion mit Konstante $k > 0$ addieren

$g(x) = \log_a(x) + k$

Nach unten

$f(x) = \log_a$

⇒ Funktion mit Konstante $k > 0$ subtrahieren

$g(x) = \log_a(x) - k$

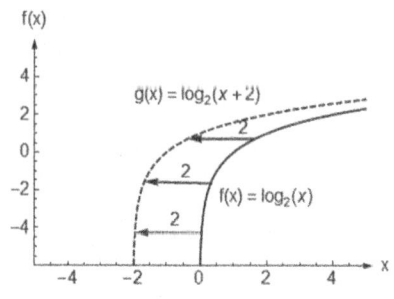
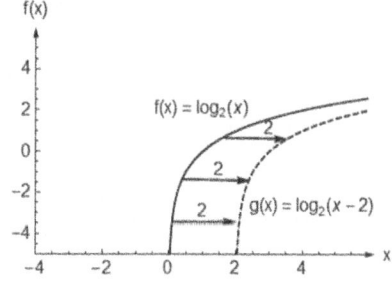

Linksverschiebung

$f(x) = \log_a$

⇒ Zum Numerus eine Konstante $k > 0$ addieren

$g(x) = \log_a(x + k)$

Rechtsverschiebung

$f(x) = \log_a$

⇒ Vom Numerus eine Konstante $k > 0$ subtrahieren

$g(x) = \log_a(x - k)$

9.2 Klassifizierung von Funktionen

Streckung/Stauchung

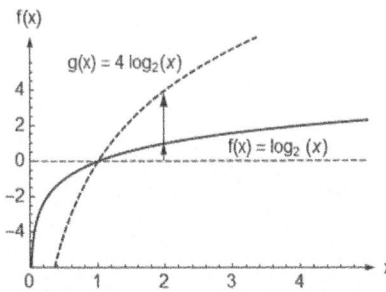

Streckung in Richtung der
y-Achse

$f(x) = \log_a x$

$\Rightarrow$ Funktion mit Faktor $n > 1$ multiplizieren

$g(x) = n \cdot \log_a x$

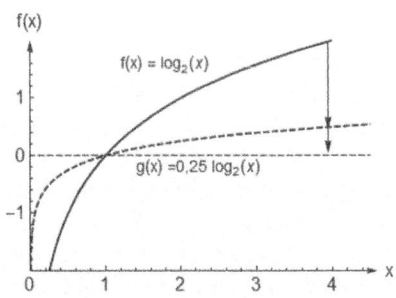

Stauchung in Richtung der
y-Achse

$f(x) = \log_a x$

$\Rightarrow$ Funktion mit Faktor $0 < n < 1$ multiplizieren

$g(x) = n \cdot \log_a x$

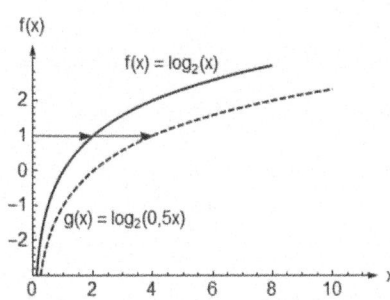

Streckung in Richtung der
x-Achse

$f(x) = \log_a x$

$\Rightarrow$ Numerus (x) mit dem Faktor $0 < n < 1$ multiplizieren

$g(x) = \log_a(n \cdot x)$

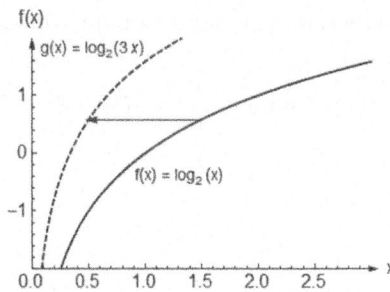

Stauchung in Richtung der
x-Achse

$f(x) = \log_a x$

$\Rightarrow$ Numerus (x) mit dem Faktor $n > 1$ multiplizieren

$g(x) = \log_a(n \cdot x)$

9.2.2.4 Trigonometrische Funktionen (Winkelfunktionen/Kreisfunktionen)

α ist ein beliebiger, gegen den Uhrzeigersinn gerichteter, Winkel in einem Kreis, dessen Mittelpunkt im Ursprung eines kartesischen Koordinatensystems liegt.
α umspannt den Winkel zwischen den, auf dem Kreis liegenden, (Begrenzungs-)Punkten A und P und dem Ursprung, 0: $\sphericalangle AOP$. Der (End-)Punkt P hat die Koordinaten (u/v), sodass sich α auch schreiben lässt als $\sphericalangle (u/v)$.

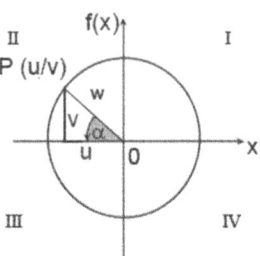

Winkel $\alpha = \sphericalangle (u,v) = \sphericalangle AOP$

Ist der Radius dieses Kreises eine Einheit groß, $x = f(x) = 1$, so liegt der Spezialfall des sogenannten *Einheitskreises* vor.

Allgemein, d. h. für beliebige Winkel, gilt:

- $f(x) = \sin \alpha = \dfrac{v}{w}$ $\quad D_f = \mathbb{R}$ $\quad\quad W_f \in [-1,1]$

- $f(x) = \cos \alpha = \dfrac{u}{w}$ $\quad D_f = \mathbb{R}$ $\quad\quad W_f \in [-1,1]$

- $f(x) = \tan \alpha = \dfrac{v}{u}$ $\quad D_f = \mathbb{R} \setminus \{x \mid x = \tfrac{\pi}{2} + k\pi\}$ $\quad W_f \in (-\infty, \infty) = \mathbb{R}$

- $f(x) = \cot \alpha = \dfrac{u}{v}$ $\quad D_f = \mathbb{R} \setminus \{x \mid x = k\pi\}$ $\quad W_f \in (-\infty, \infty) = \mathbb{R}$

$$\tan \alpha = \frac{\sin \alpha}{\cos \alpha} \qquad \cot \alpha = \frac{\cos \alpha}{\sin \alpha}$$

9.2 Klassifizierung von Funktionen

Am Einheitskreis ($r = 1$) gilt:

$\sin \alpha = v$ \qquad (Ordinate von P)

$\cos \alpha = u$ \qquad (Abszisse von P)

$\tan \alpha = \dfrac{\sin \alpha}{\cos \alpha}$ \qquad mit $\alpha \neq (2k+1) \cdot 90°$; $k \in \mathbb{Z}$

$\cot \alpha = \dfrac{1}{\tan \alpha} = \dfrac{\cos \alpha}{\sin \alpha}$ \qquad mit $\alpha \neq k \cdot 180°$; $k \in \mathbb{Z}$

Des Weiteren gelten folgende Beziehungen am Einheitskreis:

$$\cos^2 \alpha + \sin^2 \alpha = 1$$

$$\sin \alpha = \frac{\tan \alpha}{\pm\sqrt{1 + \tan^2 \alpha}}$$

$$\sin \alpha = \cos(90° - \alpha)$$

$$\cos \alpha = \frac{1}{\pm\sqrt{1 + \tan^2 \alpha}}$$

$$\cos \alpha = \sin(90° - \alpha)$$

$$\tan \alpha = \frac{\sin \alpha}{\pm\sqrt{1 - \sin^2 \alpha}}$$

$$\tan \alpha = \cot(90° - \alpha)$$

Das Vorzeichen der Wurzel hängt davon ab, ob man sich im positiven (pos. Wurzel) oder im negativen (neg. Wurzel) Bereich des Koordinatensystems befindet.

Im rechtwinkligen Dreieck gilt: (von α)

$$\sin\alpha = \frac{a}{c} = \frac{\text{Gegenkathete}}{\text{Hypotenuse}}$$

$$\cos\alpha = \frac{b}{c} = \frac{\text{Ankathete}}{\text{Hypotenuse}}$$

$$\tan\alpha = \frac{a}{b} = \frac{\text{Gegenkathete}}{\text{Ankathete}}$$

$$\cot\alpha = \frac{b}{a} = \frac{\text{Ankathete}}{\text{Gegenkathete}}$$

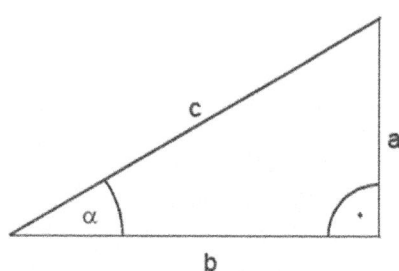

Darstellung der trigonometrischen Funktionen:

$f(\alpha) = \sin\alpha$

bzw.

$f(\alpha) = \cos\alpha$

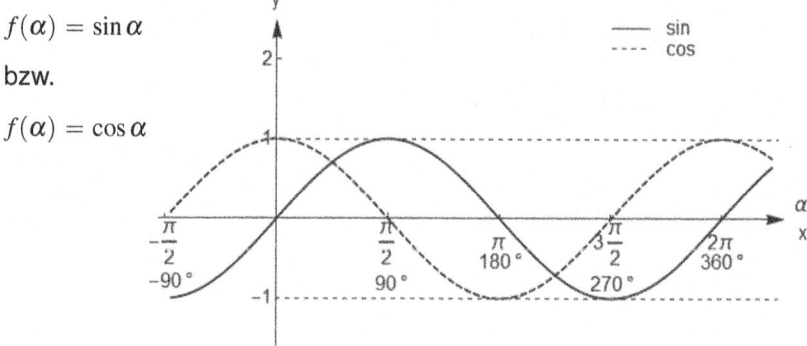

9.2 Klassifizierung von Funktionen

$f(\alpha) = \tan \alpha$

bzw.

$f(\alpha) = \cot \alpha$

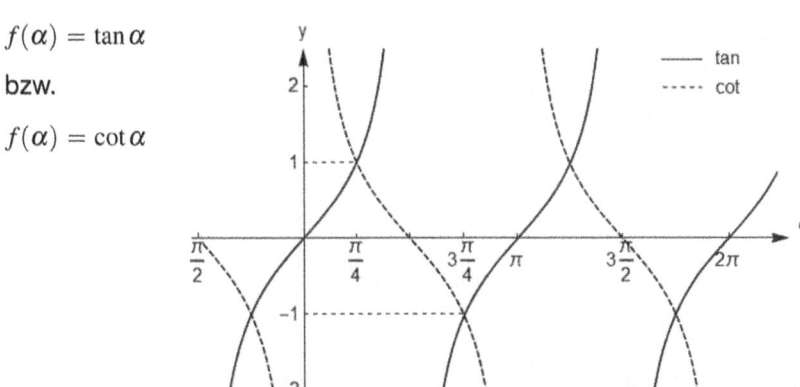

Eigenschaften trigonometrischer Funktionen ($k \in \mathbb{Z}$)

	$\sin \alpha$	$\cos \alpha$	$\tan \alpha$	$\cot \alpha$
Definitionsbereich	$\mathbb{R}$	$\mathbb{R}$	$\mathbb{R} \setminus \{x \mid x = \frac{\pi}{2} + k\pi\}$	$\mathbb{R} \setminus \{x \mid x = k\pi\}$
Wertebereich	$[-1, 1]$	$[-1, 1]$	$(-\infty, \infty) = \mathbb{R}$	$(-\infty, \infty) = \mathbb{R}$
Nullstellen	$k\pi$	$\frac{\pi}{2} + k\pi$	$k\pi$	$\left(\frac{1}{2} + k\right) \cdot \pi$
Polstellen	-	-	$(2k+1) \cdot \left(\frac{\pi}{2}\right)$	$k\pi$
Extrema	siehe unten	siehe unten	-	-
Wendepunkte	$k \cdot \pi$ siehe unten	$\frac{\pi}{2} + k \cdot \pi$ siehe unten	$k \cdot \pi$ siehe unten	$\frac{\pi}{2} + k \cdot \pi$ siehe unten
Asymptoten	-	-	$(2k+1) \cdot \frac{\pi}{2}$ siehe unten	$k \cdot \pi$ siehe unten
Perioden	2π	2π	π	π

Extrema

$\sin \alpha$: Maxima: $\sin\left(\dfrac{4k+1}{2} \cdot \pi\right) = 1$ mit $k \in \mathbb{Z}$

d. h. $\left\{\ldots, -\dfrac{7\pi}{2}, -\dfrac{3\pi}{2}, \dfrac{\pi}{2}, \dfrac{5\pi}{2}, \dfrac{9\pi}{2}, \ldots\right\}$

sind Maxima von $\sin \alpha$

Minima: $\sin\left(\dfrac{4k-1}{2} \cdot \pi\right) = -1$ mit $k \in \mathbb{Z}$

d. h. $\left\{\ldots, -\dfrac{9\pi}{2}, -\dfrac{5\pi}{2}, -\dfrac{\pi}{2}, \dfrac{3\pi}{2}, \dfrac{7\pi}{2}, \ldots\right\}$

sind Minima von $\sin \alpha$

$\cos \alpha$: Maxima: $\cos(2k \cdot \pi) = 1$ mit $k \in \mathbb{Z}$

d. h. $\{\ldots, -4\pi, -2\pi, 0, 2\pi, 4\pi, \ldots\}$

sind Maxima von $\cos \alpha$

Minima: $\cos(2k \cdot \pi + 1) = -1$ mit $k \in \mathbb{Z}$

d. h. $\{\ldots, -3\pi, -\pi, \pi, 3\pi, 5\pi, \ldots\}$

sind Minima von $\cos \alpha$

9.2 Klassifizierung von Funktionen

Wendepunkte

$\sin \alpha$: $\quad k \cdot \pi$

d. h. $\{\ldots, -2\pi, -\pi, 0, \pi, 2\pi, \ldots\}$

Bei π liegt ein konkav/konvexer Wendepunkt vor, die jeweils links und rechts davon zu konvex/konkav, dann wieder zu konkav/konvex abwechseln.

$\cos \alpha$: $\quad \dfrac{\pi}{2} + k \cdot \pi$

d. h. $\left\{\ldots, -\dfrac{5}{2}\pi, \dfrac{\pi}{2} - \pi, \dfrac{\pi}{2}, \dfrac{\pi}{2} + \pi, \dfrac{5}{2}\pi, \ldots\right\}$

Bei $\dfrac{\pi}{2}$ liegt ein konkav/konvexer Wendepunkt vor, die jeweils links und rechts davon zu konvex/konkav, dann wieder zu konkav/konvex abwechseln.

$\tan \alpha$: $\quad k \cdot \pi$

d. h. $\{\ldots, -2\pi, -\pi, 0, \pi, 2\pi, \ldots\}$

Sämtliche Wendepunkte sind konkav/konvex.

$\cot \alpha$: $\quad \dfrac{\pi}{2} + k \cdot \pi$

d. h. $\left\{\ldots, -\dfrac{5}{2}\pi, -\dfrac{3}{2}\pi, \dfrac{\pi}{2}, \dfrac{3}{2}\pi, \dfrac{5}{2}\pi, \ldots\right\}$

Sämtliche Wendepunkte sind konvex/konkav.

Asymptoten

$\tan \alpha$: $(2k+1) \cdot \dfrac{\pi}{2}$

d. h. $\left\{ \ldots, -\dfrac{3}{2}\pi, -\dfrac{1}{2}\pi, \dfrac{\pi}{2}, \dfrac{3}{2}\pi, \dfrac{5}{2}\pi, \ldots \right\}$

$\cot \alpha$: $k \cdot \pi$

d. h. $\{\ldots, -2\pi, -\pi, 0, \pi, 2\pi, \ldots\}$

Sämtliche Asymptoten bei $\tan \alpha$ und bei $\cot \alpha$ verlaufen vertikal, d. h. sind senkrechte Asymptoten.

9.2 Klassifizierung von Funktionen

Besondere Funktionswerte trigonometrischer Funktionen[1]

$\alpha°$	α (rad)	$\sin\alpha$	$\cos\alpha$	$\tan\alpha$	$\cot\alpha$
$0°$	0	0	1	0	$\pm\infty$
$15°$	$\frac{\pi}{12}$	$\frac{1}{4}(\sqrt{6}-\sqrt{2})$	$\frac{1}{4}(\sqrt{6}+\sqrt{2})$	$2-\sqrt{3}$	$2+\sqrt{3}$
$18°$	$\frac{\pi}{10}$	$\frac{1}{4}(\sqrt{5}-1)$	$\frac{1}{4}\sqrt{10+2\sqrt{5}}$	$\frac{1}{5}\sqrt{25-10\sqrt{5}}$	$\sqrt{5+2\sqrt{5}}$
$30°$	$\frac{\pi}{6}$	$\frac{1}{2}$	$\frac{1}{2}\sqrt{3}$	$\frac{1}{3}\sqrt{3}$	$\sqrt{3}$
$36°$	$\frac{\pi}{5}$	$\frac{1}{4}\sqrt{10-2\sqrt{5}}$	$\frac{1}{4}(1+\sqrt{5})$	$\sqrt{5-2\sqrt{5}}$	$\frac{1}{5}\sqrt{25+10\sqrt{5}}$
$45°$	$\frac{\pi}{4}$	$\frac{1}{2}\sqrt{2}$	$\frac{1}{2}\sqrt{2}$	1	1
$54°$	$\frac{3\pi}{10}$	$\frac{1}{4}(1+\sqrt{5})$	$\frac{1}{4}\sqrt{10-2\sqrt{5}}$	$\frac{1}{5}\sqrt{25+10\sqrt{5}}$	$\sqrt{5-2\sqrt{5}}$
$60°$	$\frac{\pi}{3}$	$\frac{1}{2}\sqrt{3}$	$\frac{1}{2}$	$\sqrt{3}$	$\frac{1}{3}\sqrt{3}$
$72°$	$\frac{2\pi}{5}$	$\frac{1}{4}\sqrt{10+2\sqrt{5}}$	$\frac{1}{4}(\sqrt{5}-1)$	$\sqrt{5+2\sqrt{5}}$	$\frac{1}{5}\sqrt{25-10\sqrt{5}}$
$75°$	$\frac{5\pi}{12}$	$\frac{1}{4}(\sqrt{6}+\sqrt{2})$	$\frac{1}{4}(\sqrt{6}-\sqrt{2})$	$2+\sqrt{3}$	$2-\sqrt{3}$
$90°$	$\frac{\pi}{2}$	1	0	$\pm\infty$	0
$108°$	$\frac{3\pi}{5}$	$\frac{1}{4}\sqrt{10+2\sqrt{5}}$	$\frac{1}{4}(1-\sqrt{5})$	$-\sqrt{5+2\sqrt{5}}$	$-\frac{1}{5}\sqrt{25-10\sqrt{5}}$
$120°$	$\frac{2\pi}{3}$	$\frac{1}{2}\sqrt{3}$	$-\frac{1}{2}$	$-\sqrt{3}$	$-\frac{1}{3}\sqrt{3}$
$135°$	$\frac{3\pi}{4}$	$\frac{1}{2}\sqrt{2}$	$-\frac{1}{2}\sqrt{2}$	-1	-1
$180°$	π	0	-1	0	$\pm\infty$
$270°$	$\frac{3\pi}{2}$	-1	0	$\pm\infty$	0
$360°$	2π	0	1	0	$\pm\infty$

---

[1] Vgl. Stratosphere Digital (2021) (Hrsg.):
https://formula.amardesh.com/mathematics/trigonometric-functions-of-common-angles/,
zuletzt aufgerufen am 24. Juni 2021.

Phasenverschiebungen trigonometrischer Funktionen

$\sin\left(x+\dfrac{\pi}{2}\right) = \cos x$ bzw. $\sin(x+90°) = \cos x$

$\cos\left(x+\dfrac{\pi}{2}\right) = -\sin x$ bzw. $\cos(x+90°) = -\sin x$

$\tan\left(x+\dfrac{\pi}{2}\right) = -\cot x$ bzw. $\tan(x+90°) = -\cot x$

$\cot\left(x+\dfrac{\pi}{2}\right) = -\tan x$ bzw. $\cot(x+90°) = -\tan x$

Beziehungen zwischen Winkelfunktionen

	$\sin\alpha$	$\cos\alpha$	$\tan\alpha$	$\cot\alpha$
$\sin\alpha$	$\sin\alpha$	$\pm\sqrt{1-\cos^2\alpha}$	$\dfrac{\tan\alpha}{\pm\sqrt{1+\tan^2\alpha}}$	$\dfrac{1}{\pm\sqrt{1+\cot^2\alpha}}$
$\cos\alpha$	$\pm\sqrt{1-\sin^2\alpha}$	$\cos\alpha$	$\dfrac{1}{\pm\sqrt{1+\tan^2\alpha}}$	$\dfrac{\cot\alpha}{\pm\sqrt{1+\cot^2\alpha}}$
$\tan\alpha$	$\dfrac{\sin\alpha}{\pm\sqrt{1-\sin^2\alpha}}$	$\dfrac{\pm\sqrt{1-\cos^2\alpha}}{\cos\alpha}$	$\tan\alpha$	$\dfrac{1}{\cot\alpha}$
$\cot\alpha$	$\dfrac{\pm\sqrt{1-\sin^2\alpha}}{\sin\alpha}$	$\dfrac{\cos\alpha}{\pm\sqrt{1-\cos^2\alpha}}$	$\dfrac{1}{\tan\alpha}$	$\cot\alpha$

Umwandlung für beliebige Winkel

	$\sin\alpha$	$\cos\alpha$	$\tan\alpha$	$\cot\alpha$
$90°\pm\alpha$	$+\cos\alpha$	$\mp\sin\alpha$	$\mp\cot\alpha$	$\mp\tan\alpha$
$180°\pm\alpha$	$\mp\sin\alpha$	$-\cos\alpha$	$\pm\tan\alpha$	$\pm\cot\alpha$
$270°\pm\alpha$	$-\cos\alpha$	$\pm\sin\alpha$	$\mp\cot\alpha$	$\mp\tan\alpha$
$360°\pm\alpha$	$\pm\sin\alpha$	$+\cos\alpha$	$\pm\tan\alpha$	$-\cot\alpha$

9.2 Klassifizierung von Funktionen

Periodizität der trigonometrischen Funktionen

$$\left.\begin{array}{l}\sin \alpha = \sin(\alpha + k \cdot 2\pi) \\ \cos \alpha = \cos(\alpha + k \cdot 2\pi)\end{array}\right\} \text{Periode } 2\pi$$

$$\left.\begin{array}{l}\tan \alpha = \tan(\alpha + k\pi) \\ \cot \alpha = \cot(\alpha + k\pi)\end{array}\right\} \text{Periode } \pi$$

Symmetrien trigonometrischer Funktionen

$\sin(-x) = -\sin x$

$\cos(-x) = +\cos x$

$\tan(-x) = -\tan x$

$\cot(-x) = -\cot x$

Goniometrische Umformungen

Summen und Differenzen $(\alpha \pm \beta)$

$$\sin(\alpha \pm \beta) = \sin\alpha \cos\beta \pm \cos\alpha \sin\beta$$

$$\cos(\alpha \pm \beta) = \cos\alpha \cos\beta \mp \sin\alpha \sin\beta$$

$$\tan(\alpha \pm \beta) = \frac{\tan\alpha \pm \tan\beta}{1 \mp \tan\alpha \tan\beta} = \frac{\sin(\alpha \pm \beta)}{\cos(\alpha \pm \beta)}$$

$$\cot(\alpha \pm \beta) = \frac{\cot\alpha \cot\beta \mp 1}{\cot\beta \cot\alpha} = \frac{\cos(\alpha \pm \beta)}{\sin(\alpha \pm \beta)}$$

$$\sin\alpha + \sin\beta = 2 \sin\frac{\alpha+\beta}{2} \cos\frac{\alpha-\beta}{2}$$

$$\sin\alpha - \sin\beta = 2 \cos\frac{\alpha+\beta}{2} \sin\frac{\alpha-\beta}{2}$$

$$\cos\alpha + \cos\beta = 2 \cos\frac{\alpha+\beta}{2} \cos\frac{\alpha-\beta}{2}$$

$$\cos\alpha - \cos\beta = 2 \sin\frac{\alpha+\beta}{2} \sin\frac{\alpha-\beta}{2}$$

$$\cos\alpha \pm \sin\alpha = \sqrt{2} \sin(45° \pm \alpha) = \sqrt{2} \cos(45° \mp \alpha)$$

$$\tan\alpha \pm \tan\beta = \frac{\sin(\alpha \pm \beta)}{\cos\alpha \cos\beta}$$

$$\cot\alpha \pm \cot\beta = \frac{\sin(\alpha \pm \beta)}{\sin\alpha \sin\beta}$$

9.2 Klassifizierung von Funktionen

Doppelte und halbe Winkel $\left(2\alpha; \dfrac{\alpha}{2}\right)$

$$\sin 2\alpha = 2 \sin \alpha \cos \alpha = \frac{2 \tan \alpha}{1 + \tan^2 \alpha}$$

$$\cos 2\alpha = \cos^2 \alpha - \sin^2 \alpha = 1 - 2 \sin^2 = 2 \cos^2 \alpha - 1 = \frac{1 - \tan^2 \alpha}{1 + \tan^2 \alpha}$$

$$\tan 2\alpha = \frac{2 \tan \alpha}{1 - \tan^2 \alpha} = \frac{2}{\cot \alpha - \tan \alpha}$$

$$\cot 2\alpha = \frac{\cot^2 \alpha - 1}{2 \cot \alpha} = \frac{\cot \alpha - \tan \alpha}{2}$$

$$\sin \frac{\alpha}{2} = \pm \sqrt{\frac{1 - \cos \alpha}{2}}$$

$$\cos \frac{\alpha}{2} = \pm \sqrt{\frac{1 + \cos \alpha}{2}}$$

$$\tan \frac{\alpha}{2} = \pm \sqrt{\frac{1 - \cos \alpha}{1 + \cos \alpha}} = \frac{1 - \cos \alpha}{\sin \alpha} = \frac{\sin \alpha}{1 + \cos \alpha}$$

$$\cot \frac{\alpha}{2} = \pm \sqrt{\frac{1 + \cos \alpha}{1 - \cos \alpha}} = \frac{1 + \cos \alpha}{\sin \alpha} = \frac{\sin \alpha}{1 - \cos \alpha}$$

Weitere Vielfache eines Winkels (n · α)

$\sin 3\alpha = 3 \sin \alpha - 4 \sin^3 \alpha$

$\sin 4\alpha = 8 \sin \alpha \cos^3 \alpha - 4 \sin \alpha \cos \alpha$

$\sin 5\alpha = 16 \sin \alpha \cos^4 \alpha - 12 \sin \alpha \cos^2 \alpha + \sin \alpha$

$\cos 3\alpha = 4 \cos^3 \alpha - 3 \cos \alpha$

$\cos 4\alpha = 8 \cos^4 \alpha - 8 \cos^2 \alpha + 1$

$\cos 5\alpha = 16 \cos^5 \alpha - 20 \cos^3 \alpha + 5 \cos \alpha$

$\sin n\alpha = n \sin \alpha \cos^{n-1} \alpha - \binom{n}{3} \sin^3 \alpha \cos^{n-3} \alpha + \binom{n}{5} \sin^5 \alpha \cos^{n-5} \alpha + \ldots$

$\cos n\alpha = \cos^n \alpha - \binom{n}{2} \sin^2 \alpha \cos^{n-2} \alpha + \binom{n}{4} \sin^4 \alpha \cos^{n-4} \alpha + \ldots$

$\tan 3\alpha = \dfrac{3 \tan \alpha - \tan^3 \alpha}{1 - 3 \tan^2 \alpha}$

$\tan 4\alpha = \dfrac{4 \tan \alpha - 4 \tan^3 \alpha}{1 - 6 \tan^2 \alpha + \tan^4 \alpha}$

$\cot 3\alpha = \dfrac{\cot^3 \alpha - 3 \cot \alpha}{3 \cot^2 \alpha - 1}$

$\cot 4\alpha = \dfrac{\cot^4 \alpha - 6 \cot^2 \alpha + 1}{4 \cot^3 \alpha - 4 \cot \alpha}$

9.2 Klassifizierung von Funktionen

Produkte $(\alpha \cdot \beta)$

$$\sin \alpha \sin \beta = \frac{1}{2}(\cos(\alpha - \beta) - \cos(\alpha + \beta))$$

$$\cos \alpha \cos \beta = \frac{1}{2}(\cos(\alpha - \beta) + \cos(\alpha + \beta))$$

$$\sin \alpha \cos \beta = \frac{1}{2}(\sin(\alpha - \beta) + \sin(\alpha + \beta))$$

$$\tan \alpha \tan \beta = \frac{\tan \alpha + \tan \beta}{\cot \alpha + \cot \beta} = -\frac{\tan \alpha - \tan \beta}{\cot \alpha - \cot \beta}$$

$$\cot \alpha \cot \beta = \frac{\cot \alpha + \cot \beta}{\tan \alpha + \tan \beta} = -\frac{\cot \alpha - \cot \beta}{\tan \alpha - \tan \beta}$$

$$\tan \alpha \cot \beta = \frac{\tan \alpha + \cot \beta}{\cot \alpha + \tan \beta} = -\frac{\tan \alpha - \cot \beta}{\cot \alpha - \tan \beta}$$

Potenzen (α^n)

$$\sin^2 \alpha = \frac{1}{2}(1 - \cos 2\alpha)$$

$$\cos^2 \alpha = \frac{1}{2}(1 + \cos 2\alpha)$$

$$\tan^2 \alpha = \frac{1 - \cos 2\alpha}{1 + \cos 2\alpha}$$

$$\sin^3 \alpha = \frac{1}{4}(3 \sin \alpha - \sin 3\alpha)$$

$$\cos^3 \alpha = \frac{1}{4}(3 \cos \alpha + \cos 3\alpha)$$

$$\sin^4 \alpha = \frac{1}{8}(\cos 4\alpha - 4 \cos 2\alpha + 3)$$

$$\cos^4 \alpha = \frac{1}{8}(\cos 4\alpha + 4 \cos 2\alpha + 3)$$

$$\sin^5 \alpha = \frac{1}{16}(10 \sin \alpha - 5 \sin 3\alpha + \sin 5\alpha)$$

$$\cos^5 \alpha = \frac{1}{16}(10 \cos \alpha + 5 \cos 3\alpha + \cos 5\alpha)$$

$$\sin^6 \alpha = \frac{1}{32}(10 - 15 \cos 2\alpha + 6 \cos 4\alpha - \cos 6\alpha)$$

$$\cos^6 \alpha = \frac{1}{32}(10 + 15 \cos 2\alpha + 6 \cos 4\alpha + \cos 6\alpha)$$

9.2 Klassifizierung von Funktionen

Arcusfunktionen

Arcusfunktionen (=zyklometrische Funktionen) bilden die Umkehrfunktionen zu den entsprechenden trigonometrischen Funktionen (=Winkelfunktionen/ Kreisfunktionen). Dies gilt jedoch nur für die sogenannten Hauptwerte, d. h. für bestimmte Wertebereiche, da nur in bestimmten Intervallen die Arcusfunktionen streng monoton und damit eindeutig umkehrbar sind.

Für die Hauptwerte gilt:

$\sin y = x$ mit $-\dfrac{\pi}{2} \leq y \leq \dfrac{\pi}{2}$ $\Leftrightarrow$ $y = \arcsin x$

$\cos y = x$ mit $0 \leq y \leq \pi$ $\Leftrightarrow$ $y = \arccos x$

$\tan y = x$ mit $-\dfrac{\pi}{2} < y < \dfrac{\pi}{2}$ $\Leftrightarrow$ $y = \arctan x$

$\cot y = x$ mit $0 < y < \pi$ $\Leftrightarrow$ $y = \text{arccot } x$

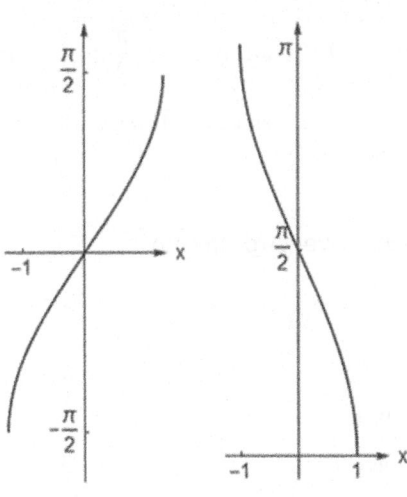

$y = \arcsin x$ $y = \arccos x$

Eigenschaften zyklometrischer Funktionen (in den Hauptwerten)

	arcsin x	arccos x	arctan x	arccot x
Definitionsbereich	$[-1;1]$	$[-1;1]$	$\mathbb{R}$	$\mathbb{R}$
Wertebereich	$\left[-\dfrac{\pi}{2}, \dfrac{\pi}{2}\right]$	$[0, \pi]$	$\left[-\dfrac{\pi}{2}, \dfrac{\pi}{2}\right]$	$[0, \pi]$
Nullstellen	0	1	0	-
Extrema	-	-	-	-
Wendepunkte	0	0	0	0
Asymptoten	-	-	$y = \dfrac{\pi}{2} \wedge y = \dfrac{-\pi}{2}$	$y = 0 \wedge y = \pi$

Besondere Funktionswerte

$\arcsin(0) = \arctan(0) = 0$ $\qquad$ $\arccos(0) = \dfrac{\pi}{2}$ $\qquad$ $\arcsin(+1) = +\dfrac{\pi}{2}$

$\arccos(1) = 0$ $\qquad\qquad\qquad\qquad$ $\arccos(-1) = \pi$ $\qquad$ $\arctan(\pm 1) = \pm\dfrac{\pi}{4}$

Arcusfunktionen negativer Argumente

$\arcsin(-x) = -\arcsin x$

$\arccos(-x) = \pi - \arccos x$

$\arctan(-x) = -\arctan x$

$\text{arccot}(-x) = \pi - \text{arccot}\, x$

9.2 Klassifizierung von Funktionen

Hyperbelfunktion

$$\sinh x = \operatorname{sh} x = \frac{e^x - e^{-x}}{2}$$

gelesen „Hyperbelsinus"
(„sinus hyperbolicus")

$$\cosh x = \operatorname{ch} x = \frac{e^x + e^{-x}}{2}$$

$$\tanh x = \operatorname{th} x = \frac{e^x - e^{-x}}{e^x + e^{-x}} = \frac{e^{2x} - 1}{e^{2x} + 1}$$

$$\coth x = \operatorname{cth} x = \frac{e^x + e^{-x}}{e^x - e^{-x}} = \frac{e^{2x} + 1}{e^{2x} - 1} \qquad \text{mit } x \neq 0$$

$$\operatorname{sech} x = \frac{2}{e^x - e^{-x}}$$

gelesen „Hyperbelsecans"
(„secans hyperbolicus")

$$\operatorname{csch} x = \frac{2}{e^x - e^{-x}} \qquad \text{mit } x \neq 0$$

gelesen „Hyperbelcosecans"
(„cosecans hyperbolicus")

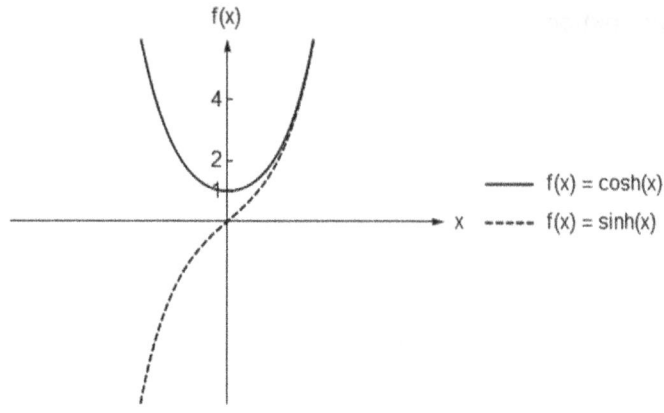

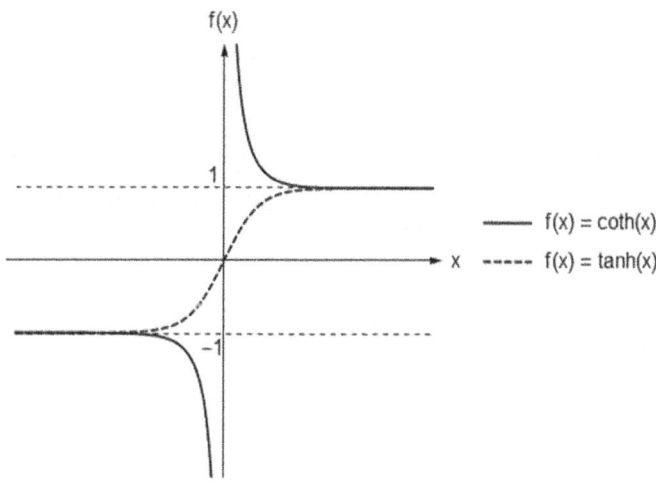

Hyperbelfunktionen negativer Argumente

$\sinh(-x) = -\sinh x$ $\qquad$ $\tanh(-x) = -\tanh x$

$\cosh(-x) = \cosh x$ $\qquad$ $\coth(-x) = -\coth x$

9.2 Klassifizierung von Funktionen

Periodizität der hyperbolischen Funktionen

$\sinh x = \sinh(x + j2k\pi)$ $\tanh x = \tanh(x + j2k\pi)$
$\cosh x = \cosh(x + j2k\pi)$ $\coth x = \coth(x + j2k\pi)$

Eigenschaften der hyperbolischen Funktionen[2]

	$\sinh x$	$\cosh x$	$\tanh x$	$\coth x$
Definitionsbereich	$\mathbb{R}$	$\mathbb{R}$	$\mathbb{R}$	$\mathbb{R}$
Wertebereich	$\mathbb{R}$	$(1; \infty)$	$(-1; 1)$	$(-\infty; -1) \vee (1; \infty)$
Nullstellen	0	-	0	-
Extrema	-	$x_{min} = 0$	-	-
Wendepunkte	0	-	0	-
Asymptoten	$y = e^{\frac{x}{2}}$ $y = -e^{-\frac{x}{2}}$	$y = e^{\frac{x}{2}}$ $y = -e^{-\frac{x}{2}}$	$y = 1$ $y = -1$	$x = 0^+ ; y = 1$ $x = 0^- ; y = -1$

---

[2] Darstellung in Anlehnung an Bartsch, H. (2004), S. 414.

Besondere Zusammenhänge

$\sinh x + \cosh x = e^x$ $\qquad$ $\sinh x - \cosh x = e^{-x}$

$\cosh^2 x - \sinh^2 x = 1$ $\qquad$ (hyperbolischer Pythagoras)

$\coth x = \dfrac{1}{\tanh x}$

$\tanh x = \dfrac{\sinh x}{\cosh x}$ $\qquad$ $\coth x = \dfrac{\cosh x}{\sinh x}$

$\operatorname{sech} x = \dfrac{\tanh x}{\sinh x}$ $\qquad$ $\operatorname{csch} x = \dfrac{\coth x}{\cosh x}$

$\operatorname{sech}^2 x + \tanh^2 x = 1$ $\qquad$ $\coth^2 x - \operatorname{csch}^2 x = 1$

9.2 Klassifizierung von Funktionen

Summen und Differenzen $(x_1 \pm x_2)$

$$\sinh x_1 \pm x_2 = \sinh x_1 \cosh x_2 \pm \cosh x_1 \sinh x_2$$

$$\cosh x_1 \pm x_2 = \cosh x_1 \cosh x_2 \pm \sinh x_1 \sinh x_2$$

$$\tanh x_1 \pm x_2 = \frac{\tanh x_1 \pm \tanh x_2}{1 \pm \tanh x_1 \tanh x_2}$$

$$\coth x_1 \pm x_2 = \frac{1 \pm \coth x_1 \coth x_2}{\coth x_1 \pm \coth x_2}$$

$$\sinh x_1 \pm \sinh x_2 = 2 \sinh \frac{x_1 \pm x_2}{2} \cosh \frac{x_1 \mp x_2}{2}$$

$$\cosh x_1 + \cosh x_2 = 2 \cosh \frac{x_1 + x_2}{2} \cosh \frac{x_1 - x_2}{2}$$

$$\cosh x_1 - \cosh x_2 = 2 \sinh \frac{x_1 + x_2}{2} \sinh \frac{x_1 - x_2}{2}$$

$$\tanh x_1 \pm \tanh x_2 = \frac{\sinh (x_1 \pm x_2)}{\cosh x_1 \cosh x_2}$$

$$\coth x_1 \pm \coth x_2 = \frac{\sinh (x_1 \pm x_2)}{\sinh x_1 \sinh x_2}$$

Doppelte und halbe Argumente $\left(2x; \dfrac{x}{2}\right)$

$\sinh 2x = 2 \sinh x \cosh x$

$\cosh 2x = \sinh^2 x + \cosh^2 x = 2\cosh^2 x - 1 = 2\sinh^2 x + 1$

$\tanh 2x = \dfrac{2 \tanh x}{1 + \tanh^2 x}$

$\coth 2x = \dfrac{1 + \coth^2 x}{2 \coth x}$

$\sinh \dfrac{x}{2} = \sqrt{\dfrac{\cosh x - 1}{2}} \cdot \operatorname{sgn} x = \dfrac{\sinh x}{\sqrt{2(\cosh x + 1)}}$

$\cosh \dfrac{x}{2} = \sqrt{\dfrac{\cosh x + 1}{2}} = \dfrac{\sinh x}{\sqrt{2(\cosh x - 1)}}$

$\tanh \dfrac{x}{2} = \dfrac{\sinh x}{\cosh x + 1} = \dfrac{\cosh x - 1}{\sinh x} = \sqrt{\dfrac{\cosh x - 1}{\cosh x + 1}} \cdot \operatorname{sgn} x$

$\coth \dfrac{x}{2} = \dfrac{\sinh x}{\cosh x - 1} = \dfrac{\cosh x + 1}{\sinh x} = \sqrt{\dfrac{\cosh x + 1}{\cosh x - 1}} \cdot \operatorname{sgn} x$

Weitere Vielfache des Arguments $(n \cdot x)$

$\sinh 3x = \sinh x \, (4 \cosh^2 x - 1)$

$\sinh 4x = \sinh x \cosh x \, (8 \cosh^2 x - 4)$

$\sinh 5x = \sinh x \, (1 - 12 \cosh^2 x + 16 \cosh^4 x)$

$\cosh 3x = \cosh x \, (4 \cosh^2 x - 3)$

$\cosh 4x = 1 - 8 \cosh^2 x + 8 \cosh^4 x$

$\cosh 5x = \cosh x \, (5 - 20 \cosh^2 x + 16 \cosh^4 x)$

$\sinh nx = \binom{n}{1} \cosh^{n-1} x \sinh x + \binom{n}{3} \cosh^{n-3} x \sinh^3 x + \binom{n}{5} \cosh^{n-5} x \sinh^5 x + \ldots$

$\cosh nx = \cosh^n x + \binom{n}{2} \cosh^{n-2} x \sinh^2 x + \binom{n}{4} \cosh^{n-4} x \sinh^4 x + \ldots$

Potenzen (x^n)

$$\sinh^2 x = \frac{1}{2}(\cosh 2x - 1)$$

$$\cosh^2 x = \frac{1}{2}(\cosh 2x + 1)$$

$$\sinh^3 x = \frac{1}{4}(-3 \sinh x + \sinh 3x)$$

$$\cosh^3 x = \frac{1}{4}(3 \cosh x + \cosh 3x)$$

$$\sinh^4 x = \frac{1}{8}(3 - 4 \cosh 2x + \cosh 4x)$$

$$\cosh^4 x = \frac{1}{8}(3 + 4 \cosh 2x + \cosh 4x)$$

$$\sinh^5 x = \frac{1}{16}(-10 \sinh x + 5 \sinh 3x + \sinh 5x)$$

$$\cosh^5 x = \frac{1}{16}(10 \cosh x + 5 \cosh 3x + \cosh 5x)$$

$$\sinh^6 x = \frac{1}{32}(-10 + 15 \cosh 2x - 6 \cosh 4x + \cosh 6x)$$

$$\cosh^6 x = \frac{1}{32}(10 + 15 \cosh 2x + 6 \cosh 4x + \cosh 6x)$$

Binome (Formel von de Moivre[3])

$$(\cosh x \pm \sinh x)^n = \cosh nx \pm \sinh nx \qquad n = 2, 3, \ldots$$

---

[3] Abraham de Moivre (1667 - 1754) war ein französischer Mathematiker.

9.2 Klassifizierung von Funktionen

Produkte $(x_1 \cdot x_2)$

$$\sinh x_1 \sinh x_2 = \frac{1}{2}(\cosh(x_1 + x_2) - \cosh(x_1 - x_2))$$

$$\cosh x_1 \cosh x_2 = \frac{1}{2}(\cosh(x_1 + x_2) + \cosh(x_1 - x_2))$$

$$\sinh x_1 \cosh x_2 = \frac{1}{2}(\sinh(x_1 + x_2) + \sinh(x_1 - x_2))$$

$$\tanh x_1 \tanh x_2 = \frac{\tanh x_1 + \tanh x_2}{\coth x_1 + \coth x_2}$$

Areafunktionen

Im Wertebereich der Hyperbelfunktionen bilden die Areafunktionen die Umkehrfunktionen zu den entsprechenden Hyperbelfunktionen.

$y = \text{arsinh } x \quad \Rightarrow \quad x = \sinh y \qquad$ gelesen „Areahyperbelsinus"

$y = \text{arcosh } x \quad \Rightarrow \quad x = \cosh y$

$y = \text{artanh } x \quad \Rightarrow \quad x = \tanh y$

$y = \text{arcoth } x \quad \Rightarrow \quad x = \coth y$

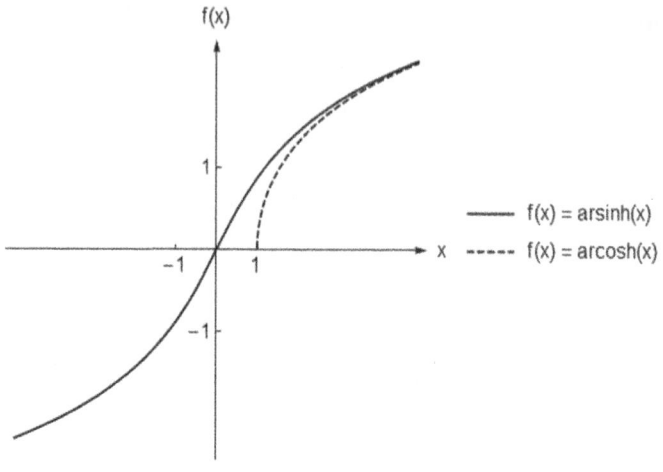

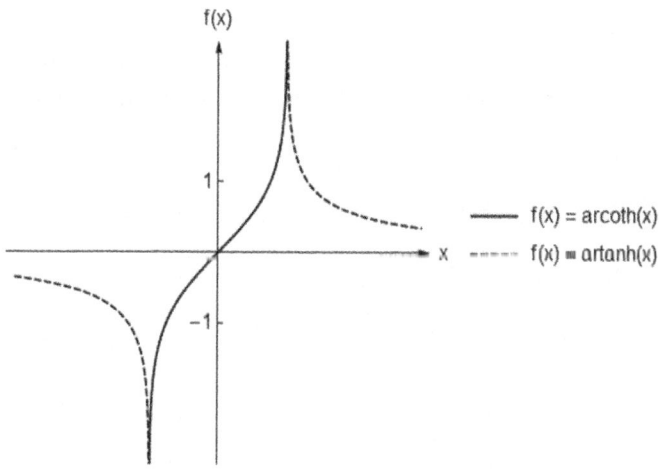

Areafunktionen negativer Argumente

$$\text{arsinh}(-x) = -\text{arsinh}\, x$$
$$\text{artanh}(-x) = -\text{artanh}\, x$$
$$\text{arcoth}(-x) = -\text{arcoth}\, x$$

9.2 Klassifizierung von Funktionen

Eigenschaften von Areafunktionen [4]

	arsinh x	arcosh x	artanh x	arcoth x
Definitionsbereich	$\mathbb{R}$	$(1;\infty)$	$(-1;1)$	$(-\infty;-1) \vee (1;\infty)$
Wertebereich	$\mathbb{R}$	$(0;\infty)$	$\mathbb{R}$	$\mathbb{R}^*$
Nullstellen	0	1	0	-
Wendepunkte	0	-	0	-
Asymptoten	$y = \ln 2x$ $y = -\ln(-2x)$	$y = \ln 2x$	$x = 1$ $x = -1$	$y = 0^-; x = -1$ $y = 0^+; x = 1$

Summen und Differenzen $(x_1 + x_2)$

$$\text{arsinh } x_1 \pm \text{arsinh } x_2 = \text{arsinh}\left(x_1\sqrt{1+x_2^2} \pm x_2\sqrt{1+x_1^2}\right)$$

$$\text{arcosh } x_1 \pm \text{arcosh } x_2 = \text{arcosh}\left(x_1 x_2 \pm \sqrt{(x_1^2-1)(x_2^2-1)}\right)$$

$$\text{artanh } x_1 \pm \text{artanh } x_2 = \text{artanh } \frac{x_1 \pm x_2}{1 \pm x_1 x_2}$$

$$\text{arcoth } x_1 \pm \text{arcoth } x_2 = \text{arcoth } \frac{1 \pm x_1 x_2}{x_1 \pm x_2}$$

---

[4] Vgl. Bartsch, H. 2004, S.419.

9.3 Eigenschaften reeller Funktionen

9.3.1 Beschränktheit

Gilt $W_f = \mathbb{R}$, so ist die (reelle) Funktion f unbeschränkt; gilt $W_f \subset \mathbb{R}$, so ist sie beschränkt.

nach oben beschränkt	nach unten beschränkt
wenn $f(x) \leq o$ und $o \in \mathbb{R}$	wenn $f(x) \geq u$ und $u \in \mathbb{R}$
→ Alle Elemente sind kleiner/ gleich oberer Schranke	→ Alle Elemente sind größer/ gleich unterer Schranke
$f(x) = -x^2 + 4$	$f(x) = x^2 - 4$

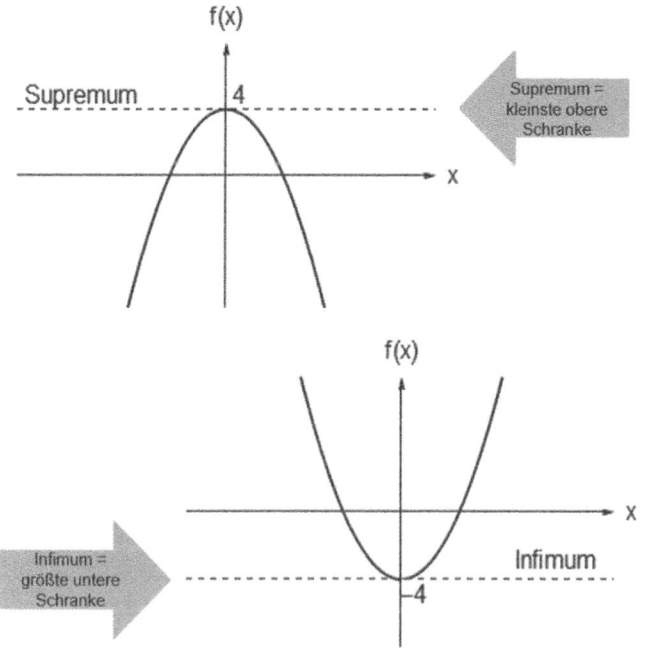

9.3 Eigenschaften reeller Funktionen

unbeschränkt

Die Funktion hat keine Beschränkung.

Beispiel: $f(x) = 5x - 2$

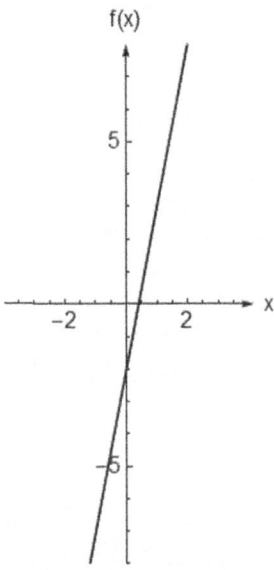

nach oben und nach unten beschränkt

$u \leq f(x) \leq o$ mit $o, u \in \mathbb{R}$

Beispiel: $f(x) = \sin(x)$

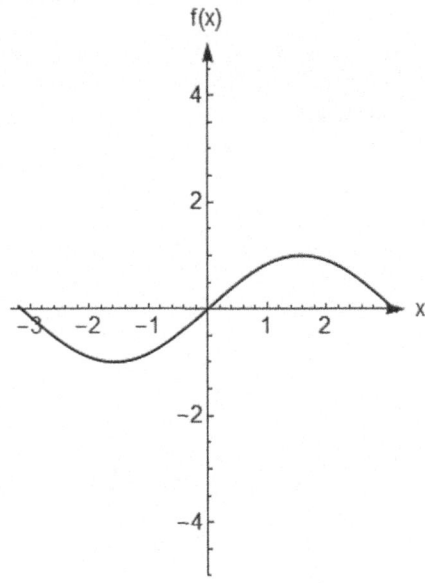

9.3.2 Symmetrie

9.3.2.1 Achsensymmetrie

Achsensymmetrie zur Ordinate

Ist eine Funktion $f(x)$ achsensymmetrisch zur y-Achse (Ordinate), so spiegelt sich der Graph der Funktion y an der Ordinate, so dass gilt:

$f(-x) = f(x)$ für alle $x \in D_f$

Die x-Werte einer Funktion $f(x)$, die achsensymmetrisch zur y-Achse ist, verfügen nur über gerade Exponenten.

Beispiel:

Zeigen Sie, dass die Funktion $f(x) = -7x^4 + 6x^2 + 10$ achsensymmetrisch zur y-Achse ist.

Ansatz: $\quad f(-x) = f(x)$
$\Rightarrow \quad f(-x) = -7(-x)^4 + 6(-x)^2 + 10 = -7x^4 + 6x^2 + 10$

→ Die Funktion $f(x) = -7x^4 + 6x^2 + 10$ ist achsensymmetrisch zur y-Achse.

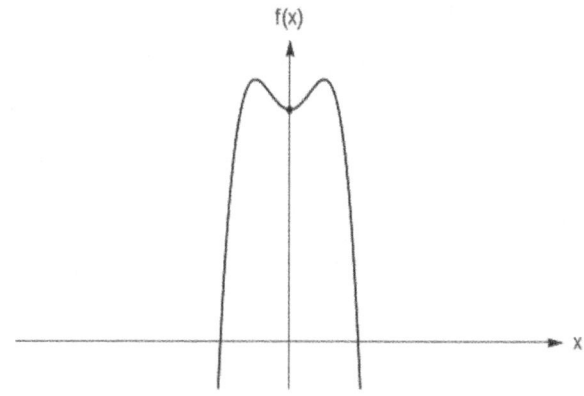

9.3 Eigenschaften reeller Funktionen

Achsensymmetrie zu einer beliebigen Gerade mit $x = x_0$

Achsensymmetrie zu einer Geraden, für die sämtliche x-Werte den Wert x_0 annehmen, liegt vor, wenn gilt:

$f(x_0 + h) = f(x_0 - h)$ mit $h \in \mathbb{R}$ und $h > 0$.

Beispiel:

Zeigen Sie, dass die Funktion $f(x) = x^2 + 6x + 9$ achsensymmetrisch zur Geraden $x_0 = -3$ ist.

$(x_0 + h)$ in die Funktion einsetzen: $f(-3 + h) = (-3 + h)^2 + 6(-3 + h) + 9$

$$= 9 - 6h + h^2 - 18 + 6h + 9$$

$$= h^2$$

$(x_0 - h)$ in die Funktion einsetzen: $f(-3 - h) = (-3 - h)^2 + 6(-3 - h) + 9$

$$= 9 + 6h + h^2 - 18 - 6h + 9$$

$$= h^2$$

Es gilt:

$f(-3 + h) = f(-3 - h)$

→ Die Funktion $f(x) = x^2 + 6x + 9$ ist somit achsensymmetrisch zur Geraden $x_0 = -3$.

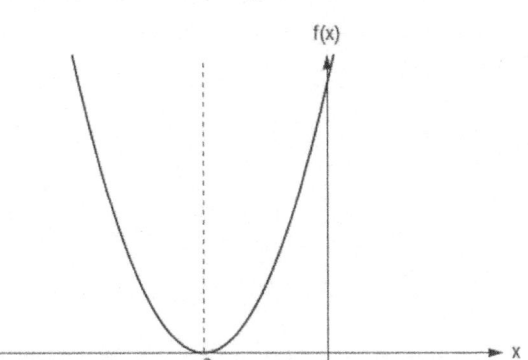

9.3.2.2 Punktsymmetrie

Punktsymmetrie zum Ursprung

Ist eine Funktion $f(x)$ punktsymmetrisch zum Ursprung, so spiegelt sie sich zum Ursprung des Koordinatensystems.

Es gilt: $f(-x) = -f(x)$ für alle $x \in D_f$

$f(x)$ verfügt nur über ungerade Exponenten.

Beispiel:
Zeigen Sie, dass die Funktion $f(x) = 3x^3 - 2x$ punktsymmetrisch zum Ursprung ist.

Ansatz:
$$f(-x) = -f(x)$$
$$3(-x)^3 - 2(-x) = -(3x^3 - 2x)$$
$$\Rightarrow -3x^3 + 2x = -3x^3 + 2x$$

→ Die Funktion $f(x) = 3x^3 - 2x$ ist punktsymmetrisch zum Ursprung des Koordinatensystems.

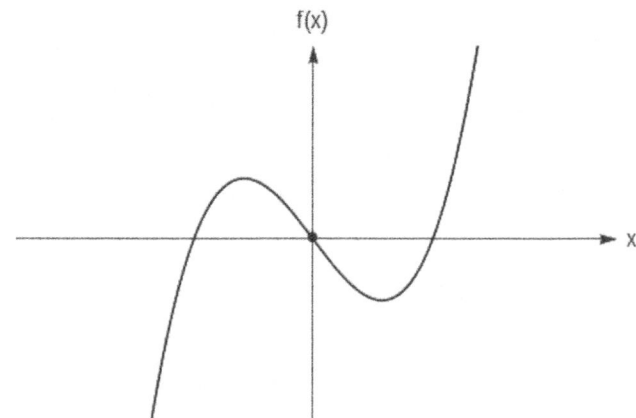

9.3 Eigenschaften reeller Funktionen

Punktsymmetrie zu einem beliebigen Punkt

Punktsymmetrie zu einem beliebigen Punkt $(x_0|y_0)$ liegt vor, wenn gilt:

$f(x_0+h)-y_0 = y_0 - f(x_0-h)$.

x_0 und y_0 sind die Koordinaten des Spiegelpunktes.

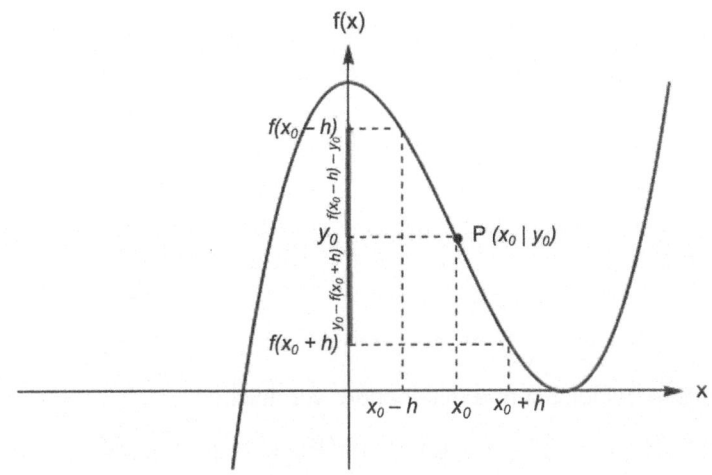

Beispiel:

Ist die Funktion $f(x) = x^3 + 3x^2$ zum Punkt $(-1 \mid 2)$ symmetrisch?

$f(x_0 + h) - y_0$ berechnen:

$$\begin{aligned}
f(x_0 + h) - y_0 &= \left[(-1+h)^3 + 3(-1+h)^2\right] - 2 \\
&= \left[(1 - 2h + h^2) \cdot (-1+h) + 3(1 - 2h + h^2)\right] - 2 \\
&= \left[-1 + 2h - h^2 + h - 2h^2 + h^3 + 3 - 6h + 3h^2\right] - 2 \\
&= \left[h^3 - 3h + 2\right] - 2 \\
&= h^3 - 3h
\end{aligned}$$

$y_0 - f(x_0 - h)$ berechnen:

$$\begin{aligned}
y_0 - f(x_0 - h) &= 2 - \left[(-1-h)^3 + 3(-1-h)^2\right] \\
&= 2 - \left[(1 + 2h + h^2) \cdot (-1-h) + 3(1 + 2h + h^2)\right] \\
&= 2 - \left[-1 - 2h - h^2 - h - 2h^2 - h^3 + 3 + 6h + 3h^2\right] \\
&= 2 - \left[-h^3 + 3h + 2\right] \\
&= h^3 - 3h
\end{aligned}$$

Ergebnisse beider Schritte miteinander vergleichen:

→ Die Funktion $f(x) = x^3 + 3x^2$ ist zum Punkt $(-1 \mid 2)$ punktsymmetrisch, da gilt: $f(x_0 + h) - y_0 = y_0 - f(x_0 - h)$
bzw. $h^3 - 3h = h^3 - 3h$

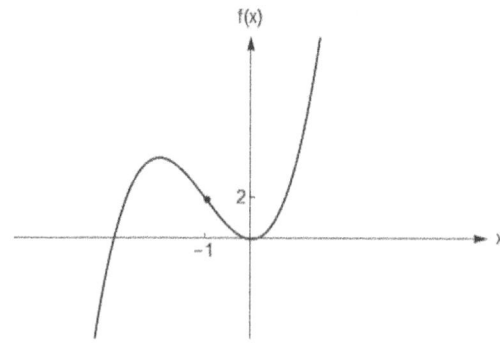

9.3.3 Transformationen

• **Verschiebung**

Wird eine Funktion $y = y(x)$ um b in y-Richtung verschoben, so entspricht dies einer Transformation der Form:

$g(x) = y(x) + b$ mit $b \in \mathbb{R}$

b = Änderung des absoluten Gliedes

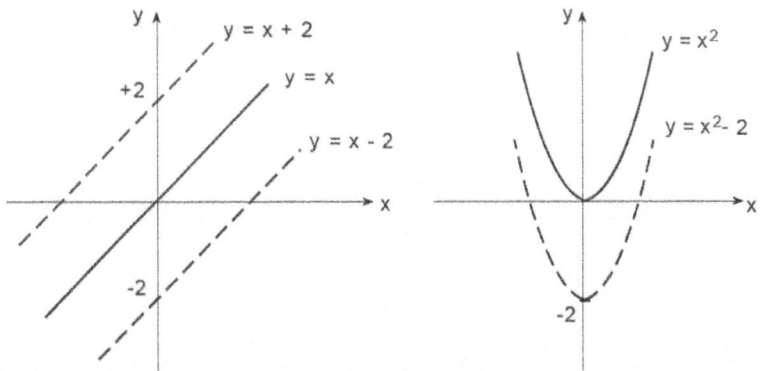

Wird eine lineare Funktion $y = y(x)$ im Schnittpunkt der y-Achse (Ordinate) um einen konstanten Faktor c gedreht, so wird die ursprüngliche Funktion $y = y(x)$ in eine Funktion $g = g(x)$ wie folgt transformiert:

$g(x) = y(c \cdot x)$ mit $c \in \mathbb{R}$ (c = Änderung der Steigung)

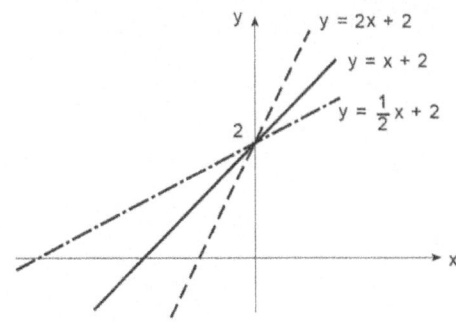

• **Streckung / Stauchung**

Wenn eine quadratische Funktion $y = y(x)$ um das d-fache gestreckt/gestaucht wird, so wird die ursprüngliche Funktion $y = y(x)$ wie folgt in eine Funktion $g = g(x)$ transformiert:

$g(x) = d \cdot y(x)$ mit $b \in \mathbb{R}$

$\|d\|$	> 1	Streckung in y-Richtung
$\|d\|$	< 1	Stauchung in y-Richtung
d	< 0	Spiegelung an der x-Achse mit Streckung/ Stauchung

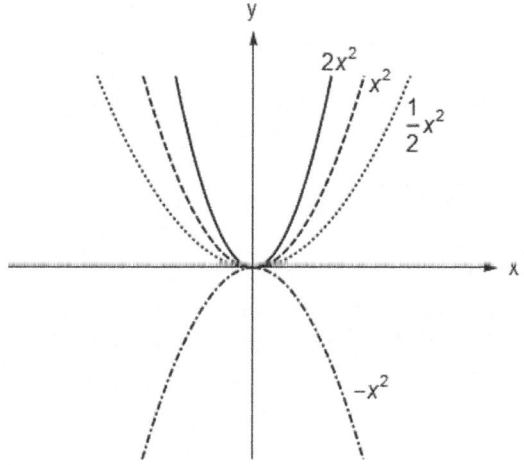

9.3.3.1 Scheitelpunktform

Allgemeine Form $\quad ax^2 + bx + c = f(x)$

Scheitelpunktform $\quad a \cdot (x-d)^2 + e = f(x)$

Quadratische Funktionen besitzen entweder einen Hochpunkt oder einen Tiefpunkt. Dieser Punkt ist der Scheitelpunkt. Quadratische Funktionen besitzen eine Spiegelachse. Sie verläuft parallel zur y-Achse durch den Scheitelpunkt. Quadratische Funktionen besitzen entweder keine, eine oder zwei Nullstellen. Diese Nullstellen können mit Hilfe der p/q-Formel berechnet werden.

Diese lautet: $\quad x_{1,2} = -\dfrac{p}{2} \pm \sqrt{(\dfrac{p}{2})^2 - q}$

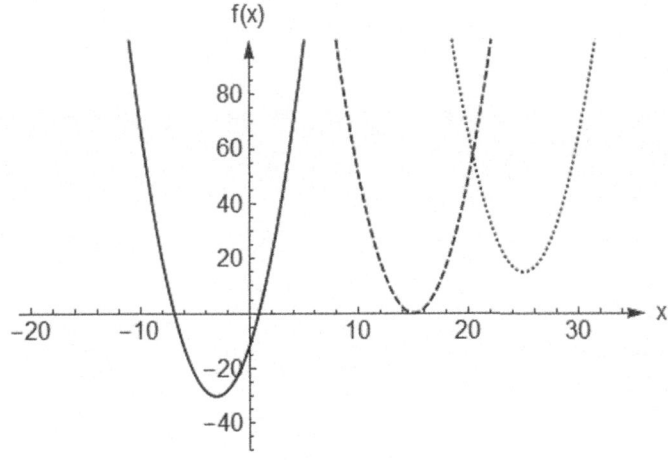

Verschiebung entlang der y-Achse:

$f(x) = a \cdot (x-d)^2 + e$

Für $e > 0$ wird die Parabel entlang der y-Achse um e Einheiten nach oben verschoben.

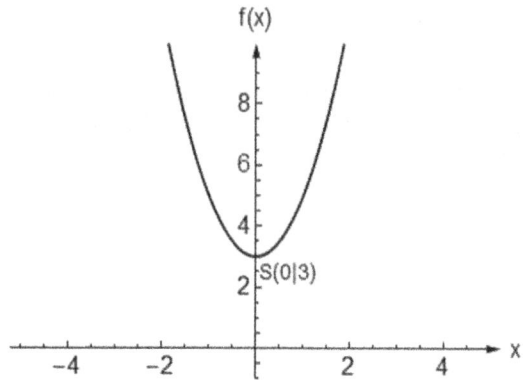

Für $e < 0$ wird die Parabel entlang der y-Achse um e Einheiten nach unten verschoben.

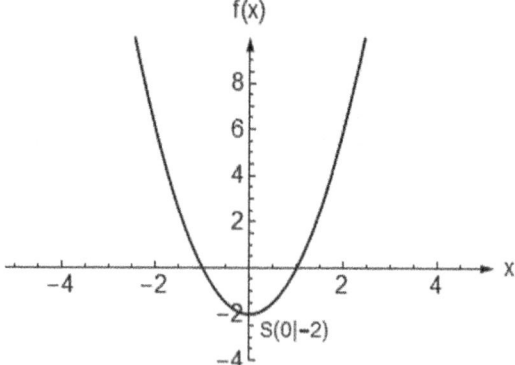

9.3 Eigenschaften reeller Funktionen

Verschiebung entlang der x-Achse:

$f(x) = a \cdot (x-d)^2 + e$

Für $d > 0$ wird die Parabel entlang der x-Achse um d Einheiten nach rechts verschoben.

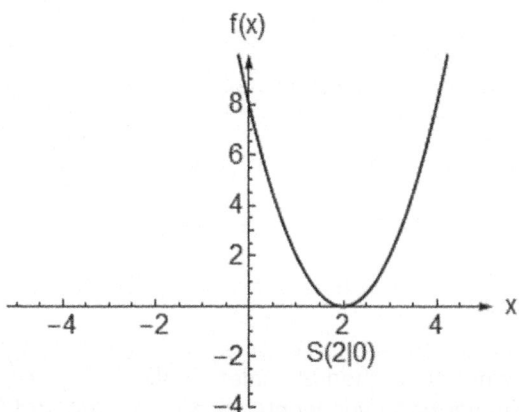

Für $d < 0$ wird die Parabel entlang der x-Achse um d Einheiten nach links verschoben.

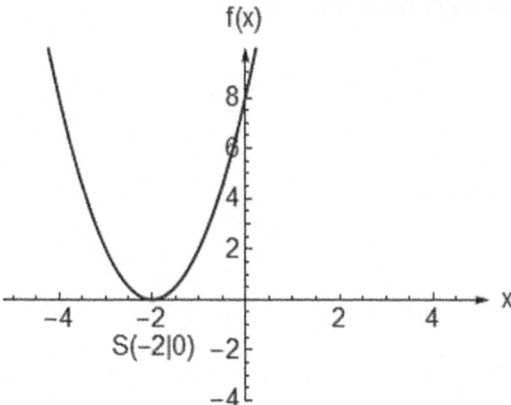

9.3.4 Stetigkeit

Ist eine Funktion f in x_0 differenzierbar, so ist sie dort auch stetig.

Unstetigkeitsstellen

Vgl. hierzu auch Kapitel 9.2.

Es gibt drei Arten von Unstetigkeitsstellen: - Pole,

- Lücken und

- Sprünge.

9.3.5 Polstellen

Eine Polstelle einer gebrochenrationalen Funktion $f = f(x)$ an der Stelle x_0 liegt immer dann vor, wenn der Nenner Null wird (Definitionslücke):

$$\lim_{x \to x_0} f(x) = \pm\infty$$

Eine Polstelle ist nicht behebbar.

9.3 Eigenschaften reeller Funktionen

Beispiel:

$$f(x) = \frac{1-x^2}{x^2-x-2} = \frac{(1+x)\cdot(1-x)}{(x-2)\cdot(x+1)} = \frac{(1-x)}{(x-2)}$$

$\Rightarrow \quad D_f = \mathbb{R}\setminus\{-1;2\}$

Die Definitionslücke bei $x = 2$ lässt sich nicht beheben; d. h. lässt sich nicht wegkürzen. Hier liegt eine Polstelle vor.

$\lim\limits_{x\to 2^-} f(x) \approx f(1,9999) = +\infty$

$\lim\limits_{x\to 2^+} f(x) \approx f(2,0001) = -\infty$

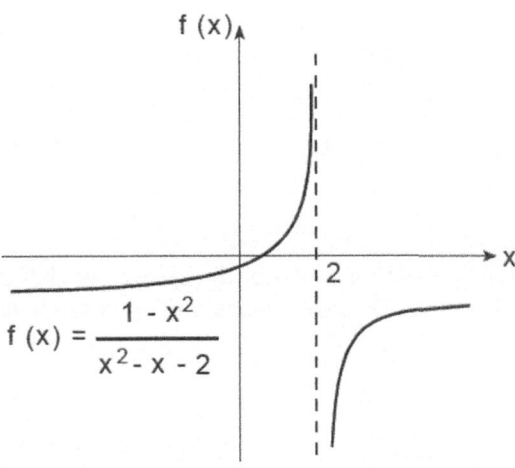

9.3.6 Definitionslücken

Eine Lücke einer gebrochenrationalen Funktion $f = f(x)$ an der Stelle x_0 liegt immer dann vor, wenn Zähler und Nenner gleichzeitig Null werden (Definitionslücke). Lücken lassen sich beheben unter der Voraussetzung, dass $\lim\limits_{x \to x_0} f(x)$ existiert, indem der Unstetigkeitsstelle dieser Grenzwert zugeordnet wird.

Beispiel: s.o.

$$f(x) = \frac{1-x^2}{x^2-x-2} = \frac{(1+x)\cdot(1-x)}{(x-2)\cdot(x+1)} = \frac{(1-x)}{(x-2)}$$

$$\Rightarrow \quad D_f = \mathbb{R} \setminus \{-1;2\}$$

Die Definitionslücke bei $x = -1$ lässt sich beheben; d. h. lässt sich kürzen. Der entsprechende Grenzwert existiert:

$$\lim\limits_{x \to -1^-} f(x) = -\frac{2}{3}; \quad \lim\limits_{x \to -1^+} f(x) = -\frac{2}{3} \quad \Rightarrow \quad \text{Hier liegt eine Lücke vor.}$$

Anmerkung:

In der originären Funktion $f(x)$ bleibt die Lücke per definitionem eine Definitionslücke, die aus dem Definitionsbereich auszuschließen ist.

9.3.7 Sprungstellen

Bei einer Sprungstelle x_0 einer Funktion $f = f(x)$ sind links- und rechtsseitiger Grenzwert verschieden:

$$\lim_{x \to x_0^-} f(x) \neq \lim_{x \to x_0^+} f(x) \underbrace{(\neq \pm \infty)}_{\text{vgl. Pol}}$$

Beispiel:

$$f(x) = \begin{cases} -1 & \text{für } x < 1 \\ x^2 & \text{für } x \geq 1 \end{cases}$$

$\Rightarrow$ Sprungstelle bei $x = 1$

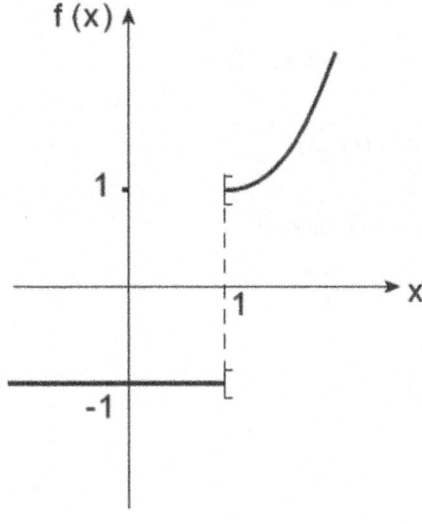

9.3.8 Homogenität

Eine Funktion f mit n unabhängigen Variablen $x_1,\ldots,x_n$; $f = f(x_1,\ldots,x_n)$ mit $D_f \subseteq \mathbb{R}^n$, ist homogen vom Grad r, wenn für jede reelle Zahl $\lambda \geq 0$ gilt:

$$f(\lambda x_1,\ldots,x_n) = \lambda^r \cdot f(x_1,\ldots,x_2) \cdot r = \text{Homogenitätsgrad}$$

Beispiele:

$$f(x_1,x_2) = x_1^2 + 4x_1x_2 + 5x_2^2$$

$\Rightarrow \quad f(\lambda x_1, \lambda x_2) = (\lambda x_1)^2 + 4\lambda x_1 \lambda x_2 + 5(\lambda x_2)^2$

$$= \lambda^2 x_1^2 + \lambda^2 4x_1x_2 + \lambda^2 5x_2^2$$

$$= \lambda^2(x_1^2 + 4x_1x_2 + 5x_2^2)$$

$$= \lambda^2 \cdot f(x_1,x_2)$$

$\Rightarrow \quad f$ ist homogen vom Grad 2.

9.3 Eigenschaften reeller Funktionen 425

9.3.9 Periodizität

Eine Funktion f mit $f = f(x)$ ist periodisch mit einer Periode von T, wenn gilt:

$$f(x) = f(x \pm nT) \quad \text{mit} \quad (x \pm nT) \in D_f \quad n \in \mathbb{Z}^* \quad T > 0$$

Die kleinste Periode heißt auch die (primitive) Periode von f.

Beispiel:

Die Sinusfunktion, $f(x) = \sin x$, ist eine periodische Funktion mit einer Periode von $T = 2\pi$:

$$\sin x = \sin(x + k2\pi) \quad \text{mit} \quad k \in \mathbb{R}$$

9.3.10 Nullstellen

Als Nullstelle wird der Schnittpunkt einer Funktion $f(x)$ mit der Abszisse (x-Achse) bezeichnet.
$\Rightarrow \quad f(x) = 0$

Beispiel:

$$f(x) = x^2 - x - 6 = 0$$

$\Rightarrow \quad$ p/q-Formel: $\quad x_1/x_2 = +\dfrac{1}{2} \pm \sqrt{\left(-\dfrac{1}{2}\right)^2 + 6}$

$$x_1 = 0,5 + \sqrt{6,25} = 3$$

$$x_2 = 0,5 - \sqrt{6,25} = -2$$

9.3.11 Lokale Extrema

Notwendige Bedingung: $f'(x) \stackrel{!}{=} 0$

Hinreichende Bedingung: $f''(x) > 0 \Rightarrow$ Minimum
$f''(x) < 0 \Rightarrow$ Maximum

Beispiel:

$$f(x) = x^3 - 8x^2 + 8x - 3$$

$\Rightarrow \quad f'(x) = 3x^2 - 16x + 8 = 0$
$\quad\quad f'(x) = x^2 - 5,\bar{3}x + 2,6667 = 0$

$\Rightarrow \quad$ p/q-Formel: $\quad x_1, x_2 = \dfrac{5,\bar{3}}{2} \pm \sqrt{\left(-\dfrac{5,\bar{3}}{2}\right)^2 - 2,6667}$

$x_1 = 2,6667 + \sqrt{4,4444} = 4,7749$

$x_2 = 2,6667 - \sqrt{4,4444} = 0,5585$

$y_1 = f(4,7749) = x^3 - 8x^2 + 8x - 3 = -38,3320$

$y_2 = f(0,5585) = x^3 - 8x^2 + 8x - 3 = -0,8532$

In $P_1(4,7749 \mid -38,3320)$ und $P_2(0,5585 \mid -0,8532)$ besitzt die Funktion jeweils ein Extremum.

$\Rightarrow \quad f''(4,7749) = 6x - 16 = 12,649 > 0 \quad \Rightarrow \quad$ Minimum
$\quad\quad\quad\quad\quad\quad\quad\quad\quad\quad\quad\quad\quad\quad\quad\quad\quad\quad P_1(4,7749 \mid -38,3320)$

$\Rightarrow \quad f''(0,5585) = 6x - 16 = -12,649 < 0 \quad \Rightarrow \quad$ Maximum
$\quad\quad\quad\quad\quad\quad\quad\quad\quad\quad\quad\quad\quad\quad\quad\quad\quad\quad P_2(0,5585 \mid -0,8532)$

9.3.12 Monotonie

Die Monotonie beschreibt die Steigung einer Funktion (monoton ≙ gleichförmig).

Gilt für alle $x_1, x_2 \in I$ (I = Intervall) mit $x_2 > x_1$ und $I \in D_f$:

$f(x_1) > f(x_2)$ ⇒ f ist streng monoton steigend

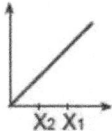

$f(x_1) \geq f(x_2)$ ⇒ f ist monoton steigend

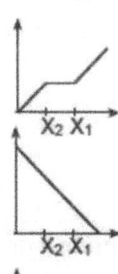

$f(x_1) < f(x_2)$ ⇒ f ist streng monoton fallend

$f(x_1) \leq f(x_2)$ ⇒ f ist monoton fallend

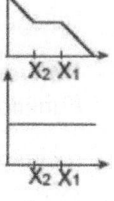

$f(x_1) = f(x_2)$ ⇒ f läuft parallel zur Abszisse
⇒ Steigung ist immer Null
⇒ Monotonie ist immer gleichbleibend

⇒ Das Monotonieverhalten ändert sich in den Extrema (= Minimum oder Maximum).

⇒ Monotonie hat nichts mit Stetigkeit zu tun; eine Treppenfunktion ist z. B. auch monoton steigend/fallend.

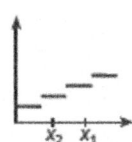

⇒ Es gibt nur eine Steigung zwischen zwei Punkten; nicht in einem Punkt (also keine Steigung in Extrempunkten).

9.3.13 Krümmungsverhalten/ Wendepunkte

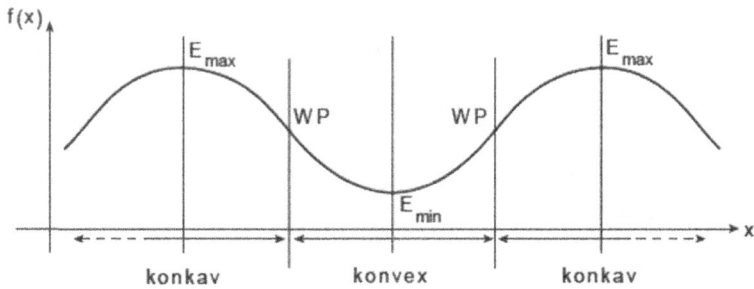

WP = Wendepunkt

Krümmungsverhalten

- linksgekrümmt ⇒ konvex

  Konvexität ist dann gegeben, wenn die 2. Ableitung einer Funktion größer Null ist, $f''(x) > 0$.

- rechtsgekrümmt ⇒ konkav

  Konkavität ist dann gegeben, wenn die 2. Ableitung einer Funktion kleiner Null ist, $f''(x) < 0$.

9.3 Eigenschaften reeller Funktionen

In den Wendepunkten (WP) ändert sich das Krümmungsverhalten einer Funktion, von konkav zu konvex bzw. konvex zu konkav.

- konkav/konvexer Wendepunkt:

    bei negativer Steigung ist die Steigung nirgendwo geringer, als in diesem Punkt

    $f'(x) = $ minimal

    $f''(x) = 0$

    $f'''(x) > 0$

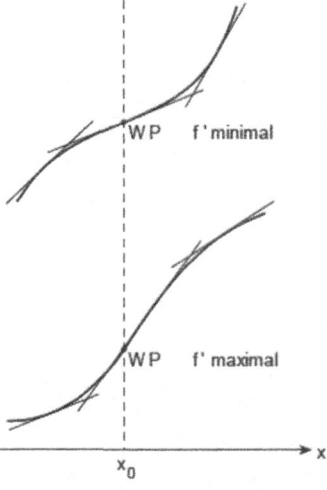

- konvex/konkaver Wendepunkt:

    bei positiver Steigung ist die Steigung nirgendwo größer, als in diesem Punkt

    $f'(x) = $ maximal

    $f''(x) = 0$

    $f'''(x) < 0$

9.3.14 Asymptoten

Eine Asymptote ist eine Funktion, die sich an eine andere Funktion annähert, ohne diese zu schneiden oder zu berühren.
Es ist zwischen vier verschiedenen Arten von Asymptoten zu unterscheiden:

Waagerechte Asymptote   **Senkrechte Asymptote**

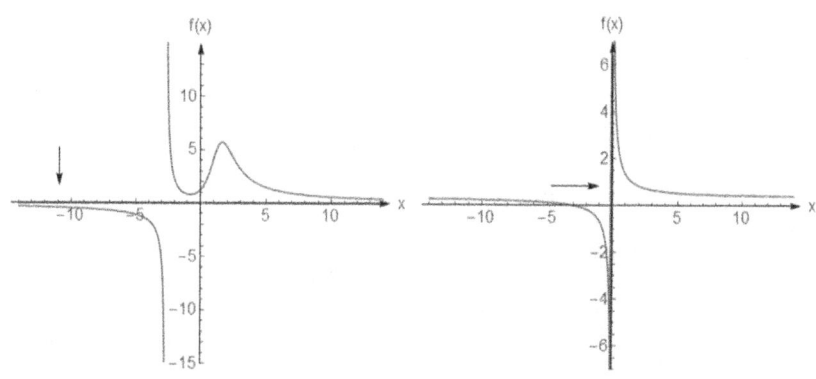

Schiefe Asymptote   **Asymptotische Kurve**

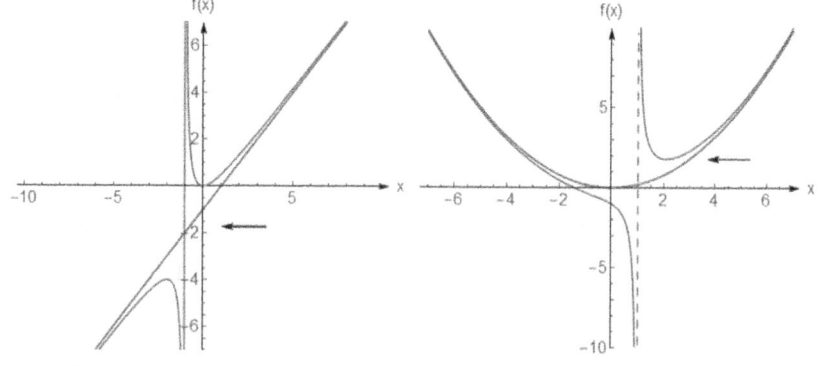

9.3.14.1 Waagerechte Asymptote

Bestimmung der Asymptote mittels Grenzverhalten (lat. Limes) oder durch den Vergleich von Zählergrad (n) und Nennergrad (m).

Zählergrad = Nennergrad	Zählergrad < Nennergrad
$f(x) = \dfrac{1x^4 - 3}{4 + 1x^4}$	$f(x) = \dfrac{x^1 - 5}{x^2}$
Betrachtung der höchsten Exponenten. Die Koeffizienten vor den Basen mit den höchsten Exponenten beschreiben das Niveau der waagerechten Asymptote.	Betrachtung der höchsten Exponenten. Der Quotient der höchsten Exponenten - hier $0/1$ - ist Null. Somit entspricht die waagerechte Asymptote der Abszisse.
Asymptotengleichung:	Asymptotengleichung:
$g(x) = 1$	$g(x) = 0$
	(Gerade liegt auf der x-Achse)

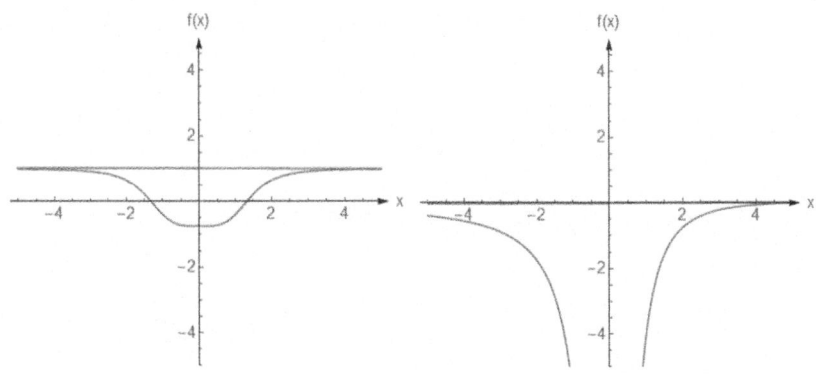

Beispiel:

$$f(x) = \frac{3x^2 - 1}{x + 5x^2}$$

Division durch x mit dem höchsten Exponenten, hier dividiert durch x^2

$\Rightarrow \quad f(x) = \dfrac{3 - \frac{1}{x^2}}{5 + \frac{1}{x^1}}$

Bildung der Grenzwerte (Limites) gegen $\pm \to \infty$ $\qquad \dfrac{\text{Zahl}}{\text{Unendlich}} \approx 0$

$$\lim_{x \to \pm\infty} f(x) = \frac{3 - \frac{1}{x^2}}{5 + \frac{1}{x^1}}$$

$$\lim_{x \to \pm\infty} f(x) = \frac{3 - 0}{5 + 0}$$

Asymptotengleichung:

$$g(x) = \frac{3}{5}$$

9.3.14.2 Senkrechte Asymptote

Asymptoten bestimmen sich durch die Polstellen.
(Polstelle = senkrechte Gerade)

$$\frac{p(x) \neq 0}{q(x) = 0}$$

Beispiel:

$$f(x) = \frac{x^2 - x - 2}{(x-3)(x+5)}$$

1. Definitionslücke bestimmen:

$$(x-3)(x+5) = 0$$

$$x_1 = 3 \; ; x_2 = -5$$

2. Definitionslücken in den Zähler einsetzen:

$$f(3) = 3^2 - 3 - 2 = 4$$

$$f(-5) = (-5)^2 + 5 - 2 = 28$$

$\rightarrow$ beide Zähler $\neq 0$ $\rightarrow$ Polstellen bei 3 und -5.

9.3.14.3 Schiefe Asymptote

Eine schiefe Asymptote hat die Form einer Geraden mit einer Steigung $\neq 0$.

Betrachtung des Zähler- und Nennergrades:

Zählergrad = Nennergrad +1   z. B.: $f(x) = \dfrac{x^2}{x^1 + 1}$

Asymptotengleichung: $g(x) = mx + b$

Vorgehensweise: 1. Zähler- und Nennergrad bestimmen
2. Polynomdivision
3. Grenzwertbetrachtung

Zu 1: $\dfrac{x^2}{x^1 + 1}$

Zu 2: $(x^2 + 0x^1) \div (x+1) = x - 1 + \dfrac{1}{x+1}$

Zu 3: $\lim\limits_{x \to \pm\infty} (\dfrac{1}{x+1}) = 0$ $\Rightarrow$ $g(x) = x - 1$ (**Asymptotengleichung**)

mit $m = 1$ und $b = -1$

9.3 Eigenschaften reeller Funktionen

9.3.14.4 Asymptotische Kurve

Die asymptotische Kurve ist eine Funktion, die keine Gerade (schiefe Asymptote) darstellt, sondern eine gekrümmte Funktion (Kurve) beschreibt.

Betrachtung des Zähler- und Nennergrades:

Zählergrad > Nennergrad +1   z. B.: $f(x) = \dfrac{x^4 - 1}{x}$

Vorgehensweise:
1. Zähler- und Nennergrad bestimmen
2. Polynomdivision
3. Grenzwertbetrachtung

Zu 1: $\dfrac{x^4 - 1}{x}$

Zu 2: $(x^4 + 0x^2 - 1) \div (x) = x^3 - \dfrac{1}{x}$

Zu 3: $\lim\limits_{x \to \pm\infty} \left(\dfrac{1}{x}\right) = 0 \quad \Rightarrow \quad g(x) = x^3$ (Asymptotengleichung)

Wichtige Regeln

Nenner = 0 und Zähler $\neq 0$	senkrechte Asymptote = Polstelle
$n < m$ oder $n = m$	waagerechte Asymptote
$n = m + 1$	schiefe Asymptote
$n > m + 1$	asymptotische Kurve

9.3.15 Tangenten einer Kurve

Die Tangente einer Kurve ist eine Gerade, die eine Funktion $f(x)$ in einem Punkt P_0 berührt. Die Steigung der Tangente m_{tan} beschreibt die Steigung der Funktion $f(x)$ in einem Punkt P_0 oder an einer Stelle x_0.
$\rightarrow m_{tan} = f'(x_0)$

Beispiel:

gegeben: $f(x) = 3x^2 + 1$ $\qquad x_0 = 1$

gesucht: $y = m \cdot x + b$ $\qquad$ (Tangentengleichung)

1. Bestimme die Ableitung von $f(x)$

$\Rightarrow f'(x) = 6x$

2. Setze den x_0-Wert in $f(x)$ ein, um den y_0-Wert zu erhalten

$\Rightarrow y_0 = 3 \cdot 1^2 + 1$
$\quad y_0 = 4$

3. Setze den x_0-Wert in $f'(x)$ ein, um m zu erhalten

$\Rightarrow f'(1) = 6 \cdot 1$
$\quad f'(1) = 6$

4. Setze m und y in die allgemeine Form der Gleichung einer Geraden ein, um b zu erhalten

$\Rightarrow y = m \cdot x + b$
$\quad 4 = 6 \cdot 1 + b$
$\quad b = -2$

5. Tangentengleichung

$\Rightarrow y = 6x - 2$

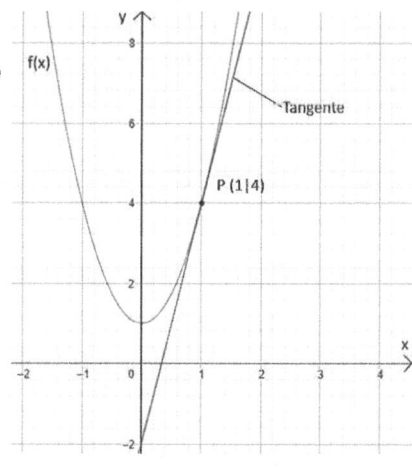

9.3.16 Normalen einer Kurve

Eine Normale zu einer Kurve steht im Schnittpunkt mit der Funktion $f(x)$ senkrecht (orthogonal) auf der entsprechenden Tangente. Ihre Steigung ist gleich dem negativen Kehrwert der entsprechenden Tangente.

$$\Rightarrow m_{norm} = -\frac{1}{m_{tan}} = -\frac{1}{f'(x_0)}$$

Beispiel:

gegeben: $f(x) = 3x^2 + 1$ \quad $x_0 = 1$

gesucht: $y = m \cdot x + b$ \quad (Normalengleichung)

1. Bestimme die Ableitung von $f(x)$ und die Steigung der Tangente m_{tan}

$$\Rightarrow f'(1) = 6 = m_{tan}$$

2. Bestimme die Steigung der Normalen

$$\Rightarrow m_{norm} = \frac{-1}{m_{tan}} = \frac{-1}{6}$$

3. Setze m_{norm} und $P(1|4)$ in die Geradengleichung ein, um b zu erhalten

$$\Rightarrow 4 = -\frac{1}{6} \cdot 1 + b$$

$$b = \frac{25}{6}$$

4. Normalengleichung

$$\Rightarrow y = -\frac{1}{6}x + \frac{25}{6}$$

Beachte:
$m_{norm} \cdot m_{tan} = -1$
muss stets zutreffen.

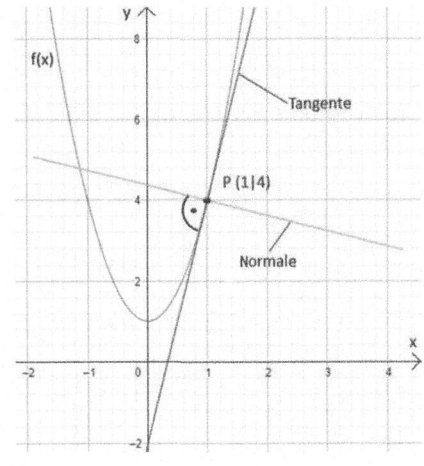

9.4 Übungsaufgaben Funktionen

Beispiel 1:

Der Pegelstand des Rheins in Köln vom sechsten bis zum zwölften Januar 2011 wird durch die Funktion $h(t) = 2,5t^2 \cdot e^{-\frac{1}{2}t} + 3,5$ realistisch abgebildet.

Dabei wird t in Tagen angegeben, $t = 0$ entspricht dem sechsten Januar, $h(t)$ wird in Metern gemessen.

1. Berechnen Sie den Zeitpunkt, an dem das Hochwasser seinen höchsten Stand erreicht, sowie den Pegelstand zu diesem Zeitpunkt.

2. Berechnen Sie die Zeitpunkte, zu denen der Pegel am stärksten steigt bzw. sinkt.

Teilaufgabe 1:

Ableitungen bilden:

$$h'(t) = e^{-\frac{1}{2}t}(-1,25t^2 + 5t)$$

$$h''(t) = e^{-\frac{1}{2}t}(0,625t^2 - 5t + 5)$$

$$h'''(t) = e^{-\frac{1}{2}t}(-0,3125t^2 + 3,75t - 7,5)$$

1. Notwendige Bedingung $\quad h'(t) = 0$

$$
\begin{array}{lll}
e^{-\frac{1}{2}t}(-1,25t^2 + 5t) = 0 & \quad | \; e^{-\frac{1}{2}t} \neq 0 \text{ für alle } t \in \mathbb{R} \\
-1,25t^2 + 5t = 0 & \quad | \; t \text{ ausklammern} \\
t_1 = 0 \quad \vee \quad (-1,25t + 5) = 0 & \quad | -5 \\
-1,25t = -5 & \quad | \div (-1,25) \\
t_2 = 4 &
\end{array}
$$

9.4 Übungsaufgaben Funktionen

2. Hinreichende Bedingung $\quad h'(t) = 0 \quad \wedge \quad h''(t) \neq 0$

$h''(0) = 5 \quad\quad > 0 \quad$ lokales Minimum
$h''(4) \approx -0{,}677 \quad < 0 \quad$ lokales Maximum

$y-$Werte bestimmen

$h(4) \approx 8{,}9$

Antwort: Der Wasserpegel des Rheins hat am 10. Januar um 0 Uhr seinen höchsten Stand von ca. $8{,}9$ Metern erreicht.

Teilaufgabe 2:

$h''(t) = e^{-\frac{1}{2}t}(0{,}625t^2 - 5t + 5)$

1. Notwendige Bedingung $\quad h''(t) = 0$

$$e^{-\frac{1}{2}t}(0{,}625t^2 - 5t + 5) = 0 \quad | \, e^{-\frac{1}{2}t} \neq 0 \text{ für alle } t \in \mathbb{R}$$

$$0{,}625t^2 - 5t + 5 = 0 \quad | : 0{,}625$$

$$t^2 - 8t + 8 = 0 \quad | \, p/q-\text{Formel}$$

$$t_{1,2} = \frac{8}{2} \pm \sqrt{(-\frac{8}{2})^2 - 8} \quad | \, t_1 \approx 6{,}828 \quad t_2 \approx 1{,}172$$

2. Hinreichende Bedingung $\quad h''(t) = 0 \quad \wedge \quad h'''(t) \neq 0$

$h'''(t) = e^{-\frac{1}{2}t}(-0{,}3125t^2 + 3{,}75t - 7{,}5)$

$h'''(6{,}828) = 0{,}1163 > 0 \quad$ Rechts-Links-Krümmung

Die Ableitungsfunktion h' hat ein lokales Minimum an der Stelle $t = 6,828$. Der Pegel sinkt nach 6 Tagen und ca. 20 Stunden, d. h. am 12. Januar um ca. 20 Uhr am stärksten.

$h'''(1,172) \approx -1,968 < 0$ Links-Rechts-Krümmung

Die Ableitungsfunktion h' hat ein lokales Maximum an der Stelle $t = 1,172$. Der Pegel steigt nach einem Tag und ca. 4 Stunden, d. h. am 12. Januar um ca. 4 Uhr am stärksten.

Beispiel 2:

Erhöhte Ozonkonzentration können beim Menschen Reizung der Atemwege, Husten und Lungenkrankheiten hervorrufen. Ihr Ausmaß wird hauptsächlich durch die Aufenthaltsdauer in der ozonbelasteten Luft bestimmt. In der Prognose für den kommenden Tag wird die Ozonkonzentration in einer deutschen Stadt zwischen 7 Uhr ($t = 0$) und 21 Uhr ($t = 14$) durch die Funktion f mit der Funktionsgleichung
$f(t) = 0,06 \cdot (0,25t^4 - 10,6t^3 + 101,2t^2) + 55$ modelliert mit $0 \leq t \leq 14$.

1. Bestimmen Sie den Zeitpunkt, an dem die höchste Ozonkonzentration in der Stadt prognostiziert wird.

2. Ermitteln Sie die Zeitpunkte, an denen die Ozonkonzentration in der Stadt am stärksten zu- und am stärksten abnimmt.

Teilaufgabe 1:

Ableitungen bilden:

$f'(t) = 0,06 \cdot (t^3 - 31,8t^2 + 202,4t)$

$f''(t) = 0,06 \cdot (3t^2 - 63,6t + 202,4)$

$f'''(t) = 0,06 \cdot (6t - 63,6)$

9.4 Übungsaufgaben Funktionen

1. Notwendige Bedingung $\quad f'(t) = 0$

$$0,06 \cdot (t^3 - 31,8t^2 + 202,4t) = 0$$

$0,06 \neq 0 \quad \vee \quad (t^3 - 31,8t^2 + 202,4t) = 0$

$ (t^3 - 31,8t^2 + 202,4t) = 0 \quad | \; t$ ausklammern

$ t(t^2 - 31,8t + 202,4) = 0$

$t_1 = 0 \quad \vee \quad (t^2 - 31,8t + 202,4) = 0 \quad | \; p/q-$Formel

$$(t^2 - 31,8t + 202,4) = 0$$

$t_{2,3} = \quad 15,9 \pm \sqrt{(-15,9)^2 - 202,4}$

$t_2 = \quad 23 > 14; \quad t_3 \notin \mathbb{D}$

$t_3 = \quad 8,8$

2. Hinreichende Bedingung $\quad f'(t) = 0 \quad \wedge \quad f''(t) \neq 0$

$f''(0) = 12,144 \quad > 0 \quad$ lokaler Tiefpunkt
$f''(8,8) = -7,4976 \quad < 0 \quad$ lokaler Hochpunkt

Zum Zeitpunkt $t = 8,8$ liegt ein Maximum vor. Der Zeitpunkt entspricht 15:48 Uhr ($0,8h = 0,8 \cdot 60min = 48min$). Die höchste Ozonkonzentration in der Stadt wird um 15:48 Uhr erreicht.

Teilaufgabe 2:

1. Notwendige Bedingung $\quad f''(t) = 0$

$$0{,}06 \cdot (3t^2 - 63{,}6t + 202{,}4) = 0$$
$$0{,}06 \neq 0 \quad \vee \quad (3t^2 - 63{,}6t + 202{,}4) = 0$$
$$(3t^2 - 63{,}6t + 202{,}4) = 0 \quad |:3$$
$$t^2 - 21{,}2t + \frac{1{.}012}{15} = 0 \quad |\ p/q\text{-Formel}$$

$$t_{1,2} = 10{,}6 \pm \sqrt{(-10{,}6)^2 - \frac{1{.}012}{15}}$$
$$t_1 \approx 17{,}3 > 14 \notin \mathbb{D}$$
$$t_2 \approx 3{,}9$$

2. Hinreichende Bedingung $\quad f''(t) = 0 \quad \vee \quad f'''(t) \neq 0$

$f'''(3{,}9) = -2{,}412 \neq 0 \quad$ Links-Rechts-Krümmung

Zum Zeitpunkt $t = 3{,}9$ liegt eine Wendestelle vor.
Steigung zu diesem Zeitpunkt: $f'(3{,}9) \approx 21{,}9$

Steigung am Rand des Zeitintervalls $[0; 14]$ untersuchen:

$f'(0) = 0$
$f'(14) = -39{,}312$

Zeitpunkt der stärksten Zunahme $t = 3{,}9$, also um 10:54 Uhr.
Zeitpunkt der stärksten Abnahme $t = 14$, also um 21 Uhr.

Kapitel 10
Differentialrechnung

10.1 Differentiation von Funktionen mit einer unabhängigen Variablen

10.1.1 Allgemeines

Differenzenquotient

= durchschnittliche Steigung der Funktion $f = f(x)$ zwischen den Punkten P_0 und P bzw. zwischen x_0 und x_1.

= der Quotient (die Relation) der Differenzen Δy und Δx (Abb. 10.1).

$$\frac{\Delta y}{\Delta x} = \frac{y - y_0}{x - x_0} = \frac{f(x_0 + \Delta x) - f(x_o)}{\Delta x}$$

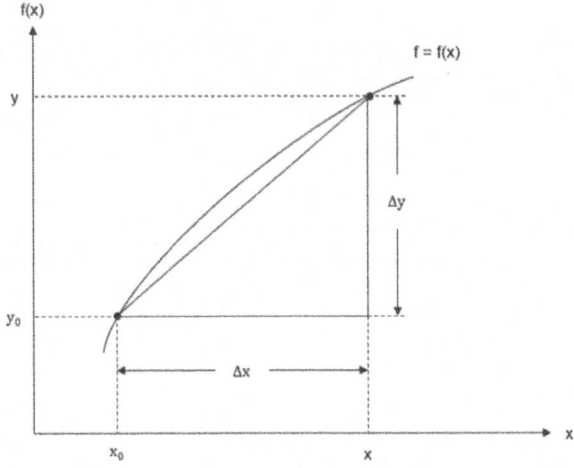

Abb. 10.1: Der Differenzenquotient einer Funktion $f = f(x)$

Differentialquotient

= Ableitung (= Steigung) der Funktion $f = f(x)$ an der Stelle x_0 bzw. in/um den Punkt P_0.

$$\frac{df}{dx}(x_0) = f'(x_0)$$

$$= \lim_{\Delta x \to 0} \frac{\Delta y}{\Delta x}$$

$$= \lim_{\Delta x \to 0} \frac{f(x_0 + \Delta x) - f(x_0)}{\Delta x}$$

Die Entwicklung vom Differenzenquotienten zum Differentialquotienten wird in Abb. 10.2 grafisch dargestellt.

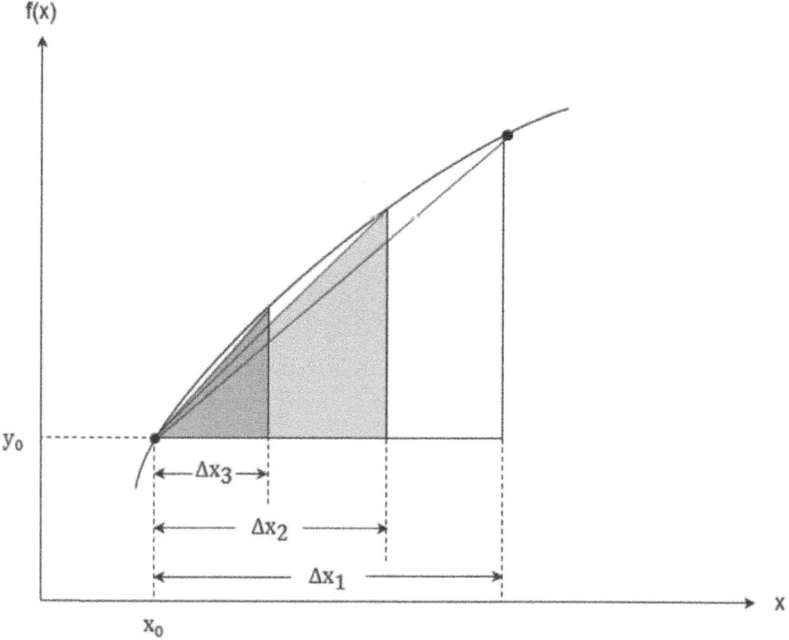

Abb. 10.2: Entwicklung vom Differenzen- zum Differentialquotienten

10.1 Funktionen mit einer unabhängigen Variablen

Anmerkung:

$\lim_{\Delta x \to 0} \dfrac{\Delta y}{\Delta x}$ heißt geographisch, dass man das Steigungsdreieck immer kleiner werden lässt, theoretisch so klein, dass Δx gegen 0 konvertiert. Schließlich ist das Steigungsdreieck an dem interessierenden Punkt P_0 so klein, dass es approximativ die Steigung der Funktion $f = f(x)$ in/um P_0 misst.

Ableitungsfunktion

Ist die Funktion $f = f(x)$ im gesamten Definitionsbereich differenzierbar, so existiert die Ableitungsfunktion (1. Ableitung von f).

$$f'(x) = \frac{df}{dx} \quad \text{mit} \quad x \in D_f$$

Differential

$$df = f'(x)dx \quad \text{mit} \quad f = f(x); \; x \in D_f$$

df heißt das Differential der Funktion f.

10.1.2 Erste Ableitung elementarer Funktionen

$f(x)$	$f'(x)$	Bemerkungen
a	0	$a = \text{konstant}$
x^n	$n \cdot x^{n-1}$	$n \in \mathbb{R}$
$a \cdot x^n$	$a \cdot n \cdot x^{n-1}$	
$\dfrac{1}{x} = x^{-1}$	$-\dfrac{1}{x^2} = -x^{-2}$	
$\dfrac{1}{x^n} = x^{-n}$	$-\dfrac{n}{x^{n+1}} = (-n) \cdot x^{-n-1}$	
$\sqrt{x}$	$\dfrac{1}{2\sqrt{x}}$	
$\sqrt[n]{x}$	$\dfrac{1}{n} \cdot x^{\frac{1}{n}-1}$	
$\sqrt{g(x)}$	$\Rightarrow$ Kettenregel	
$\ln(x)$	$\dfrac{1}{x}$	
$\ln(g(x))$	$\Rightarrow$ Kettenregel	
$\log_a x$	$\dfrac{1}{x \cdot \ln(a)}$	$a \neq 1 \quad a, x > 0$
e^x	e^x	
a^x	$a^x \ln(a)$	$a > 0$
$e^{g(x)}$	$\Rightarrow$ Kettenregel	
$\sin x$	$\cos x$	
$\cos x$	$-\sin x$	

10.1 Funktionen mit einer unabhängigen Variablen

$f(x)$	$f'(x)$	Bemerkungen
$\cot x$	$-\dfrac{1}{\sin^2 x} = -(1+\cot^2 x)$	$x \neq k\pi,\ k \in \mathbb{R}$
$\arcsin x$	$\dfrac{1}{\sqrt{1-x^2}}$	$|x| < 1$
$\arccos x$	$-\dfrac{1}{\sqrt{1-x^2}}$	$|x| < 1$
$\arctan x$	$\dfrac{1}{\sqrt{1+x^2}}$	
$\text{arccot}\, x$	$-\dfrac{1}{\sqrt{1+x^2}}$	
$\sinh x$	$\cosh x$	
$\cosh x$	$\sinh x$	
$\tanh x$	$\dfrac{1}{\cosh^2 x} = 1 - \tanh^2 x$	
$\coth x$	$-\dfrac{1}{\sinh^2 x} = 1 - \coth^2 x$	$x \neq 0$
$\text{arsinh}\, x$	$\dfrac{1}{\sqrt{1+x^2}}$	
$\text{arcosh}\, x$	$\dfrac{1}{\sqrt{x^2-1}}$	$x > 1$
$\text{artanh}\, x$	$\dfrac{1}{\sqrt{1-x^2}}$	$|x| < 1$
$\text{arcoth}\, x$	$-\dfrac{1}{\sqrt{x^2-1}}$	$|x| > 1$

10.1.3 Ableitungsregeln

Faktorregel $\quad f(x) = c \cdot g(x) \quad$ mit $\quad c = $ konstant $\ c \in \mathbb{R}$

$$f'(x) = c \cdot g'(x)$$

Summenregel $\quad f(x) = u(x) \pm v(x)$

$$f'(x) = u'(x) \pm v'(x)$$

Produktregel $\quad f(x) = u(x) \cdot v(x)$

$$f'(x) = u'(x) \cdot v(x) + u(x) \cdot v'(x)$$

Allgemein:

$$f(x) = f_1(x) \cdot f_2(x) \cdot \ldots \cdot f_n(x)$$

$$f'(x) = f_1'(x) \cdot f_2(x) \cdot \ldots \cdot f_n(x) + f_1(x) \cdot f_2'(x) \cdot \ldots$$

$$\cdot f_n(x) + f_1(x) \cdot f_2(x) \cdot \ldots \cdot f_n'(x)$$

Quotientenregel $\quad f(x) = \dfrac{u(x)}{v(x)} \quad$ mit $\quad v(x) \neq 0$

$$f'(x) = \frac{u'(x)v(x) - u(x)v'(x)}{(v(x))^2}$$

10.1 Funktionen mit einer unabhängigen Variablen

Kettenregel $\quad f(x) = u \cdot v = u(v(x)) \quad$ mit $\quad x \in D_v \quad W_v \subset D_u$

$$f'(x) = u'(v(x)) \cdot v'(x)$$

$$= \text{äußere mal innere Ableitung}$$

Allgemein:

$$f(g_1(g_2(g_3 \ldots g_n(x))))$$

$$\frac{df}{dx} = \frac{df}{dg_1} \cdot \frac{dg_1}{dg_2} \cdot \frac{dg_2}{dg_3} \cdot \ldots \cdot \frac{dg_n}{dx}$$

Beispiele:

Faktorregel: $\quad f(x) = 5x^{20}$

$$\Rightarrow f'(x) = 5 \cdot 20 x^{20-1}$$

$$\Rightarrow f'(x) = 100 x^{19}$$

Summenregel: $\quad f(x) = 2e^x + 4\ln x - \dfrac{2}{\sqrt{x}}$

$$\Rightarrow f'(x) = 2e^x + \frac{4}{x} + \frac{1}{\sqrt{x^3}}$$

Produktregel: $\quad f(x) = x^7 \cdot \ln x$

$$\Rightarrow f'(x) = 7x^6 \cdot \ln x + x^7 \cdot \frac{1}{x}$$

Quotientenregel: $\quad f(x) = \dfrac{e^x}{x^4 + 1}$

$$\Rightarrow f'(x) = \frac{e^x \cdot (x^4 + 1) - e^x \cdot (4x^3)}{(x^4 + 1)^2}$$

Kettenregel: $f(x) = \left[\ln\dfrac{1}{x}\right]^{0,5}$

$\Rightarrow f'(x) = 0,5 \cdot \ln\left(\dfrac{1}{x}\right)^{-0,5} \cdot \dfrac{1}{\frac{1}{x}} \cdot (-1) \cdot x^2$

10.1.4 Höhere Ableitungen

allg. (rekursive) Definition $\quad f^{(n+1)}(x) = \left(f^{(n)}(x)\right)' = \dfrac{df^{(n)}(x)}{dx}$

$\quad\quad\quad\quad\quad\quad\quad\quad\quad\quad$ mit $\quad n \in \mathbb{Z}^*$

2. Ableitung $\quad\quad\quad f''(x) = (f'(x))' = \dfrac{d^2 f(x)}{dx^2}$

3. Ableitung $\quad\quad\quad f'''(x) = (f''(x))' = \dfrac{d^3 f(x)}{dx^3}$

4. Ableitung $\quad\quad\quad f^{(4)}(x) = (f'''(x))' = \dfrac{d^4 f(x)}{dx^4}$

n-te Ableitung $\quad\quad\quad f^{(n)}(x) = \left(f^{(n-1)}(x)\right)' = \dfrac{d^n f(x)}{dx^n}$

Beispiele:

(1)

$f(x) = \dfrac{1}{4}x^4 - \dfrac{1}{6}x^3 + 2x + 1$

$f'(x) = x^3 - \dfrac{1}{2}x^2 + 2$

$f''(x) = 3x^2 - 1x$

$f'''(x) = 6x - 1$

(2)

$f(x) = \ln x$

$f'(x) = \dfrac{1}{x}$

$f''(x) = -\dfrac{1}{x^2}$

$f'''(x) = \dfrac{1 \cdot 2}{x^3}$

10.1 Funktionen mit einer unabhängigen Variablen

$f^{(4)}(x) = 6$

$f^{(5)}(x) = 0$

$\vdots$

$f^{(n)}(x) = 0$

$f^{(4)}(x) = -\dfrac{1 \cdot 2 \cdot 3}{x^4}$

$f^{(5)}(x) = \dfrac{1 \cdot 2 \cdot 3 \cdot 4}{x^5}$

$\vdots$

$f^{(n)}(x) = (-1)^{n-1} \cdot \dfrac{(n-1)!}{x^n}$

10.1.5 Differentation von Funktionen mit Parametern

$f = f(x)$ zeigt an, dass x die (einzige) unabhängige Variable der Funktion f ist. Treten im Funktionsterm weitere Platzhalter auf, so handelt es sich dabei um Parameter, nicht um Variablen. Entsprechend kann f auch nicht danach differenziert werden.

Beispiel:

$f(x) = 2x^2 z - z^3 + z^2 \ln x$

$f'(x) = 4xz - z^2 \dfrac{1}{x}$

$f'(z)$ nicht möglich, da z ein Parameter ist.

10.1.6 Kurvendiskussion

Eine Analyse der Funktion $f = f(x)$ umfasst im Allgemeinen die vollständige Untersuchung nachfolgender Kriterien:

Definitionsbereich D_f

inklusive Definitionslücken; Definitionslücken hebbar?

Wertebereich W_f

empfiehlt sich in der Regel als letzter Diskussionspunkt.

Symmetrie

$f(x) = f(-x)$ f achsensymmetrisch zur Ordinate

$f(x) = -f(-x)$ f punktsymmetrisch zum Koordinatenursprung

Achsensymmetrie

Ist die Funktion f, mit $f = f(x)$, achsensymmetrisch zur Spiegelachse $x = a$, so gilt für alle $x \in D_f$:

$f(a+x) = f(a-x)$

mit $a =$ konstant
(= Spiegelachse)

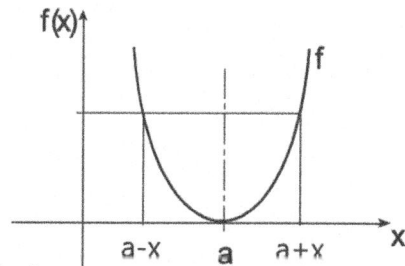

Ist $a = 0$, so entspricht a der Ordinate.
Dann gilt: $f(x) = f(-x)$

Eine ganzrationale Funktion f, deren Graph zur Ordinate achsensymmetrisch ist, hat die Form

$f(x) = q_n x^n + q_{n-2} x^{n-2} + \ldots + q_2 x^2 + q_0$

mit $q =$ konstant und $n =$ gerade.

10.1 Funktionen mit einer unabhängigen Variablen

Punktsymmetrie

Ist die Funktion f, mit $f = f(x)$, punktsymmetrisch zu einem beliebigen Punkt $P = P(a,b)$, so gilt für alle $x \in D_f$:

$f(a+x) - f(a) = -f(a-x) + f(a)$

mit $a =$ konst. $= x$-Koordinate von P

mit $b =$ konst. $= y$-Koordinate von P

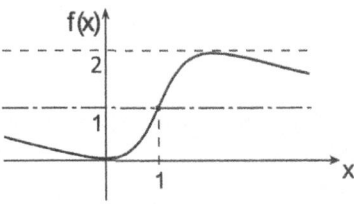

Nullstellen = Schnittpunkte mit der Abszisse

$f(x) \stackrel{!}{=} 0$

Schnittpunkt mit der Ordinate

$x \stackrel{!}{=} 0$ (Periodizität)

$f(x) = f(x \pm n \cdot T)$ $T =$ Periode von f; $n \in \mathbb{Z}^*$; $T > 0$

Stetigkeit/Differenzierbarkeit

Ist eine Funktion f, mit $f = f(x)$, in D_f (oder in Intervallen von D_f) differenzierbar, so ist sie dort auch stetig.

inkl. Unstetigkeitsstellen (Pole, Lücken, Sprünge)

Pol bei $x = x_P$ $\lim\limits_{x \to x_P^-} f(x);\ \lim\limits_{x \to x_P^+} f(x)$

Behebbare Lücken bei $x = x_L$ Solche Definitionslücken sind per definitionem behebbar; jedoch $D_f = \mathbb{R} \setminus \{x_L\}$

Sprung bei $x = x_S$ $\lim\limits_{x \to x_S^-} f(x) \neq \lim\limits_{x \to x_S^+} f(x)$

Intervallgrenzen eindeutig zuordnen

Extrema

f hat an der Stelle x_0 ein relatives/lokales Maximum (Hochpunkt), wenn gilt:

$f'(x_0) = 0$ notwendige Bedingung

$f''(x_0) < 0$ hinreichende Bedingung

f hat an der Stelle x_0 ein relatives/lokales Minimum (Tiefpunkt), wenn gilt:

$f'(x_0) = 0$ notwendige Bedingung

$f''(x_0) > 0$ hinreichende Bedingung

In den Extrema ändert die Funktion jeweils ihr Monotonieverhalten.

Wendepunkte

f hat an der Stelle x_0 einen Wendepunkt, wenn gilt:

$f''(x_0) = 0$ notwendige Bedingung

$f'''(x_0) \neq 0$ hinreichende Bedingung

In den Wendepunkten ändert die Funktion jeweils ihr Krümmungsverhalten:

$f'''(x_0) < 0$ konvex/konkaxer Wendepunkt

$f'''(x_0) > 0$ konkav/konvexer Wendepunkt

Ist zudem $f'(x_0) = 0$, so handelt es sich um einen speziellen Wendepunkt, nämlich um einen Sattelpunkt. Der Sattelpunkt ist ein Wendepunkt mit der Steigung Null und verfügt daher über eine waagerechte Tangente.

10.1 Funktionen mit einer unabhängigen Variablen

Monotonie

$f'(x_0) \geq 0$ f (im Intervall) monoton steigend

$f'(x_0) > 0$ f (im Intervall) streng monoton steigend

$f'(x_0) \leq 0$ f (im Intervall) monoton fallend

$f'(x_0) < 0$ f (im Intervall) streng monoton fallend

Krümmungsverhalten

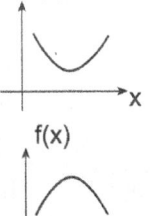

$f''(x_0) > 0$ f (im Intervall) konvex (linksgekrümmt)

$f''(x_0) < 0$ f (im Intervall) konkav (rechtsgekrümmt)

Krümmungsradius: $p = \dfrac{\sqrt{(1+(f'(x))^2)^3}}{f''(x)}$ mit $f''(x) \neq 0$

Mittelpunkt $M(x_M; y_M)$ des Krümmungskreises mit den Koordinaten:

$$x_M = x - \frac{f'(x) \cdot (1 + (f'(x))^2)}{f''(x)}$$

$$y_M = f(x_M) = f(x) + \frac{(1 + (f'(x))^2)}{f''(x)}$$

Verhalten an den Rändern

$\lim\limits_{x \to -\infty} f(x)$ linker Rand von f

$\lim\limits_{x \to +\infty} f(x)$ rechter Rand von f

Das jeweilige Optimum optimorum (kleinstes Minimum/ größtes Maximum) kann sowohl in einem relativen/ lokalen Extrema als auch an einem oder an beiden Rändern liegen.

Asymptoten

Eine Asymptote ist eine Funktion, der sich eine andere Funktion immer mehr annähert.

Asymptoten bei gebrochenrationalen Funktionen:

$n =$ Zählergrad $\quad m =$ Nennergrad

$n < m$	Abszisse ist waagerechte Asymptote
$n = m$	zur Abszisse parallele Gerade ist Asymptote
$n = m+1$	schiefe Asymptote
$n > m+1$	kurvenförmige Asymptote
Nenner $= 0$	senkrechte Abszisse (bei Definitionslücke/ Polstelle)
	gerade Vielfachheit der Nullstelle
	$\Rightarrow$ mit Vorzeichenwechsel
	ungerade Vielfachheit der Nullstelle
	$\Rightarrow$ ohne Vorzeichenwechsel

Graph der Funktion

Die graphische Ebene $f = f(x)$ wird aufgespannt durch ein zweidimensionales kartesisches Koordinatensystem.

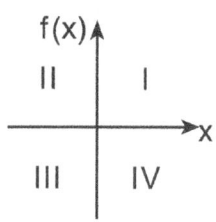

10.1 Funktionen mit einer unabhängigen Variablen

Beispiel zur Kurvendiskussion:

$$f(x) = \frac{5x-4}{(2-3x)^2}$$

Definitionsbereich: $\quad D_f = \mathbb{R} \setminus \left\{\frac{2}{3}\right\}$

Wertebereich: $\quad W_f =]-\infty\,;\,\frac{25}{24}]$

Symmetrie:

(a) Achsensymmetrie zur Ordinate $\quad f(x) = f(-x)$

$$\frac{5x-4}{(2-3x)^2} \neq \frac{5(-x)-4}{(2-3(-x))^2}$$

(b) Punktsymmetrie zum Ursprung $\quad f(x) = -f(-x)$

$$\frac{5x-4}{(2-3x)^2} \neq -\left(\frac{5(-x)-4}{(2-3(-x))^2}\right)$$

$\Rightarrow f$ ist weder achsen- noch punktsymmetrisch (siehe auch Graph dieser Funktion).

Nullstellen: $\quad f(x) \stackrel{!}{=} 0$

$$5x - 4 \stackrel{!}{=} 0$$

$$x = \frac{4}{5}$$

$\Rightarrow f$ hat eine Nullstelle im Punkt $N_1\left(\frac{4}{5} \mid 0\right)$

Schnittpunkt mit der Ordinate: $\quad x \stackrel{!}{=} 0$

$$\frac{5 \cdot 0 - 4}{(2 - 3 \cdot 0)^2} = \frac{-4}{4} = -1$$

Periodizität: $\quad f(x) \neq f(x \pm n \cdot T) \qquad \text{mit } n \in \mathbb{Z}^* \quad T > 0$

$\Rightarrow f$ ist nicht periodisch

Stetigkeit: $\quad f$ ist in $D_f = \mathbb{R} \setminus \left\{\frac{2}{3}\right\}$ stetig, da differenzierbar.

$\Rightarrow$ in $x = \frac{2}{3}$ ist f unstetig

$\Rightarrow$ Polstelle

$$\lim_{x \to \frac{2}{3}^+} f(x) \approx f(0{,}6667) = -\infty$$

$$\lim_{x \to \frac{2}{3}^-} f(x) \approx f(0{,}6665) = -\infty$$

Extremwerte: $\quad f(x) = \dfrac{5x - 4}{(2 - 3x)^2} = \dfrac{u(x)}{v(x)}$

$$f'(x) = \frac{u'(x)v(x) - u(x)v'(x)}{(v(x))^2}$$

$$f'(x) = \frac{5 \cdot (2 - 3x)^2 - ((5x - 4) \cdot 2(2 - 3x) \cdot (-3))}{(2 - 3x)^4}$$

$$= \frac{5 \cdot (2 - 3x) - ((5x - 4) \cdot 2 \cdot (-3))}{(2 - 3x)^3}$$

$$= \frac{10 - 15x + 30x - 24}{(2 - 3x)^3} = \frac{15x - 14}{(2 - 3x)^3}$$

$$\Rightarrow \frac{15x - 14}{(2 - 3x)^3} \stackrel{!}{=} 0 \Rightarrow 15x - 14 \stackrel{!}{=} 0 \Rightarrow x = \frac{14}{15}$$

10.1 Funktionen mit einer unabhängigen Variablen

$$f''(x) = \frac{15 \cdot (2-3x)^3 - ((15x-14) \cdot 3(2-3x)^2 \cdot (-3))}{(2-3x)^6}$$

$$= \frac{15 \cdot (2-3x) - ((15x-14) \cdot 3 \cdot (-3))}{(2-3x)^4}$$

$$= \frac{30 - 45x - (-135x + 126)}{(2-3x)^4}$$

$$= \frac{90x - 96}{(2-3x)^4}$$

$$f''\left(\tfrac{14}{15}\right) = -\frac{1875}{64} < 0 \Rightarrow \text{Maximum bei } x = \frac{14}{15}$$

$$f\left(\tfrac{14}{15}\right) = 0,452 \Rightarrow \text{Maximum im Punkt } H_1\left(\tfrac{14}{15} \mid \tfrac{25}{24}\right)$$

Wendepunkte: $f''(x) = \dfrac{90x - 96}{(2-3x)^4} \stackrel{!}{=} 0 \;\Rightarrow 90x - 96 \stackrel{!}{=} 0 \;\Rightarrow x = \dfrac{16}{15}$

$$f'''(x) = \frac{810x - 972}{(2-3x)^5}$$

$$f'''\left(\tfrac{16}{15}\right) = \frac{-108}{(-\tfrac{6}{5})^5} \approx 43,403 > 0$$

$\Rightarrow$ konkav/konvexer Wendepunkt bei $W_1\left(\tfrac{16}{15} \mid \tfrac{25}{27}\right)$

Monotonie: $\;]-\infty\,;\tfrac{2}{3}[\quad f$ streng monoton fallend

$]\tfrac{2}{3}\,;\tfrac{14}{15}[\quad f$ streng monoton steigend

$]\tfrac{14}{15}\,;+\infty[\quad f$ streng monoton fallend

Krümmungs-verhalten:	$]-\infty; \frac{2}{3}[$	konkav
	$]\frac{2}{3}; \frac{16}{15}[$	konkav
	$]\frac{16}{15}; +\infty[$	konvex

Verhalten an den Rändern:

$$\lim_{x \to +\infty} f(x) \approx f(1000) = 0^+$$

$$\lim_{x \to -\infty} f(x) \approx f(-1000) = 0^-$$

Asymptoten:

$$f(x) = \frac{5x-4}{(2-3x)^2} \Rightarrow \frac{n=1}{m=2} \Rightarrow n < m$$

$\Rightarrow$ Abszisse ist waagerechte Asymptote

Nenner $= 0$

$(2-3x)^2 = (2-3x) \cdot (2-3x) = 0$

$\Rightarrow 2 - 3x = 0 \Rightarrow x = \dfrac{2}{3}$

$\Rightarrow$ senkrechte Asymptote bei $x = \frac{2}{3}$

ohne Vorzeichenwechsel, da gerade Vielfachheit

Graph der Funktion

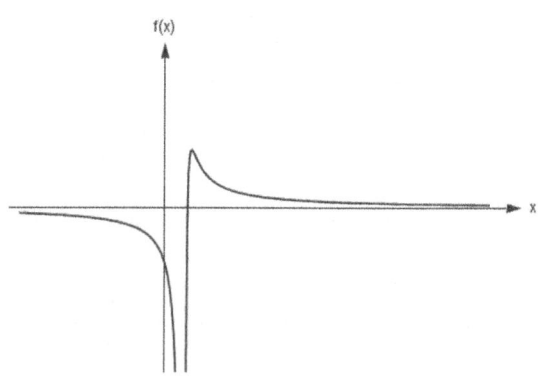

10.2 Differentation von Funktionen mit mehreren unabhängigen Variablen

$$f = f(x_1, x_2, ..., x_k, ..., x_n)$$

10.2.1 Partielle Ableitungen (1. Ordnung)

Partieller Differentialoperator $\dfrac{\partial f}{\partial x_k}$ (gelesen „f partiell abgeleitet nach x_k")

mit

$$\frac{\partial f}{\partial x_k} = f'_{x_k} = \lim_{\Delta x_k \to 0} \frac{f(x_1, ..., x_k + \Delta x_k, ..., x_n) - f(x_1, ..., x_n)}{\Delta x_k}$$

$$k = 1, 2, ..., n$$

Geometrisch entspricht $\dfrac{\partial f}{\partial x_k}$ der Steigungsfunktion von f in Richtung der x_k-Achse. Interessiert die Steigung von f im Punkt P_0 mit den Koordinaten $(x_{10}, x_{20}, ..., x_{k0}, ..., x_{n0})$ in Richtung x_k, so ist die Funktion f partiell nach x_k abzuleiten, $\dfrac{\partial f}{\partial x_k}$. Innerhalb dieser Steigungsfunktion sind die Koordinaten von P_0 einzusetzen. Bei der partiellen Ableitung von f nach x_k werden alle anderen Variablen ceteris paribus als Konstante betrachtet.

Wenn $f(x, y)$ differenzierbar in $P_0(x_0, y_0)$ ist, so gilt:

$$\frac{\partial f(x_0, y_0)}{\partial x} = \frac{\partial f}{\partial x}\bigg|_{(x=x_0, y_0)} = f'_x(x_0, y_0) \lim_{\Delta x \to 0} \frac{f(x_0 + \Delta x, y_0) - f(x_0, y_0)}{\Delta x}$$

$$\frac{\partial f(x_0, y_0)}{\partial y} = \frac{\partial f}{\partial y}\bigg|_{(x_0, y=y_0)} = f'_y(x_0, y_0) \lim_{\Delta y \to 0} \frac{f(x_0, y_0 + \Delta y) - f(x_0, y_0)}{\Delta y}$$

Beispiele:

(1) $f(x,y) = x^2 - 6x + 2xy^2 - 7 \Rightarrow$ für den Punkt P_1 (7|2)

$\dfrac{\partial f}{\partial x} \triangleq$ Steigung von f in x-Richtung $= 2x - 6 + 2y^2$

$f'x(7|2) = 2 \cdot 7 - 6 + 2 \cdot 2^2 = 16$

$\dfrac{\partial f}{\partial y} \triangleq$ Steigung von f in y-Richtung $= 4xy$

$f'y(7|2) = 4 \cdot 7 \cdot 2 = 56$

(2) $f(x;y;z) = x \cdot e^{yz} + \dfrac{\sqrt{x \cdot z}}{lny} \Rightarrow$ für den Punkt P_2 (1|2|1)

$\dfrac{\partial f}{\partial x} \triangleq e^{yz} + \dfrac{1}{lny} \cdot \dfrac{1}{2\sqrt{xz}} \cdot z$

$f'x(1|2|1) = e^{2 \cdot 1} + \dfrac{1}{ln2} \cdot \dfrac{1}{2\sqrt{1 \cdot 1}} \cdot 1 = 8,1104$

$\dfrac{\partial f}{\partial y} \triangleq x \cdot e^{yz} \cdot z + \sqrt{xz} \cdot (-1) \cdot (lny)^{-2} \cdot \dfrac{1}{y}$

$f'y(1|2|1) = 1 \cdot e^{2 \cdot 1} \cdot 1 + \sqrt{1 \cdot 1} \cdot (-1) \cdot (ln2)^{-2} \cdot \dfrac{1}{2} = 6,3484$

$\dfrac{\partial f}{\partial z} \triangleq x \cdot e^{yz} \cdot y + \dfrac{1}{lny} \cdot \dfrac{1}{2\sqrt{xz}} \cdot x$

$f'z(1|2|1) = 1 \cdot e^{2 \cdot 1} \cdot 2 + \dfrac{1}{ln2} \cdot \dfrac{1}{2\sqrt{1 \cdot 1}} \cdot 1 = 15,4995$

10.2 Funktionen mit mehreren unabhängigen Variablen

Geometrische Interpretation

(1) Die Steigung der Funktion $f = f(x,y)$ im Punkt $P_1(x=7;\ y=2)$ beträgt in Richtung der x-Achse 16 Einheiten; in Richtung der y-Achse 56 Einheiten.

(2) Die Steigung der Funktion $f = f(x,y,z)$ im Punkt $P_2(x=1;$ $y=2;\ z=1)$ beträgt in Richtung der x-Achse 8,1104 Einheiten; Richtung der y-Achse 6,3484 Einheiten und in Richtung der in z-Achse 15,4995 Einheiten.

Ökonomische Interpretation

(1) Wird ausgehend vom Status Quo in P_1 der x-Wert ceteris paribus (c. p.) um eine Einheit erhöht (gesenkt), so steigt (sinkt) der Funktionswert f um approximativ 16 Einheiten. Erhöht (senkt) man den y-Wert c. p. um eine Einheit, so steigt (sinkt) f um näherungsweise 56 Einheiten.

(2) Wird ausgehend vom Status Quo in P_2 der x-Wert c. p. um eine Einheit erhöht (gesenkt), so steigt (sinkt) der Funktionswert f um approximativ 8,1104 Einheiten. Erhöht (senkt) man den y-Wert um eine Einheit, so steigt (sinkt) f um näherungsweise 6,3484 Einheiten. f steigt (sinkt) c. p. um ca. 15,4995 Einheiten, wenn sich der z-Wert c. p. um eine Einheit erhöht (reduziert).

10.2.2 Partielle Ableitungen (2. Ordnung)

$$\frac{\partial^2 f}{\partial x^2} = f''_{xx} \quad ; \quad \frac{\partial^2 f}{\partial y^2} = f''_{yy}$$

$$\frac{\partial^2 f}{\partial x \partial y} = f''_{xy} \quad ; \quad \frac{\partial^2 f}{\partial y \partial x} = f''_{yx} \quad \Rightarrow \quad \text{Kreuzableitungen}$$

Satz von Schwarz[1]

Unter der Voraussetzung, dass die Funktion $f = f(x,y)$ partiell nach x und y differenzierbar ist und dass die beiden Kreuzableitungen (im relevanten Intervall) stetig sind, gilt:

$$\frac{\partial^2 f}{\partial x \partial y} = \frac{\partial^2 f}{\partial y \partial x} \qquad \text{Gleichheit der Kreuzableitungen}$$

bzw. $\quad f''_{xy} = f''_{yx}$

<u>Beispiel:</u> $\quad f(x;y) = 2x^4 y^3 - x^3 y^6$

$$\frac{\partial f}{\partial x} = f'_x = 8x^3 y^3 - 3x^2 y^6$$

$$\frac{\partial f}{\partial y} = f'_y = 6x^4 y^2 - 6x^3 y^5$$

$$\frac{\partial^2 f}{\partial x^2} = f''_{xx} = 24x^2 y^3 - 6xy^6$$

---

[1] Hermann Amandus Schwarz (1843 - 1921) war ein deutscher Mathematiker und Hochschullehrer in Berlin.

10.2 Funktionen mit mehreren unabhängigen Variablen

$$\frac{\partial^2 f}{\partial y^2} = f''_{yy} = 12x^4y - 30x^3y^4$$

$$\frac{\partial^2 f}{\partial x \partial y} = f''_{xy} = 24x^3y^2 - 18x^2y^5$$

$$\frac{\partial^2 f}{\partial y \partial x} = f''_{yx} = 24x^3y^2 - 18x^2y^5$$

$$\frac{\partial^3 f}{\partial y^2 \partial x} = f'''_{yyx} = 48x^3y - 90x^2y^4$$

$$\frac{\partial^4 f}{\partial y^3 \partial x} = f^{(4)}_{yyyx} = 48x^3 - 360x^2y^3$$

Partielle Ableitung r -ter Ordnung

Allgemein gilt: Ist $f = f(x_1,\ldots,x_n)$ r-mal partiell differenzierbar, mit $r \geq 2$ ($r = $ Ordnung der partiellen Ableitungen; Anzahl der Differentationen), so ist die Reihenfolge der partiellen Ableitungen beliebig vertauschbar.

Beispiel: Für $f = f(x,y)$ gelten grundsätzlich die folgenden partiellen Ableitungen 3. Ordnung:

Anzahl der partiellen Ableitungen 3. Ordnung:

$$f'''_{xxx},\ f'''_{xxy},\ f'''_{xyx},\ f'''_{yxx},\ f'''_{xyy},\ f'''_{yxy},\ f'''_{yyx},\ f'''_{yyy}$$

wobei $\quad f'''_{xxy} = f'''_{xyx} = f'''_{yxx}$

und $\quad f'''_{yyx} = f'''_{yxy} = f'''_{xyy}$

10.2.3 Lokale Extrema der Funktion $f = f(x, y)$

= Identifizierung von relativen Maxima und Minima einer Funktion $f = f(x, y)$ mit zwei unabhängigen Variablen, x und y, im dreidimensionalen Raum.

10.2.3.1 Relative Extrema ohne Nebenbedingung der Funktion $f = f(x, y)$

Ein lokales relatives Extremum der Funktion $f = f(x, y)$ mit zwei Variablen, $x, y \in \mathbb{R}$ in einem Punkt $P_0 = (x_0, y_0) \in D_f$ mit $D_f \subset \mathbb{R}^2$ liegt dann vor, wenn gilt:

Notwendige Bedingungen

$$\frac{\partial f}{\partial x}(x_0, y_0) = f'_x(x_0, y_0) = 0 \quad \text{und} \quad \frac{\partial f}{\partial y}(x_0, y_0) = f'_y(x_0, y_0) = 0$$

Die Tangentialebene zum Punkt P_0 verläuft parallel zur (x, y)-Ebene.

Hinreichende Bedingungen

Die hinreichenden Bedingungen leiten sich aus der sogenannten Hesse-Matrix ab. Die Hesse-Matrix ordnet sämtliche zweiten partiellen Ableitungen einer Funktion $f = f(x_1, ..., x_n)$ in einer nach *Hesse*[2] bzw. *Jacobi*[3] definierten Art und Weise. Sie beschreibt das lokale Krümmungsverhalten der Funktion $f = f(x_1, ..., x_n)$ mit mehreren Variablen, $x_i \in \mathbb{R}$ und $i = 1, ..., n$, um einen Punkt $P = (x_1, ..., x_n) \in D_f$ mit $D_f \subset \mathbb{R}^n$.

Ist die Funktion $f = f(x_1, ..., x_n)$ eine zweimal stetig differenzierbare Funktion, dann ist die Hesse-Matrix von $f = f(x_1, ..., x_n)$ in einem Punkt $x = (x_1, ..., x_n) \in D_f$ mit $D_f \subset \mathbb{R}^n$, $H_f(x)$, allgemein wie folgt definiert:

---

[2] Ludwig Otto Hesse (1811 - 1874) war ein deutscher Mathematiker.
[3] Carl Gustav Jacob Jacobi, ursprünglich Jacques Simon Jacobi, (1804 - 1851) war ein deutscher Mathematiker.

10.2 Funktionen mit mehreren unabhängigen Variablen

$$H_f(x) := \left(\frac{\partial^2 f}{\partial x_i \partial x_j}(x)\right)_{i,j=1,\ldots,n} =$$

$$= \begin{pmatrix} \frac{\partial^2 f}{\partial x_1 \partial x_1}(x) & \frac{\partial^2 f}{\partial x_1 \partial x_2}(x) & \cdots & \frac{\partial^2 f}{\partial x_1 \partial x_n}(x) \\ \frac{\partial^2 f}{\partial x_2 \partial x_1}(x) & \frac{\partial^2 f}{\partial x_2 \partial x_2}(x) & \cdots & \frac{\partial^2 f}{\partial x_2 \partial x_n}(x) \\ \vdots & \vdots & \ddots & \vdots \\ \frac{\partial^2 f}{\partial x_n \partial x_1}(x) & \frac{\partial^2 f}{\partial x_n \partial x_2}(x) & \cdots & \frac{\partial^2 f}{\partial x_n \partial x_n}(x) \end{pmatrix}$$

Für eine Funktion $f = f(x_0, y_0)$ mit zwei unabhängigen Variablen, x und y, im dreidimensionalen Raum definiert sich die Hesse-Matrix, $H_f(x,y)$, in einem Punkt $(x_0, y_0) \in D_f$ mit $D_f \subset \mathbb{R}^2$, wie folgt:

$$H_f(x_0, y_0) = \begin{bmatrix} \frac{\partial^2 f}{\partial^2 x}(x_0, y_0) & \frac{\partial^2 f}{\partial y \partial x}(x_0, y_0) \\ \frac{\partial^2 f}{\partial x \partial y}(x_0, y_0) & \frac{\partial^2 f}{\partial^2 y}(x_0, y_0) \end{bmatrix} = \begin{pmatrix} f''_{xx}(x_0, y_0) & f''_{xy}(x_0, y_0) \\ f''_{yx}(x_0, y_0) & f''_{yy}(x_0, y_0) \end{pmatrix}$$

Die Determinante der Hesse-Matrix, $H_f(x)$,

det $H_f(x_0, y_0) = f''_{xx}(x_0, y_0) \cdot f''_{yy}(x_0, y_0) - (f''_{xy}(x_0, y_0))^2$,

beschreibt schließlich das Krümmungsverhalten der Funktion $f = f(x, y)$ an der Koordinate (x_0, y_0) wie folgt:

- det $H_f(x_0, y_0) > 0$ ⇒ Extremum im Punkt $P_0(x_0, y_0, z_0)$ mit
  $z = f(x_0, y_0)$

  gilt $f_{xx}''(x_0, y_0) < 0$ und $f_{yy}''(x_0, y_0) < 0$ ⇒ Maximum im Punkt
  $P_0(x_0, y_0, z_0)$

  gilt $f_{xx}''(x_0, y_0) > 0$ und $f_{yy}''(x_0, y_0) > 0$ ⇒ Minimum im Punkt
  $P_0(x_0, y_0, z_0)$

- det $H_f(x_0, y_0) < 0$ ⇒ Sattelpunkt im Punkt $P_0(x_0, y_0, z_0)$ mit
  $z = f(x_0, y_0)$

  mit $f_{xx}''(x_0, y_0) > 0$ und $f_{yy}''(x_0, y_0) < 0$ ⇒ Sattelpunkt, der konvex gekrümmt ist in x-Richtung und konkav gekrümmt ist in y-Richtung

  oder $f_{xx}''(x_0, y_0) < 0$ und $f_{yy}''(x_0, y_0) > 0$ ⇒ Sattelpunkt, der konkav gekrümmt ist in x-Richtung und konvex gekrümmt ist in y-Richtung

- det $H_f(x_0, y_0) = 0$ ⇒ Indifferenz, d. h. eine Entscheidung, ob im Punkt $P_0(x_0, y_0, z_0)$ ein relatives Extremum oder ein Sattelpunkt vorliegt, ist nicht möglich. In diesem Fall sind entweder die Krümmungen in x- und y-Richtung separat zu bemessen oder der Funktionswert im Punkt P_0 mit $z_0 = f(x_0, y_0)$ ist mit Nachbarwerten dieser Funktion zu vergleichen.

In anderer Schreibweise lässt sich die Vorgehensweise wie folgt beschreiben:

- $f_{xx}''(x_0, y_0) \cdot f_{yy}''(x_0, y_0) > (f_{xy}''(x_0, y_0))^2$
  ⇒ Extremum im Punkt $P_0(x_0, y_0, z_0)$ mit $z = f(x_0, y_0)$

10.2 Funktionen mit mehreren unabhängigen Variablen

gilt $f''_{xx}(x_0, y_0) < 0$ und $f''_{yy}(x_0, y_0) < 0$ ⇒ Maximum im Punkt
$P_0(x_0, y_0, z_0)$

gilt $f''_{xx}(x_0, y_0) > 0$ und $f''_{yy}(x_0, y_0) > 0$ ⇒ Minimum im Punkt
$P_0(x_0, y_0, z_0)$

- $f''_{xx}(x_0, y_0) \cdot f''_{yy}(x_0, y_0) < (f''_{xy}(x_0, y_0))^2$

  ⇒ Sattelpunkt im Punkt $P_0(x_0, y_0, z_0)$ mit $z = f(x_0, y_0)$

  mit $f''_{xx}(x_0, y_0) > 0$ und $f''_{yy}(x_0, y_0) < 0$ ⇒ Sattelpunkt, der konvex gekrümmt ist in x-Richtung und konkav gekrümmt ist in y-Richtung

  oder $f''_{xx}(x_0, y_0) < 0$ und $f''_{yy}(x_0, y_0) > 0$ ⇒ Sattelpunkt, der konkav gekrümmt ist in x-Richtung und konvex gekrümmt ist in y-Richtung

- $f''_{xx}(x_0, y_0) \cdot f''_{yy}(x_0, y_0) = (f''_{xy}(x_0, y_0))^2$

  ⇒ Indifferenz, d. h. eine Entscheidung, ob im Punkt $P_0(x_0, y_0, z_0)$ ein relatives Extremum oder ein Sattelpunkt vorliegt, ist nicht möglich. In diesem Fall sind entweder die Krümmungen in x- und y-Richtung separat zu bemessen oder der Funktionswert im Punkt P_0 mit $z_0 = f(x_0, y_0)$ ist mit Nachbarwerten dieser Funktion zu vergleichen.

Beispiel 1: $\quad f(x, y) = x^3 + 3x^2y - 3xy^2 - 21x + y^3 - 3y$

1. Schritt: $\quad f'_x(x, y) = 3x^2 + 6xy - 3y^2 - 21$
$f'_y(x, y) = 3x^2 - 6xy + 3y^2 - 3$
$f''_{xx}(x, y) = 6x + 6y$
$f''_{yy}(x, y) = -6x + 6y$

$$f''_{xy}(x, y) = 6x - 6y$$

Gleichung I $\quad f'_x(x, y) = 3x^2 + 6xy - 3y^2 - 21 \stackrel{!}{=} 0$

Gleichung II $\quad f'_y(x, y) = 3x^2 - 6xy + 3y^2 - 3 \stackrel{!}{=} 0$

Additionsverfahren, da dann alle y herausfallen.

$$\begin{array}{rl} \text{I} & 3x^2 + 6xy - 3y^2 - 21 \\ \text{II} & 3x^2 - 6xy + 3y^2 - 3 \quad + \\ \hline 6x^2 & \qquad -24 = 0 \\ & 6x^2 = 24 \\ & x^2 = 4 \end{array}$$

$\Rightarrow x_1 = 2$ und $x_2 = -2$

Die x_i-Werte mit $i = 1, 2$ sind in eine beliebige Ableitung erster Ordnung, $f'_x(x, y)$ oder $f'_y(x, y)$, einzusetzen, um die entsprechenden y-Werte zu ermitteln.

(1) für $x_1 = 2$ (in Gleichung I einsetzen)

$0 = 3 \cdot 2^2 + 6 \cdot 2y - 3y^2 - 21$
$0 = 12 + 12y - 3y^2 - 21$
$0 = -3y^2 + 12y - 9 \mid : (-3)$

$0 = y^2 - 4y + 3 \qquad \Rightarrow 2 \pm \sqrt{4 - 3}$
$\qquad\qquad\qquad\qquad\quad 2 \pm 1$
$\qquad\qquad\qquad\quad y_{11} = 3$ und $y_{12} = 1$

$\Rightarrow P_1(2 \mid 3); \quad P_2(2 \mid 1)$

(2) für $x_2 = -2$ (in Gleichung I einsetzen)

$0 = 3 \cdot (-2)^2 + 6 \cdot (-2)y - 3y^2 - 21$

$0 = 12 - 12y - 3y^2 - 21$

$0 = -3y^2 - 12y - 9 | : (-3)$

$0 = y^2 + 4y + 3 \qquad \Rightarrow -2 \pm \sqrt{4-3}$

$\qquad\qquad\qquad\qquad\qquad -2 \pm 1$

$\qquad\qquad\qquad\qquad\qquad y_{21} = -3$ und $y_{22} = -1$

$\qquad\qquad\qquad\qquad \Rightarrow P_3(-2 | -1); \; P_4(-2 | -3)$

2. Schritt:

$P_1(2|3)$

$\Rightarrow \underbrace{(6 \cdot 2 + 6 \cdot 3)}_{f''_{xx}(2|3)} \cdot \underbrace{(-6 \cdot 2 + 6 \cdot 3)}_{f''_{yy}(2|3)} \gtreqless \underbrace{(6 \cdot 2 - 6 \cdot 3)^2}_{f''_{xy}(2|3)}$

$\qquad 30 \quad\cdot\quad 6 \quad > \quad 36$

$180 > 36 \qquad\qquad\qquad \Rightarrow$ Extremum in P_1

$\Rightarrow 30 > 0 \, ; \, 6 > 0 \qquad \Rightarrow$ Minimum in P_1

$P_2(2|1)$

$\Rightarrow (6 \cdot 2 + 6 \cdot 1) \cdot (-6 \cdot 2 + 6 \cdot 1) < (6 \cdot 2 - 6 \cdot 1)^2$

$-108 < 36 \qquad\qquad\qquad \Rightarrow$ Sattelpunkt in P_2

$P_3(-2 | -1)$

$\Rightarrow [6 \cdot (-2) + 6 \cdot (-1)] \cdot [(-6) \cdot (-2) + 6 \cdot (-1)] < [6 \cdot (-2) - 6 \cdot (-1)]^2$

$-108 < 36 \qquad\qquad\qquad \Rightarrow$ Sattelpunkt in P_3

$P_4(-2|-3)$

$\Rightarrow [6\cdot(-2)+6\cdot(-3)]\cdot[(-6)\cdot(-2)+6\cdot(-3)] \gtreqless [6\cdot(-2)-6\cdot(-3)]^2$

$108 > 36$ $\Rightarrow$ Extrempunkt in P_4

$\Rightarrow -30 < 0\,;\, -6 < 0$ $\Rightarrow$ Maximum in P_4

Beispiel 2: Ein Hersteller von Fahrrädern produziert zwei verschiedene Arten A und B eines Fahrrads. Der Preis für ein Fahrrad des Typs A beträgt $1.200 pro ME und der Preis für ein Fahrrad des Typs B beträgt $700 pro ME. Die Kosten der Produktion von x Einheiten des Typs A und y Einheiten des Typs B betragen:

$$K(x, y) = 150x^2 - 100xy + 60y^2 - 400x - 500y - 10.000$$

a) Ermitteln Sie das Produktionsniveau, das den Gewinn der Fahrradherstellers maximiert.
b) Wie hoch ist der maximal mögliche Gewinn?

a) 1. Gewinnfunktion aufstellen

$G(x, y) = E(x, y) - K(x, y)$

Erlösfunktion ermitteln

$E(x, y) = 1.200x + 700y$

Gewinnfunktion aufstellen

$G(x, y) = 1.200x + 700y - (150x^2 - 100xy + 60y^2 - 400x - 500y - 10.000) =$

$= 1.200x + 700y - 150x^2 + 100xy - 60y^2 + 400x + 500y + 10.000 =$

10.2 Funktionen mit mehreren unabhängigen Variablen

$$= 1.600x + 1.200y - 150x^2 + 100xy - 60y^2 + 10.000$$

2. Notwendige Bedingung

$G(x, y) = 1.600x + 1.200y - 150x^2 + 100xy - 60y^2 + 10.000$

$G'x(x, y) = 1.600 - 300x + 100y = 0$

$G'y(x, y) = 1.200 + 100x - 120y = 0 \mid \cdot 3$

I $1.600 - 300x + 100y = 0$
II $3.600 + 300x - 360y = 0$ (Additionsverfahren)
I + II $5.200 \qquad - 260y = 0$

nach y auflösen

$5.200 - 260y = 0 \quad \mid +260y$
$5.200 = 260y \quad \mid : 260$
$20 = y$

Ergebnis in I einsetzen

I $1.600 - 300x + 100 \cdot 20 = 0$
    $1.600 - 300x + 2.000 = 0$
    $3.600 - 300x = 0 \quad \mid +300x$
    $3.600 = 300x \mid : 300$
    $12 = x$

→ Mögliche Extremstelle bei $P(12|20)$

3. Hinreichende Bedingung

$G''xx = -300$

$G''yy = -120$

$G''xy = 100$
$G''yx = 100$ $\Rightarrow$ Kreuzableitungen identisch

Determinanten berechnen

$G''xx \cdot G''yy - G''xy \cdot G''yx$

$-300 \cdot (-120) - 100 \cdot 100 > 0$

$G''xx < 0 \quad G''yy < 0 \qquad \rightarrow P(12|20)$ Maximum

Der Gewinn ist maximal bei einem Produktionsmix von 12 ME vom Typ A und 20 ME vom Typ B.

b) Ermittlung des maximal möglichen Gewinns

Punkt $(12|20)$ in $G(x, y)$ einsetzen

$G'y(x, y) = 1.600 \cdot 12 + 1.200 \cdot 20 - 150 \cdot 12^2 + 100 \cdot 12 \cdot 20 - 60 \cdot 20^2 +$
$\qquad + 10.000 =$
$\qquad = 31.600$

Der maximal mögliche Gewinn beträgt \$31.600.

10.2.3.2 Relative Extrema unter m Nebenbedingungen der Funktion $f = f(x_1, \ldots, x_n)$ mit $m < n$

⇒ Multiplikatorenmethode nach *Lagrange*[4]

bisher:　$f = f(x_1, \ldots, x_n)$

jetzt:　(Ziel-)Funktion
　　　　<u>+ Nebenbedingungen</u>
　　　　= Modell

Das zu lösende Gleichungssystem (Modell) besteht aus einer sogenannten Zielfunktion und einer oder mehrerer Nebenbedingungen, die die Lösungsmenge der (Ziel-)Funktion einschränken.

Zielfunktion:　　　　$f = f(x_1, \ldots, x_n)$
Nebenbedingungen:　$g_1 = g_1(x_1, \ldots, x_n)$
　　　　　　　　　　$g_2 = g_2(x_2, \ldots, x_n)$
　　　　　　　　　　$\vdots$
　　　　　　　　　　$g_m = g_m(x_m, \ldots, x_n)$

Voraussetzung:　　　$m < n$

Die Nebenbedingungen sind in Form von Gleichungen formatiert. Bestehen die Nebenbedingungen aus Ungleichungen, so ist zur Lösung das Verfahren der Linearen Optimierung (LP-Modell) zu wählen (vgl. Kapitel 8).

---

[4] Joseph-Louis de Lagrange (1736 - 1813) war ein italienischer Mathematiker und Astronom.

Lösung des Gleichungsmodells:

1. Bildung der sogenannten Lagrangefunktion

$$L(x_1, \ldots, x_n) = f(x_1, \ldots, x_n) + \lambda_1 \cdot g_1(x_1, \ldots, x_n) +$$
$$+ \lambda_2 \cdot g_1(x_1, \ldots, x_n) +$$
$$+ \ldots +$$
$$+ \lambda_m \cdot g_m(x_1, \ldots, x_n)$$

λ_j = Lagrangescher Multiplikator der j-ten Nebenbedingung, mit
$\lambda_j \in \mathbb{R}$ für alle j mit $j = 1, \ldots, n$

2. erste partielle Ableitungen gleich Null setzen

$$\frac{\partial L}{\partial x_1} \stackrel{!}{=} 0 \quad ; \quad \frac{\partial L}{\partial \lambda_1} \stackrel{!}{=} 0$$
$$\vdots \qquad\qquad \vdots$$
$$\frac{\partial L}{\partial x_n} \stackrel{!}{=} 0 \quad ; \quad \frac{\partial L}{\partial \lambda_n} \stackrel{!}{=} 0$$

$\Rightarrow$ eindeutig bestimmbares Gleichungssystem mit $(n+m)$
Unbekannten und $(n+m)$ Gleichungen

3. Additions-, Einsetzungs- oder Gleichsetzungsverfahren
(vgl. Kapitel 4.2.4)

$\Rightarrow x_i$-Koordinaten möglicher Extremstellen;
$i = 1, \ldots, n$
λ_j-Werte mit $j = 1, \ldots, m$

10.2 Funktionen mit mehreren unabhängigen Variablen

4. **Art des Extremums**

   Zur Entscheidung, ob an den lokalisierten Stellen Maxima, Minima oder Sattelpunkte vorliegen, sind die entsprechenden Funktionswerte von f zu bilden und mit Nachbarwerten zu vergleichen.

5. **Interpretation des Lagrangemultiplikators λ_j**

   λ_j gibt an, um welchen Betrag sich das Optimum der Zielfunktion (absolut) verändert, wenn der (absolute) Wert der (entsprechenden) Nebenbedingung um eine Einheit (absolut) variiert.

Beispiel: Rezepturplanung eines Futtermittels

Zielfunktion: $f = f(x;y;z) = x^2 + 3y^2 + 2z^2$

1 ME Input enthält jeweils

f = Futtermittel	Fett	Protein
x = Grünmehl	1	/
y = Sojaschrot	3	1
z = Molkepulver	/	2

$x + 3y = 30$ Fetteinheiten ⎫ Nebenbedingungen in
$y + 2z = 20$ Proteineinheiten ⎭ Gleichungsform

Die beiden (Qualitäts-)Restriktionen werden extern (als Anspruch an das zu optimierende Futtermittel) vorgegeben.

1. $L(x, y, z, \lambda_1, \lambda_2) = \underbrace{x^2 + 3y^2 + 2z^2}_{\text{Zielfunktion}} + \underbrace{\lambda_1(30 - x - 3y)}_{\text{1. Nebenbedingung}} + \underbrace{\lambda_2(20 - y - 2z)}_{\text{2. Nebenbedingung}}$

Anmerkung:

Die Nebenbedingungen sollten in praxi so gebildet werden, dass das absolute Glied positiv ist, damit auch die entsprechenden Verknüpfungen mit λ_j positiv erfolgen können, was a posteriori die ökonomische oder technische Interpretation der Ergebniswerte (bzgl. ihrer Vorzeichen) erleichtert.

2. $L'_x = 2x - \lambda_1 \stackrel{!}{=} 0$ (I)

   $L'_y = 6y - 3\lambda_1 - \lambda_2 \stackrel{!}{=} 0$ (II)

   $L'_z = 4z - 2\lambda_2 \stackrel{!}{=} 0$ (III)

   $L'_{\lambda_1} = 30 - x - 3y \stackrel{!}{=} 0$ (IV)

   $L'_{\lambda_2} = 20 - y - 2z \stackrel{!}{=} 0$ (V)

   ⇒ 5 Gleichungen mit 5 Unbekannten

3. aus (I) $\lambda_1 = 2x$
   aus (III) $\lambda_2 = 2z$
   einsetzen in (II) $6y - 3 \cdot (2x) - 2z = 0$

   $6y - 6x - 2z = 0$ (II)
   $30 - x - 3y = 0$ (IV)
   $20 - y - 2z = 0$ (V)

   (IV) $x = 30 - 3y$
   (V) $z = 10 - 0,5y$

10.2 Funktionen mit mehreren unabhängigen Variablen

x und z in (II) einsetzen: $\quad 6y - 6(30-3y) - 2(10-0,5y) = 0$
$$25y = 200$$
$$y = 8$$

y in (IV) und (V) einsetzen: $x = 6 = 30 - 3 \cdot 8$
$$z = 6 = 10 - 0.5 \cdot 8$$

y und z in λ_1 und λ_2 einsetzen: $\lambda_1 = 12 = 2 \cdot 6$
$$\lambda_2 = 12 = 2 \cdot 6$$

$\Rightarrow f(6 \mid 8 \mid 6) = 300$

4. Interpretation

   Mit der Rezeptur $x = 6$ ME$_{\text{Grünmehl}}$, $y = 8$ ME$_{\text{Sojaschrot}}$ und $z = 6$ ME$_{\text{Molkepulver}}$ erreicht das Futtermittel $f = f(x, y, z)$ sein (lokales) Maximum unter Berücksichtigung der beiden Restriktionen, dass das Futter genau über 30 Einheiten Fett und 20 Einheiten Proteine verfügt.

10.2.4 Differentiale für die Funktion $f = f(x_1, ..., x_n)$

Voraussetzungen: $n \geq 2$ und f ist an der betrachteten Stelle $(x_{10}, ..., x_{n0})$ stetig, d. h. differenzierbar.

Partielles Differential (1. Ordnung)

$$df_{x_i} := \frac{\partial f}{\partial x_i} dx_i \qquad i = 1, ..., n$$

df_{x_i} ist das partielle Differential der Funktion f nach der unabhängigen Variablen x_i.

speziell für $f = f(x, y)$ gilt: $\qquad df_x = \dfrac{\partial f}{\partial x} dx$

10 Differentialrechnung

Interpretation

dx_i misst die (partielle) Änderung des Funktionswertes von f an einer bestimmten Stelle $(x_{10}, \ldots, x_{n0})$, wenn sich die Koordinate der unabhängigen Variablen x_i mit $i = 1,\ldots,n$, ceteris paribus um dx_i Einheiten ändert.

Totales Differential (1. Ordnung)

$$df = \frac{\partial f}{\partial x_i} dx_1 + \ldots + \frac{\partial f}{\partial x_n} dx_n$$

df ist das totale (vollständige) Differential der Funktion f (nach allen unabhängigen Variablen x_i mit $i = 1,\ldots,n$).

speziell für $f = f(x, y)$ gilt: $\qquad df := \frac{\partial f}{\partial x} dx + \frac{\partial f}{\partial y} dy$

Interpretation

df misst die (totale absolute) Änderung des Funktionswertes von f an einer bestimmten Stelle $(x_{10}, \ldots, x_{n0})$, wenn sich die Koordinaten aller unabhängigen Variablen x_i mit $i = 1,\ldots,n$ um dx_i Einheiten ändern.

Beispiel: Das Inputniveau des Produktionsprozesses $f = 2y^4 e^x$ von derzeit $x_0 = 5$ ME und $y_0 = 6$ ME ändert sich um jeweils plus 2 ME. Dann ändert sich das (Output-)Niveau des Produktionsprozesses f um (approximativ) 1.282.289,695 ME. Die Berechnung erfolgt über das totale Differential von f:

$$df = \frac{\partial f}{\partial x} dx \quad + \quad \frac{\partial f}{\partial y} dy$$

$$\frac{\partial f}{\partial x} = 2y^4 e^x \qquad\qquad \frac{\partial f}{\partial y} = 8y^3 e^x$$

$$dx = 2 \qquad\qquad\qquad dy = 2$$

$$\Rightarrow df = 2y^4 e^x \cdot 2 + 8y^3 e^x \cdot 2 = 4y^4 e^x + 16y^3 e^x$$
$$\Rightarrow df(x_0 = 5;\ y_0 = 6) = 1.282.289,695\ \text{ME}.$$

10.3 Sätze über differenzierbare Funktionen

10.3.1 Mittelwertsatz der Differentialrechnung

Ist $f = f(x)$ im Intervall $[a;b]$ stetig und in $]a;b[$ differenzierbar, so gibt es mindestens eine Stelle c mit $a < c < b$, so dass gilt:

$$\frac{f(b) - f(a)}{b - a} = f'(c)$$

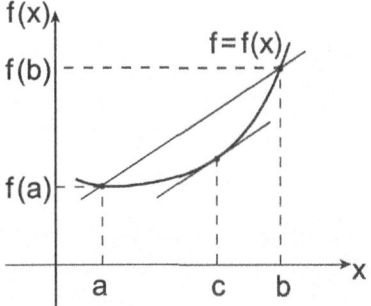

Geometrische Interpretation

Unter den oben genannten Voraussetzungen existiert in $[a;b]$ mindestens eine Stelle c, in der die Steigung von f gleich der Steigung der Sekante (Sehne) zwischen den Endpunkten des betrachteten Intervalls ist. Die Tangente von f an der Stelle c verläuft parallel zur Sekante (Sehne) zwischen a und b.

10.3.2 Verallgemeinerter Mittelsatz der Differentialrechnung

Sind zwei Funktionen $f = f(x)$ und $g = g(x)$ im Intervall $[a;b]$ stetig und in $]a;b[$ differenzierbar, so gibt es mindestens eine Stelle c mit $a < b < c$, so dass gilt:

$$\frac{f(b)-f(a)}{g(b)-g(a)} = \frac{f'(c)}{g'(c)} \quad \text{mit} \quad g'(c) \neq 0$$

10.3.3 Satz von Rolle[5]

Ist $f = f(x)$ im Intervall $[a;b]$ stetig sowie in $]a;b[$ differenzierbar und gilt zudem $f(a) = f(b)$, so gibt es mindestens eine Stelle c mit $a < c < b$, so dass gilt:

$$f'(c) = 0$$

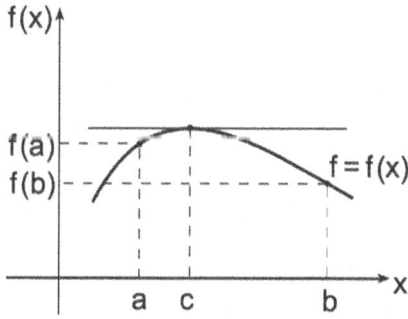

Geometrische Interpretation

Unter den oben genannten Voraussetzungen existiert in $[a;b]$ mindestens eine Stelle c, in der die Steigung von f gleich 0 ist. Die Tangente von f an der Stelle c verläuft parallel zur Abszisse.

---

[5] Michel Rolle (1652 - 1719) war ein französischer Mathematiker.

10.3.4 L'Hospitalsche Regel[6]

Sind zwei Funktionen $f = f(x)$ und $g = g(x)$ in $D_f = D_g$ stetig differenzierbar, ist $x_0 \in D_f\ (= D_g)$ und es ist $f(x_0) = g(x_0) = 0$ sowie $g'(x_0) \neq 0$, so dass gilt:

$$\lim_{x \to x_0} \frac{f(x)}{g(x)} = \lim_{x \to x_0} \frac{f'(x)}{g'(x)}$$

Praktische Relevanz

Wird $\lim\limits_{x \to x_0} h(x) = \lim\limits_{x \to x_0} \frac{f(x)}{g(x)}$ zu einem unbestimmten Ausdruck, also zu $\frac{0}{0}, \frac{+\infty}{-\infty}$ oder $\frac{-\infty}{-\infty}$ (die Funktion ist an diesen Stellen divergent), so lässt sich die Lösung mit Hilfe der *L'Hospitalschen Regel* finden. Sie gilt entsprechend auch für die Grenzwerte $x \to +\infty$ und $x \to -\infty$.

Anmerkung:

Ergibt $\lim\limits_{x \to x_0} \frac{f'(x)}{g'(x)}$ wiederum einen unbestimmten Ausdruck, so ist das Verfahren zu wiederholen: $\lim\limits_{x \to x_0} \frac{f'(x)}{g'(x)} = \lim\limits_{x \to x_0} \frac{f''(x)}{g''(x)}$ etc.

Beispiel:

$$h(x) = \frac{f(x)}{g(x)} = \frac{1 - \cos x}{\sin x}$$

$h(0) = \frac{0}{0}$ \qquad unbestimmter Ausdruck

$\lim\limits_{x \to x_0} h(x) = \lim\limits_{x \to x_0} \frac{f'(x)}{g'(x)}$ \qquad *L'Hospitalsche Regel*

---

[6] Guillaume François Antoine, Marquis de L'Hospital oder L'Hôpital (1661 - 1704) war ein französischer Mathematiker.

Anmerkung:

Zähler und Nenner sind gemäß der *L'Hospitalschen Regel* separat abzuleiten. Keine Anwendung der Quotientenregel.

$$\lim_{x \to x_0} \frac{f'(x)}{g'(x)} = \lim_{x \to x_0} \frac{\sin x}{\cos x} = \frac{0}{1} = 0 \qquad L = \{0\}$$

10.3.5 Schrankensatz der Differentialrechnung

Ist $f = f(x)$ im Intervall $[a;b]$ stetig sowie in $]a;b[$ differenzierbar und ist zudem $c \leq f'(x) \leq d$, so gilt auch:

$$c(b-a) \leq f(b) - f(a) \leq d(b-a)$$

Kapitel 11

Integralrechnung

11.1 Einführung

Während sich die *Differentialrechnung* mit der Ermittlung der Ableitung (absolute Steigung) $f'(x)$ einer gegebenen Funktion $f(x)$ beschäftigt, interessiert bei der *Integralrechnung* - ausgehend von einer gegebenen Ableitungsfunktion $f'(x)$ - die zugrundeliegende *Ursprungsfunktion* $f(x)$. Die Ursprungsfunktion wird als *Stammfunktion* oder *Integral* bezeichnet. Die Rückführung von der Ableitungsfunktion zur Stammfunktion nennt man *Integrieren*.

Beispiel:

Ein Ein-Produkt-Unternehmen kenne seine Grenzkostenfunktion:
$K'(x) = 3x^2 - 4x + 21$

Gesucht sei die *Gesamtkostenfunktion* $K = K(x)$.

Gesucht ist demnach eine Funktion $K(x)$ derart, dass ihre 1. Ableitung $K'(x)$ wiederum genau die Grenzkostenfunktion $K'(x)$ wiedergibt.

Betrachtung der einzelnen Summanden:

(1) Die 1. Ableitung von $f(x) = x^3$ ist $f'(x) = 3x^2$.

(2) Die 1. Ableitung von x^2 ist $2x$; entsprechend ist $-4x$ die 1. Ableitung von $-2x^2$.

(3) Die 1. Ableitung von cx ist c, $c = $ konstant; entsprechend ist 21 die 1. Ableitung von $21x$.

Damit erhält man als (vorläufiges) Ergebnis: $K(x) = x^3 - 2x^2 + 21x$

Kontrolle durch das Ableiten der 1. Ordnung: $K'(x) = 3x^2 - 4x + 21$

Es sind jedoch noch die Fixkosten, K_f = konst., zu berücksichtigen, die zudem zu addieren sind, damit die Gesamtkostenfunktion eindeutig bestimmt wird:

$$K(x) = x^3 - 2x^2 + 21x + K_f$$

11.2 Das unbestimmte Integral

11.2.1 Definition / Bestimmung der Stammfunktion

Stammfunktion

f sei eine gegebene stetige Funktion im Intervall $[a,b]$. Eine differenzierbare Funktion F in $[a,b]$ heißt *Stammfunktion* zu f, falls gilt:

$$F'(x) = f(x) \quad \text{bzw.} \quad \frac{dF}{dx} = f(x).$$

Unbestimmtes Integral

Die Menge aller Stammfunktionen zu f in $[a,b]$ nennt man das *unbestimmte Integral*:

$\int f(x)dx = F(x) + c \quad$ mit $F'(x) = f(x); c$ = konst.; $c \in \mathbb{R}$

Beispiele: Wie lautet jeweils das *unbestimmte Integral* für:

(1) $\quad f(x) = x^2$

$\Rightarrow \int f(x)dx = \int x^2 dx = \frac{1}{3}x^3 + c$

denn $F'(x) = \dfrac{dF(\frac{1}{3}x^3)}{dx} = x^2$

11.2 Das unbestimmte Integral

(2) $f(x) = 4x^3$

$\Rightarrow \int f(x)dx = \int 4x^3 dx = x^4 + c$

denn $F'(x) = 4x^3$

(3) $f(x) = ax^2 + bx + q$

$\Rightarrow \int f(x)dx = \int (ax^2 + bx + q)dx = \dfrac{ax^3}{3} + \dfrac{bx^2}{2} + qx + c$

denn $F'(x) = \dfrac{3ax^2}{3} + \dfrac{2bx}{2} + q = ax^2 + bx + q$

(4) $f(t) = t^2 \cdot \sqrt[3]{t}$

$\Rightarrow \int f(t)dt = \int (t^2 \cdot \sqrt[3]{t})dt = \int (t^2 \cdot t^{\frac{1}{3}})dt$

$= \int t^{\frac{6}{3}+\frac{1}{3}} dt = \int t^{\frac{7}{3}} dt = \dfrac{t^{\frac{10}{3}}}{\frac{10}{3}} + c = \dfrac{3}{10} \cdot \sqrt[3]{t^{10}} + c$

denn $F'(t) = \dfrac{\frac{10}{3} \cdot t^{\frac{7}{3}}}{\frac{10}{3}} = t^{\frac{7}{3}}$

$f(x)$	$\int f(x)dx$	Anmerkungen
0	c	$c = $ konst., $c \in \mathbb{R}$
x^n	$\dfrac{x^{n+1}}{n+1} + c$	$n \neq -1$ falls $n \in \mathbb{N}$: $x \in \mathbb{R}$, $ax+b \in \mathbb{R}$
$(ax+b)^n$	$\dfrac{1}{a} \dfrac{(ax+b)^{n+1}}{n+1} + c$	falls $n \in \mathbb{Z}$: $x \neq 0$, $ax+b \neq \mathbb{R}$ falls $n \in \mathbb{R}$: $x > 0$, $ax+b > 0$

$\dfrac{1}{x}$	$\ln x + c$	$x > 0$
$\dfrac{1}{ax+b}$	$\dfrac{1}{a}\ln(ax+b) + c$	$ax+b > 0, \ a \neq 0$
e^x	$e^x + c$	$x \in \mathbb{R}$
e^{ax+b}	$\dfrac{1}{a}e^{ax+b} + c$	$a \neq 0$
$\sin x$	$-\cos x + c$	$x \in \mathbb{R}$
$\cos x$	$\sin x + c$	$x \in \mathbb{R}$

Beispiele:

(1) $\int x^7 dx = \dfrac{1}{8}x^8 + c$

(2) $\int dx = \int 1 dx = x + c$

(3) $\int \sqrt{y}\, dy = \int y^{\frac{1}{2}} dy = \dfrac{2}{3} y^{\frac{3}{2}} + c$

(4) $\int (2x)^4 dx = \dfrac{1}{2} \cdot \dfrac{(2x)^5}{5} + c$

(5) $\int \dfrac{dx}{\sqrt[5]{x^2}} = \int x^{-\frac{2}{5}} dx = \dfrac{5}{3} x^{\frac{3}{5}} + c$

(6) $\int (3z-2)^2 dz = \dfrac{1}{3} \cdot \dfrac{(3z-2)^3}{3} + c = \dfrac{1}{9}(3z-2)^3 + c$

11.2 Das unbestimmte Integral

(7) $\int \sqrt{2x-1}\,dx = \int (2x-1)^{\frac{1}{2}}dx = \frac{1}{2}\cdot\frac{2}{3}\cdot(2x-1)^{\frac{3}{2}}+c = \frac{1}{3}\sqrt{(2x-1)^3}+c$

(8) $\int e^{0,5t}\,dt = 2\cdot e^{0,5t}+c$

11.2.2 Elementare Rechenregeln für das unbestimmte Integral

Für das Integrieren einer mit einem konstanten Faktor multiplizierten Funktion f sowie für das Integrieren einer Summe zweier Funktionen $f(x)\pm g(x)$ gelten die folgenden einfachen Regeln:

Es seien f, g stetige Funktionen. Dann gilt:

(1) $\int a\cdot f(x)dx = a\cdot\int f(x)dx$

(2) $\int (f(x)\pm g(x))dx = \int f(x)dx \pm \int g(x)dx$

<u>Beispiele:</u>

(1) $\quad \int 6x^2\,dx = 6\int x^2\,dx = 6\cdot\frac{1}{3}x^3 + c = 2x^3 + c$

(2) $\quad \int (8x^3 - 4x + 2 + \frac{12}{\sqrt{4x+9}})dx$

$= \int (8x^3 - 4x + 2)dx + \int \frac{12}{\sqrt{4x+9}}dx$

$= \int (8x^3 - 4x + 2)dx + 12\int (4x+9)^{-\frac{1}{2}}dx$

$= 8\frac{1}{4}x^4 - 4\frac{1}{2}x^2 + 2x + 12\cdot\left(\frac{1}{4}\cdot\frac{(4x+9)^{\frac{1}{2}}}{\frac{1}{2}}\right) + c$

$= 2x^4 - 2x^2 + 2x + 12\cdot\frac{1}{4}\cdot 2\cdot (4x+9)^{\frac{1}{2}} + c$

$= 2x^4 - 2x^2 + 2x + 6\sqrt{4x+9} + c$

11.3 Das bestimmte Integral

11.3.1 Einführung

Die andere Aufgabe der Integralrechnung besteht darin, den Inhalt F des Flächenstücks zu bestimmen, das vom Funktionsgraphen, der Abszisse sowie den beiden Senkrechten $x = a$ und $x = b$ begrenzt wird. Es soll zunächst versucht werden, den Flächeninhalt, d. h. die Flächenmaßzahl F, des grau markierten Bereiches in der unteren Abbildung zu ermitteln. Da nicht alle Begrenzungslinien der grauen Fläche gradlinig sind, versagen elementar geometrische Methoden.

Beispiel:

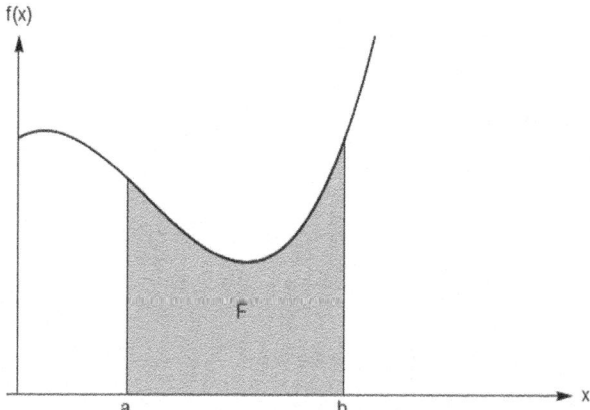

11.3 Das bestimmte Integral

Man behilft sich, indem das Intervall $[a,b]$ in n beliebige Teilintervalle $[x_i\,;\,x_{i+1}]$ mit der (variablen) Breite $\Delta x_i = x_{i+1}\ x_i,\ i = 1,\ldots,n$, zerlegt wird. Man unterteilt die Fläche unter- und oberhalb der Funktion in (gleichbreite) Rechtecke, deren Höhen die Funktion $f(x)$ einmal links und einmal rechts tangiert. Der Flächeninhalt unterhalb von $f(x)$ in dem Intervall $[a,b]$ liegt dann eindeutig zwischen der Summe aller Flächen aller Rechtecke oberhalb und der Summe der Flächen aller Rechtecke unterhalb von $f(x)$.

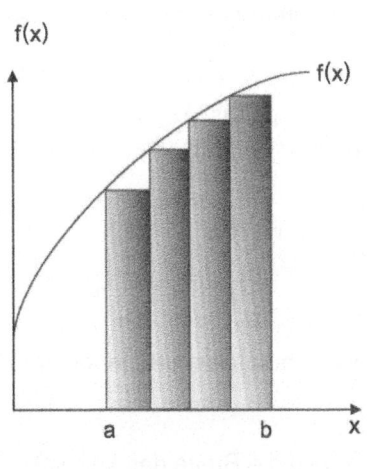

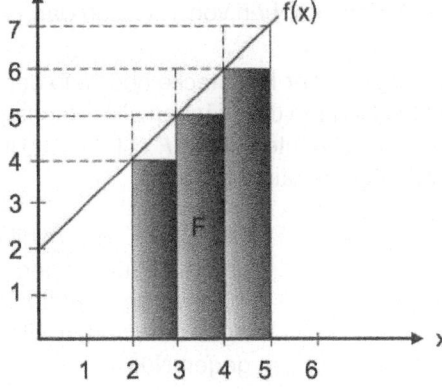

Zur Bestimmung der Fläche unterhalb der Funktion $f(x)$ in dem Intervall [2 ; 5] wird das Intervall z. B. in drei gleiche Rechtecke unterteilt, deren Höhen links den Graphen berühren. Die Summe der Flächen dieser Rechtecke beträgt: $4 \cdot 1 + 5 \cdot 1 + 6 \cdot 1 = 15$ LE^2 (LE = Längeneinheiten).

Dann wird die Fläche wiederum in drei gleich breite Rechtecke zerlegt, deren Höhen jedoch den Graphen rechts berühren (gleiche Abszissenintervalle). Deren Fläche beträgt: $5 \cdot 1 + 6 \cdot 1 + 7 \cdot 1 = 18$ LE^2.

Die gesuchte Fläche F liegt zwischen der Summe der Flächen der ersten Rechtecke und der Summe der Flächen der zweiten Rechtecke: 15 LE^2 < F < 18 LE^2

Wird die Problemstellung rsp. das Vorgehen auf eine über dem Intervall $[a,b]$ beliebige, stetige Funktion $f(x)$ übertragen, so folgt:

$$\sum_{i=1}^{n} f(x_i) \cdot \Delta x_i \leq F \leq \sum_{i=1}^{n} f(x_{i+1}) \cdot \Delta x_i$$

mit $\Delta x_i = x_{i+1} - x_i$ $\qquad i = 1, \ldots, n$

Diese Annäherung wird umso genauer, je kleiner die Breite der Intervalle Δx_i wird.

Für den Grenzfall, bei dem die Breite des Intervalls Δx_i gegen Null konvergiert ($\Delta x_i \to 0$), strebt $f(x_{i+1})$ gegen $f(x_i)$. Die Höhe der Rechtecke unter- und oberhalb des Graphen von $f(x)$ sind dann nahezu identisch.

Die Summe aller Flächen der Rechtecke oberhalb der Funktion konvergiert dann gegen die Summe der Flächen aller Rechtecke unterhalb der Funktion, so dass die gesuchte Fläche F mit $\Delta x_i \to 0$ immer eindeutiger - im Grenzfall eindeutig - bestimmbar wird.

$\Delta x_i \to 0$ mit $\Delta x_i = x_{i+1} - x$ $\qquad$ Die Breite der gebildeten Rechtecke unterhalb und oberhalb der Funktion $f(x)$ werden immer kleiner; die Differenz der beiden Flächen konvergiert gegen Null.

11.3 Das bestimmte Integral

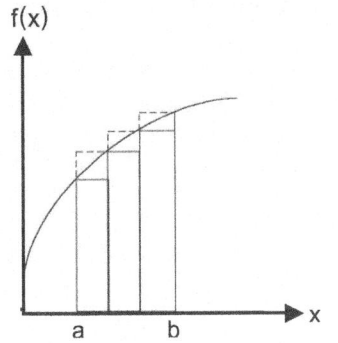
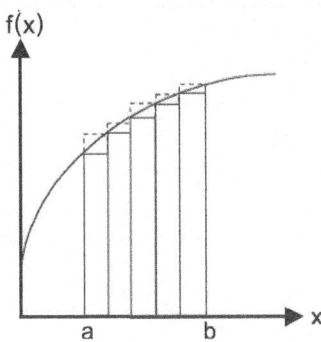

Die gesuchte Fläche F lässt sich umso eindeutiger bestimmen, je kleiner Δx_i gewählt wird, d. h. je mehr Intervalle gebildet werden.

Sie wird (im Grenzfall) bestimmbar, wenn $\Delta x_i \to 0$ bzw. $n \to \infty$.

$$F = \lim_{\substack{\Delta x_i \to 0 \\ n \to \infty}} \sum_{i=1}^{n} f(x_i)\Delta x_i = \lim_{\substack{\Delta x_i \to 0 \\ n \to \infty}} \sum_{i=1}^{n} f(x_{i+1})\Delta x_i = \int_a^b f(x)dx$$

Die Flächen über und unter der Funktion $f(x)$ fallen quasi zusammen. Den o. g. Grenzwert einer im Intervall $[a, b]$ stetigen Funktion $f(x)$ nennt man *bestimmtes Integral* der Funktion $f(x)$ in den Grenzen a und b.

Anmerkung:

- Das bestimmte Integral $\int_a^b f(x)dx$ ist keine Funktion, sondern eine feste Zahl. Der Wert des bestimmten Integrals kann auch negativ sein.

- Die Definition des bestimmten Integrals lässt sich auch auf unstetige Funktionen anwenden. So ist bspw. jede stückweise stetige Funktion mit endlich vielen Sprungstellen $x_1, \ldots, x_n$ integrierbar. Das Integral $\int_a^b x$ ergibt sich dabei als Summe der Integrale über den einzelnen Funktionsabschnitten.

11.3.2 Beziehung zwischen bestimmtem und unbestimmtem Integral

Der Wert des bestimmten Integrals ist gleich der Differenz der Werte der Stammfunktion des Integranden $f(x)$, $F(x)$; Wert der Obergrenze der Stammfunktion $F(x)$, $F(b)$, minus Wert der Untergrenze, $F(a)$.

Hauptsatz der Differential- und Integralrechnung:

$$\int\limits_a^b f(x)dx = [F(x)]_a^b = F(b) - F(a)$$

Beispiele:

(1) Bestimmung der Fläche unterhalb der Funktion $f(x) = x^2$ zwischen $x_1 = 1$ und $x_2 = 3$:

$$\int\limits_1^3 x^2 dx = \left[\frac{1}{3}x^3\right]_1^3 = \left(\frac{1}{3}3^3\right) - \left(\frac{1}{3}1^3\right) = \frac{27}{3} - \frac{1}{3} = \frac{26}{3}$$

$$= 8\frac{2}{3} \text{ FE}$$

FE = Flächeneinheit = LE^2

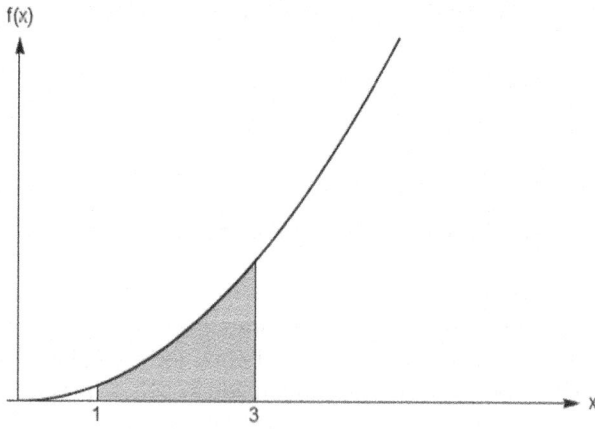

11.3 Das bestimmte Integral

(2) $f(x) = \sqrt{x}$ Unter-/Obergrenze: $x_u = 1, x_o = 4$

$$\int_1^4 \sqrt{x}\,dx = \int_1^4 x^{\frac{1}{2}}\,dx = \left[\frac{1}{\frac{3}{2}}x^{\frac{3}{2}}\right]_1^4 = \left[\frac{2}{3}x^{\frac{3}{2}}\right]_1^4 = \frac{2}{3}4^{\frac{3}{2}} - \frac{2}{3}1^{\frac{3}{2}} = \frac{14}{3}$$

$$= 4\frac{2}{3} \text{ FE}$$

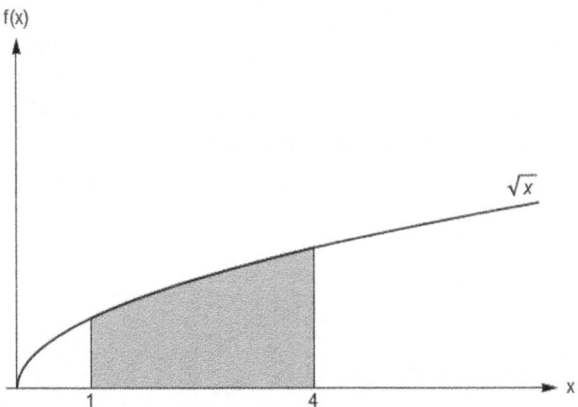

Variation der oberen Grenze

Hält man die untere Integrationsgrenze a konstant und variiert nur die obere Grenze b, so ergibt sich zu jedem Wert der oberen Grenze b genau ein Flächenwert F mit $F = \int_a^b f(x)\,dx$. D. h., es besteht eine eindeutige Beziehung zwischen f und b.

Zur Verdeutlichung dieser eindeutigen Beziehung wird üblicherweise b durch die unabhängige Variable x ersetzt und die bisherige Integrationsvariable x mit einem anderen Buchstaben, beispielsweise mit t, kombiniert.

Damit schreibt sich der Wert F des Integrals von a bis zur oberen (variablen) Grenze x als:

$$F = F(x;t) = \int_a^x f(t)\,dt \qquad t \in [a,x] \qquad a, x \geq 0$$

Die Funktion $F(x)$ nennt man *Integralfunktion* oder *Flächeninhaltsfunktion* zu $f(t)$ im Intervall $[a,x]$.

Beispiel:

$f(t) = t$

$$\int_a^x t\,dt = [F(t)]_a^x = F(x) - F(a) = \frac{1}{2}x^2 - \frac{1}{2}a^2 \quad \text{mit} \quad a = \text{konst.}$$

Je nach Definition der *unteren* Integrationsgrenze a erhält man beispielsweise nachfolgende Integralfunktionen:

$a = 0$: $\quad \int_0^x t\,dt = \frac{1}{2}x^2 - \frac{1}{2} \cdot 0^2 = \frac{1}{2}x^2$

$a = 2$: $\quad \int_0^x t\,dt = \frac{1}{2}x^2 - \frac{1}{2} \cdot 2^2 = \frac{1}{2}x^2 - 2$

$a = 10$: $\quad \int_0^x t\,dt = \frac{1}{2}x^2 - \frac{1}{2} \cdot 10^2 = \frac{1}{2}x^2 - 50$

Anmerkung:

- Die verschiedenen Integralfunktionen des zuletzt aufgezeigten Beispiels unterscheiden sich lediglich *durch eine additive Konstante*.

- Bei der Bildung des *bestimmten Integrals* werden Flächeninhalte, die *oberhalb der Abszisse* liegen, *positiv* und die, die *unterhalb der Abszisse* liegen, *negativ* bewertet, so dass sich per Saldo auch ein Wert von Null oder kleiner Null ergeben kann.

Addition der Beträge

$$\Rightarrow \int_a^b f(x)dx = \left| \int_a^{x_1} f(x)dx \right| + \cdots + \left| \int_{x_n}^b f(x)dx \right|$$

mit x_i = Nullstellen der Funktion $f(x)$, $i = 1, \ldots, n$

Beispiel:

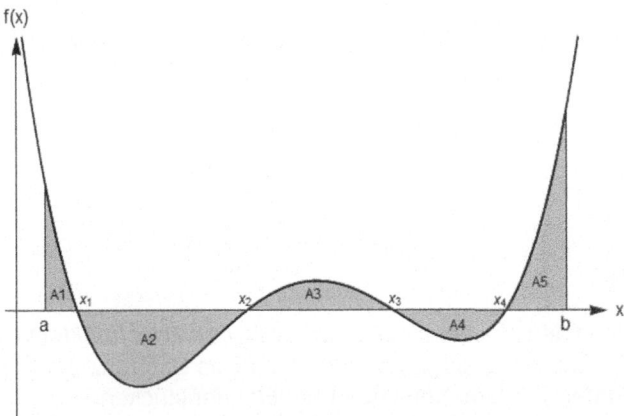

Die Lösung des Integrals $\int_a^b f(x)dx$ erfolgt über die Addition der Beträge der entsprechenden Einzelflächen A_j, mit $j = 1, \ldots, 5$.

Beispiel:

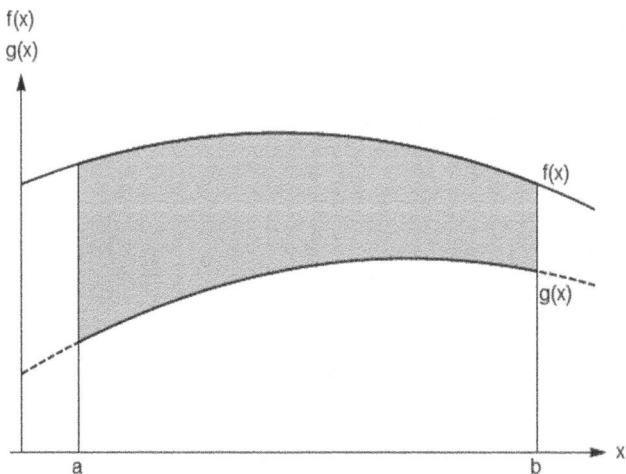

Anmerkung:

- Der Inhalt des Flächenstücks, das *zwischen zwei Funktionsgraphen* f und g (mit $f \geq g$) liegt, berechnet sich als Differenz der beiden jeweils unter den Graphen liegenden Flächenstücken:

$$F(x) = \left| \int_a^b (f(x) - g(x))dx \right|$$

Für den Fall, dass $f(x)$ und $g(x)$ sich innerhalb von $[a,b]$ schneiden mit den Schnittpunkten $x_1, x_2, \ldots, x_n$, ist zur Bestimmung der von den Funktionen eingeschlossenen Gesamtfläche von Schnittpunkt zu Schnittpunkt zu integrieren:

$$F(x) = \left| \int_a^{x_1} (f(x) - g(x))dx \right| + \cdots + \left| \int_{x_n}^b (f(x) - g(x))dx \right|$$

mit x_i = Schnittpunkt zwischen den Flächen f und g, $i = 1, \ldots, n$.

11.3 Das bestimmte Integral

Zur Vermeidung negativer Flächenmaße bedient man sich wiederum der entsprechenden *Beträge*.

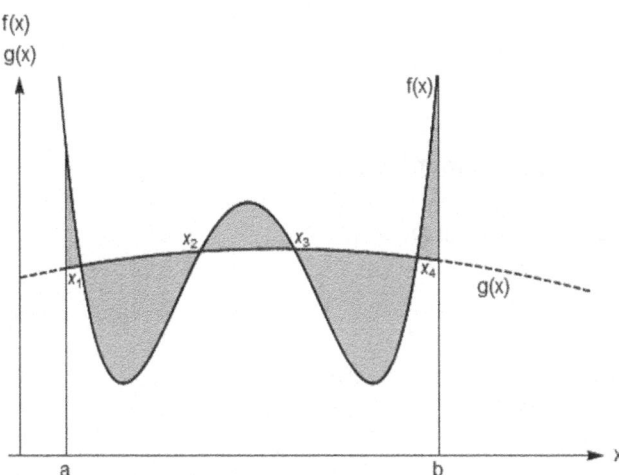

11.3.3 Spezielle Integrationstechniken

Anders als in der *Differentialrechnung* existieren nicht für alle integrierbaren Funktionen *Integrationsregeln*, d. h. es gibt beispielsweise keine Art von „Produkt-", „Quotienten-" oder „Kettenregel".

Vielmehr wird versucht, den Integranden durch geeignete Umformungen in eine Gestalt zu überführen, die unter Verwendung von *Grundintegralen* geschlossen integrierbar ist.

11.3.3.1 Die partielle Integration

Liegt der Integrand als *Produkt* vor, so lässt sich das Integral oft in eine einfachere Form überführen:

$$\int f(x) \cdot g'(x) dx = f(x) \cdot g(x) - \int f'(x) \cdot g(x) dx$$

mit f, f', g, g' = stetige Funktionen

Diese Integrationstechnik ist zurückzuführen auf die *Produktregel der Differentialrechnung*:

$h(x) = f(x) \cdot g(x)$

$\Rightarrow h'(x) = f'(x) \cdot g(x) + f(x) \cdot g'(x)$

Beispiel für ein **unbestimmtes** Integral:

Gesucht ist: $\int lnx \cdot x dx$ mit $D_f = \mathbb{R}^+$

$\Rightarrow f(x) = lnx \quad g'(x) = x \qquad \Rightarrow f'(x) = \dfrac{1}{x} \quad g(x) = \dfrac{1}{2}x^2$

$\Rightarrow \int lnx \cdot x dx = lnx \cdot \dfrac{1}{2}x^2 - \int \dfrac{1}{x} \cdot \dfrac{1}{2}x^2 dx$

$= lnx \cdot \dfrac{x^2}{2} - \int \dfrac{1}{2} x dx$

$= lnx \cdot \dfrac{x^2}{2} - \left(\dfrac{1}{2} \cdot \dfrac{1}{2} x^2 + c \right)$

$= lnx \cdot \dfrac{x^2}{2} - \dfrac{1}{4} x^2 - c$

Beispiel für ein **bestimmtes** Integral:

Gesucht ist: $\int_{2}^{3} x \cdot e^x dx$

$\Rightarrow f(x) = x \quad g'(x) = e^x \qquad \Rightarrow f'(x) = 1 \quad g(x) = e^x$

$\Rightarrow \int_{2}^{3} x \cdot e^x dx = [x \cdot e^x]_{2}^{3} - \int_{2}^{3} 1 \cdot e^x dx$

$= [x \cdot e^x - e^x]_{2}^{3} = [(x-1)e^x]_{2}^{3}$

$= ((3-1)e^3) - ((2-1)e^2) = 2e^3 - e^2 \approx 32,78 \text{ FE}$

11.3 Das bestimmte Integral

11.3.3.2 Integration durch Substitution

Bei der Integration durch Substitution ersetzt man die Variable x in $\int f(x)dx$ durch eine geeignete Funktion $g(z)$. Unter der Voraussetzung, dass $g(z)$ differenzierbar und umkehrbar ist, gilt:

$$\int f(x)dx = \int f(g(z)) \cdot g'(z)dz \text{ mit } x = g(z)$$

Beispiel für ein **unbestimmtes** Integral:

Gesucht ist: $\int x\sqrt{1-x^2}dx$

$\Rightarrow$ Substitution: $1-x^2 = z \Rightarrow dz = -2x\,dx$ bzw. $dx = -\dfrac{1}{2x}dz$

$$\Rightarrow \int x\sqrt{1-x^2}dx = -\frac{1x}{2x}\int \sqrt{z}\,dz = -\frac{1}{2}\int z^{\frac{1}{2}}dz$$
$$= -\frac{1}{2} \cdot \frac{1}{\frac{3}{2}} \cdot z^{\frac{3}{2}} + c$$
$$= -\frac{1}{3}\sqrt[2]{z^3} + c$$

$\Rightarrow$ Resubstitution: $\int x\sqrt{1-x^2}dx = -\dfrac{1}{3}\sqrt{(1-x^2)^3} + c$

Beispiel für ein **bestimmtes** Integral:

Gesucht ist: $\int\limits_{1}^{2} x^3\sqrt{x^4-1}dx$

$\Rightarrow$ Substitution: $z = x^4 - 1 \Rightarrow dz = 4x^3dx$ bzw. $dx = \dfrac{1}{4x^3}dz$

Die ursprünglichen Transformationsgrenzen $x_u = 1$ und $x_o = 2$ transformieren sich entsprechend:

$$z_u = g(x_u) = 1^4 - 1 = 0$$
$$z_o = g(x_o) = 2^4 - 1 = 15$$

$$\Rightarrow \int_1^2 x^3 \sqrt{x^4-1}\,dx = \int_0^{15} x^3 \sqrt{z} \cdot \frac{1}{4x^3}\,dz = \int_0^{15} \frac{1}{4}\sqrt{z}\,dz$$

$$= \int_0^{15} \frac{1}{4} z^{\frac{1}{2}}\,dz = \left[\frac{1}{4}\cdot\frac{1}{\frac{3}{2}}\cdot z^{\frac{3}{2}}\right]_0^{15}$$

$$= \frac{1}{6}\cdot 15^{\frac{3}{2}} - \frac{1}{6}\cdot 0^{\frac{3}{2}} \approx 9{,}68 \text{ FE}$$

Resubstitution: $\left[\dfrac{1}{4}\cdot\dfrac{1}{\frac{3}{2}}\cdot z^{\frac{3}{2}}\right]_0^{15} = \left[\dfrac{1}{6}(x^4-1)^{\frac{3}{2}}\right]_1^2$

$$= \frac{1}{6}(2^4-1)^{\frac{3}{2}} - \frac{1}{6}(1^4-1)^{\frac{3}{2}} \approx 9{,}68 \text{ FE}$$

11.4 Mehrfach-Integrale

Eine Funktion mit mehreren unabhängigen Variablen $f = f(x_1,\ldots,x_n)$ lässt sich integrieren, indem man jeweils c. p. (= bei Konstanz der jeweils übrigen Variablen) sukzessive nach allen Variablen partiell integriert:

$$\int\cdots\iint f(x_1,x_2,\ldots,x_n)\,dx_1\,dx_2\ldots dx_n.$$

Anmerkung:

Zu dx_1 gehört das innenliegenste Integralsymbol, zu dx_2 das nächst folgende Symbol und zu dx_n das äußere.

Man integriert von innen nach außen.

Beispiel für ein **unbestimmtes** Doppelintegral:

$$\iint xy\,dx\,dy = \int\left[\frac{1}{2}x^2 y + c(y)\right]dy = \frac{1}{4}x^2 y^2 + C(y) + d(x)$$

11.5 Integralrechnung bei ökonomischen Problemstellungen

Beispiel für ein **bestimmtes** Doppelintegral:

$$\int_2^5 \int_1^3 1\,dx\,dy = \int_2^5 \left([x]_1^3\right)dy = \int_2^5 (3-1)dy = \int_2^5 2\,dy$$

$= [2y]_2^5 = 10 - 4 = 6$ FE (hier im dreidimensionalen Raum)

11.5 Integralrechnung bei ökonomischen Problemstellungen

Mit Hilfe des *bestimmten Integrals* soll der Zusammenhang zwischen ökonomischen *Gesamtfunktionen* und ökonomischen *Grenzfunktionen* veranschaulicht werden.

Anmerkung:
Per definitionem sind ökonomische *Gesamtfunktionen* stets Stammfunktionen der entsprechenden ökonomischen *Grenzfunktionen*.

11.5.1 Kostenfunktionen

$K'(x)$ sei die Grenzkostenfunktion zur Gesamtkostenfunktion $K(x)$.

$\Rightarrow \quad \int_0^x K'(q)dq = K(x) + K_f \quad$ bzw. $\quad \int_0^x K'(q)dq = K_v(x)$

$\Rightarrow \quad K(x) = \int_0^x K'(q)dq + K_f \quad$ bzw. $\quad K(x) = K_v(x) + K_f$

mit $K_v(x)$ = variable Kosten; K_f = fixe Kosten

Das Integral der Grenzfunktion entspricht somit den variablen Kosten $K_v(x)$.

Es gelten folgende Beziehungen zwischen den Gesamtkosten $K(x)$, den Grenzkosten $K'(x)$, den variablen Kosten $K_v(x)$ und den fixen Kosten K_f:

$$K_v(x) = \int_0^x K'(q)dq \quad \text{bzw.}$$

$$K(x) = \int_0^x K'(q)dq + K_f$$

Graphisch entsprechen die variablen Kosten $K_v(x)$ für den Output x der Flächenzahl des unterhalb der Grenzkosten liegenden Flächenstücks zwischen Null und x.

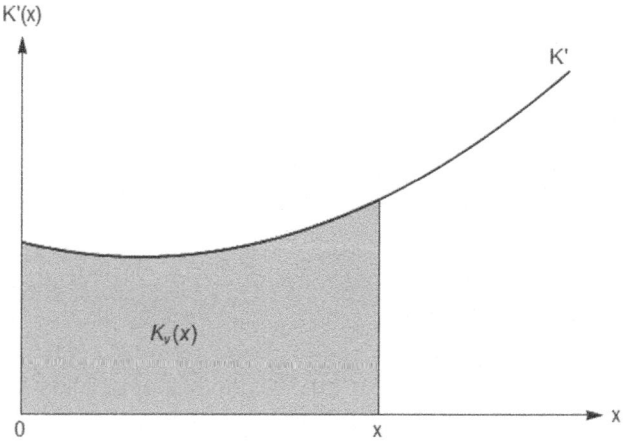

Beispiel:

Bekannt seien die fixen Kosten K_f in Höhe von $4.000 und die Grenzkostenfunktion $K'(x) = 0,03x^2 - 3x + 120$ [$/ME].

Wie hoch sind die gesamten Kosten bei einem Output x von 400 ME?

11.5 Integralrechnung bei ökonomischen Problemstellungen

$K(x) = K_v(x) + K_f$

$= \int\limits_0^{400} \left(0,03x^2 - 3x + 120\right) dx + 4.000$

$= \left[0,03 \cdot \dfrac{1}{3} \cdot x^3 - 3 \cdot \dfrac{1}{2} \cdot x^2 + 120x\right]_0^{400} + 4.000$

$= \left(0,01 \cdot (400)^3 - 1,5 \cdot 400^2 + 120 \cdot 400\right) - (0) + 4.000$

$= \$452.000$

11.5.2 Umsatzfunktionen (= Erlösfunktionen)

$U'(x)$ sei die Grenzerlösfunktion zur Erlösfunktion $U(x)$.

$$U(x) = \int\limits_0^x U'(q)\,dq$$

Graphisch entspricht der Gesamtumsatz $U(x)$ für die abgesetzte Menge x der Flächenzahl des unterhalb der Grenzerlöskurve liegenden Flächenstücks zwischen Null und x.

Beachte:
Unterhalb der Abszisse liegende Flächen werden **negativ** gezählt.

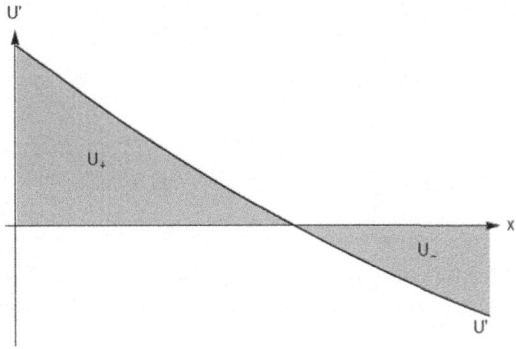

Beispiel:

Bekannt sei die Grenzerlösfunktion $U'(x) = 1.044 - 0,6x$ [\$/ME].

Wie lautet die Erlösfunktion und wie die zugehörige Preis-Absatz-Funktion (inverse Nachfragefunktion)?

Erlösfunktion:
$$U(x) = \int_0^x (1.044 - 0,6q)\,dq$$
$$= \left[1.044q - 0,6 \cdot \frac{1}{2}q^2\right]_0^x$$
$$= 1.044x - 0,3x^2 \ [\$]$$

Preis-Absatz-Funktion: $U(x) = x \cdot p(x)$

$$\Leftrightarrow p(x) = \frac{U(x)}{x} = 1.044 - 0,3x \ [\$/ME]$$

11.5.3 Gewinnfunktionen

Der (Gesamt-)Gewinn $G(x)$ bestimmt sich durch die Differenz zwischen Erlös $U(x)$ und Gesamtkosten $K(x)$, so dass gilt:

$$\boxed{\begin{aligned} G(x) &= U(x) - K(x) = \int_0^x U'(q)\,dq - \left(\int_0^x K'(q)\,dq + K_f\right) \\ &= \int_0^x (U'(q) - K'(q))\,dq - K_f \end{aligned}}$$

Daraus ergibt sich als Deckungsbeitrag $G_{DB}(x)$:

$$\boxed{G_{DB}(x) = \int_0^x (U'(q) - K'(q))\,dq}$$

Graphisch erhält man den Deckungsbeitrag $G_{DB}(x)$ für die abgesetzte Menge x als Maßzahl der Fläche zwischen Grenzerlös- und Grenzkostenkurve.

11.5 Integralrechnung bei ökonomischen Problemstellungen

Beachte:

Wenn U' unterhalb von K' liegt, werden die Flächenstücke **negativ** bewertet, so dass sich der gesamte Deckungsbeitrag als Differenz der positiv und negativ bewerteten Flächen ergibt.

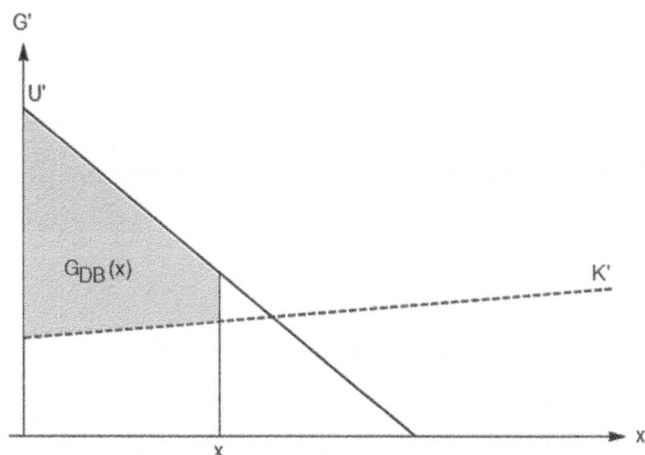

$G_{DB}(x) =$ Deckungsbeitrag bei der Menge x

Beispiel:

Gegeben sind die Grenzkostenfunktion $K'(x) = 3x^2 - 24x + 60$ sowie die Grenzerlösfunktion $U'(x) = -18x + 132$. Die Gesamtkosten für den Output von 10 ME betragen $498.

Gesucht sind (1) die Erlösfunktion,
(2) die Gesamtkostenfunktion,
(3) die Preis-Absatz-Funktion,
(4) die Gewinnfunktion.

zu (1): $U(x) = \int\limits_0^x U'(q)dq = \int\limits_0^x (-18q + 132)dq$

$= \left[-18 \cdot \frac{1}{2} \cdot q^2 + 132q\right]_0^x$

$= -9x^2 - 132x$ [$]

zu (2): $K(x) = \int\limits_0^x K'(q)dq + K_f = \int\limits_0^x \left(3q^2 - 24q + 60\right)dq + K_f$

$= \left[3 \cdot \frac{1}{3} \cdot q^3 - 24 \cdot \frac{1}{2} \cdot q^2 + 60q\right]_0^x + K_f$

$= x^3 - 12x^2 + 60x + K_f$ [$]

$\Rightarrow K(10) = \$498$

$\Rightarrow 10^3 - 12 \cdot 10^2 + 60 \cdot 10 + K_f = \$498$

$\Rightarrow K_f = 498 - 400 = \$98$

$\Rightarrow K(x) = x^3 - 12x^2 + 60x + 98$ [$]

zu (3): $U(x) = x \cdot p(x)$

$\Rightarrow p(x) = \dfrac{U(x)}{x} = \dfrac{-9x^2 + 132x}{x}$

$= -9x + 132$ [$/ME]

zu (4): $G(x) = U(x) - K(x) = \left(\int\limits_0^x (U'(q) - K'(q)) \, dq - K_f \right)$

$\Rightarrow G(x) = -9x^2 + 132x - \left(x^3 - 12x^2 + 60x + 98 \right)$

$= -x^3 + 3x^2 + 72x - 98$ [\$]

Kapitel 12

Elastizitäten

12.1 Problemstellung und Begriff der Elastizität

Gegenstand dieses Kapitels ist die Analyse des *relativen Änderungsverhaltens* ökonomischer Größen, wenn zwischen diesen ein funktionaler Zusammenhang, beispielsweise $y = y(x)$, besteht.

Absolute Änderungen

⇒ *Differenzenquotient* $\dfrac{\Delta y(x)}{\Delta x}$

= durchschnittliche *absolute Steigung* der Funktion $y(x)$ in einem bestimmten Intervall

⇒ *Differentialquotient* $\dfrac{df(x)}{dx}(x_0)$ = 1. Ableitung an der Stelle x_0

= (Punkt-)Steigung der Funktion $y(x)$ um einen beliebigen Punkt, an einer beliebigen Stelle x_0 bezogen auf einen infinitesimalen Bereich um x_0

Interpretation/Fragestellung:

Um wie viele Einheiten ändert sich die abhängige Größe y absolut, wenn die unabhängige Variable x um 1 Einheit variiert?

Relative Änderungen

Um wie viel Prozent ändert sich die abhängige Größe, wenn die Unabhängige um 1 % variiert?

(1) bezogen auf ein bestimmtes Intervall ⇒ Bogenelastizität

(2) bezogen auf einen bestimmten Punkt (an einer bestimmten Stelle)
⇒ Punktelastiztät

12.2 Bogenelastizität

Gegeben sei die Funktion $y = y(x)$. Das Verhältnis der relativen (= prozentualen) Änderungen nennt man Bogenelastizität ε_B (= quasi die durchschnittliche Elastizität) von y bezüglich x:

$$\varepsilon_B = \frac{\frac{\Delta y}{y}}{\frac{\Delta x}{x}} = \frac{\text{relative Änderung von } y}{\text{relative Änderung von } x} \quad \text{mit} \quad y = y(x)$$

⇒ man relativiert (= setzt in Beziehung) die relative (= prozentuale) Änderung der abhängigen Größe zur relativen (= prozentualen) Änderung der unabhängigen Variablen.

ε_B ist dimensionslos.

Beispiel:

Gegeben sei eine Preis-Absatz-Funktion:

$p = p(x) = 20 - 0{,}2x$ bzw.

$x = x(p) = 100 - 5p$ (Umkehrfunktion = Nachfragefunktion; nach x aufgelöst)

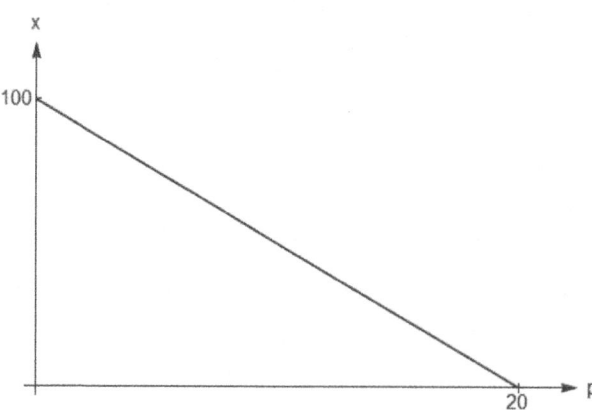

12.2 Bogenelastizität

Allgemeine Fragestellung: Um wie viel Prozent ändert sich die abhängige Größe (hier die nachgefragte Menge eines Gutes x), im *Durchschnitt*, wenn sich die unabhängige Größe (hier der Preis des Gutes p) um ein Prozent ändert?

$$\Rightarrow \left(\frac{\text{relative Mengenänderung}}{\text{relative Preisänderung}} = \frac{\frac{\Delta x}{x}}{\frac{\Delta p}{p}} \right)$$

Diesen Quotienten nennt man *Bogenelastizität* (im betrachteten Intervall/ Bogen Δp).

Beispiele für absolute Änderungen:

	Fall 1	Fall 2
Bisheriger Preis: p	15	2
Preisänderung: Δp	-1	-1
$\Rightarrow$ neuer Preis: $p + \Delta p$	14	1
Bisherige Menge: x	25	90
Mengenänderung: Δx	$+5$	$+5$
$\Rightarrow$ neue Menge: $x + \Delta x$	30	95

$\Rightarrow$ Die absolute Änderung der Nachfrage beträgt in beiden Fällen bei einer Preissenkung von $-\$1$ jeweils $+5$ ME.

$= 1.$ Ableitung: $\quad \dfrac{dx}{dp} = -5$

Die (absolute) Steigung der Nachfragefunktion $x = x(p)$ ist hier für alle x gleich groß. Senkt man den Preis um $\$1$ pro ME, so steigt die Nachfragemenge stets (konstant) um 5 ME. Eine absolute Preissenkung von beispielsweise $\$15$/ME auf $\$14$/ME um $\$1$ pro ME ist relativ jedoch anders zu beurteilen. Im ersten Fall sinkt der Preis um $6{,}67\,\%$ und die Menge steigt um $20\,\%$. Im zweiten Fall sinkt der Preis um $50\,\%$ und die Menge steigt um $5{,}56\,\%$. Relativiert man dieses jeweils auf eine 1 %ige Reduzierung des Preises unter Nutzung des Dreisatzes, so bewirkt eine 1 %ige Reduzierung des Preises im ersten Fall eine durchschnittliche Änderung der nachgefragten Menge um 3 %. Im zweiten Fall nur um etwa durchschnittlich $0,11$ %.

Beispiele für absolute Änderungen:

	Fall 1	Fall 2
Preisänderung Δp	$-6,67$ % $= \left(\frac{14}{15} - 1\right) \cdot 100$ %	-50 % $= \left(\frac{1}{2} - 1\right) \cdot 100$ %
Mengenänderung	$+20$ % $= \left(\frac{30}{25} - 1\right) \cdot 100$ %	$+5,56$ % $= \left(\frac{95}{90} - 1\right) \cdot 100$ %
Bogenelastizität ε_B	$\frac{+20\,\%}{-6,67\,\%}$ ≈ -3	$\frac{+5,56\,\%}{-50\,\%}$ $\approx -0,11$

Beispiel:

$$\varepsilon_B = \frac{\frac{\Delta x}{x(p)}}{\frac{\Delta p}{p}} = \frac{\frac{x(p+\Delta p)-x(p)}{x(p)}}{\frac{(p+\Delta p)-p}{p}} = \frac{\frac{30-25}{25}}{\frac{14-15}{15}} = -3$$

Interpretation von $\varepsilon_B = -3$:

Steigt/fällt der Preis des betrachteten Gutes p um 1 %, so fällt/steigt dessen Nachfrage x durchschnittlich um 3 % im betrachteten Preisintervall zwischen \$14 und \$15 pro ME.

12.2 Bogenelastizität

Beispiel:

$y(x) = x^2 + 1$

ε_B zwischen $x_1 = 3$ und $x_2 = 4$?

$$x_1 = 3 \quad \wedge \quad x_2 = 4 \quad \Rightarrow \Delta x = +1$$

$$\Rightarrow \quad y(x_1) = y(3) = 3^2 + 1 = 10$$

$$y(x_2) = y(4) = 4^2 + 1 = 17$$

$$\Rightarrow \quad \Delta y = +7$$

$$\Rightarrow \varepsilon_B = \frac{\frac{\Delta y}{y}}{\frac{\Delta x}{x}} = \frac{\frac{+7}{10}(=+70\%)}{\frac{+1}{3}(=+33\%)} \approx 2,1$$

D. h.: Steigt/fällt die unabhängige Variable x um 1 %, so steigt/fällt der Funktionswert y durchschnittlich um etwa 2,1 % im Intervall zwischen $x_1 = 3$ bis $x_2 = 4$.

12.3 Punktelastizität

Während die Bogenelastizität die durchschnittliche relative Änderungsrate innerhalb eines Intervalls angibt, interessiert in den Wirtschaftswissenschaften meist die Elastizität um einen bestimmten Punkt, d. h. an einer bestimmten Stelle x_0.

⇒ Bestimmung des Grenzwertes der Bogenelastizität für $\Delta x \to 0$

$$\Rightarrow \lim_{\Delta x \to 0} \varepsilon_B = \lim_{\Delta x \to 0} \frac{\frac{\Delta y}{y}}{\frac{\Delta x}{x}} = \lim_{\Delta x \to 0} \frac{\Delta y}{y} \cdot \frac{x}{\Delta x} =$$

$$= \lim_{\Delta x \to 0} \frac{\Delta y}{\Delta x} \cdot \frac{x}{y} = \frac{dy}{dx} \cdot \frac{x}{y} = y'(x) \cdot \frac{x}{y} = \varepsilon$$

$\varepsilon(x) = $ (Punkt-)Elastizitätsfunktion

$\varepsilon(x = x_0) = $ (Punkt-)Elastizität oder mit anderen Worten die Elastizität der Funktion $y = y(x)$ an der Stelle $x = x_0$.

ε ist dimensionslos.

Definition

y sei eine differenzierbare Funktion mit der unabhängigen Variablen x. Dann heißt

$$\varepsilon(x = x_0) = \frac{\frac{dy}{y}}{\frac{dx}{x}} = \frac{dy}{dx} \cdot \frac{x}{y} = y'(x) \cdot \frac{x}{y} \qquad \text{mit} \qquad x, y \neq 0$$

(Punkt-)Elastizität ε der Funktion $y = y(x)$ an der Stelle $x = x_0$. Der Zahlenwert der (Punkt-)Elastizität ε von y bezüglich x an einer bestimmten Stelle $x = x_0$ gibt (approximativ) an, um wie viel Prozent sich die abhängige Variable y ändert, wenn die unabhängige Variable x (an dieser Stelle x_0) marginal, in praxi um 1 %, variiert; mit $y = y(x)$.

12.3 Punktelastizität

Merke:

Das Vorzeichen der Elastizität ε spielt eine wesentlich Rolle (Tab. 12.1):

(1) Ist $\varepsilon > 0$ mit $y = y(x)$, so gilt per definitionem $\dfrac{\frac{dy}{y}}{\frac{dx}{x}} > 0$,

d. h. dass die relativen Änderungen der betrachteten Größen entweder beide positiv oder beide negativ sind. Damit bewirkt eine relative Zunahme (Abnahme) von x eine relative Zunahme (Abnahme) von y. y und x sind positiv korreliert.

(2) Ist $\varepsilon < 0$, so bewirkt eine relative Zunahme (Abnahme) von x eine relative Abnahme (Zunahme) von y. y und x sind negativ korreliert.

(3) Ist $\varepsilon = 0$, so bleibt y konstant bei einer Zunahme (Abnahme) von x. y und x korrelieren nicht.

Beispiel:

$$f(x) = x^2 - x + 10$$

Wie groß ist die (Punkt-)Elastizität von f an der Stelle $x_0 = 10$?

$$\varepsilon = \varepsilon(x) = \dfrac{\frac{df(x)}{f(x)}}{\frac{dx}{x}} = \dfrac{df(x)}{dx} \cdot \dfrac{x}{f(x)} = f'(x) \cdot \dfrac{x}{f(x)} =$$

$$= \dfrac{(2x-1) \cdot x}{x^2 - x + 10} = \dfrac{2x^2 - x}{x^2 - x + 10} = \text{Elastizitätsfunktion}$$

$$\varepsilon(10) = \dfrac{2 \cdot 10^2 - 10}{10^2 - 10 + 10} = 1,9 = \text{(Punkt-)Elastizität an der Stelle } x = 10$$

Interpretation:

Erhöht (vermindert) man x an der Stelle $x = 10$ um 1 %, so steigt (fällt) der Funktionswert $f(10)$ (überproportional) um 1,9 %. Die Beziehung zwischen x und $f(x)$ ist hier „elastisch". $f(x)$ und x sind positiv korreliert.

Wert der Elastizität	Allgemeine Begriffsbildung	Beispiel: Nachfragefunktion $x = x(p)$ mit p = Preis und x = Menge
$\lvert \varepsilon_{xp} \rvert < 1$	x ist unelastisch	Relativ geringe Reaktion der Nachfrager auf Preisänderungen.
$0 < \varepsilon < 1$ oder $-1 < \varepsilon < 0$	(x ändert sich relativ weniger als p)	Beispiel: Kaum substituierbare Güter: Brot, Medikamente.
$\lvert \varepsilon_{xp} \rvert > 1$	x ist elastisch	Relativ starke Reaktion der Nachfrager auf (kleine) relative Preisänderungen.
$\varepsilon > 1$ oder $\varepsilon < -1$	(x ändert sich relativ stärker als p)	Beispiel: Substituierbare Güter
Sonderfall: $\lvert \varepsilon_{xp} \rvert = 1$	x ist proportional elastisch; isoelastisch	Eine Preisänderung von 1 % bewirkt eine proportionale Mengenänderung von 1 %.
$\varepsilon = 1$ oder $\varepsilon = -1$	(die relativen Änderungen von x und p sind gleich)	
Grenzfall: $\lvert \varepsilon_{xp} \rvert \to \infty$	x ist vollkommen elastisch	Grenzfall: Der Preis ist konstant, unabhängig vom Niveau der nachgefragten Menge.
$\varepsilon \to \infty$ oder $\varepsilon \to -\infty$	(x reagiert unendlich stark auf kleine relative Änderungen von p)	Beispiel: Preisfixierte, substituierbare Güter (Markenartikel im Polypol).
Grenzfall: $\varepsilon = 0$	x ist vollkommen unelastisch; starr	Grenzfall: Die Nachfrage ist konstant, d. h. unabhängig vom Preis.
	(x reagiert überhaupt nicht auf kleine relative Änderungen von p)	Beispiel: Unentbehrliche Güter wie z. B. lebensnotwendige Medikamente.

Tab. 12.1: Elastizitäten | Fallunterscheidung

12.4 Preiselastizität der Nachfrage ε_{xp}

Definition

Die *Preiselastizität der Nachfrage* ε_{xp} misst die relative Änderung der Nachfrage x bei einer relativen Änderung des Preises p um 1 %, an einer bestimmten Stelle $(x_0|p_0)$.

$$\varepsilon_{xp} = \frac{\dfrac{dx}{x}}{\dfrac{dp}{p}} = \frac{dx(p)}{dp} \cdot \frac{p}{x}$$

Achtung:

- abhängige Variable   = nachgefragte Menge x
- unabhängige Variable = Preis p

$\Rightarrow$ Nachfragefunktion: $x = x(p)$

Anmerkung:

Würde man sich hier der Umkehrfunktion (Preis-Absatz-Funktion) bedienen, $p = p(x)$, so wäre analog nach der *Nachfrageelastizität des Preises* ε_{xp} gefragt.

Beispiel:

Gegeben ist die Preis-Absatz-Funktion $p(x) = 10 - 0,5x$. Gesucht ist die Preiselastizität der Nachfrage bei einem Preis von $p_0 = \$6/\text{ME}$.

Da p die unabhängige Variable und x die abhängige Variable bei dieser Fragestellung ist, ist zur oben angegebenen Preis-Absatz-Funktion $p = p(x)$ zunächst die Umkehrfunktion (Nachfragefunktion) $x = x(p)$ zu bilden:

$$\Rightarrow x(p) = \frac{10-p}{0,5} = 20 - 2p$$

$$\varepsilon_{xp} = \frac{\frac{dx}{x}}{\frac{dp}{p}} = \frac{dx(p)}{dp} \cdot \frac{p}{x} = x'p(x) \cdot \frac{p}{x(p)}$$

$x(p) \quad = 20 - 2p$
$x'(p) \quad = -2$
$p_0 \quad = \$6/\text{ME}$
$x(6) \quad = 20 - 2 \cdot 6 = 8 \text{ ME}$
$\varepsilon_{xp} \quad = -2 \cdot \frac{6}{8} = -1,5$

Interpretation:

Bezogen auf den (Basis-)Preis von $p_0 = \$6/\text{ME}$ bewirkt eine 1%ige Preissteigerung (-senkung) einen Nachfragerückgang (-anstieg) um näherungsweise $1,5\,\%$. Die Nachfrager reagieren preiselastisch bei einem Preis von $p_0 = \$6/\text{ME}$ ($|\varepsilon_{xp}| > 1$).

12.4 Preiselastizität der Nachfrage ε_{xp}

Beispiel:

Gegeben sei die Preis-Absatz-Funktion $p(x) = 10 - 0{,}5x$. Gesucht sind die Preis- bzw. Mengenintervalle, in denen die Nachfrage

(a) elastisch,

(b) unelastisch,

(c) proportional elastisch (isoelastisch),

(d) vollkommen unelastisch (starr),

(e) vollkommen elastisch ist.

$$\varepsilon_{xp} = \frac{\frac{dx}{x}}{\frac{dp}{p}} = \frac{dx(p)}{dp} \cdot \frac{p}{x}$$

$\Rightarrow \; x(p) = ?$

$p = 10 - 0{,}5x$

$\Leftrightarrow \; 0{,}5x = 10 - p \quad \Leftrightarrow \quad x(p) = 20 - 2p$

(a) Die Nachfrage ist hier **(preis-)elastisch**, wenn gilt: $\varepsilon_{xp} < -1$. Da die Steigung der Nachfragefunktion negativ ist (Menge und Preis sind hier negativ korreliert), entfällt der Fall der Elastizität, dass $\varepsilon_{xp} > 1$.

$$\varepsilon_{xp} = x'(p) \cdot \frac{p}{x(p)} = -2 \cdot \frac{p}{20 - 2p} = \frac{-p}{10 - p} < -1$$

$\Leftrightarrow \; -p < -1(10 - p)$

$\Leftrightarrow \; -p < -10 + p$

$\Leftrightarrow \; -2p < -10$

$\Leftrightarrow \; 2p > 10$

$\Leftrightarrow \; p > \$5/\text{ME}$

Interpretation:

Die Nachfrage ist *preiselastisch* bei Preisen zwischen $5 und $10 pro ME. Der entsprechende Mengenbereich liegt zwischen 0 und 10 ME.

(b) Die Nachfrage ist hier **(preis-)unelastisch**, wenn gilt: $\varepsilon_{xp} > -1$

$$\varepsilon_{xp} = \frac{-p}{10-p} > -1$$

$\Leftrightarrow -p > -1(10-p)$
$\Leftrightarrow -p > -10+p$
$\Leftrightarrow -2p > -10$
$\Leftrightarrow 2p < 10$
$\Leftrightarrow p < \$5/\text{ME}$

Interpretation:

Die Nachfrage ist *preisunelastisch* bei Preisen zwischen $0 und $5 pro ME. Das entsprechende Mengenintervall liegt zwischen 10 und 20 ME.

(c) Die Nachfrage ist **isoelastisch**, wenn gilt: $\varepsilon_{xp} = 1$

$$\varepsilon_{xp} = \frac{-p}{10-p} = -1$$

$\Leftrightarrow p = \$5/\text{ME}$
$\Rightarrow x = 10 \text{ ME}$

Interpretation:

Die Nachfrage ist *isoelastisch* bei einem Preis von $5 pro ME. Ändert sich der Preis um 1 % ($4,95 oder $5,05), so wird eine proportionale Änderung der Menge von 1 % (10,10 ME oder 9,90 ME) bewirkt.

12.4 Preiselastizität der Nachfrage ε_{xp}

(d) Die Nachfrage ist **vollkommen preisunelastisch**, wenn gilt:

$\varepsilon_{xp} = 0$

$\varepsilon_{xp} = \dfrac{-p}{10-p} = 0$

$\Leftrightarrow p \to \$0/\text{ME}$

$\Rightarrow x = 20 \text{ ME}$

Interpretation:

Konvergiert der Preis gegen Null oder wird er gar Null, so werden alle 20 ME abgesetzt. Die Nachfrager reagieren hier quasi überhaupt nicht auf (marginale) relative Änderungen von p.

(e) Die Nachfrage ist **vollkommen preiselastisch**, wenn gilt:

$\varepsilon_{xp} = \infty$ bzw. $\varepsilon_{xp} = -\infty$

$\varepsilon_{xp} = \dfrac{-p}{10-p} \to -\infty$

$\Leftrightarrow p \to \$10/\text{ME}$

$\Rightarrow x = 0 \text{ ME}$

Interpretation:

Wenn der Preis gegen $10/ME konvergiert oder gar $10/ME erreicht, kann nichts mehr verkauft werden. Die Verbraucher reagieren vollkommen elastisch auf (marginale) relative Preisänderungen.

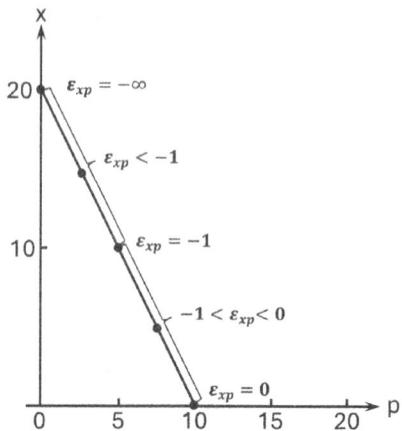

12.5 Die Kreuzpreiselastizität $\varepsilon_{x_A p_B}$

Die Nachfragemenge x_A eines Gutes A hängt nicht nur von der (relativen) Entwicklung des eigenen Preises, p_A, sondern auch von den Preisänderungen anderer Güter, beispielsweise des Gutes B, ab:

$x_A = x_A(p_A, p_B)$

Die Art der Abhängigkeit (bezüglich der relativen Änderungen der hier relevanten Größen) beschreibt die sogenannte *Kreuzpreiselastizität* $\varepsilon_{x_A p_B}$:

$$\varepsilon_{x_A p_B} = \frac{\text{relative Mengenänderung von Gut A}}{\text{relative Preisänderung von Gut B}}$$

Bezogen auf einen infinitesimalen Bereich an einer bestimmten Stelle $x_A = x_A(p_A, p_B)$ gilt:

$$\varepsilon_{x_A p_B} = \frac{\dfrac{\partial x_A}{x_A}}{\dfrac{\partial p_B}{p_B}} = \frac{\partial x_A}{\partial p_B} \cdot \frac{p_B}{x_A(p_A, p_B)}$$

12.5 Die Kreuzpreiselastizität $\varepsilon_{x_A p_B}$

Beispiel:

Die Nachfrage x_α nach Notebooks des Typs „Alpha" hänge sowohl vom Preis p_α dieses Systems als auch vom Preis p_β des konkurrierenden Systems "Beta" ab. Die entsprechende Nachfragefunktion laute:

$$x_\alpha = 10.000 - 2p_\alpha + 3p_\beta$$

Die Systempreise betragen derzeit:

$p_\alpha = \$2.000$ pro MEα und $p_\beta = \$2.200$ pro MEβ

Wie hoch ist die *Kreuzpreiselastizität* der α-Nachfrage bezüglich des β-Preises bei herrschenden Preisen, d. h. im Status Quo?

$$\varepsilon_{x_\alpha p_\beta} = \frac{\dfrac{\partial x_\alpha}{x_\alpha}}{\dfrac{\partial p_\beta}{p_\beta}} = \frac{\partial x_\alpha}{\partial p_\beta} \cdot \frac{p_\beta}{x_\alpha(p_\alpha, p_\beta)} =$$

$$= 3 \cdot \frac{p_\beta}{10.000 - 2p_\alpha + 3p_\beta} = \frac{3 \cdot 2.200}{10.000 - 2 \cdot 2.000 + 3 \cdot 2.200} \approx 0,5238$$

Interpretation:

Eine Preiserhöhung (-senkung) des Systems „Beta" um 1 % bewirkt ceteris paribus eine Nachfragesteigerung (-minderung) beim System „Alpha" um $0,52\,\%$; unelastischer Fall. Kein signifikanter Substitutionseffekt.

12.6 Die Einkommenselastizität der Nachfrage ε_{xy}

Die Nachfragemenge x eines Gutes hängt nicht nur von Preisänderungen, sondern z. B. auch vom Einkommen y der Nachfrager ab: $x = x(y)$. Die Art der Abhängigkeit (bezüglich der relativen Änderungen der hier relevanten Größen) beschreibt die sogenannte Einkommenselastizität der Nachfrage ε_{xy}.

$$\varepsilon_{xy} = \frac{\frac{dx}{x}}{\frac{dy}{y}} = \frac{dx}{dy} \cdot \frac{y}{x(y)} = x'(y) \cdot \frac{y}{x(y)}$$

Beispiel:

Die absetzbare Menge x eines bestimmten Gutes hänge gemäß nachfolgender Konsumfunktion vom Nettomonatseinkommen y ab: $x = 5.500 + 50y$.

Der gesamte Absatz in der betrachteten Region betrug im abgelaufenen Geschäftsjahr 100.500 ME, das durchschnittliche Nettomonatseinkommen $2.600.

Wie hoch ist die Einkommenselastizität der Nachfrage im Status Quo?

$$\varepsilon_{xy} = x'(y) \cdot \frac{y}{x(y)} = \frac{50 \cdot 2.600}{5.500 + 50 \cdot 2.600} \approx +0,96$$

Interpretation:

Eine Erhöhung des Nettoeinkommens um 1 % ($= \$26$) bewirkt eine Steigerung der Nachfrage des betrachteten Gutes um $0,96$ %; praktisch isoelastischer Fall.

Kapitel 13
Ökonomische Funktionen

13.1 Angebotsfunktion

Die Angebotsfunktion stellt die Abhängigkeit zwischen dem **Marktpreis eines Gutes** (unabhängige Variable) und der **angebotenen Menge** (abhängige Variable) in Form einer eindeutigen Abbildung (Funktion) dar.

In der Regel weist ein hoher Preis eine große angebotene Menge an Gütern auf. Sinkt der Preis, so reduziert sich üblicherweise auch die angebotene Menge. Dieser Sachverhalt wird durch die *Angebotsfunktion*

$x = x(p)$ mit $x =$ Angebotsmenge und $p =$ Angebotspreis

abgebildet.

Analog lässt sich auch die *Umkehrfunktion* $p = p(x)$, die **inverse Angebotsfunktion** (Abb. 13.1), erklären. Eine hohe Angebotsmenge existiert bei einem hohen, realisierbaren Preis. Die Angebotsmenge ist gering bei niedrigen, für den Anbieter eher unattraktiven Preisen dieses handelbaren Gutes oder für die angebotene Dienstleistung.

In der Makroökonomie unterscheidet man zwischen einer **individuellen Angebotsfunktion** und der **Gesamtheit individueller Angebote**. Besteht der Zustand der *vollkommenen Konkurrenz*, so entsprechen die Grenzkosten dem Angebotspreis, die Grenzkostenfunktion deckt sich mit der Angebotsfunktion.

Die Angebotsfunktion verläuft **streng monoton steigend**. Sie kann linear, wie abgebildet, oder auch zu Teilen oder gesamt gekrümmt (konkav oder konvex) verlaufen. Verläuft die Angebotsfunktion flach, so ist die *Preiselastizität des Angebots* bzw. *Preiselastizität der Anbieter* relativ hoch. Relative Preisänderungen verursachen dann überproportional hohe, relative Mengenänderungen. Das bedeutet, dass die Reaktion der Anbieter auf Preisänderung überproportional stark ist. Ein (tendenziell) steiler Verlauf der Angebotsfunktion signalisiert eine relativ niedrige *Angebotselastizität*.

13 Ökonomische Funktionen

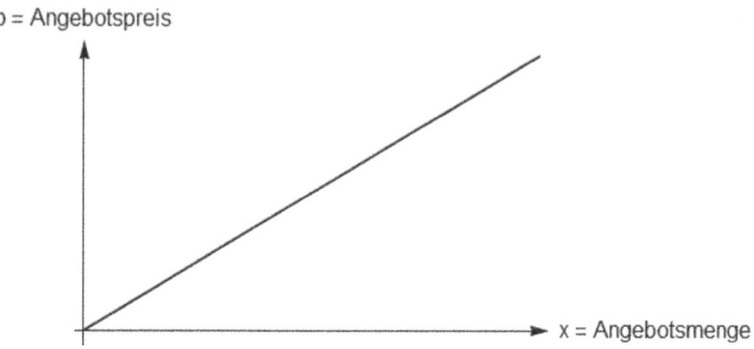

Fig. 13.1: Angebotsfunktion $p = p(x)$

Beispiel 1:

Die (inverse) Angebotsfunktion, die das Verhalten der Anbieter in Abhängigkeit des Preises wiedergibt, lautet: $x(p) = 4p - 10$.

Möchte man bei einem aktuell herrschenden Preis von $20, die Angebotsmenge schätzen, so ist zu rechnen:

$x(20) = 4 \cdot 20 - 10 = 70$ ME

Bei einem Angebotspreis von $20 ergibt sich ein Angebot von 70 ME.

Beispiel 2:

Das Anbieterverhalten eines Produktionsunternehmens lässt sich beschreiben mit Hilfe der Angebotsfunktion $p(x) = 12,5x + 4$.

Soll der entsprechende Angebotspreis berechnet werden für ein Angebot von 5 ME, so ermittelt sich dieser wie folgt:

$p(5) = 12,5 \cdot 5 + 4 = \$66,5$

Bei einer Angebotsmenge von 5 ME, ergibt sich ein Angebotspreis von $66,5.

13.2 Nachfragefunktion / Inverse Nachfragefunktion

Die *Nachfragefunktion* $x(p)$ bildet die nachgefragte Menge x (ME) nach einem Gut oder nach einer Dienstleistung in Abhängigkeit des Marktpreises p ($/ME) ab:

$x = x(p)$ mit $x =$ nachgefragte Menge und $p =$ nachgefragter Preis

Die inverse Nachfragefunktion $p(x)$, welche auch Preis-Absatz-Funktion genannt wird, ist die Umkehrfunktion der Nachfragefunktion $x(p)$: $p(x) = f^{-1}(x(p))$. $p(x)$ beschreibt den Preis p als eine Funktion der nachgefragten Menge x.

Konträr zur Angebotsfunktion verläuft die inverse Nachfragefunktion (Abb. 13.2) in der Regel streng monoton fallend. Steigt/sinkt der Marktpreis, so sinkt/steigt die nachgefragte Menge.

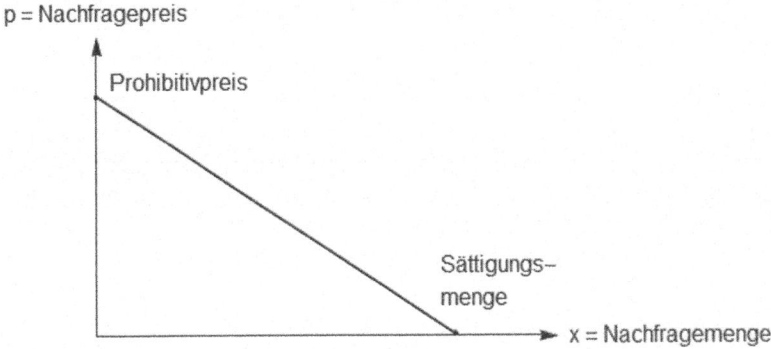

Fig. 13.2: Inverse Nachfragefunktion $p = p(x)$

Bei bestimmten, z. B. luxuriösen Gütern oder Dienstleistungen, kann sich die Beziehung zwischen Nachfragemenge und -preis auch umgekehrt verhalten, d. h. bei steigendem/sinkendem Preis steigt/sinkt die Nachfragemenge (*Giffen-Paradoxon, Snob-Effekt*).

Wie bei der *Angebotsfunktion* unterscheidet man auch hier zwischen einer individuellen und aggregierten (inversen) Nachfragefunktion.

Die graphische Darstellung der Preis-Absatz-Funktion (inverse Nachfragefunktion) wird markiert durch zwei signifikante Punkte. Zum einen durch die *Sättigungsmenge* und zum anderen durch den *Prohibitivpreis*.

Die *Sättigungsmenge* bestimmt sich bei einem Preis von Null $0 pro ME; in der Graphik entspricht die Sättigungsmenge dem Schnittpunkt der Preis-Absatz-Funktion (inverse Nachfragefunktion) mit der x-Achse. Dieses entspricht der maximal möglichen Nachfragemenge eines Gutes oder einer Dienstleistung.

Analog bestimmt sich der *Prohibitivpreis*, indem die nachgefragte Menge gleich Null ME gesetzt wird. Dieser Zustand tritt ein, wenn der Preis so hoch angesetzt ist, dass sich niemand findet, der dieses Gut bzw. die Dienstleistung nachfragen möchte oder kann. Graphisch bestimmt sich die Höhe des Prohibitivpreises durch den y-Achsenabschnitt der Preis-Absatz-Funktion (inverse Nachfragefunktion).

Beispiel 1:

Die Nachfragefunktion eines Herstellers von Kaffeetassen beträgt $x(p) = -2p + 7$. Wenn dieser pro Tasse einen Preis von $3 ansetzt, so bestimmt sich die nachgefragte Menge wie folgt:

$x(3) = -2 \cdot 3 + 7 = 1$ ME

Bei einem Preis von $3 wird 1 Tasse nachgefragt.

Beispiel 2:

Ist der Prohibitivpreis der Preis-Absatz-Funktion $p(x) = -0,2x + 10$ zu bestimmen, so setzt man die nachgefragte Menge x gleich Null und erhält:

$p(0) = -0,2 \cdot 0 + 10 = \$10$/ME

Bei einem Preis von $10 wird keine Menge nachgefragt.

Beispiel 3:

Für die Preis-Absatz-Funktion $p(x) = -0.25x + 17$ soll die Richtung der Kausalität geändert werden. Gesucht ist entsprechend die Umkehrfunktion, d. h. die Nachfragefunktion, die die Abhängigkeit der Menge x vom Preis p, $x = x(p)$, abbildet.

Hierzu ist die inverse Nachfragefunktion (Preis-Absatz-Funktion) $p(x) = -0,25x + 17$ wie folgt nach x aufzulösen:

$$p - 17 = -0,25x$$

$$\frac{p-17}{-0,25} = x$$

$$-4p + 68 = x$$

$$x = x(p) = -4p + 68$$

13.3 Marktgleichgewicht

Wenn Angebots- und Nachfragemenge bezüglich eines Gutes oder einer Dienstleistung am Markt übereinstimmen, so befindet sich der Markt im Gleichgewicht. Im *Marktgleichgewicht* (Abb. 13.3) wird die angebotene Menge vollständig am Markt nachgefragt bzw. verkauft. Der Markt wird „geräumt". Man spricht daher auch von einem *geräumten Markt*.

Der Gleichgewichtspreis und die Gleichgewichtsmenge bilden den vollkommenen Markt ab. Die Angebotsmenge entspricht exakt den Bedarfsmengen der Nachfrager. Es kommt zu keiner Verschwendung dieses Gutes. Auch würde ein weiterer Tausch keine verbesserte Alternative darstellen. In der Realität wird dieser Zustand aufgrund unzureichender Transparenz oft nicht erreicht. Werden Güter oder Dienstleistungen (auch) online gehandelt, so verbessert sich in der Regel die Transparenz, was wiederum den Handel in Richtung des Marktgleichgewichts entwickeln lassen dürfte.

Graphisch wird das Marktgleichgewicht beschrieben durch die Schnittstelle von Angebots- und (inverser) Nachfragefunktion (Preis-Absatz-Funktion).

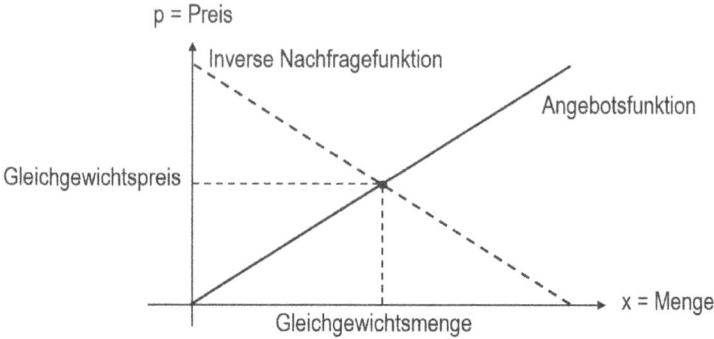

Abb. 13.3: Marktgleichgewicht

13.4 Käufermarkt und Verkäufermarkt

Die Position, in der sich ein Käufer oder Verkäufer befindet, bestimmt die Marktsituation im Vergleich zum Marktgleichgewicht.

Ist das Angebot bei einem bestimmten Preis größer als die Nachfrage, so befindet sich der Käufer in einer relativ besseren Position als der Verkäufer. Der *Angebotsüberhang* determiniert den Markt zum *Käufermarkt*. Ein Angebotsüberhang liegt vor, wenn das Angebot eines Gutes oder einer Dienstleistung die Nachfrage übersteigt. Der oder die Anbieter können dieses Ungleichgewicht zu ihren Gunsten regulieren, indem sie ihr Angebot verknappen und das (Über)Angebot reduzieren.

Analog führt ein *Nachfrageüberhang* zu einem *Verkäufermarkt*. Ist die Nachfrage größer als das Angebot, so stärkt das die Position des Verkäufers gegenüber dem Käufer. Auf einem monopolistischen Markt lassen sich in der Regel höhere Preise realisieren, so dass der Verkäufer den Markt dominieren kann. Auch eine Verdichtung des Marktes infolge von Fusionen kann dazu führen, dass am Markt Substitutionen nicht oder kaum noch möglich sind. Auch bei dringlichen Gütern wie z. B. bei Medikamenten kann eine gewisse (temporäre) Abhängigkeit des Käufers vom Verkäufer entstehen und den Preis vom Marktgleichgewicht zum Nachteil des Käufers entfernen. Weitere Gründe für die Existenz eines Verkäufermarktes können sein ein überregulierter Markt, Informationsdefizite des Käufers oder unzureichender Wettbewerb.

13.5 Angebotslücke

Eine *Angebotslücke* liegt vor, wenn die Angebotsmenge kleiner ist als die Nachfragemenge nach einem bestimmten Gut oder einer Dienstleistung auf dem betrachteten Markt.

13.6 Nachfragelücke

Im Gegensatz zur Angebotslücke ist bei der *Nachfragelücke* das Angebot größer als die Nachfrage nach einem Gut oder einer Dienstleistung auf dem betrachteten Markt.

Sowohl die Angebotslücke als auch die Nachfragelücke beschreiben einen jeweils *unvollkommenen Marktzustand*.

Beispiel 1:

Das Marktgleichgewicht zwischen Angebot und Nachfrage soll identifiziert werden. Das Angebot lässt sich beschreiben durch die Angebotsfunktion $p(x) = 0,5x + 9$, die Nachfrage durch die inverse Nachfragefunktion (Preis-Absatz-Funktion) $p(x) = -0,75x + 13$. Gesucht ist der Punkt, d. h. die Menge und der Preis, an dem sich die Angebotsfunktion und die inverse Nachfragefunktion schneiden:

Angebotsfunktion = inverse Nachfragefunktion

$0,5x + 9 = -0,75x + 13$

$-4 = -1,25x$

$x = 3,2$ ME

$p(3,2) = 0,5 \cdot 3,2 + 9 = \$10,6$/ME

Das Marktgleichgewicht befindet sich entsprechend im Punkt $(3,2|10,6)$.

Beispiel 2:

Es soll angenommen werden, dass sich die inverse Nachfragefunktion aufgrund einer Einkommenserhöhung verschiebt. Zu erörtern ist, wie sich das ursprüngliche Gleichgewicht infolgedessen entwickelt.

Die inverse Nachfragefunktion wird aufgrund der Einkommmenserhöhung nach rechts oben verschoben, denn zu jedem gegebenen Preis p kann nun mehr, d. h. eine größere Menge x, nachgefragt werden. Es stellt sich ein neuer Punkt $\left(p(x_0)|x_0\right)$ ein, der das veränderte Marktgleichgewicht beschreibt.

Beispiel 3:

Um die Produktion eines Unternehmens zu schützen, wird eine Preisuntergrenze von \$5/ME eingeführt. Bei einer inversen Nachfragefunktion $p_N(x) = -6x + 17$ und einer Angebotsfunktion $p_A(x) = 2x - 3$ sei zu bestimmen, ob es bei einem Preis von \$5/ME zu einem Angebotsüberhang bzw. zu einer Nachfragelücke oder zu einem Nachfrageüberhang bzw. zu einer Angebotslücke kommt.

Der fixierte Preis über \$5/ME ist in beide Funktionen einzusetzen:

Inverse Nachfragefunktion: $\quad 5 = -6x + 17 \quad \rightarrow \quad x_N = 2$ ME

Angebotsfunktion: $\quad 5 = 2x - 3 \quad \rightarrow \quad x_A = 4$ ME

Bei einer Preisuntergrenze von \$5/ME besteht ein höheres Angebot als die Nachfrage. Hier liegt ein Angebotsüberhang bzw. eine Nachfragelücke von 2 ME vor.

13.7 Erlösfunktion

Die *Erlösfunktion* beschreibt die Entwicklung des Erlöses (des Umsatzes), E, in Abhängigkeit von der abgesetzten Menge x. Die abgesetzte Menge x ist wiederum abhängig vom Preis, der entweder konstant sein kann, p, oder in Abhängigkeit von der Menge variiert, $p = p(x)$. Alternative Begriffe sind *Umsatzfunktion* oder *Ertragsfunktion*. Multipliziert man die Preis-Absatz-Funktion, $p(x)$, mit der Absatzmenge, x, so erhält man die Erlösfunktion in Abhängigkeit von der Menge x:

$E(x) = p(x) \cdot x$ mit p = Preis oder Verkaufspreis
x = Bezugsmenge oder abgesetzte Menge

Analog lässt sich die Erlösfunktion auch in Abhängigkeit vom Preis p abbilden:

$E(p) = x(p) \cdot p$ mit p = Preis oder Verkaufspreis
x = Bezugsmenge oder abgesetzte Menge

Zu unterscheiden sind zwei Fälle:

1. Der Preis p ist konstant

Die Absatzmenge x ändert sich nicht infolge von Preisänderungen (Abb. 13.4). Sie ist unempfindlich gegenüber Rabatten oder sonstigen Preisänderun- gen. Es besteht kein kausaler Zusammenhang zwischen Absatzpreis p und Absatzmenge x. Der Erlös ($E = E(x) = p \cdot x$) entwickelt sich proportional zur Menge, d. h. die Erlösfunktion verläuft linear. Die Steigung der Erlösfunktion, d. h. die erste Ableitung von $E(x)$ nach der Menge x, entspricht dem konstanten Preis p. Der Koordinatenabschnitt ist Null. Wird nichts abgesetzt ($x = 0$), so ist auch der Erlös Null. Ein relatives Erlösmaximum (Hochpunkt) existiert nicht, denn der Erlös steigt konstant, d. h. linear, mit der abgesetzten Menge x, so dass sich das Erlösmaximum am rechten Rand der Erlösfunktion, bei $x = x_{max}$, befindet. Das Erlösminimum ist Null und befindet sich im Ursprung der Erlösfunktion im Punkt (0|0), dort wo nichts abgesetzt wird, d. h. bei $x = x_{min} = 0$. Wenn das Gut oder die Dienstleistung nicht abgesetzt wird, wird auch kein Erlös (Umsatz) generiert, $E_{min} = E(0) = 0$.

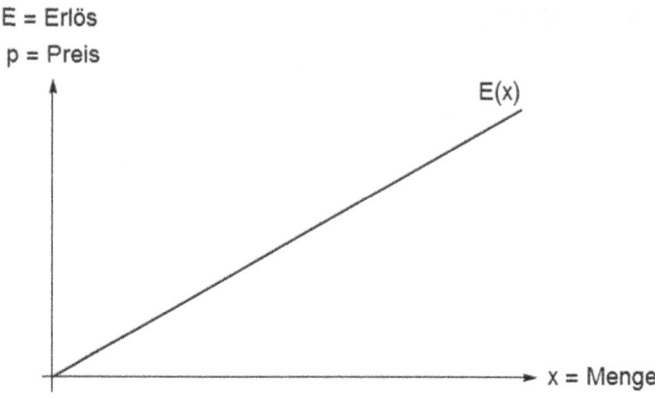

Abb. 13.4: Entwicklung der Erlöse bei einer linearen Erlösfunktion

2. Der Preis $p = p(x)$ ist variabel

Die Absatzmenge, $x = x(p)$, ändert sich infolge von Änderungen des Preises, p (Abb. 13.5). Es besteht ein kausaler Zusammenhang zwischen Absatzpreis, $p = p(x)$, und Absatzmenge, $x = x(p)$. Der Erlös, $E = E(x) = p(x) \cdot x$ entwickelt sich nun entsprechend der inversen Nachfragefunktion (Preis-Absatz-Funktion) bei variablen Preisen mit $p(x) = -mx + b$, in Form einer quadratischen Erlösfunktion:

$$E(x) = p(x) \cdot x = (-mx + b) \cdot x = -mx^2 + bx$$

Die Erlösfunktion entspricht einer nach unten geöffneten Parabel, die im Ursprung, d. h. im Punkt (0|0) beginnt und im Punkt $(x_{max}|0)$ endet. x_{max} entspricht der *Sättigungsmenge*, d. h. der maximal abzusetzenden Menge bei einem Preis von $p_{min} = 0$.

13.7 Erlösfunktion

Die beiden Nullstellen ergeben sich analytisch als:

$$-mx^2 + bx = 0$$

$$x(-mx + b) = 0$$

$$x = 0 \lor -mx + b = 0$$

$$x = 0 \lor x = \frac{b}{m}$$

Das relative Maximum der Erlösfunktion berechnet sich wie folgt:

$$E(x) = -mx^2 + bx$$

$$dE(x)/dx = -2mx + b = 0$$

$$x = \frac{b}{2m}$$

$$d^2 E(x)/dx^2 = -2m < 0$$

$\rightarrow$ Hochpunkt an der Stelle $x = \dfrac{b}{2m}$

Das Erlösmaximum (Hochpunkt der Erlösfunktion) befindet sich im Punkt mit den Koordinaten

$$x = \frac{b}{2m} \text{ und } E\left(\frac{b}{2m}\right) = -m\left(\frac{b}{2m}\right)^2 + b\left(\frac{b}{2m}\right) = \frac{-b^2}{4m} + \frac{b^2}{2m}.$$

Die erste Nullstelle ergibt sich aus einer Absatzmenge von $x_{min} = 0$. Die zweite Nullstelle an der Stelle $x_{max} = \dfrac{b}{m}$ beschreibt den Fall, dass der Preis $p = p_{min} = 0$ ist, d. h. die *Sättigungsmenge* erreicht wird. Der Markt wird so stark mit diesem Gut oder dieser Dienstleistung überschwemmt, dass der Preis Null wird. Die Menge inflationiert bis zu einem Preis von $p = 0$. Als *Sättigungsmenge* wird die Menge bezeichnet, die bei einem Preis von 0 erreicht wird. Bei der Hälfte der Sättigungsmenge findet sich die Absatzmenge, bei der der maximale Erlös generiert wird.

538   13 Ökonomische Funktionen

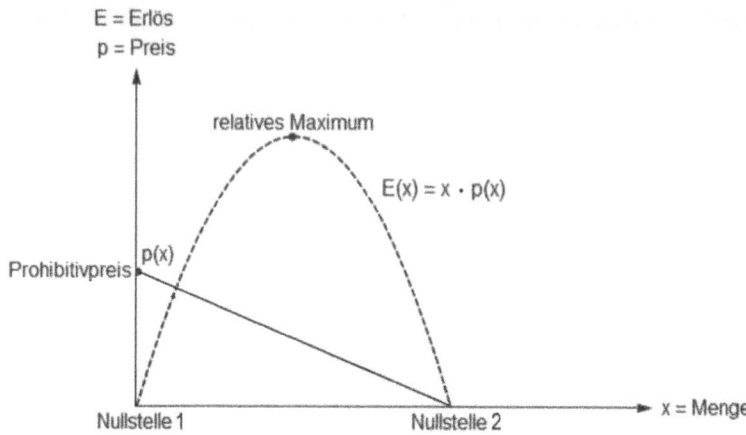

Abb. 13.5: Entwicklung der Erlöse bei einer quadratischen Erlösfunktion

Beispiel 1:

Ein Produktionsunternehmen bietet ein Produkt zu einem Festpreis von $5/ME an; $p = \$5/\text{ME}$. In einer betrachteten Periode werden 300 Stücke dieses Produktes abgesetzt; $x = 300$ ME. Der Umsatz dieses Unternehmens bei einer Ausbringungsmenge von 300 ME liegt somit bei $E(x) = \$5/\text{ME} \cdot 300 \text{ ME} = \$1.500$.

Beispiel 2:

Eine Preis-Absatz-Funktion sei gegeben mit $p(x) = -2x + 20$. Soll die Erlösfunktion bestimmt werden, so ist die inverse Nachfragefunktion $p = p(x)$ mit der Menge x zu multiplizieren. Als Erlösfunktion ergibt sich: $E(x) = (-2x + 20) \cdot x = -2x^2 + 20x$.

Die beiden Nullstellen der Erlösfunktion berechnen sich wie folgt:

$$E(x) = 0$$

$$-2x^2 + 20x = 0$$

13.7 Erlösfunktion

$$x^2 - 10x = 0$$

$$x_1 = -\frac{p}{2} + \sqrt{\left(\frac{p}{2}\right)^2 - q}$$

$$x_1 = \frac{10}{2} + \sqrt{\left(-\frac{10}{2}\right)^2 - 0}$$

$$x_1 = 5 + \sqrt{25 - 0}$$

$$x_1 = 5 + 5 = 10$$

Eine Nullstelle liegt bei (10|0).

$$E(x) = 0$$

$$x_2 = -\frac{p}{2} - \sqrt{\left(\frac{p}{2}\right)^2 - q}$$

$$x_2 = \frac{10}{2} - \sqrt{\left(-\frac{10}{2}\right)^2 - 0}$$

$$x_2 = 5 - \sqrt{25 - 0}$$

$$x_2 = 5 - 5$$

$$x_2 = 0$$

Die zweite Nullstelle liegt bei (0|0).

Bei Produktionsmengen von 0 ME und 10 ME, wird kein Erlös erzielt.

Probe: Die beiden Nullstellen einer vom Preis abhängigen Erlösfunktion liegen bei $x = 0$ und bei $x = \dfrac{b}{m}$ (siehe oben). Hier bei $x = 0$ ME und bei

$x = \dfrac{20}{2} = 10$ ME, was mit der oben benannten Lösung übereinstimmt.

Die Sättigungsmenge beträgt 10 ME.

Zur Bestimmung des Maximums der Erlösfunktion ist diese abzuleiten. Die erste Ableitung der Erlösfunktion $E(x) = -2x^2 + 20x$ beträgt $\dfrac{dE(x)}{dx} = -4x + 20$. Hiernach wird die *Grenzerlösfunktion* gleich Null gesetzt:

$$\frac{dE(x)}{dx} = 0$$

$$-4x + 20 = 0$$

$$4x = 20$$

$$x = 5$$

$$\frac{d^2E(x)}{dx^2} = -4 < 0$$

Das Erlösmaximum befindet sich an der Stelle $x = 5$ ME bei einem Preis von $p(5) = -2 \cdot 5 + 20 = \$10$ /ME. Der maximal zu erwirtschaftende Erlös umfasst $E(5) = 10 \cdot 5 = 50$ ME.

Probe: Das Erlösmaximum (Hochpunkt einer vom Preis abhängigen Erlösfunktion) hat sich im Punkt mit den Koordinaten $x = \dfrac{b}{2m}$ und $E\left(\dfrac{b}{(2m)}\right) = \dfrac{-b^2}{4m} + \dfrac{b^2}{2m}$ zu befinden (siehe oben):

$x = \dfrac{20}{(2 \cdot 2)} = 5$ ME;

$E\left(\dfrac{b}{(2m)}\right) = E\left(\dfrac{20}{4}\right) = \dfrac{-20^2}{4 \cdot 2} + \dfrac{20^2}{2 \cdot 2} = -50 + 100 = 50$ ME.

13.8 Kostenfunktionen

Die *Gesamtkostenfunktion* gibt die Abhängigkeit zwischen den gesamten Produktionskosten innerhalb eines Prozesses oder zur Fertigung eines Produktes K und der produzierten bzw. (fremd)bezogenen Menge, x, wieder (Abb. 13.6). Die Gesamtkostenfunktion enthält in der Regel einen fixen Kostenanteil, die *fixen Gesamtkosten* K_f und einen variablen Kostenanteil, die *variablen Gesamtkosten* $K_v(x)$:

$$K(x) = K_f + K_v(x) \text{ mit } x = \text{produzierte oder (fremd)bezogene Menge}$$

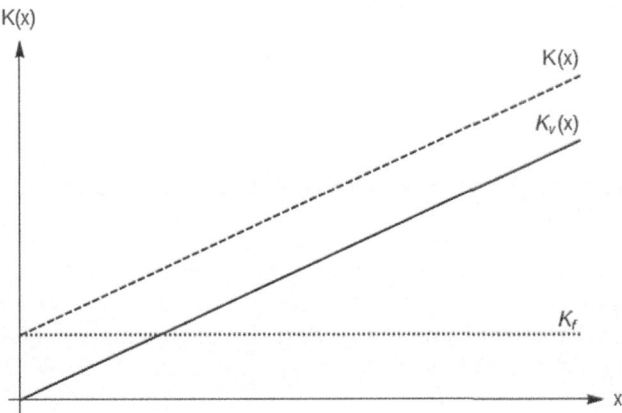

Abb. 13.6: Entwicklung der Gesamtkosten bei einer linearen Kostenfunktion

Die *Stückkosten* $k(x)$ ergeben sich als $k(x) = \dfrac{K(x)}{x}$ (Abb. 13.7).

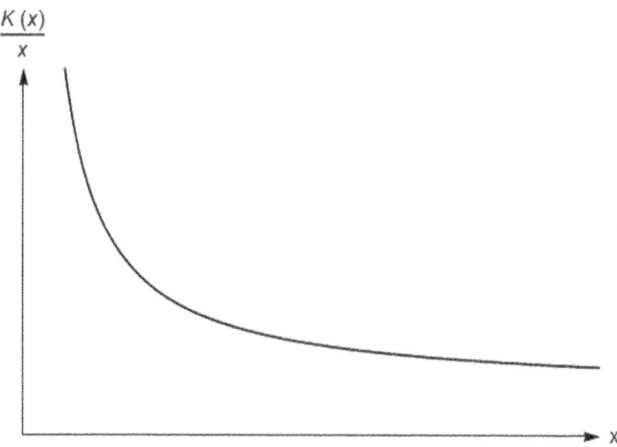

Abb. 13.7: Entwicklung der Stückkosten bei einer linearen Kostenfunktion

Die **fixen Kosten** K_f fallen *beschäftigungsunabhängig* an (Abb. 13.8). Sie existieren unabhängig von der Beschäftigung, d. h. von der Produktion bzw. Produktionsmenge. Ändert sich die produzierte Menge, so ändern sich die fixen Kosten nicht. Fixe Kosten sind z. B. die Mietkosten.

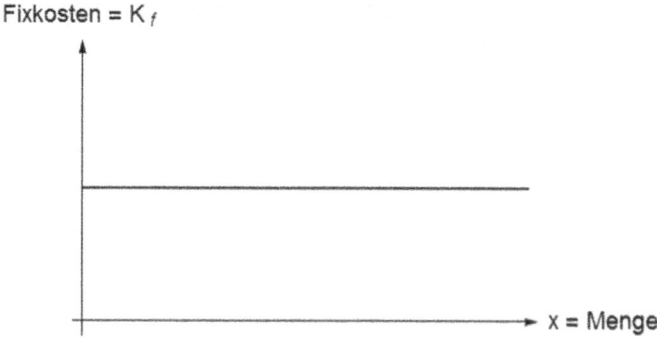

Abb. 13.8: Entwicklung der Fixkosten bei einer linearen Kostenfunktion

13.8 Kostenfunktionen

Verteilt man die fixen Kosten linear auf die produzierte bzw. bezogene Menge x, so ergeben sich die *fixen Stückkosten*, $\frac{K_f}{x}$. Die fixen Stückkosten nehmen mit zunehmender Menge ab (Abb. 13.9). Es liegt eine sogenannte *Fixkostendegression* vor, da die fixen Kosten pro Stück mit jeder zusätzlich produzierten/bezogenen Mengeneinheit (degressiv) abnehmen.

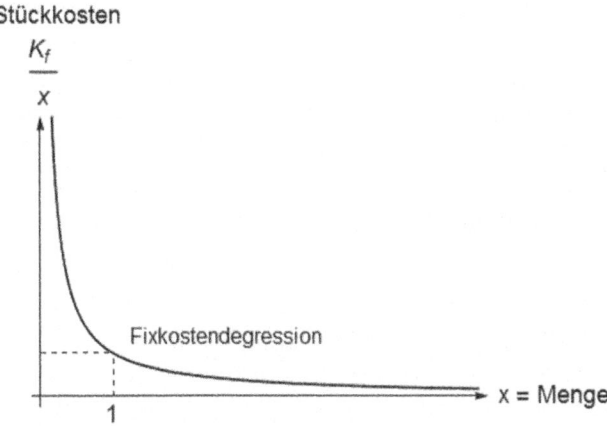

Abb. 13.9: Entwicklung der fixen Stückkosten bei einer linearen Kostenfunktion

Die **variablen Kosten** $K_v(x)$ umfassen den mit der (Produktions-)Menge sich verändernden Teil der Gesamtkostenfunktion (Abb. 13.10). Beispiele für variable Kosten sind die Provisionen oder die zur Fertigung anfallenden Material- oder Energiekosten. Variable Kosten lassen sich *verursachungsgerecht* jeder einzelnen produzierten/bezogenen Mengeneinheit zuordnen in Form der *variablen Stückkosten* $k_v(x)$ mit $k_v(x) = \frac{K_v(x)}{x}$. Bei einer linearen Kostenfunktion entsprechen die variablen Stückkosten den *Grenzkosten*, $\frac{dK(x)}{dx} = k_v(x)$ und sind konstant (Abb. 13.11).

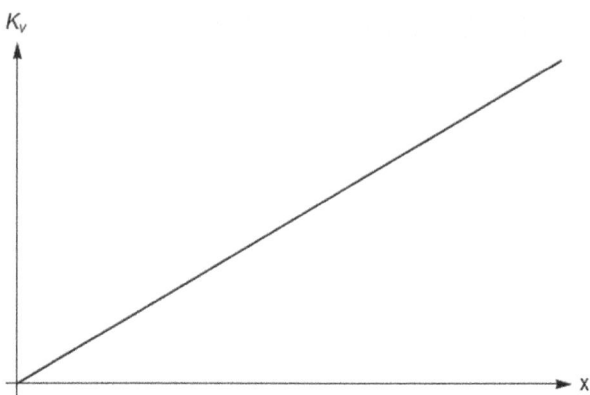

Abb. 13.10: Entwicklung der variablen Kosten bei einer linearen Kostenfunktion

Abb. 13.11: Entwicklung der variablen Stückkosten bei einer linearen Kostenfunktion

13.8 Kostenfunktionen

Wird die Gesamtkostenfunktion einmal abgeleitet, so ergibt sich die *Grenzkostenfunktion* :

$$\frac{dK(x)}{dx} = K'(x)$$

Die Grenzkostenfunktion beschreibt die Steigung der Gesamtkostenfunktion in Abhängigkeit der Menge x (Abb. 13.12). Die *Grenzkosten* an einer Stelle, $x = x_0$, bemessen die Kosten, die bei der Produktion oder Beschaffung einer zusätzlichen Mengeneinheit dieses Gutes entstehen bzw. die Minderung der Gesamtkosten, die aus einer Reduzierung der Produktion oder Beschaffung dieses Gutes um eine Mengeneinheit an der Stelle, $x = x_0$, resultiert.

Bei einer linearen Kostenfunktion entspricht die Entwicklung der Grenzkosten exakt der der variablen Stückkosten.

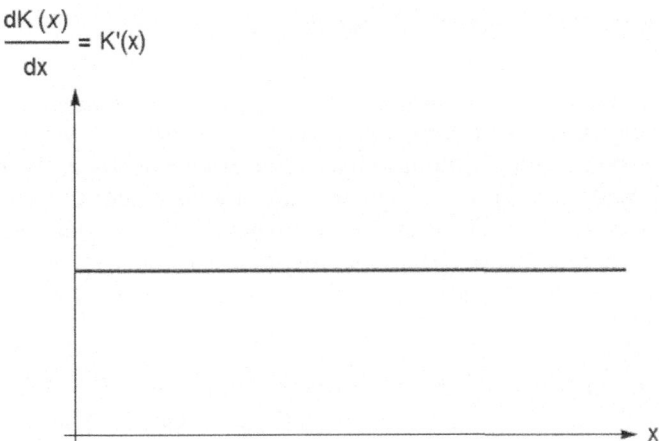

Fig. 13.12: Entwicklung der Grenzkosten bei einer linearen Kostenfunktion

Alternativ zu einem linearen Verlauf der Gesamtkostenfunktion können sich die Gesamtkosten auch entwickeln, wie in Abb. 13.13 grafisch dargestellt. Die mathematischen Grundlagen der alternativen Kostenverläufe enthält Tab. 13.1.

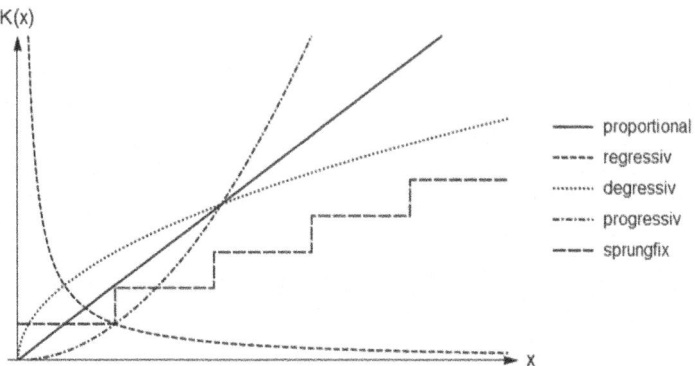

Abb. 13.13: Alternative Kostenverläufe

- **Degressiver Kostenverlauf**: Bei steigender Produktion/Beschaffung nehmen die Gesamtkosten, $K(x)$, mit steigender Menge x unterproportional zu. Erhöht sich die Produktionsmenge z. B. um 5%, so steigen die Produktionskosten beispielsweise nur um 3%. Eine degressive Entwicklung der Gesamtkosten ist z. B. bei der (stetigen) Gewährung von Rabatten bekannt. Die Beschaffungskosten pro Stück (Stückkosten) verringern sich mit zunehmender Beschaffungsmenge.

- **Progressiver Kostenverlauf**: Bei steigender Produktion/Beschaffung nehmen die Gesamtkosten, $K(x)$, mit steigender Menge x überproportional zu. Erhöht sich die Produktionsmenge z. B. um 5%, so steigen die Produktionskosten beispielsweise um 7%. Lohnkosten können z. B. progressiv steigen, wenn für Überstunden eine Honorierung vereinbart wurde, die sich im Zeitverlauf überproportional entwickelt. Die Lohnkosten pro Stück (*Lohnstückkosten*) steigen dann progressiv mit zunehmend geleisteten Überstunden.

- **Regressiver Kostenverlauf**: Bei steigender Produktion/Beschaffung nehmen die Gesamtkosten, $K(x)$, mit steigender Menge x un-

13.8 Kostenfunktionen

terproportional (degressiv) ab.

- **Sprungfixer Kostenverlauf**: Bei steigender Produktion/Beschaffung nehmen die fixen Kosten, $K_f(x)$, innerhalb der Gesamtkosten, $K(x)$, mit steigender Menge x an einer bestimmten Stelle, $x = x_0$, sprunghaft (treppenartig) zu, was sich im Verlauf der Entwicklung in gleichem oder verändertem Umfang wiederholen kann. Auch ein sprunghaftes (treppenartiges) Abnehmen der fixen Kosten an einer bestimmten Stelle, $x = x_0$, ist denkbar, entspricht jedoch nicht der Regel.

Verlauf	$K(x)$	Beispiel	Grenzkosten $dK(x)/dx$	Stückkosten $k(x)$
proportional	bx	x	b	b
degressiv	$x^{\frac{b}{d}}$ mit $b < d$	$\sqrt{x}$	$\frac{b}{d}x^{\frac{b}{d}-1}$	$x^{\frac{b}{d}-1}$
progressiv	bx^d	x^2	dbx^{d-1}	bx^{d-1}
regressiv	bx^{-d}	$\frac{1}{x}$	$(-d)bx^{-d-1}$	bx^{-d-1}
fix	a	100	0	$\frac{a}{x}$
sprungfix	exemplarisch siehe Beispiel	100 für $x < 10$ 250 für $10 \leq x < 20$ 500 für $x \geq 20$	jeweils Null in den Intervallen; in den Sprungstellen selbst nicht differenzierbar	für das Beispiel gilt: $\frac{100}{x}$ für $x < 10$ $\frac{250}{x}$ für $10 \leq x < 20$ $\frac{500}{x}$ für $x \geq 20$

Tabelle 13.1: Alternative Kostenverläufe mit $a \in \mathbb{R} > 0$; $b \in \mathbb{R} > 0$; $d \in \mathbb{N} > 1$

Beispiel 1:

Ein Unternehmen produziert Stofftiere. Die Materialkosten zur Herstellung eines Stofftiers betragen $6/ME. Die Mietkosten für den Betrieb der Anlage inklusive Verwaltung belaufen sich insgesamt auf $300 pro Monat. In einer betrachteten Periode werden 80 Stofftiere hergestellt. Die Gesamtkosten mit fixen Kosten von $300 und variablen Kosten von $6/ME betragen demnach:

$$K(x) = K_f + K_v(x) = \$300 + \$6/\text{ME} \cdot 80 \text{ ME} = \$780$$

Beispiel 2:

Ein Produktionsunternehmen weist folgende Kosten pro Tag auf: $1.462,50 bei 375 ME und $2.400 bei 1.000 ME. Um die dazugehörige Gesamtkostenfunktion zu identifizieren, ist zunächst zu ermitteln, wie hoch die variablen Kosten sind. Die variablen Kosten stellen den nicht konstanten Teil der Gesamtkosten dar und lassen sich somit anhand der Differenz der Produktionskosten von beiden unterschiedlichen Produktionsniveaus bemessen:

$$\$2.400 - \$1.462,50 = \$937,50$$

Bei einer Mengenänderung von 1.000 ME - 375 ME = 625 ME kommt es zu einer Kostensteigerung von $937,50. Die (durchschnittlichen) variablen Stückkosten, die bei einer linearen Kostenfunktion den variablen Stückkosten (= Grenzkosten) entsprechen, ergeben sich, indem die Kostenänderung der Mengenänderung (linear) zugeordnet wird.

$$\frac{\$937,50}{625 \text{ ME}} = \$1,50/\text{ME}$$

Werden die variablen Stückkosten mit der Produktionsmenge eines der beiden Szenarios multipliziert, so erhält man die variablen Kosten dieser Output-Menge:

$$\$1,50/\text{ME} \cdot 375 \text{ ME} = \$562,50$$

Von insgesamt $1.462,50 der Produktionskosten umfassen demnach $562,50 die variablen (Gesamt-)Kosten. Demzufolge betragen die fixen Kosten $1.462,50 - $562,50 = $900. Somit lautet die Gesamtkostenfunktion:

$$K(x) = 900 + 1,5x$$

Zur Probe soll hier nochmal das alternative Produktionsniveau analog analysiert werden:
$1,50$/ME · 1.000 ME = $1.500

Von insgesamt $2.400 umfassen demnach $1.500 die variablen (Gesamt-)Kosten.

Demzufolge betragen die fixen Kosten $2.400 - $1.500 = $900.

13.9 Neoklassische Kostenfunktion

Eine neoklassische Kostenfunktion ist eine Kostenfunktion zweiten Grades und wird durch einen überproportionalen Zuwachs der Gesamtkosten $K(x)$ bei steigender Produktionsmenge x charakterisiert. Die entsprechende Kostenfunktion verläuft konvex und streng monoton steigend (Abb. 13.4).

Auch bei der neoklassischen Kostenfunktion wird zwischen fixen und variablen Kosten unterschieden. Die variablen Kosten $K_v(x)$ nehmen mit zunehmender Menge x überproportional (progressiv; konvex) zu. Die fixen Kosten K_f bleiben bei jedem Produktionsniveau unverändert (konstant).

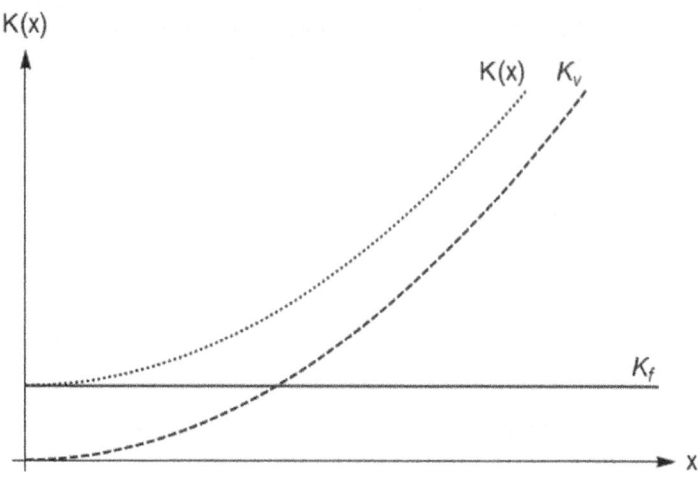

Abb. 13.14: Entwicklung der Gesamtkosten bei einer neoklassischen Kostenfunktion

Die Grenzkostenfunktion, $\dfrac{dK}{dx} = K'(x)$, die sich aus der ersten Ableitung der Gesamtkostenfunktion $K(x)$ berechnen lässt, bildet eine Gerade aus dem Ursprung. Diese Gerade verläuft proportional steigend. Die zweite Ableitung der neoklassischen Kostenfunktion $\dfrac{d^2K}{dx^2} = K''(x)$ bildet ebenfalls eine Gerade, die jedoch parallel zur Abszisse verläuft (Abb. 13.5).

13.9 Neoklassische Kostenfunktion

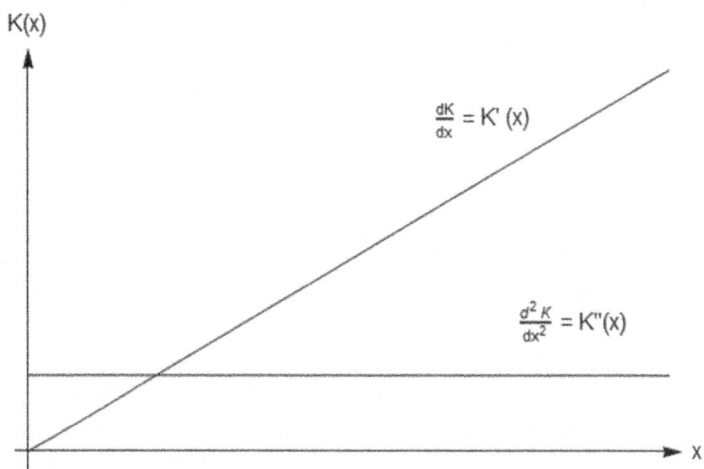

Abb. 13.15: Erste und zweite Ableitung einer neoklassischen Kostenfunktion

Die fixen Stückkosten $\frac{K_f}{x}$ sinken mit jeder zusätzlich produzierten Mengeneinheit (Fixkostendegression). Die variablen Stückkosten $\frac{K_v(x)}{x}$ entwickeln sich hingegen streng monoton steigend (Abb. 13.16).

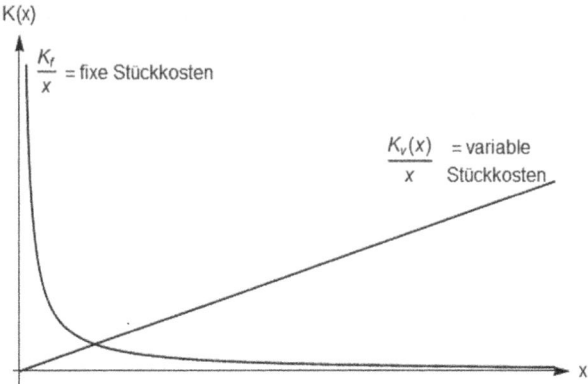

Abb. 13.16: Entwicklung der variablen und fixen Stückkosten bei einer neoklassischen Kostenfunktion

Der Verlauf der gesamten Stückkosten $\frac{K(x)}{x}$ ist zunächst degressiv fallend und nach dem (relativen) Tiefpunkt progressiv steigend. Da die variablen Stückkosten stärker ansteigen als die fixen Stückkosten sinken, steigen die gesamten Stückkosten $\frac{K(x)}{x}$ nach dem (relativen) Minimum der Stückkostenfunktion (siehe Abb. 13.17).

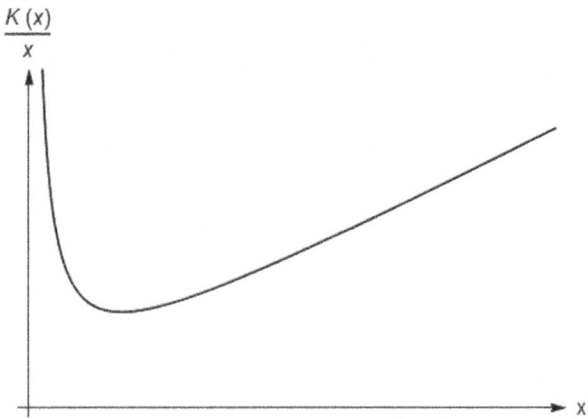

Abb. 13.17: Entwicklung der gesamten Stückkosten bei einer neoklassischen Kostenfunktion

13.9 Neoklassische Kostenfunktion

Das *Betriebsoptimum* beschreibt die Ausbringungsmenge x in der die durchschnittlichen Gesamtkosten (Stückkosten) $\frac{K(x)}{x}$ minimal sind. Der dazugehörige Stückpreis, $/ME, bestimmt die *langfristige Preisuntergrenze*, da dieser Preis aus Sicht der *Vollkostenrechnung* (langfristig) nicht unterschritten werden darf, damit auf Dauer keine Verluste entstehen. Bei dauerhaften Verlusten ist eine (privatwirtschaftliche) Produktion nicht sinnvoll. Ist die *langfristige Preisuntergrenze* unterschritten, ist innerhalb einer *Teilkostenrechnung* zu prüfen, ob der am Markt erzielbare Preis noch oberhalb der kurzfristigen Preisuntergrenze liegt und einen noch positiven *Deckungsbeitrag* gewährleistet.

Bei einem Stückpreis in Höhe des Betriebsoptimums erwirtschaftet die Produktion dieses Gutes langfristig einen Gewinn/Verlust von Null. Den Absatzpreis gleich dem Preis im Betriebsoptimum zu wählen, kann für einen Hersteller dann sinnvoll sein, wenn er sich mit diesem Produkt in einem *Verdrängungswettbewerb* befindet oder er dieses Produkt ohne Gewinnabsicht fertigen bzw. vertreiben möchte.

Das Betriebsoptimum berechnet sich, indem man die erste Ableitung der Stückkostenfunktion, $\frac{dk(x)}{dx}$ mit $k(x) = \frac{K(x)}{x}$, gleich Null setzt. Wird der so ermittelte x-Wert in die Stückkostenfunktion eingesetzt, erhält man die Höhe der minimalen Stückkosten und damit die *langfristige Preisuntergrenze*. Alternativ errechnet sich das gleiche Ergebnis, wenn man den Schnittpunkt der *Grenzkostenkurve*, $\frac{dK(x)}{dx} = K'(x)$, mit der *Stückkostenkurve*, $k(x) = \frac{K(x)}{x}$, berechnet, indem diese beide Funktionen gleichgesetzt werden.

Die Entwicklungen der Gesamtkosten, Stückkosten und Grenzkosten einer neoklassischen Kostenfunktion sind in Abb. 13.18 grafisch dargestellt.

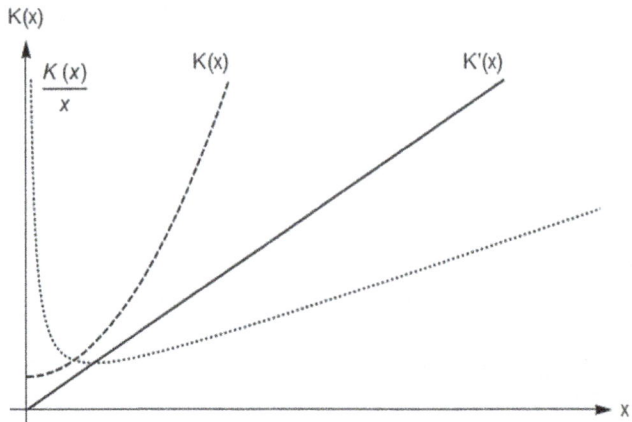

Abb. 13.18: Gesamtkosten, Stückkosten und Grenzkosten einer neoklassischen Kostenfunktion

Beispiel 1:

Ein Schmuckunternehmen produziert Halsketten innerhalb einer Fertigung, die sich durch die folgende Gesamtkostenfunktion $K(x) = 10 + 0,5x^2$ abbilden lässt. Aufgrund einer Steigerung der Nachfrage nach diesem Produkt, entscheidet sich das Unternehmen mehr zu produzieren, um der Nachfrage gerecht zu werden. Das Unternehmen generierte vor der Nachfrageerhöhung, bei einer produzierten Menge von 60 ME pro Monat, Gesamtkosten in Höhe von \$1.810 pro Monat. Die Nachfrage hat sich jedoch mittlerweile um 20 % erhöht. Wie hoch sind nun die aktuellen Produktionskosten?

60 ME $\cdot$ 1,2 = 72 ME

$K(72) = 10 + 0,5 \cdot 72^2 = \$2.602$

Bei einer Nachfrageerhöhung um 20 % betragen die gesamten Produktionskosten nun \$2.602, d. h. sie haben sich um \$792 (überproportional) erhöht.

13.9 Neoklassische Kostenfunktion

<u>Beispiel 2:</u>

Ein Uhrenhersteller vermutet, dass die durchschnittlichen Kosten, die er jeden Monat zu zahlen hat, relativ hoch zu sein scheinen. Die (Gesamt-)Kostenfunktion für die Produktion seiner Uhren lautet $K(x) = 4.200 + x^2$.

Um einen genaueren Überblick über die durchschnittlichen Kosten je produzierter Uhr (Stückkosten) zu erhalten, dividiert er die (Gesamt-)Kosten durch die während eines Monats im Durchschnitt hergestellten Uhren von 60 ME.

$$k(60) = \frac{K(60)}{60} = \frac{4.200 + 60^2}{60} = \$130/\text{ME}$$

Die Stückkosten von 60 gefertigten Uhren im Monat betragen demnach $130/ME.

Möchte er indes im Betriebsoptimum produzieren, so ist der Tiefpunkt der Stückkostenfunktion zu identifizieren:

$$k(x) = \frac{K(x)}{x} = \frac{4.200 + x^2}{x} = \frac{4.200}{x} + x$$

$$\frac{dk(x)}{dx} = -4.200 \cdot x^{-2} + 1$$

$$-4.200 \cdot x^{-2} + 1 = 0$$

$$x^2 = 4.200$$

$$x = \sqrt{4.200} = 64,81 \text{ ME}$$

$$k(64,81) = \$129,61/\text{ME}$$

Probe: Im Betriebsoptimum entspricht der Funktionswert im Tiefpunkt der durchschnittlichen Gesamtkosten dem Funktionswert der entsprechenden Grenzkosten:

$$\frac{dK(x)}{dx} = 2 \cdot x$$

$$\frac{dK(x)}{dx}(64,8074) = 2 \cdot 64,8074 = \$129,61/\text{ME}$$

Hätte der Uhrenhersteller seine (durchschnittlichen) Stückkosten für diesen Monat optimieren wollen, so hätte er statt 60 Uhren 64,8074 Uhren, d. h. 65 Uhren herstellen sollen. Seine durchschnittliche Kostenersparnis pro Uhr hätte dann $0,39/\text{ME}$ ($= \$130/\text{ME} - \$129,61/\text{ME}$) betragen.

Beispiel 3:

Die Finanzabteilung der ProduktionX GmbH möchte herausfinden, wann die durchschnittlichen Gesamtkosten im Unternehmen minimal sind. Für eine gegebene Kostenfunktion von $K(x) = 200 + 0,2x^2$ lässt sich das Betriebsoptimum wie folgt ermitteln:

$$k(x) = \frac{K(x)}{x} = \frac{200 + 0,2x^2}{x} = \frac{200}{x} + 0,2 \cdot x$$

$$\frac{dk(x)}{dx} = -200 \cdot x^{-2} + 0,2$$

$$-200 \cdot x^{-2} + 0,2 = 0$$

$$x^2 = \frac{200}{0,2} = 1.000$$

$$x = \sqrt{1.000} = 31,62 \text{ ME}$$

$$k(31,62) = \$12,65/\text{ME}$$

Probe: Im Betriebsoptimum entspricht der Funktionswert im Tiefpunkt der durchschnittlichen Gesamtkosten dem Funktionswert der entsprechenden Grenzkosten:

$$\frac{dK(x)}{dx} = 0,4 \cdot x$$

$$\frac{dK(x)}{dx}(31,62) = 0,4 \cdot 31,62 = \$12,65/\text{ME}$$

Bei einer Ausbringungsmenge von 31,62 ME sind die durchschnittlichen Gesamtkosten der hier betrachteten Produktion minimal.

13.10 Ertragsgesetzliche Kostenfunktion

Eine *ertragsgesetzliche (Gesamt-)Kostenfunktion* stellt eine Funktion dritten Grades dar. Sie verläuft zunächst, d. h. ab dem Ordinatenabschnitt, der durch die Höhe der fixen Kosten determiniert ist, degressiv steigend. Ab dem (konkav-konvexen) Wendepunkt entwickelt sich die ertragsgesetzliche (Gesamt-)Kosten-funktion progressiv steigend. Dieser typisch ertragsgesetzliche Verlauf der Gesamtkosten lässt sich durch zunächst sinkende Zuwachsraten (degressiver Verlauf) und ab dem Wendepunkt steigende Zuwachsraten (progressiver Verlauf) der Gesamtkosten erklären. Die Stelle, an der sich der Wendepunkt bzw. die Wendestelle befindet, wird auch als *Kostenkehre* bezeichnet. Der Graph der ertragsgesetzlichen (Gesamt-)Kostenfunktion verläuft entsprechend zunächst konkav (rechtsgekrümmt) und geht dann, ab dem Wendepunkt, in einen konvexen (linksgekrümmten) Verlauf über.

Die ertragsgesetzliche (Gesamt-)Kostenfunktion nimmt nur positive Werte an und weist keine lokalen (relativen) Extremstellen auf. Der Verlauf einer ertragsgesetzlichen Gesamtkostenfunktion mit der allgemeinen Form $K(x) = ax^3 + bx^2 + cx + d$ lässt sich graphisch wie folgt darstellen (Abb. 13.19):[1]

---

[1] Liegen innerhalb einer kubischen Gesamtkostenfunktion lokale Extrema vor, so befindet sich ein relativer Hochpunkt links von der Wendestelle und ein lokaler Tiefpunkt rechts davon. Die ertragsgesetzliche Gesamtkostenfunktion im eigentlichen Sinne weist jedoch per definitionem keine lokalen Extrema auf. Sie ist streng monoton steigend, insofern der Wendepunkt kein Sattelpunkt ist.

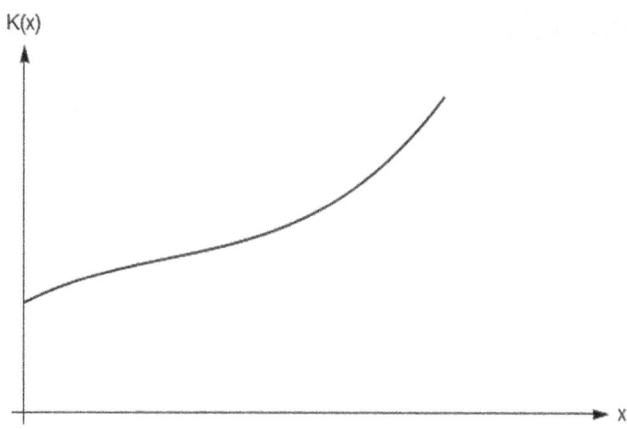

Abb. 13.19: Entwicklung der Gesamtkosten bei einer ertragsgesetzlichen Kostenfunktion

Eine ertragsgesetzliche Kostenfunktion mit $K(x) = ax^3 + bx^2 + cx + d$ besteht aus einem variablen Teil $K_v(x) = ax^3 + bx^2 + cx$ (Funktion der variablen Kosten) und einem fixen Teil $K_f = d$ (Fixkosten). Die variablen Kosten einer ertragsgesetzlichen Kostenfunktion entwickeln sich mit zunehmender Menge x ebenfalls erst degressiv steigend und ab der Wendestelle von $K_v(x)$ progressiv steigend. Die variable Kostenfunktion $K_v(x)$ beginnt im Ursprung. Die fixen Kosten K_f sind konstant und bilden eine Parallele zur Abszisse in Höhe von d (Abb. 13.20).

13.10 Ertragsgesetzliche Kostenfunktion

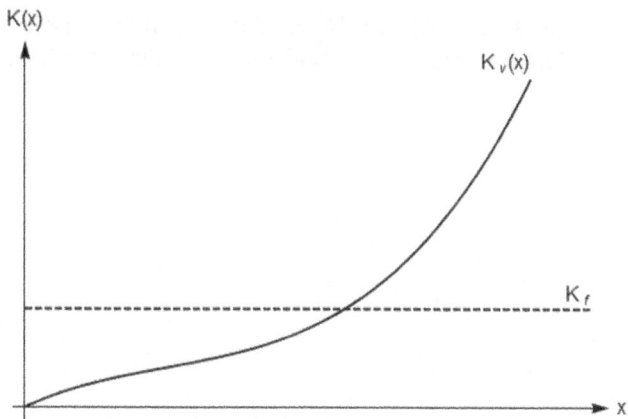

Abb. 13.20: Entwicklung der variablen und fixen Kosten bei einer ertragsgesetzlichen Kostenfunktion

Die *Grenzkostenfunktion* einer ertragsgesetzlichen (Gesamt-)Kostenfunktion, $\dfrac{dK(x)}{dx} = K'(x)$, weist ebenfalls nur positive Funktionswerte auf. Im Gegensatz zu den Gesamtkosten, verfügt die Grenzkostenfunktion über einen lokalen Tiefpunkt:

$$\frac{dK(x)}{dx} = 3ax^2 + 2bx + c \quad \text{(Grenzkostenfunktion)}$$

mit

$$K(x) = ax^3 + bx^2 + cx + d \quad \text{(Gesamtkostenfunktion)}$$

Tiefpunkt der Grenzkostenfunktion:

$$3ax^2 + 2bx + c = 0$$

Zunächst muss die Formel in die Normalform überführt werden, damit z. B. anhand der p/q−Formel die Nullstellen identifiziert werden können:

$$x^2 + \frac{2b}{3a}x + \frac{c}{3a} = 0$$

$$x_1 = -\frac{p}{2} + \sqrt{\left(\frac{p}{2}\right)^2 - q} \quad \text{mit } x^2 + px + q = 0$$

$$x_1 = -\frac{\frac{2b}{3a}}{2} + \sqrt{\left(\frac{\frac{2b}{3a}}{2}\right)^2 - \frac{c}{3a}}$$

$$x_1 = -\frac{b}{3a} + \sqrt{\left(\frac{b}{3a}\right)^2 - \frac{c}{3a}}$$

Eine Nullstelle liegt vor im Punkt $P_1\left(-\frac{b}{3a} + \sqrt{\left(\frac{b}{3a}\right)^2 - \frac{c}{3a}} \;\middle|\; 0\right)$.

$$x_2 = -\frac{p}{2} - \sqrt{\left(\frac{p}{2}\right)^2 - q} \quad \text{mit } x^2 + px + q = 0$$

$$x_2 = -\frac{\frac{2b}{3a}}{2} - \sqrt{\left(\frac{\frac{2b}{3a}}{2}\right)^2 - \frac{c}{3a}}$$

$$x_2 = -\frac{b}{3a} - \sqrt{\left(\frac{b}{3a}\right)^2 - \frac{c}{3a}}$$

Die zweite Nullstelle befindet sich im Punkt

$$P_2\left(-\frac{b}{3a} - \sqrt{\left(\frac{b}{3a}\right)^2 - \frac{c}{3a}} \;\middle|\; 0\right).$$

13.10 Ertragsgesetzliche Kostenfunktion

Der Verlauf der Grenzkostenfunktion $K'(x)$ geht von degressiv fallend vor dem Tiefpunkt zu progressiv steigend nach dem Tiefpunkt über (Abb. 13.21). Er entspricht einer nach oben geöffneten Parabel. An der Stelle, an der die Grenzkostenfunktion $K'(x)$ ein Minimum aufweist, besitzt die Gesamtkostenfunktion $K(x)$ eine Wendestelle.

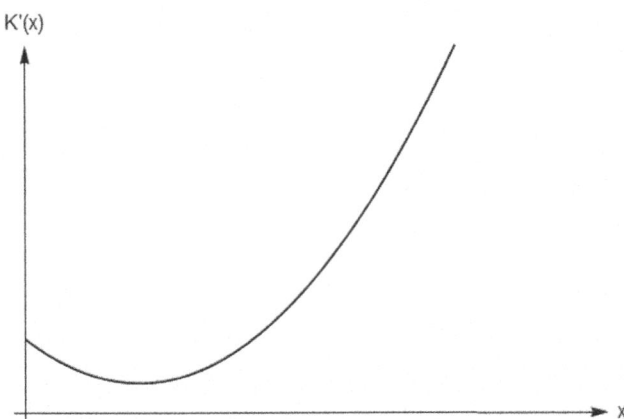

Abb. 13.21: Entwicklung der Grenzkosten bei einer ertragsgesetzlichen Kostenfunktion

Bei den gesamten Stückkosten $\dfrac{K(x)}{x} = ax^2 + bx + c + \dfrac{d}{x}$ ist der Kostenverlauf bis zum (relativen) Tiefpunkt degressiv fallend und entwickelt sich dann progressiv steigend (Abb. 13.22).

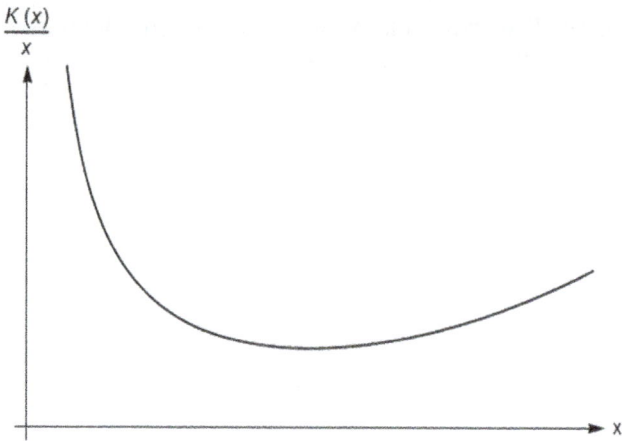

Abb. 13.22: Entwicklung der Stückkosten bei einer ertragsgesetzlichen Kostenfunktion

Im *Betriebsoptimum* sind die durchschnittlichen Gesamtkosten (Stückkosten), $\frac{K(x)}{x} = k(x)$, minimal:

$$\frac{K(x)}{x} = k(x) = \frac{(ax^3 + bx^2 + cx + d)}{x}$$

Notwendige Bedingung: $\frac{dk(x)}{dx} = k'(x) = 0$

Hinreichende Bedingung: $\frac{d^2k(x)}{dx^2} = k''(x) > 0$

Setzt man den x-Wert, bei dem die Stückkosten minimal sind, in die Stückkostenfunktion $k(x)$ ein, so bestimmt der Wert der minimalen Stückkosten (y-Wert) die *langfristige Preisuntergrenze* in $/ME. Diese Preisuntergrenze sollte langfristig nicht unterschritten werden, da ansonsten nachhaltig Verluste generiert würden. Befindet sich ein Unternehmen im Betriebsoptimum, werden die gesamten Stückkosten inklusive der Fixkosten gedeckt. Im Betriebsoptimum sind die Grenzkosten

13.10 Ertragsgesetzliche Kostenfunktion

der Gesamtkostenfunktion gleich den Stückkosten: $\frac{dK(x)}{dx} = k(x)$. Der entsprechende x-Wert determiniert das Betriebsoptimum.

Das *Betriebsminimum* beschreibt die Ausbringungsmenge, x, in der die variablen Stückkosten, $\frac{K_v(x)}{x} = k_v(x)$, minimal sind:

$$k_v(x) = \frac{(ax^3 + bx^2 + cx)}{x}$$

Notwendige Bedingung: $\frac{dk_v(x)}{dx} = k_v'(x) = 0$

Hinreichende Bedingung: $\frac{d^2 k_v(x)}{dx^2} = k_v''(x) > 0$

Der entsprechende Wert der variablen Stückkosten (y-Wert) bestimmt die *kurzfristige* bzw. *absolute Preisuntergrenze* (Abb. 13.23). Im Betriebsminimum werden nur die gesamten variablen Stückkosten gedeckt, die Fixkosten jedoch nicht. Der x-Wert des Betriebsminimums lässt sich alternativ bestimmen, indem die Grenzkosten der Gesamtkostenfunktion gleichgesetzt werden mit den variablen Stückkosten: $\frac{dK(x)}{dx} = k_v(x)$.

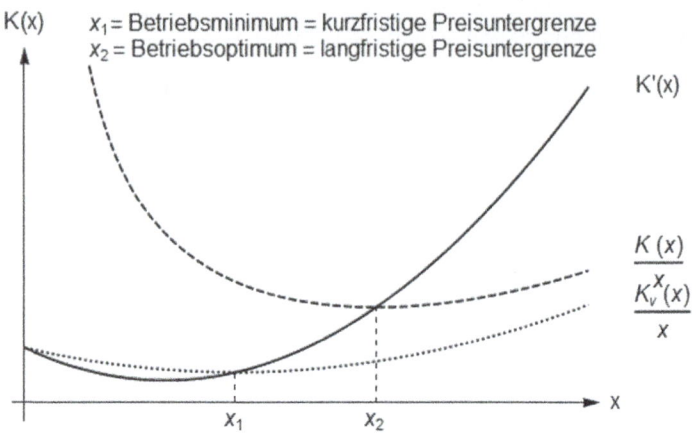

Abb. 13.23: Darstellung der kurzfristigen und langfristigen Preisuntergrenze

Beispiel 1:

Ein Produktionsunternehmen weist eine ertragsgesetzliche Kostenfunktion mit $K(x) = 0,3x^3 - 2x^2 + 7x + 16$ auf. Der Abteilungsleiter möchte herausfinden, wann genau die Kostenkehre, also der Punkt an dem der Graph von degressiv steigend zu progressiv steigend wechselt, eintritt.

Um dies zu ermitteln, ist die Gesamtkostenfunktion dreimal abzuleiten:

$$K(x) = 0,3x^3 - 2x^2 + 7x + 16$$

$$K'(x) = 0,9x^2 - 4x + 7$$

$$K''(x) = 1,8x - 4$$

$$K'''(x) = 1,8$$

13.10 Ertragsgesetzliche Kostenfunktion

Zur Identifizierung der Wendestelle (Kostenkehre) ist die zweite Ableitung Null zu setzen (notwendige Bedingung):

$$K''(x) = 0$$

$$1,8x - 4 = 0$$

$$1,8x = 4$$

$$x = \frac{20}{9} \text{ ME}$$

Dieser x-Wert ist nun in die dritte Ableitung einzusetzen, um zu prüfen, ob die hinreichende Bedingung, dass die dritte Ableitung ungleich Null ist, erfüllt wird:

$$K'''\left(\frac{20}{9}\right) = 1,8 > 0$$

Insofern die erste Ableitung an dieser Stelle $x = \frac{20}{9}$ ME den Wert Null annimmt, dann handelt es sich um einen Sattelpunkt. Dies ist hier nicht der Fall, denn:

$$K'\left(\frac{20}{9}\right) = 0,9 \cdot \left(\frac{20}{9}\right)^2 - 4 \cdot \left(\frac{20}{9}\right) + 7 = \frac{23}{9}$$

Der Wert der dritten Ableitung an der untersuchten Stelle ist größer Null, d. h. an der Stelle $x = \frac{20}{9}$ ME liegt ein konkav/konvexer Wendepunkt (Kostenkehre) vor.

Beispiel 2:

Ein Produktionsunternehmen möchte herausfinden, wann die kurzfristige Preisuntergrenze (Betriebsminimum) sowie die langfristige Preisuntergrenze (Betriebsoptimum) erreicht werden. Die Fertigung lässt sich formal darstellen durch die ertragsgesetzliche Kostenfunktion:
$K(x) = x^3 - 6x^2 + 60x + 100$.

Zur Bestimmung des *Betriebsoptimums* bedarf es der Abbildung der Stückkostenfunktion $k(x)$:

$$k(x) = \frac{K(x)}{x} = \frac{(x^3 - 6x^2 + 60x + 100)}{x} = x^2 - 6x + 60 + \frac{100}{x}$$

Anschließend wird der x-Wert im Betriebsoptimum bestimmt durch das Minimum der gesamten Stückkostenfunktion:

notwendige Bedingung: $\quad k'(x) = 0$

$$2x - 6 - \frac{100}{x^2} = 0$$

Der linke Term dieser Gleichung ist in eine Standardform zu überführen, indem die Gleichung auf beiden Seiten mit x^2 erweitert wird:

$$2x^3 - 6x^2 - 100 = 0$$

Da es sich um eine Funktion dritten Grades handelt, bedarf es hier z. B. einer Polynomdivision. Die erste Nullstelle liegt bei $x_1 = 5$.

$$\left(2x^3 - 6x^2 - 100\right) : (x - 5) = 2x^2 + 4x + 20$$

13.10 Ertragsgesetzliche Kostenfunktion

Anschließend lässt sich z. B. die p/q-Formel nutzen:

$$x_2 = -\frac{p}{2} + \sqrt{\left(\frac{p}{2}\right)^2 - q}$$

$$2x^2 + 4x + 20 = 0$$

$$x^2 + 2x + 10 = 0$$

$$x_2 = -\frac{2}{2} + \sqrt{\left(\frac{2}{2}\right)^2 - 10}$$

$$x_2 = -1 + \sqrt{(1)^2 - 10}$$

Für x_2 und für x_3 ergeben sich keine Lösungen, da sich in beiden Fällen ein negativer Wert unter der Wurzel ergibt.

Hinreichende Bedingung für die Existenz eines Minimums der Stückkostenfunktion an der Stelle $x_1 = 5$ ist $\dfrac{d^2k(x)}{dx^2} = k''(x) > 0$

$$k''(x) = 2 + \frac{200}{x^3}$$

$$k''(5) = 2 + \frac{200}{5^3} = 3,6 > 0$$

Bei $x = 5$ liegt das *Betriebsoptimum* vor.

Das Betriebsoptimum lässt sich alternativ auch identifizieren, indem die *Grenzkosten* $K'(x)$ mit den *Stückkosten* $k(x)$ gleichgesetzt werden:

$$K'(x) = k(x)$$

$$3x^3 - 12x + 60 = x^2 - 6x + 60 + \frac{100}{x}$$

$$2x^2 - 6x = \frac{100}{x}$$

$$2x^3 - 6x^2 - 100 = 0$$

Der Rechenweg erfolgt analog zu oben. Es existiert eine Nullstelle bei $x = 5$ ME.

Zur Bestimmung des *Betriebsminimums* bedarf es der Abbildung der variablen Stückkostenfunktion $k_v(x)$:

$$k_v(x) = \frac{K_v(x)}{x} = \frac{x^3 - 6x^2 + 60x}{x} = x^2 - 6x + 60$$

Der x-Wert des Betriebsminimums bestimmt sich durch das Minimum der variablen Stückkosten:

Notwendige Bedingung: $k_v'(x) = 0 \Rightarrow 2x - 6 = 0 \Leftrightarrow 2x = 6$

$$x = 3 \text{ ME}$$

Hinreichende Bedingung: $k_v''(x) > 0$

$$k_v''(x) = 2 > 0$$

Die notwendige Bedingung ist somit erfüllt und das Betriebsminimum befindet sich bei der Produktionsmenge $x = 3$ ME.

13.10 Ertragsgesetzliche Kostenfunktion

Analog lässt sich das Betriebsminimum auch identifizieren, indem die Grenzkosten der Gesamtkostenfunktion gleichgesetzt werden mit den variablen Stückkosten.

$$K'(x) = k_v(x)$$

$$3x^2 - 12x + 60 = x^2 - 6x + 60$$

$$2x^2 - 6x = 0$$

$$x^2 - 3x = 0$$

$$x_1 = -\frac{p}{2} + \sqrt{\left(\frac{p}{2}\right)^2 - q}$$

$$x_1 = -\left(\frac{-3}{2}\right) + \sqrt{\left(\frac{-3}{2}\right)^2 - 0}$$

$$x_1 = 1,5 + \sqrt{2,25 - 0}$$

$$x_1 = 1,5 + 1,5$$

$$x_1 = 3 \text{ ME}$$

$$x_2 = -\frac{p}{2} - \sqrt{\left(\frac{p}{2}\right)^2 - q}$$

$$x_2 = -\left(\frac{-3}{2}\right) - \sqrt{\left(\frac{-3}{2}\right)^2 - 0}$$

$$x_2 = 1,5 - \sqrt{2,25 - 0}$$

$$x_2 = 1,5 - 1,5$$

$$x_2 = 0 \text{ ME}$$

Das Betriebsminimum beschreibt die Ausbringungsmenge, x, in der die variablen Stückkosten, $\dfrac{K_v(x)}{x} = k_v(x)$, minimal sind:

$$k_v(x) = x^2 - 6x + 60$$

$$k_v(3) = 3^2 - 18 + 60 = \$51/\text{ME}$$

$$k_v(0) = 0^2 - 0 + 60 = \$60/\text{ME}$$

Das Betriebsminimum befindet sich bei 3 ME.

13.11 Einzelkosten versus Gemeinkosten

In der Kostenrechnung wird nicht nur unterschieden zwischen fixen und variablen Kosten, sondern zudem zwischen *Einzelkosten* und *Gemeinkosten*.

Einzelkosten können sein:

- *Fertigungseinzelkosten*: Die nicht materialbezogenen Kosten der Fertigung, die unmittelbar bei der Produktion entstehen und dem gefertigten Produkt (Kostenträger) direkt zugerechnet werden können. Beispiele für Fertigungseinzelkosten sind dem Kostenträger eindeutig zurechenbare Lohnkosten (Fertigungslöhne pro Stück, Akkordlöhne) sowie dem Kostenträger eindeutig zurechenbare Maschinenkosten (Maschinenstückkosten) oder Konstruktionskosten.

- *Materialeinzelkosten*: Werkstoffkosten, die in das zu fertigende Produkt eingehen und dem gefertigten Produkt (Kostenträger) direkt zugerechnet werden können. Beispiele für Materialeinzelkosten sind Rohstoffe, Hilfsstoffe, Zukaufteile bzw. (Vor-)Produkte.

- *Sondereinzelkosten*: Sondereinzelkosten beziehen sich auf die Fertigung und auf den Vertrieb. Sie lassen sich nicht unmittelbar einem Produkt bzw. einer (vertrieblichen) Dienstleistung zurechnen, je-

13.11 Einzelkosten versus Gemeinkosten

doch beispielsweise einem bestimmten Auftrag oder einem zu leistenden Projekt. *Sondereinzelkosten der Fertigung* sind beispielsweise Kosten für Lizenzen oder für Spezialwerkzeuge, die für diese (Sonder-)Fertigung benötigt werden. *Sondereinzelkosten des Vertriebs* können z. B. (besondere) Verpackungskosten oder Provisionskosten sein.

Einzelkosten werden durch deren direkte und eindeutige Zurechenbarkeit auf einen *Kostenträger*, z. B. ein Produkt oder eine Dienstleistung, bzw. auf eine *Kostenstelle*, z. B. eine Abteilung, ein Betrieb oder ein Unternehmen, charakterisiert. Entsprechend wird bei den Einzelkosten unterschieden zwischen *Kostenträgereinzelkosten* oder *Kostenstelleneinzelkosten*.

Im Gegensatz zu den Einzelkosten können *Gemeinkosten* nicht unmittelbar dem Bezugsobjekt zugeordnet werden. Gemeinkosten fallen für mehrere Endprodukte oder Aufträge an. Sie werden auch als *indirekte Kosten* bezeichnet. Wie bei den Einzelkosten kann auch bei den Gemeinkosten zwischen *Kostenträgergemeinkosten* und *Kostenstellengemeinkosten* unterschieden werden.

Bei den Gemeinkosten sind ferner folgende definitorische Unterschiede von Relevanz:

- *Unechte Gemeinkosten*: Gemeinkosten, die theoretisch zwar unmittelbar als Einzelkosten auf die Kostenträger oder -stellen zugerechnet werden könnten, aber aus Wirtschaftlichkeitsgründen unter Verwendung von Schlüsseln (*Gemeinkostenschlüsselung*) anteilig zugeordnet werden, z. B. Kleinmaterialien, Stromkosten, Schmiermittelkosten.

- *Primäre Gemeinkosten*: Gemeinkosten, die in den Kostenstellen oder Kostenstellenbereichen selbst generiert werden aufgrund von unternehmensexternen Zukäufen, d. h. nicht innerhalb des eigenen Betriebs oder Unternehmens werden Ressourcen oder Leistungen (z. B. Material, Personal, Fremddienstleistungen) bezogen, sondern auf dem unternehmensexternen Markt. Da die entsprechenden Marktpreise bekannt sind, lassen sich die primären Gemeinkosten eindeutig identifizieren; es existiert kein Wertermittlungsproblem. Durch Verbrauchsdokumentationen, Eingangsrechnungen oder Kontoauszügen lassen sich die primären Gemeinkosten exakt bemessen und den nachfragenden Kostenstellen oder Kostenstellenbereichen unmittelbar zuordnen.

- *Sekundäre Gemeinkosten*: Während die primären Gemeinkosten aus unternehmensexternen Ressourcen oder Leistungen stammen, entstehen sekundäre Gemeinkosten durch betriebsinterne Leistungsbeziehungen (z. B. Leistungen der unternehmensinternen Betriebskrankenkasse). Sekundäre Gemeinkosten sind zunächst im Rahmen der innerbetrieblichen Leistungsverrechnung zu ermitteln, dann erst können sie den Kostenstellen oder Kostenstellenbereichen monetär zugerechnet werden. Marktpreise existieren für innerbetriebliche Leistungen in der Regel nicht, so dass hierfür interne Verrechnungspreise zu kalkulieren sind.

- *Fertigungsgemeinkosten*: Der Teil der Fertigungskosten, der sich innerhalb der Produktion eines Gutes nicht direkt zurechnen lässt. Die *Fertigungskosten* setzen sich zusammen aus *Fertigungseinzelkosten* (z. B. Fertigungslöhne, Materialeinzelkosten), *Fertigungsgemeinkosten* (z. B. Gehälter für Meister und technische Angestellte, Hilfslöhne, Kosten für Hilfsstoffe und Betriebsmittel innerhalb des Fertigungsbereichs, Energiekosten, kalkulatorische Abschreibungen bzw. kalkulatorische Zinsen) und *Sondereinzelkosten der Fertigung* (z. B. Spezialwerkzeuge, Konstruktionspläne, Patente, Lizenzen). Die Fertigungsgemeinkosten lassen sich in der Regel nicht einer einzelnen, produzierten Einheit zuordnen, vielmehr einem Auftrag oder einem Los. In der Vollkostenrechnung bilden die Fertigungseinzelkosten in der Regel die Bezugsgröße für die Umlage der Fertigungsgemeinkosten (Zuschlagskalkulation, *Fertigungsgemeinkostenzuschlag*).

- *Materialgemeinkosten*: Der Teil der Materialkosten, der innerhalb der Fertigung den einzelnen Kostenträgern (Produkten) nicht direkt zugerechnet werden kann (z. B. Beschaffungskosten, Prüfkosten, kollektive Lagerkosten, Personalkosten für die Mitarbeiter in Lager oder Einkauf, Abschreibungen für kollektive Lager, d. h. für Lager, in denen auch andere Materialien gelagert sind). Die Materialgemeinkosten werden in der (jährlichen) Kostenstellenplanung berücksichtigt. In der Vollkostenrechnung bilden die Materialeinzelkosten in der Regel die Bezugsgröße für die Umlage der Materialgemeinkosten

13.11 Einzelkosten versus Gemeinkosten

(Zuschlagskalkulation; *Materialgemeinkostenzuschlag*).

- *Verwaltungsgemeinkosten*: Der Teil der Verwaltungskosten, der in der Verwaltung eines Betriebes oder eines Unternehmens anfällt, jedoch sich nicht dem einzelnen Produkt (Kostenträger) zurechnen lässt (z. B. Gehälter für die Geschäftsleitung, Gehälter der Verwaltungsangestellten, Büromaterial, Abschreibungen auf die Geschäftsausstattung). Die Verwaltungsgemeinkosten lassen sich im Rahmen der *Kostenstellenrechnung* aus dem *Betriebsabrechnungsbogen* (BAB) ermitteln. In der *Kostenträgerstückrechnung* bilden die *Herstellkosten je gefertigter Mengeneinheit* die Bezugsgröße für die Umlage der Materialgemeinkosten; in der *Kostenträgerzeitrechnung* bilden die *Herstellkosten der umgesetzten Mengeneinheiten*, d. h. der Erlös während der jeweils betrachteten Periode (in der Regel jählich) die Bezugsgröße für die Umlage der Materialgemeinkosten (Zuschlagskalkulation; *Verwaltungsgemeinkostenzuschlag*).

Um Kosten Bezugsgrößen zuzuordnen, existieren verschiedene *Kostenzurechnungsprinzipien*. Hierbei wird unterschieden zwischen *eindimensionalen* und *mehrdimensionalen Kostenzurechnungsprinzipien* :

13.11.1 Eindimensionale Kostenzurechnungsprinzipien

Die (einzige) Bezugsgröße ist hier die Beschäftigung, d. h. bei einer (Gesamt) Kostenfunktion, $K(x)$, die produzierte oder geleistete Menge x.

Verursachungsprinzip

Dem Kostenträger sind nur diejenigen Kosten zuzurechnen, die bei der Schöpfung dieser (einen) Mengeneinheit zusätzlich geleistet werden. Die auf eine Einheit des Kostenträgers zurechenbaren Kosten entsprechen somit deren Grenzkosten. Nach dem Verursachungsprinzip werden entsprechend die *Einzelkosten* sowie die *beschäftigungsvariablen Gemeinkosten* auf den Kostenträger zugerechnet. Eine Zurechnung der *beschäftigungsfixen Gemeinkosten* ist hingegen nicht möglich. Das Verursachungsprinzip wird angewendet bei der *Grenzplankostenrechnung*.

Beanspruchungsprinzip

Dem Kostenträger lassen sich die Kosten zurechnen, die bei der Schöpfung dieser (einen) Mengeneinheit zusätzlich genutzt werden. Die auf eine Einheit des Kostenträgers zurechenbaren Kosten entsprechen somit deren Grenzkosten zuzüglich deren *Nutzkosten*. Die Nutzkosten umfassen den Teil der fixen Kosten, der auf die in Anspruch genommene Kapazität entfällt. Der nicht genutzte Teil der fixen Kosten wird als *Leerkosten* bezeichnet. Das Beanspruchungsprinzip wird angewendet in der *Prozesskostenrechnung*.

Durchschnittsprinzip

Dem Kostenträger werden neben den Einzelkosten die *durchschnittlichen Gemeinkosten* zugerechnet. Die durchschnittlichen Gemeinkosten errechnen sich, indem die gesamten Gemeinkosten linear mittels Division auf die produzierten oder geleisteten Mengeneinheiten, x, verteilt werden. Lassen sich Kosten bei der *Vollkostenrechnung* nicht nach dem *Verursachungsprinzip* auf die Kostenträger zurechnen, so kann deren Zurechnung nach dem Durchschnittsprinzip erfolgen. Dabei werden die variablen, d. h. die beschäftigungsunabhängigen Kosten, durch die Anzahl der Leistungseinheiten, x, dividiert und auf die Produktionseinheiten linear verteilt. Im Falle der *Einproduktunternehmung* werden Gesamtkosten, $K(x)$, durch die Gesamtheit der Leistungseinheiten, x, dividiert. Im Falle der *Mehrproduktunternehmung* ist die Verteilung der Gemeinkosten auf die Kostenträger mittels Schlüsselung (*Gemeinkostenschlüsselung*) vorzunehmen.

Plausibilitätsprinzip

Dem Kostenträger werden diejenigen Kosten zugerechnet, die sich an einer (anderen) Kostenart (plausibel) orientieren. So lässt sich möglicherweise die Zuordnung z. B. der Materialgemeinkosten an den Materialeinzelkosten (linear) orientieren, wenn ein (linearer) Zusammenhang zwischen den Materialeinzelkosten und den zugehörigen Materialgemeinkosten als (in praxi) plausibel erscheint. In der Regel erfolgt eine solche Zuordnung linear, doch kann durchaus auch ein nichtlinearer Zusammenhang zwischen Einzelkosten und Gemeinkosten plausibel sein.

13.11 Einzelkosten versus Gemeinkosten

Tragfähigkeitsprinzip

Dem Kostenträger werden die (anteiligen) Kosten entsprechend seinen (anteiligen) Verkaufserlösen zugerechnet. Erlösstarke (erlösschwache) Produkte sollen mit einem höheren (geringeren) Anteil an den Gemeinkosten oder auch an den Gesamtkosten (Einzel- und Gemeinkosten) belastet werden. Anstatt der Verkaufserlöse können auch der Preis oder der Deckungsbeitrag zur (anteiligen) Zuweisung der Gemein- oder Gesamtkosten gewählt werden.

13.11.2 Mehrdimensionale Kostenzurechnungsprinzipien

Entscheidungsprinzip

Nach dem Entscheidungsprinzip lassen sich Kosten und Erlöse nur dann einander oder einem anderen Bezugsobjekt eindeutig zurechnen, wenn sie auf dieselbe (unternehmerische oder betriebliche) Entscheidung zurückgehen wie das Bezugsobjekt selbst. Kosten werden hiernach nur dann einem Produkt oder einer Dienstleistung zugerechnet, wenn sie unmittelbar durch die Entscheidung, dieses Produkt herzustellen bzw. diese Dienstleistung zu erbringen, verursacht werden.[2]

Identitätsprinzip

Das Identitätsprinzip ist eine Weiterentwicklung des Entscheidungsprinzips und bildet die kostenrechnerische Basis für die *relative Einzelkostenrechnung*. Nach dem Identitätsprinzip beruht eine unternehmerische Entscheidung auf drei Dimensionen:

- Leistung | Was ist in welchen Mengen herzustellen bzw. zu leisten?

- Organisation | Wer soll dieses herstellen bzw. leisten?

- Zeitdimension | Wann bzw. bis zu welchem Zeitpunkt ist dieses herzustellen bzw. zu leisten?

---

[2] Vgl. Riebel, P. (2013): Einzelkosten- und Deckungsbeitragsrechnung. Grundfragen einer markt- und entscheidungsorientierten Unternehmensrechnung, 6. Auflage, Wiesbaden; Schweitzer, M.; Küpper, H.-U.; Friedl, G.; Hofmann, C.; Pedell, B. (2015): Systeme der Kosten- und Erlösrechnung, 11. Auflage, München.

Im Gegensatz zu eindimensionalen Kostenzurechnungsprinzipien sind die Bezugsobjekte hier dreidimensional bemessen, z. B. bei der Fertigung von Produkten in den Dimensionen:[3]

- Betriebliche Leistung (Produkteinheit, Produktart, Produktgruppe, Produktprogramm),

- Organisatorischer Bereich (Unternehmung, Werk, Gruppe, Abteilung),

- Zeitraum (Monat, Quartal, Jahr).

Innerhalb dieser Dimensionen lassen sich durch Über- und Unterordnungsverhältnisse möglicherweise Bezugsobjekthierarchien berücksichtigen. Daher können Einzelkosten einer höheren Entscheidungsebene zugleich Gemeinkosten einer untergeordneten Entscheidungsebene darstellen.

Beispiel 1:

Ein Mitarbeiter der SpielzeugfabrikX GmbH schafft es, in 20 Minuten ein individualisiertes Spielzeugauto herzustellen. Die Kosten für das benötigte Material liegen bei 3/ME und die Maschinenkosten betragen 5/ME. Der Bruttostundenlohn dieses Mitarbeiters beträgt 24/Stunde.

Die *Fertigungseinzelkosten*, die direkt der Herstellung eines Spielzeugautos zurechenbar sind, lassen sich wie folgt berechnen:

20 min/ME · $24/60 min = $8 (pro ME)

Die *Fertigungseinzelkosten* betragen demnach 8/ME + 5/ME = 13/ME. Die *Materialeinzelkosten* umfassen 3/ME.

---

[3] Ebenda.

13.11 Einzelkosten versus Gemeinkosten

Beispiel 2:

Die Miete, die pro Tag für die Produktionshalle der SpielzeugfabrikX GmbH gezahlt werden muss, beträgt $60/Tag. Diese Kosten können einem einzelnen, hier gefertigten Spielzeugauto nicht direkt zugerechnet werden und stellen von daher Gemeinkosten dar.

Dem hier hergestellten Model können unmittelbar Einzelkosten zugeordnet werden von $16/ME (Fertigungseinzelkosten von $13/ME und Materialeinzelkosten von $3/ME).

Täglich werden 50 Einheiten dieses Spielzeugautos gefertigt. Im Rahmen einer Zuschlagskalkulation sollen die Gemeinkosten, hier die Mietkosten, anteilig auf die Einzelkosten dieses hier hergestellten Modells umgelegt werden. Der entsprechende Zuschlagssatz berechnet sich wie folgt:

$60/Tag: Miete für die Produktionshalle (Gemeinkosten pro Tag)

$16/ME: Einzelkosten (Fertigungseinzelkosten und Materialeinzelkosten) je Spielzeugauto x

50 ME = $300/Tag (Einzelkosten pro Tag)

$$\text{Gesamtkostenzuschlag} = \frac{\text{Gemeinkosten}}{\text{Einzelkosten}} \cdot 100\%$$

$$= \frac{\$60}{\$300} \cdot 100\% = 20\%$$

Die gesamten Fertigungskosten dieser Spielzeugautos können somit ceteris paribus, d. h. ohne die Berücksichtigung sonstiger Kosten, mit $16/ME $\cdot$ 1,2 = $19,20/ME kalkuliert werden.

Beispiel 3:

Das Unternehmen SpielzeugfabrikX GmbH möchte nun herausfinden, wie groß die gesamten Fertigungskosten a) pro produziertes Spielzeugauto und b) pro Tag sind. Die Fertigungseinzelkosten eines Spielzeugautos liegen bei $13/ME. Das Unternehmen ist bekannt für den auf das Spielzeugauto aufgesprühten Speziallack. Dieser Lack gilt als Markenzeichen des Spielzeugherstellers. Die Lackierung eines Autos kostet

$3/ME. Zudem betragen die gesamten Fertigungsgemeinkosten 30% der Fertigungseinzelkosten. An einem Werktag werden 50 Spielzeugautos produziert.

a) Fertigungskosten pro produziertes Spielzeugauto:

Fertigungseinzelkosten $13/ME
+ Sondereinzelkosten der Fertigung $3/ME
+ Fertigungsgemeinkosten $13/ME $\cdot$ 0,3 = $3,9/ME
= Fertigungskosten $19,9/ME.

Die Fertigungskosten pro produziertes Spielzeugauto betragen $19,9/ME.

b) Fertigungskosten pro Tag:

Täglich werden 50 Spielzeugautos produziert.

$19,9/ME $\cdot$ 50 ME = $995.

In der SpielzeugfabrikX GmbH fallen pro Werktag $995 Fertigungskosten an.

13.12 Gewinnfunktion

Eine Gewinnfunktion $G(x)$ beschreibt den Gewinn eines Unternehmens, der in Abhängigkeit zu der produzierten bzw. abgesetzten Menge x entsteht. Der Gewinn $G(x)$ lässt sich berechnen, indem die (Gesamt-) Kosten $K(x)$ von den Erlösen $E(x)$ subtrahiert werden:

$$G(x) = E(x) - K(x)$$

$$G(x) = [p(x) \cdot x] - [K_f + K_v(x)]$$

mit p = (Verkaufs)Preis und x = produzierte oder abgesetzte Menge.

Übersteigen die Erlöse $E(x)$ die gesamten Kosten $K(x)$, so werden Ge-

13.12 Gewinnfunktion

winne generiert, $G(x) > 0$. Das Unternehmen befindet sich in der *Gewinnzone*.

Übertreffen indes die Gesamtkosten $K(x)$ die Erlöse $E(x)$, so werden negative Gewinne, d. h. *Verluste*, erwirtschaftet, $G(x) < 0$. Das Unternehmen befindet sich in einer *Verlustzone*.

Die Stelle, d. h. der x-Wert, an der erstmalig ein Gewinn realisiert wird, bezeichnet man als *Gewinnschwelle*. Die Gewinnschwelle wird identifiziert durch die erste Nullstelle der Gewinnfunktion $G(x)$ und kennzeichnet den Anfang der Gewinnzone. Am Ende der Gewinnzone befindet sich die *Gewinngrenze*. Hier existiert eine weitere Nullstelle der Gewinnfunktion $G(x)$. Sowohl an der Gewinnschwelle als auch an der Gewinngrenze stimmen die Kosten und die Erlöse überein. In der Literatur spricht man bei der Gewinnschwelle auch von dem sogenannten *Break-Even-Point*.

Die Gewinnschwelle und die Gewinngrenze lassen sich ermitteln durch:

$$G(x) = 0 \quad \text{bzw.} \quad K(x) = E(x)$$

Im *Gewinnmaximum* wird der x-Wert der Gewinnfunktion erreicht, an dem der höchstmögliche Gewinn erwirtschaftet wird. Das Gewinnmaximum lässt sich wie folgt berechnen:

notwendige Bedingung: $G'(x) = 0$

hinreichende Bedingung: $G''(x) < 0$

Bei der Gewinnfunktion ist wie folgt zu differenzieren:

I. Der Preis p ist konstant:

Dies bedeutet, dass der Preis fix ist, d. h. dass keine Kausalität zwischen Absatzpreis p und Absatzmenge x besteht, $p = konstant$, $p \neq p(x)$. Die *Preis-Absatz-Funktion* entspricht einer Parallele zur Abszisse, die *Erlösfunktion* beschreibt eine Gerade aus dem Ursprung (Abb. 13.24) (siehe Kapitel zur Erlösfunktion).

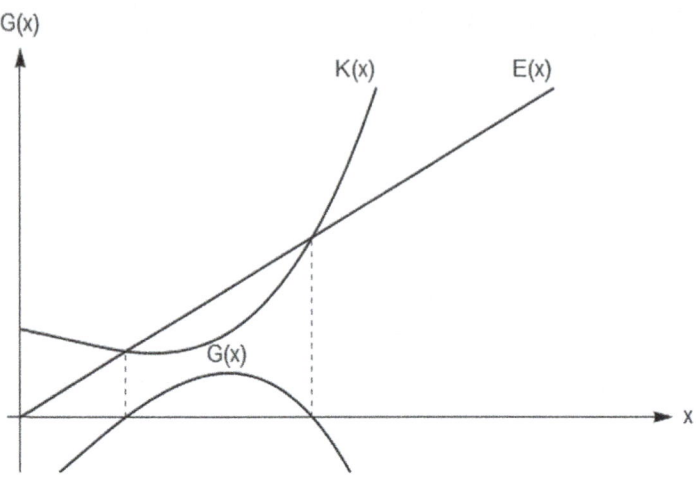

Abb. 13.24: Entwicklung des Gewinns bei einer linearen Erlösfunktion

II. Der Preis $p = p(x)$ ist variabel:

Es besteht eine Kausalität zwischen Absatzpreis, $p = p(x)$, und Absatzmenge, $x = x(p)$. Die *Preis-Absatz-Funktion*, $p = p(x) = -mx + b$, entspricht einer nach unten streng monoton fallenden Geraden, deren Ordinatenabschnitt, b, bestimmt wird durch $x = 0$ (Prohibitivpreis) und die die Abszisse erreicht bei $p = 0$ (Sättigungsmenge). Die *Erlösfunktion* stellt eine nach unten geöffnete Parabel dar, die im Ursprung, d. h. im Punkt (0|0) beginnt und im Punkt $(x_{max}|0)$ endet (Abb. 13.25). x_{max} entspricht der *Sättigungsmenge* bei einem Preis von $p_{min} = 0$. Das Erlösmaximum (Hochpunkt der Erlösfunktion) befindet sich im Punkt mit den Koordinaten $x = \dfrac{b}{(2m)}$ und $E\left(\dfrac{b}{(2m)}\right) = -m \cdot \left(\dfrac{b}{(2m)}\right)^2 + b\left(\dfrac{b}{(2m)}\right)$

$= \dfrac{-b^2}{4m} + \dfrac{b^2}{2m}$ (siehe Kapitel zur Erlösfunktion).

13.12 Gewinnfunktion

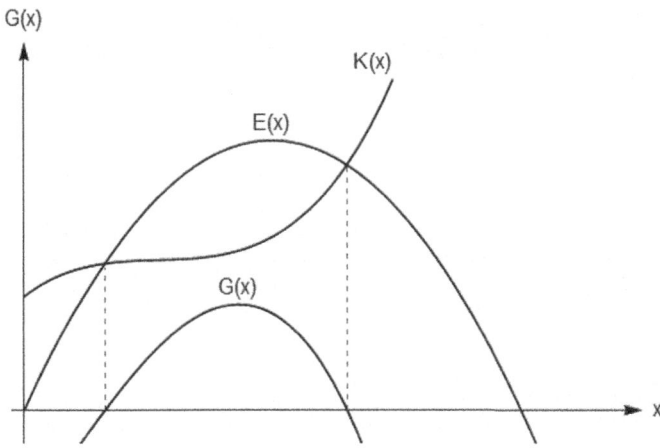

Abb. 13.25: Entwicklung des Gewinns bei einer quadratischen Erlösfunktion

Befindet sich ein Unternehmen in einer *Monopolstellung*, so beschreibt der nach dem französischen Wirtschaftswissenschaftler Antoine Augustin Cournot (1801-1877) benannte *Cournotsche Punkt* die Preis-Mengen-Kombination, die für einen Monopolisten gewinnmaximierend ist. Der Cournotsche Punkt bildet das Ergebnis einer monopolistischen Preisbildung ab. Er liegt typisch links vom Erlösmaximum; im Gewinnmaximum wird eine geringere Menge des Gutes x abgesetzt, als dies bei der Maximierung des Umsatzes, d. h. bei der Generierung des Erlösmaximums, der Fall ist (Abb. 13.26).

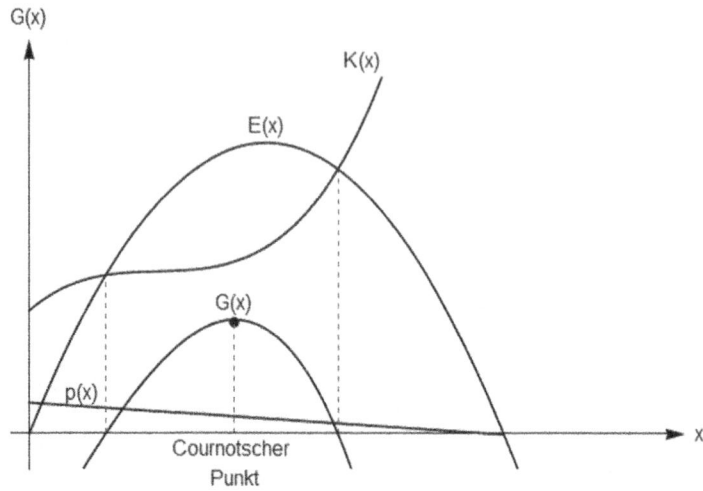

Abb. 13.26: Der Cournotsche Punkt

Beispiel 1:

Der Prozess einer zu fertigenden Gütermenge, x, lässt sich durch folgende Merkmale beschreiben:

- Der Absatzpreis eines Gutes ist konstant und beträgt \$100/ME.
- Die Gesamtkosten folgen der ertragsgesetzlichen Kostenfunktion
$K(x) = x^3 - 3x^2 + 52x + 50$ [\$].

Das Produktionsunternehmen möchte herausfinden, wann das Unternehmen die *Gewinnschwelle* und den *höchstmöglichen Gewinn* erreicht.

Zur Bestimmung der *Gewinnschwelle*, der *Gewinngrenze* und des *Gewinnmaximums* ist zunächst die Gewinnfunktion aufzustellen:

13.12 Gewinnfunktion

$$G(x) = E(x) - K(x)$$

$$G(x) = 100x - (x^3 - 3x^2 + 52x + 50)$$

$$G(x) = -x^3 + 3x^2 + 48x - 50$$

Berechnung der *Gewinnschwelle* und der *Gewinngrenze*:

$$G(x) = 0$$

$$-x^3 + 3x^2 + 48x - 50 = 0$$

Da es sich bei der Gewinnfunktion um eine Funktion 3. Grades (kubische Funktion) handelt, gibt z. B. eine Polynomdivision Aufschluss über die möglichen Nullstellen. Eine Nullstelle liegt bei $x = 1$.

$$(-x^3 + 3x^2 + 48x - 50) : (x - 1) = -x^2 + 2x + 50$$

Um mögliche, weitere Nullstellen zu ermitteln, bietet sich z. B. die Nutzung der p/q-Formel an:

$$x_{2,3} = -\frac{p}{2} \pm \sqrt{\left(\frac{p}{2}\right)^2 - q}$$

für $-x^2 + 2x + 50 = 0$ bzw. $x^2 - 2x - 50 = 0$ gilt:

$$x_{2,3} = -\left(\frac{-2}{2}\right) \pm \sqrt{\left(\frac{-2}{2}\right)^2 + 50}$$

$$x_{2,3} = 1 \pm \sqrt{(-1)^2 + 50}$$

$$x_2 = 1 + \sqrt{51} \approx 8,14$$

$x_3 = 1 - \sqrt{51} \approx -6,14$ (ökonomisch nicht relevant)

Werden die positiven Nullstellen der Gewinnfunktion ökonomisch interpretiert, so befindet sich die *Gewinnschwelle* bei $x = 1$ ME. Die *Gewinngrenze* ist bei ca. $x = 8,14$ ME erreicht.

Berechnung des *Gewinnmaximums*:

notwendige Bedingung: $G'(x) = 0$

$$G'(x) = -3x^2 + 6x + 48 = 0$$

$$x^2 - 2x - 16 = 0$$

$$x_{1/2} = -\left(\frac{-2}{2}\right) \pm \sqrt{\left(\frac{-2}{2}\right)^2 + 16}$$

$$x_1 = 1 + \sqrt{1+16}; \quad x_2 = 1 - \sqrt{1+16}$$

$x_1 = 1 + \sqrt{17} \approx 5,12; \quad x_2 = 1 - \sqrt{17} \approx -3,12$ (ökonomisch nicht relevant)

hinreichende Bedingung: $G''(x) < 0$

$$G''(x) = -6x + 6 = 0$$

$$-6 \cdot \left(1 + \sqrt{17}\right) + 6 \approx -24,74 < 0$$

Die *gewinnmaximale Menge* beträgt ca. $5,12$ ME.

Der *maximale Gewinn*,

$$G\left(1+\sqrt{17}\right) = G(5,12) = -5,12^3 + 3 \cdot 5,12^2 + 48 \cdot 5,12 - 50 \approx \$140,19.$$

13.12 Gewinnfunktion

Beispiel 2:

Der Monopolist XProducts möchte herausfinden, bei welchen Mengen sich die Gewinnschwelle, die Gewinngrenze, das Gewinnmaximum und der Cournotsche Punkt ihrer aktuellen Fertigung befinden. Der Prozess einer zu produzierenden Gütermenge, x, lässt sich durch folgende Merkmale beschreiben:

- Der Absatzpreis eines Gutes ist variabel und folgt der Preis-Absatz-Funktion: $p(x) = -2x + 100$ $/ME.

- Die Gesamtkosten folgen der ertragsgesetzlichen Kostenfunktion $K(x) = x^3 - 5x^2 + 52x + 50$ [$].

Zur Bestimmung der *Gewinnschwelle*, der *Gewinngrenze* und des *Gewinnmaximums* ist zunächst die Gewinnfunktion aufzustellen:

$$G(x) = E(x) - K(x)$$

$$G(x) = (-2x + 100) \cdot x - (x^3 - 5x^2 + 52x + 50)$$

$$G(x) = -x^3 + 3x^2 + 48x - 50$$

Da $G(x)$ gleich der Gewinnfunktion des 1. Beispiels bei konstanten Preisen ist, erfolgen die Berechnung der *Gewinnschwelle*, der *Gewinngrenze* und des *Gewinnmaximums* exakt wie im 1. Beispiel (s.o.) beschrieben. Die *Gewinnschwelle* bindet sich bei $x = 1$ [ME]. Die *Gewinngrenze* ist bei ca. $x = 8,14$ ME erreicht. Die *gewinnmaximale Menge* beträgt $1 + \sqrt{17} \approx 5,12$ ME. Der *maximale Gewinn*:

$$G(1 + \sqrt{17}) = G(5,12) = -5,12^3 + 3 \cdot 5,12^2 + 48 \cdot 5,12 - 50 \approx \$140,19.$$

Berechnung des *Cournotschen Punkts*:

Der Cournotsche Punkt beschreibt die Preis-Mengen-Kombination, die für einen Monopolisten gewinnmaximierend ist. Der Cournotsche Punkt bildet das Ergebnis einer monopolistischen Preisbildung ab.

Die gewinnmaximale Menge liegt bei $x_{max}^{Gewinn} = 1+\sqrt{17} \approx 5,12$ ME. Der gewinnmaximale Preis berechnet sich als:

$$p_{max}^{Gewinn} = -2 \cdot \left(1+\sqrt{17}\right) + 100 \approx \$89,76/\text{ME}$$

$$G_{max} = G\left(1+\sqrt{17}\right) = 2\sqrt{17^3} \approx \$140,19$$

Der *Cournotsche Punkt* liegt demnach bei

$$\left(x_{max}^{Gewinn} \mid p_{max}^{Gewinn}\right) = \left(1+\sqrt{17} \mid -2\left(1+\sqrt{17}\right)+100\right) \approx (5,12 \mid 89,76).$$

Der x-Wert des Cournotschen Punktes liegt typisch links vom x-Wert im *Erlösmaximum*:

$$E(x) = (-2x+100)x = -2x^2 + 100x$$

notwendige Bedingung: $E'(x) = -4x + 100 = 0 \Rightarrow x = 25$

hinreichende Bedingung: $E''(25) = -4 < 0$

Die *erlösmaximale Menge* liegt bei:

$$x_{max}^{Erlös} = 25 \text{ ME} > x_{max}^{Gewinn} = 1+\sqrt{17} \approx 5,12 \text{ ME},$$

Im Gewinnmaximum wird eine geringere Menge des Gutes x abgesetzt, als dies bei der Maximierung des Umsatzes der Fall ist.

Der *erlösmaximale Preis* berechnet sich als:

$$p_{max}^{Erlös} = -2 \cdot 25 + 100 = \$50/\text{ME}$$

$$E_{max} = E(25) = -2 \cdot 25^2 + 100 \cdot 25 = \$1.250$$

Kapitel 14
Peren-Theorem

Zusammenfassung

Der Mensch verbraucht die natürlichen Ressourcen der Erde schneller, als die Erde sie regenerieren kann. Die Menschheit lebt insgesamt über ihre Verhältnisse und auf Kosten zukünftiger Generationen. Die gegenwärtige Art zu wirtschaften mit den Zielen, monetäre Gewinne zu maximieren und quantitatives Wachstum und Wohlstand zu generieren, lässt sich nicht fortsetzen. Das *Peren-Theorem* zeigt auf, dass ein Verbrauch natürlicher Ressourcen innerhalb eines geschlossen Systems, wie es die Erde darstellt, nur möglich ist, wenn deren Verzehr sich natürlich regenerieren kann. Wird dieses Gleichgewicht zu lange gestört, so führt dieses zum natürlichen Exitus dieses Planeten. Bei wachsender Weltbevölkerung ist der Pro-Kopf-Verbrauch an natürlichen Ressourcen aller auf oder von der Erde lebenden Menschen proportional zu reduzieren.

Der aktuelle menschliche Lebensstil lässt sich nicht fortsetzen

Der Mensch verbraucht die natürlichen Ressourcen der Erde schneller, als die Erde sie regenerieren kann. Die menschliche Nachfrage an natürlichen Ressourcen übersteigt die Kapazität der Erde zur Regenerierung dieser Ressourcen nunmehr seit vielen Jahren. Der *Earth Overshoot Day* erfolgte im Jahr 2017 nach Angaben des *Global Footprint Network*[1] am 2. August dieses Jahres.[2] Im Jahr zuvor war es der 13. August 2016.

Die Menschheit lebt insgesamt über ihre Verhältnisse und auf Kosten zukünftiger Generationen. Sämtliche natürlichen Ressourcen, die nach dem *Earth Overshoot Day* verbraucht werden, kann die Erde in dem betreffenden Jahr nicht mehr regenerieren. Erfolgt ein solches Ungleichgewicht auf Dauer, so werden die natürlichen Ressourcen der Erde verzehrt bis zum natürlichen Exitus dieses Planeten.

---

[1] Vgl. Global Footprint Network (2017): http://www.footprintnetwork.org/, zuletzt aufgerufen am 12. August 2023.

[2] Vgl. ebenda.

Der *Living Planet Report 2012 des World Wide Fund For Nature (WWF)*[3] lässt erkennen, dass die Menschen etwa bis zum Jahr 2030 zwei Planeten benötigen würden, um ihren Bedarf an natürlichen Ressourcen zu decken, wenn die Menschheit weiter so leben wird, wie sie das bisher zu großen Teilen für geboten hält. Verschwendet werden natürliche Ressourcen vor allem in und für so genannte hochentwickelte Volkswirtschaften, wobei diese Begrifflichkeit definitorisch in die Irre führen dürfte, denn eine Entwicklung, die zu einem menschlichen Lebensstil führt, der die Erde den Homo sapiens nur rund sieben Monate im Jahr ertragen lässt, sie jedoch die restlichen fünf Monate eines Jahres auf Kosten anderer Lebewesen sowie zulasten zukünftiger Generationen der eigenen Spezies verzehrt, dürfte wohl schwerlich als „hoch entwickelt" zu bewerten sein. Die gegenwärtige Art zu wirtschaften mit den Zielen, monetäre Gewinne zu maximieren und quantitatives Wachstum und Wohlstand für die Unternehmen und Bürger partizipierender Volkswirtschaften zu generieren, geschieht bereits heute zulasten der Menschen, die entweder nicht oder nur vermindert von dem ökologischen Raubbau profitieren können oder die sich bewusst hieran nicht beteiligen.

Das Peren-Theorem

Im Jahr 2012 entwickelte der Verfasser in Diskussion mit Wiltrud Terlau, Direktorin des International Centre for Sustainable Development (IZNE)[4] und Reiner Clement †, Professor der Volkswirtschaftslehre an der Hochschule Bonn-Rhein-Sieg, Sankt Augustin, das Peren-Theorem[5]:

> „If the users within a closed system employ
> its natural resources in such measure that its
> natural regeneration is exceeded over the long term,
> then the natural environment of this system will be
> completely exhausted."

---

[3] World Wide Fund For Nature - WWF (Hrsg.) (2017): http://wwf.panda.org/about_our_earth/all_publications/living_planet_report_timeline/lpr_2012/, zuletzt aufgerufen am 27. Dezember 2018.

[4] Internationales Zentrum für Nachhaltige Entwicklung - IZNE (2017): https://www.h-brs.de/en/izne, zuletzt aufgerufen am 9. Dezember 2022.

[5] Peren, F.W. (2012): The Peren Theorem, New York, unveröffentlichtes Manuskript; Peren, F.W. (2018): Das Peren-Theorem, in: Gadatsch, A. et al. (Hrsg.): Nachhaltiges Wirtschaften im digitalen Zeitalter, Berlin, S. 419-424.

14 Peren-Theorem

Für ein geschlossenes System hat beständig[6] zu gelten:

$$R_T \leq R_{regen}$$

$$\text{mit} \quad R_T = R_H + R_O$$

$$\text{und} \quad R_H = \sum_{I=1}^{N} r_I = r_H N$$

$$\Leftrightarrow r_H = \frac{\sum r_I}{N} = \frac{R_H}{N}$$

mit

R_T = Verbrauch natürlicher Ressourcen insgesamt
R_{regen} = Regenerierung natürlicher Ressourcen insgesamt
R_H = menschlicher Verbrauch natürlicher Ressourcen
R_O = nicht durch den Menschen verursachter Verbrauch natürlicher Ressourcen
r_I = individueller Pro-Kopf-Verbrauch des Menschen an natürlichen Ressourcen
r_H = durchschnittlicher Pro-Kopf-Verbrauch des Menschen an natürlichen Ressourcen
N = Anzahl der Menschen, die auf der Erde leben oder auf deren natürliche Ressourcen zugreifen
I = Menschliche Individuen, die auf der Erde leben oder auf deren natürliche Ressourcen zugreifen; 1, ..., N

---

[6] Beständigkeit soll hier emanzipatorisch verstanden werden, d. h. wenn innerhalb eines wohldefinierten, zeitlichen Intervalls die Ungleichung $R_T \leq R_{regen}$ temporär verletzt wird, so ist sie dennoch über diesen Zeitraum insgesamt gültig. Umfang und Lage eines solchen Zeitabschnitts sind so zu wählen, dass sie den jeweils aktuellen Zeitpunkt beinhalten und dass das strategische Ziel einer ausgeglichenen Bilanz von verbrauchten und regenerierten natürlichen Ressourcen nicht nur längerfristig, sondern auch zugunsten der unmittelbar Betroffenen innerhalb des betrachteten Systems erreicht wird.

Optionen menschlicher Existenzsicherung

Bezogen auf die Menschheit und dem geschlossenen System Erde impliziert dieser mathematische Zusammenhang, dass der Mensch über folgende Optionen[7] verfügen dürfte, seine Existenz auf der Erde zu sichern:

1. Andere Verbraucher natürlicher Ressourcen dieses Planeten werden reduziert, was die Menschheit bereits praktiziert. Habitate von Tieren und Pflanzen werden durch den Menschen vermindert, Tiere und Pflanzen werden dezimiert.

2. Die Menschheit reduziert sich selbst bis sich dieses Theorem bilanziell ins Positive umkehrt, d. h. bis dass der durch den Menschen verursachte irdische Verbrauch auf Dauer unterhalb der natürlichen Regenerierung der Erde liegt.

3. Die Menschheit verlässt zu erheblichen Teilen die Erde. Diese Menschen nutzen hiernach keine oder kaum noch irdische, natürliche Ressourcen.

4. Die Menschheit ändert ihren Verbrauch an natürlichen Ressourcen in Umfang und Qualität, so dass dieser eine Regenerierung natürlicher Ressourcen im notwendigen Umfang zulässt. Solches würde eine massive Abkehr von dem Luxus bedingen, den große Teile der Menschheit heute unter Wohlstand verstehen. Dem Einzelnen stünden dann im Durchschnitt deutlich weniger natürliche Ressourcen zu, als gegenwärtig durchschnittlich pro Kopf beansprucht und verbraucht werden.

5. Die Inanspruchnahme natürlicher Ressourcen, d. h. die Nutzung bzw. der Verbrauch von Wasser, Erde, Luft, natürlicher Energien bzw. Energieträgern, Pflanzen und Tieren werden deutlich höher bepreist, als das gegenwärtig irrational, denn fremd des wahren Wertes natürlicher Ressourcen, der Fall ist. Individuelle Mobilität würde eine andere Qualität und einen deutlich höheren Preis bedingen. Auch der Verzehr von Fleisch wäre deutlich zu verteuern und so zu verknappen. Globale Wertschöpfungen wären weitge-

---

[7] Die nachfolgende Aufzählung erfolgt ohne Anspruch auf Vollständigkeit.

hend zu verlagern auf lokale Produktionen, denn Transporte wären entsprechend ihrer Inanspruchnahme von natürlichen Ressourcen zu bepreisen. Auch (Fern-) Reisen wären wesentlich zu verteuern und einzuschränken.

6. Die Menschheit substituiert natürliche Ressourcen zugunsten synthetischer Stoffe, wobei die ökologischen Bedarfe für Herstellung, Transport, Recycling bzw. Entsorgung solcher Kunststoffe ebenfalls dem menschlichen Verbrauch natürlicher Rohstoffe zuzurechnen wären.

7. Eine intensivere Kreislaufwirtschaft, d. h. ein effizienteres Recycling bereits genutzter, natürlicher Ressourcen, könnte den Prozess der Erschöpfung der natürlichen Umwelt der Erde verlangsamen. Führen Effizienzsteigerungen oder technischer Fortschritt jedoch dazu, dass Rebound-Effekte eintreten, so dass Effizienzsteigerungen dazu führen, dass der Verbraucher seine hierdurch erzielten Ersparnisse dafür nutzt, weitere Produkte oder Dienstleistungen nachzufragen, die wiederum (zusätzliche) natürliche Ressourcen verbrauchen, so können Effizienzsteigerungen auch zu einem so genannten *Backfire* führen, d. h. zu Rebound-Effekten von über hundert Prozent.

Individuelle Wohlstandseffekte

Das *Peren-Theorem* mathematisiert und emanzipiert eine ökobilanzielle Selbstverständlichkeit. Wie jeder mathematische Satz ist auch dieses Theorem logisch wahr und somit rational unstreitig. Sollte die Menschheit innerhalb ihrer irdischen Existenz an einer natürlichen Umwelt in dem Maße interessiert sein, dass sie dem Menschen ein individuell gewiss unterschiedlich bewertetes notwendiges (Mindest-)Maß an Lebensqualität sichert, so bedarf es zwangsweise einer möglichst zeitnahen, operationalen Umsetzung dieses Theorems.

Im Umkehrschluss impliziert dieses Theorem auch, dass eine zunehmende Weltbevölkerung[8] einherzugehen hat mit einer proportionalen

---

[8] Eine allgemein gut verständliche Übersicht zur Bevölkerungsentwicklung findet man z. B. bei Wikimedia Foundation Inc. (Hrsg.) (2020): https://en.wikipedia.org/wiki/Population_growth, zuletzt aufgerufen am 12. August 2023, und innerhalb der dort verwendeten Literatur.

Abnahme des durchschnittlichen Pro-Kopf-Verbrauchs natürlicher Ressourcen, wenn weiterhin gelten soll:

$$R_T = R_H + R_O$$

$$\text{mit } R_H = \sum r_I = r_H N$$

Bei einem Wachstum der Weltbevölkerung um p Prozent und einem unveränderten durchschnittlichen menschlichen Pro-Kopf-Verbrauch würde ceteris paribus, d. h. bei unverändertem nicht durch den Menschen verursachten Verbrauch an natürlichen Ressourcen, R_O, der gesamte, durch die Menschheit verursachte Verbrauch natürlicher Ressourcen, R_H, ebenfalls um den Faktor $\left(1 + \frac{p}{100}\right)$ proportional wachsen:

$$R_H \left(1 + \frac{p}{100}\right) = r_H N \left(1 + \frac{p}{100}\right)$$

Soll der menschliche Verbrauch an natürlichen Ressourcen auch bei steigender Weltbevölkerung indes konstant gehalten werden, so determiniert der formale Zusammenhang des *Peren-Theorems*[9]

$$R_H \stackrel{!}{=} r_H N \left(1 + \frac{p}{100}\right)$$

den nachfolgenden durchschnittlichen menschlichen Verbrauch an natürlichen Ressourcen pro Kopf, r_H,

$$r_H = \frac{R_H}{N} \left(1 + \frac{p}{100}\right)^{-1}$$

bei dem der humane Verbrauch an natürlichen Ressourcen insgesamt, R_H, gegenüber dem ursprünglichen Zustand vor der jeweils betrachteten Wachstumsperiode der Weltbevölkerung unverändert bleiben würde.

---

[9] Ziel ist es, dass der menschliche Verbrauch an natürlichen Ressourcen insgesamt, R_H, trotz Wachstum der Weltbevölkerung unverändert bleibt. Deswegen ist R_H gleichzusetzen mit $r_H N (1 + \frac{p}{100})$, wodurch sich schließlich der durchschnittliche menschliche Pro-Kopf-Verbrauch an natürlichen Ressourcen, r_H, um den Wachstumsfaktor der Weltbevölkerung $(1 + \frac{p}{100})^{-1}$ innerhalb der betrachteten Periode reduziert.

14 Peren-Theorem

Einhergehend mit einem positiven Bevölkerungswachstum während einer bestimmten Periode um p Prozent wäre der durchschnittliche menschliche Pro-Kopf-Verbrauch an natürlichen Ressourcen, r_H, proportional um den Faktor

$$\left(1+\frac{p}{100}\right)^{-1}$$

zu reduzieren. Vor allem Bewohner reicher Volkswirtschaften, allen voran der Industrienationen, deren individueller menschlicher Verbrauch an natürlichen Ressourcen, r_I, deutlich über dem durchschnittlichen Pro-Kopf-Verbrauch weltweit, r_H, liegt, könnten ihren Wohlstand und ihren Lebensstil nicht annähernd fortgesetzt leben.

Wächst die Weltbevölkerung indes bei unverändertem oder gar steigendem (durchschnittlichen) Wohlstand, so wie dieser heute verstanden und gelebt wird, so würde sich der Verzehr an natürlichen Ressourcen durch eine (exponentiell) zunehmende Weltbevölkerung zusätzlich beschleunigen bei gleichzeitiger Verkürzung des Zeitpunktes der totalen Erschöpfung der natürlichen Ressourcen der Erde.

Anhang A
Finanzmathematische Faktoren

A Finanzmathematische Faktoren

Aufzinsungsfaktoren $q^n = (1+i)^n$

n	i					
	0,03	0,0375	0,04	0,0425	0,05	0,06
1	1,0300	1,0375	1,0400	1,0425	1,0500	1,0600
2	1,0609	1,0764	1,0816	1,0868	1,1025	1,1236
3	1,0927	1,1168	1,1249	1,1330	1,1576	1,1910
4	1,1255	1,1587	1,1699	1,1811	1,2155	1,2625
5	1,1593	1,2021	1,2167	1,2313	1,2763	1,3382
6	1,1941	1,2472	1,2653	1,2837	1,3401	1,4185
7	1,2299	1,2939	1,3159	1,3382	1,4071	1,5036
8	1,2668	1,3425	1,3686	1,3951	1,4775	1,5938
9	1,3048	1,3928	1,4233	1,4544	1,5513	1,6895
10	1,3439	1,4450	1,4802	1,5162	1,6289	1,7908
11	1,3842	1,4992	1,5395	1,5807	1,7103	1,8983
12	1,4258	1,5555	1,6010	1,6478	1,7959	2,0122
13	1,4685	1,6138	1,6651	1,7179	1,8856	2,1329
14	1,5126	1,6743	1,7317	1,7909	1,9799	2,2609
15	1,5580	1,7371	1,8009	1,8670	2,0789	2,3966
16	1,6047	1,8022	1,8730	1,9463	2,1829	2,5404
17	1,6528	1,8698	1,9479	2,0291	2,2920	2,6928
18	1,7024	1,9399	2,0258	2,1153	2,4066	2,8543
19	1,7535	2,0127	2,1068	2,2052	2,5270	3,0256
20	1,8061	2,0882	2,1911	2,2989	2,6533	3,2071
21	1,8603	2,1665	2,2788	2,3966	2,7860	3,3996
22	1,9161	2,2477	2,3699	2,4985	2,9253	3,6035
23	1,9736	2,3320	2,4647	2,6047	3,0715	3,8197
24	2,0328	2,4194	2,5633	2,7153	3,2251	4,0489
25	2,0938	2,5102	2,6658	2,8308	3,3864	4,2919
26	2,1566	2,6043	2,7725	2,9511	3,5557	4,5494
27	2,2213	2,7020	2,8834	3,0765	3,7335	4,8223
28	2,2879	2,8033	2,9987	3,2072	3,9201	5,1117
29	2,3566	2,9084	3,1187	3,3435	4,1161	5,4184
30	2,4273	3,0175	3,2434	3,4856	4,3219	5,7435
31	2,5001	3,1306	3,3731	3,6338	4,5380	6,0881
32	2,5751	3,2480	3,5081	3,7882	4,7649	6,4534
33	2,6523	3,3698	3,6484	3,9492	5,0032	6,8406
34	2,7319	3,4962	3,7943	4,1171	5,2533	7,2510
35	2,8139	3,6273	3,9461	4,2920	5,5160	7,6861
36	2,8983	3,7633	4,1039	4,4744	5,7918	8,1473
37	2,9852	3,9045	4,2681	4,6646	6,0814	8,6361
38	3,0748	4,0509	4,4388	4,8628	6,3855	9,1543
39	3,1670	4,2028	4,6164	5,0695	6,7048	9,7035
40	3,2620	4,3604	4,8010	5,2850	7,0400	10,2857

A Finanzmathematische Faktoren

Aufzinsungsfaktoren $q^n = (1+i)^n$

n	i					
	0,07	0,08	0,09	0,10	0,12	0,125
1	1,0700	1,0800	1,0900	1,1000	1,1200	1,1250
2	1,1449	1,1664	1,1881	1,2100	1,2544	1,2656
3	1,2250	1,2597	1,2950	1,3310	1,4049	1,4238
4	1,3108	1,3605	1,4116	1,4641	1,5735	1,6018
5	1,4026	1,4693	1,5386	1,6105	1,7623	1,8020
6	1,5007	1,5869	1,6771	1,7716	1,9738	2,0273
7	1,6058	1,7138	1,8280	1,9487	2,2107	2,2807
8	1,7182	1,8509	1,9926	2,1436	2,4760	2,5658
9	1,8385	1,9990	2,1719	2,3579	2,7731	2,8865
10	1,9672	2,1589	2,3674	2,5937	3,1058	3,2473
11	2,1049	2,3316	2,5804	2,8531	3,4785	3,6532
12	2,2522	2,5182	2,8127	3,1384	3,8960	4,1099
13	2,4098	2,7196	3,0658	3,4523	4,3635	4,6236
14	2,5785	2,9372	3,3417	3,7975	4,8871	5,2016
15	2,7590	3,1722	3,6425	4,1772	5,4736	5,8518
16	2,9522	3,4259	3,9703	4,5950	6,1304	6,5833
17	3,1588	3,7000	4,3276	5,0545	6,8660	7,4062
18	3,3799	3,9960	4,7171	5,5599	7,6900	8,3319
19	3,6165	4,3157	5,1417	6,1159	8,6128	9,3734
20	3,8697	4,6610	5,6044	6,7275	9,6463	10,5451
21	4,1406	5,0338	6,1088	7,4002	10,8038	11,8632
22	4,4304	5,4365	6,6586	8,1403	12,1003	13,3461
23	4,7405	5,8715	7,2579	8,9543	13,5523	15,0144
24	5,0724	6,3412	7,9111	9,8497	15,1786	16,8912
25	5,4274	6,8485	8,6231	10,8347	17,0001	19,0026
26	5,8074	7,3964	9,3992	11,9182	19,0401	21,3779
27	6,2139	7,9881	10,2451	13,1100	21,3249	24,0502
28	6,6488	8,6271	11,1671	14,4210	23,8839	27,0564
29	7,1143	9,3173	12,1722	15,8631	26,7499	30,4385
30	7,6123	10,0627	13,2677	17,4494	29,9599	34,2433
31	8,1451	10,8677	14,4618	19,1943	33,5551	38,5237
32	8,7153	11,7371	15,7633	21,1138	37,5817	43,3392
33	9,3253	12,6760	17,1820	23,2252	42,0915	48,7566
34	9,9781	13,6901	18,7284	25,5477	47,1425	54,8512
35	10,6766	14,7853	20,4140	28,1024	52,7996	61,7075
36	11,4239	15,9682	22,2512	30,9127	59,1356	69,4210
37	12,2236	17,2456	24,2538	34,0039	66,2318	78,0986
38	13,0793	18,6253	26,4367	37,4043	74,1797	87,8609
39	13,9948	20,1153	28,8160	41,1448	83,0812	98,8436
40	14,9745	21,7245	31,4094	45,2593	93,0510	111,1990

A Finanzmathematische Faktoren

Aufzinsungsfaktoren $q^n = (1+i)^n$

n	i					
	0,03	0,0375	0,04	0,0425	0,05	0,06
41	3,3599	4,5239	4,9931	5,5096	7,3920	10,9029
42	3,4607	4,6935	5,1928	5,7437	7,7616	11,5570
43	3,5645	4,8695	5,4005	5,9878	8,1497	12,2505
44	3,6715	5,0522	5,6165	6,2423	8,5572	12,9855
45	3,7816	5,2416	5,8412	6,5076	8,9850	13,7646
46	3,8950	5,4382	6,0748	6,7842	9,4343	14,5905
47	4,0119	5,6421	6,3178	7,0725	9,9060	15,4659
48	4,1323	5,8537	6,5705	7,3731	10,4013	16,3939
49	4,2562	6,0732	6,8333	7,6865	10,9213	17,3775
50	4,3839	6,3009	7,1067	8,0131	11,4674	18,4202
51	4,5154	6,5372	7,3910	8,3537	12,0408	19,5254
52	4,6509	6,7824	7,6866	8,7087	12,6428	20,6969
53	4,7904	7,0367	7,9941	9,0789	13,2749	21,9387
54	4,9341	7,3006	8,3138	9,4647	13,9387	23,2550
55	5,0821	7,5744	8,6464	9,8670	14,6356	24,6503
56	5,2346	7,8584	8,9922	10,2863	15,3674	26,1293
57	5,3917	8,1531	9,3519	10,7235	16,1358	27,6971
58	5,5534	8,4588	9,7260	11,1792	16,9426	29,3589
59	5,7200	8,7760	10,1150	11,6543	17,7897	31,1205
60	5,8916	9,1051	10,5196	12,1497	18,6792	32,9877
61	6,0684	9,4466	10,9404	12,6660	19,6131	34,9670
62	6,2504	9,8008	11,3780	13,2043	20,5938	37,0650
63	6,4379	10,1684	11,8332	13,7655	21,6235	39,2889
64	6,6311	10,5497	12,3065	14,3506	22,7047	41,6462
65	6,8300	10,9453	12,7987	14,9604	23,8399	44,1450
66	7,0349	11,3557	13,3107	15,5963	25,0319	46,7937
67	7,2459	11,7816	13,8431	16,2591	26,2835	49,6013
68	7,4633	12,2234	14,3968	16,9501	27,5977	52,5774
69	7,6872	12,6818	14,9727	17,6705	28,9775	55,7320
70	7,9178	13,1573	15,5716	18,4215	30,4264	59,0759
71	8,1554	13,6507	16,1945	19,2044	31,9477	62,6205
72	8,4000	14,1626	16,8423	20,0206	33,5451	66,3777
73	8,6520	14,6937	17,5160	20,8715	35,2224	70,3604
74	8,9116	15,2447	18,2166	21,7585	36,9835	74,5820
75	9,1789	15,8164	18,9453	22,6832	38,8327	79,0569
76	9,4543	16,4095	19,7031	23,6473	40,7743	83,8003
77	9,7379	17,0249	20,4912	24,6523	42,8130	88,8284
78	10,0301	17,6633	21,3108	25,7000	44,9537	94,1581
79	10,3310	18,3257	22,1633	26,7922	47,2014	99,8075
80	10,6409	19,0129	23,0498	27,9309	49,5614	105,7960

A Finanzmathematische Faktoren

Aufzinsungsfaktoren $q^n = (1+i)^n$

n	i					
	0,07	0,08	0,09	0,10	0,12	0,125
41	16,0227	23,4625	34,2363	49,7852	104,2171	125,0989
42	17,1443	25,3395	37,3175	54,7637	116,7231	140,7362
43	18,3444	27,3666	40,6761	60,2401	130,7299	158,3283
44	19,6285	29,5560	44,3370	66,2641	146,4175	178,1193
45	21,0025	31,9204	48,3273	72,8905	163,9876	200,3842
46	22,4726	34,4741	52,6767	80,1795	183,6661	225,4322
47	24,0457	37,2320	57,4176	88,1975	205,7061	253,6113
48	25,7289	40,2106	62,5852	97,0172	230,3908	285,3127
49	27,5299	43,4274	68,2179	106,7190	258,0377	320,9768
50	29,4570	46,9016	74,3575	117,3909	289,0022	361,0989
51	31,5190	50,6537	81,0497	129,1299	323,6825	406,2362
52	33,7253	54,7060	88,3442	142,0429	362,5243	457,0157
53	36,0861	59,0825	96,2951	156,2472	406,0273	514,1427
54	38,6122	63,8091	104,9617	171,8719	454,7505	578,4106
55	41,3150	68,9139	114,4083	189,0591	509,3206	650,7119
56	44,2071	74,4270	124,7050	207,9651	570,4391	732,0509
57	47,3015	80,3811	135,9285	228,7616	638,8918	823,5572
58	50,6127	86,8116	148,1620	251,6377	715,5588	926,5019
59	54,1555	93,7565	161,4966	276,8015	801,4258	1042,3146
60	57,9464	101,2571	176,0313	304,4816	897,5969	1172,6039
61	62,0027	109,3576	191,8741	334,9298	1005,3086	1319,1794
62	66,3429	118,1062	209,1428	368,4228	1125,9456	1484,0769
63	70,9869	127,5547	227,9656	405,2651	1261,0591	1669,5865
64	75,9559	137,7591	248,4825	445,7916	1412,3862	1878,2848
65	81,2729	148,7798	270,8460	490,3707	1581,8725	2113,0704
66	86,9620	160,6822	295,2221	539,4078	1771,6972	2377,2042
67	93,0493	173,5368	321,7921	593,3486	1984,3009	2674,3547
68	99,5627	187,4198	350,7534	652,6834	2222,4170	3008,6490
69	106,5321	202,4133	382,3212	717,9518	2489,1070	3384,7301
70	113,9894	218,6064	416,7301	789,7470	2787,7998	3807,8214
71	121,9686	236,0949	454,2358	868,7217	3122,3358	4283,7991
72	130,5065	254,9825	495,1170	955,5938	3497,0161	4819,2740
73	139,6419	275,3811	539,6775	1051,1532	3916,6580	5421,6832
74	149,4168	297,4116	588,2485	1156,2685	4386,6570	6099,3936
75	159,8760	321,2045	641,1909	1271,8954	4913,0558	6861,8178
76	171,0673	346,9009	698,8981	1399,0849	5502,6225	7719,5450
77	183,0421	374,6530	761,7989	1538,9934	6162,9372	8684,4882
78	195,8550	404,6252	830,3608	1692,8927	6902,4897	9770,0492
79	209,5648	436,9952	905,0933	1862,1820	7730,7885	10991,3054
80	224,2344	471,9548	986,5517	2048,4002	8658,4831	12365,2185

A Finanzmathematische Faktoren

Aufzinsungsfaktoren $q^n = (1+i)^n$

n	i					
	0,03	0,0375	0,04	0,0425	0,05	0,06
81	10,9601	19,7259	23,9718	29,118	52,0395	112,1438
82	11,2889	20,4656	24,9307	30,3555	54,6415	118,8724
83	11,6276	21,2331	25,9279	31,6456	57,3736	126,0047
84	11,9764	22,0293	26,965	32,9905	60,2422	133,565
85	12,3357	22,8554	28,0436	34,3926	63,2544	141,5789
90	14,3005	27,4745	34,1193	42,3493	80,7304	189,4645
95	16,5782	33,0271	41,5114	52,1466	103,035	253,5463
100	19,2186	39,7018	50,5049	64,2105	131,501	339,3021
105	22,2797	47,7260	61,4470	79,0650	167,8300	454,0630
110	25,8282	57,3710	74,7600	97,3570	214,2000	607,6380

Aufzinsungsfaktoren $q^n = (1+i)^n$

n	i					
	0,07	0,08	0,09	0,10	0,12	0,125
81	239,9308	509,7112	1075,3413	2253,2402	9697,5011	13910,8708
82	256,7260	550,4881	1172,1220	2478,5643	10861,2012	15649,7297
83	274,6968	594,5272	1277,6130	2726,4207	12164,5453	17605,9459
84	293,9255	642,0893	1392,5982	2999,0628	13624,2908	19806,6891
85	314,5003	693,4565	1517,9320	3298,9690	15259,2057	22282,5253
90	441,1030	1010,9151	2005,5266	6313,0226	26891,9342	40153,8341
95	618,6697	1497,1205	3593,4971	8556,6760	47392,7766	72358,5129
100	867,7163	2199,7613	5529,0408	13780,6123	83522,2657	130392,3900
105	1217,02	3232,17	8507,11	22193,8	147194,8	234971,3
110	1706,93	4749,12	13089,25	35743,4	259407,5	423425,9

A Finanzmathematische Faktoren

Abzinsungsfaktoren $q^{-n} = (1+i)^{-n}$

n	i					
	0,03	0,0375	0,04	0,0425	0,05	0,06
1	0,97087	0,96386	0,96154	0,95923	0,95238	0,94340
2	0,94260	0,92902	0,92456	0,92013	0,90703	0,89000
3	0,91514	0,89544	0,88900	0,88262	0,86384	0,83962
4	0,88849	0,86307	0,85480	0,84663	0,82270	0,79209
5	0,86261	0,83188	0,82193	0,81212	0,78353	0,74726
6	0,83748	0,80181	0,79031	0,77901	0,74622	0,70496
7	0,81309	0,77283	0,75992	0,74725	0,71068	0,66506
8	0,78941	0,74490	0,73069	0,71679	0,67684	0,62741
9	0,76642	0,71797	0,70259	0,68757	0,64461	0,59190
10	0,74409	0,69202	0,67556	0,65954	0,61391	0,55839
11	0,72242	0,66701	0,64958	0,63265	0,58468	0,52679
12	0,70138	0,64290	0,62460	0,60686	0,55684	0,49697
13	0,68095	0,61966	0,60057	0,58212	0,53032	0,46884
14	0,66112	0,59726	0,57748	0,55839	0,50507	0,44230
15	0,64186	0,57568	0,55526	0,53562	0,48102	0,41727
16	0,62317	0,55487	0,53391	0,51379	0,45811	0,39365
17	0,60502	0,53481	0,51337	0,49284	0,43630	0,37136
18	0,58739	0,51548	0,49363	0,47275	0,41552	0,35034
19	0,57029	0,49685	0,47464	0,45348	0,39573	0,33051
20	0,55368	0,47889	0,45639	0,43499	0,37689	0,31180
21	0,53755	0,46158	0,43883	0,41726	0,35894	0,29416
22	0,52189	0,44490	0,42196	0,40025	0,34185	0,27751
23	0,50669	0,42882	0,40573	0,38393	0,32557	0,26180
24	0,49193	0,41332	0,39012	0,36828	0,31007	0,24698
25	0,47761	0,39838	0,37512	0,35326	0,29530	0,23300
26	0,46369	0,38398	0,36069	0,33886	0,28124	0,21981
27	0,45019	0,37010	0,34682	0,32505	0,26785	0,20737
28	0,43708	0,35672	0,33348	0,31180	0,25509	0,19563
29	0,42435	0,34383	0,32065	0,29908	0,24295	0,18456
30	0,41199	0,33140	0,30832	0,28689	0,23138	0,17411
31	0,39999	0,31942	0,29646	0,27520	0,22036	0,16425
32	0,38834	0,30788	0,28506	0,26398	0,20987	0,15496
33	0,37703	0,29675	0,27409	0,25322	0,19987	0,14619
34	0,36604	0,28603	0,26355	0,24289	0,19035	0,13791
35	0,35538	0,27569	0,25342	0,23299	0,18129	0,13011
36	0,34503	0,26572	0,24367	0,22349	0,17266	0,12274
37	0,33498	0,25612	0,23430	0,21438	0,16444	0,11579
38	0,32523	0,24686	0,22529	0,20564	0,15661	0,10924
39	0,31575	0,23794	0,21662	0,19726	0,14915	0,10306
40	0,30656	0,22934	0,20829	0,18922	0,14205	0,09722

A Finanzmathematische Faktoren

Abzinsungsfaktoren $q^{-n} = (1+i)^{-n}$

n	i					
	0,07	0,08	0,09	0,10	0,12	0,125
1	0,93458	0,92593	0,91743	0,90909	0,89286	0,88889
2	0,87344	0,85734	0,84168	0,82645	0,79719	0,79012
3	0,81630	0,79383	0,77218	0,75131	0,71178	0,70233
4	0,76290	0,73503	0,70843	0,68301	0,63552	0,62430
5	0,71299	0,68058	0,64993	0,62092	0,56743	0,55493
6	0,66634	0,63017	0,59627	0,56447	0,50663	0,49327
7	0,62275	0,58349	0,54703	0,51316	0,45235	0,43846
8	0,58201	0,54027	0,50187	0,46651	0,40388	0,38974
9	0,54393	0,50025	0,46043	0,42410	0,36061	0,34644
10	0,50835	0,46319	0,42241	0,38554	0,32197	0,30795
11	0,47509	0,42888	0,38753	0,35049	0,28748	0,27373
12	0,44401	0,39711	0,35553	0,31863	0,25668	0,24332
13	0,41496	0,36770	0,32618	0,28966	0,22917	0,21628
14	0,38782	0,34046	0,29925	0,26333	0,20462	0,19225
15	0,36245	0,31524	0,27454	0,23939	0,18270	0,17089
16	0,33873	0,29189	0,25187	0,21763	0,16312	0,15190
17	0,31657	0,27027	0,23107	0,19784	0,14564	0,13502
18	0,29586	0,25025	0,21199	0,17986	0,13004	0,12002
19	0,27651	0,23171	0,19449	0,16351	0,11611	0,10668
20	0,25842	0,21455	0,17843	0,14864	0,10367	0,09483
21	0,24151	0,19866	0,16370	0,13513	0,09256	0,08429
22	0,22571	0,18394	0,15018	0,12285	0,08264	0,07493
23	0,21095	0,17032	0,13778	0,11168	0,07379	0,06660
24	0,19715	0,15770	0,12640	0,10153	0,06588	0,05920
25	0,18425	0,14602	0,11597	0,09230	0,05882	0,05262
26	0,17220	0,13520	0,10639	0,08391	0,05252	0,04678
27	0,16093	0,12519	0,09761	0,07628	0,04689	0,04158
28	0,15040	0,11591	0,08955	0,06934	0,04187	0,03696
29	0,14056	0,10733	0,08215	0,06304	0,03738	0,03285
30	0,13137	0,09938	0,07537	0,05731	0,03338	0,02920
31	0,12277	0,09202	0,06915	0,05210	0,02980	0,02596
32	0,11474	0,08520	0,06344	0,04736	0,02661	0,02307
33	0,10723	0,07889	0,05820	0,04306	0,02376	0,02051
34	0,10022	0,07305	0,05339	0,03914	0,02121	0,01823
35	0,09366	0,06763	0,04899	0,03558	0,01894	0,01621
36	0,08754	0,06262	0,04494	0,03235	0,01691	0,01440
37	0,08181	0,05799	0,04123	0,02941	0,01510	0,01280
38	0,07646	0,05369	0,03783	0,02673	0,01348	0,01138
39	0,07146	0,04971	0,03470	0,02430	0,01204	0,01012
40	0,06678	0,04603	0,03184	0,02209	0,01075	0,00899

A Finanzmathematische Faktoren

Abzinsungsfaktoren $q^{-n} = (1+i)^{-n}$

n	i					
	0,03	0,0375	0,04	0,0425	0,05	0,06
41	0,29763	0,22105	0,20028	0,18150	0,13528	0,09172
42	0,28896	0,21306	0,19257	0,17410	0,12884	0,08653
43	0,28054	0,20536	0,18517	0,16700	0,12270	0,08163
44	0,27237	0,19794	0,17805	0,16020	0,11686	0,07701
45	0,26444	0,19078	0,17120	0,15367	0,11130	0,07265
46	0,25674	0,18389	0,16461	0,14740	0,10600	0,06854
47	0,24926	0,17724	0,15828	0,14139	0,10095	0,06466
48	0,24200	0,17083	0,15219	0,13563	0,09614	0,06100
49	0,23495	0,16466	0,14634	0,13010	0,09156	0,05755
50	0,22811	0,15871	0,14071	0,12479	0,08720	0,05429
51	0,22146	0,15297	0,13530	0,11971	0,08305	0,05122
52	0,21501	0,14744	0,13010	0,11483	0,07910	0,04832
53	0,20875	0,14211	0,12509	0,11015	0,07533	0,04558
54	0,20267	0,13698	0,12028	0,10566	0,07174	0,04300
55	0,19677	0,13202	0,11566	0,10135	0,06833	0,04057
56	0,19104	0,12725	0,11121	0,09722	0,06507	0,03827
57	0,18547	0,12265	0,10693	0,09325	0,06197	0,03610
58	0,18007	0,11822	0,10282	0,08945	0,05902	0,03406
59	0,17483	0,11395	0,09886	0,08580	0,05621	0,03213
60	0,16973	0,10983	0,09506	0,08231	0,05354	0,03031
61	0,16479	0,10586	0,09140	0,07895	0,05099	0,02860
62	0,15999	0,10203	0,08789	0,07573	0,04856	0,02698
63	0,15533	0,09834	0,08451	0,07265	0,04625	0,02545
64	0,15081	0,09479	0,08126	0,06968	0,04404	0,02401
65	0,14641	0,09136	0,07813	0,06684	0,04195	0,02265
66	0,14215	0,08806	0,07513	0,06412	0,03995	0,02137
67	0,13801	0,08488	0,07224	0,06150	0,03805	0,02016
68	0,13399	0,08181	0,06946	0,05900	0,03623	0,01902
69	0,13009	0,07885	0,06679	0,05659	0,03451	0,01794
70	0,12630	0,07600	0,06422	0,05428	0,03287	0,01693
71	0,12262	0,07326	0,06175	0,05207	0,03130	0,01597
72	0,11905	0,07061	0,05937	0,04995	0,02981	0,01507
73	0,11558	0,06806	0,05709	0,04791	0,02839	0,01421
74	0,11221	0,06560	0,05490	0,04596	0,02704	0,01341
75	0,10895	0,06323	0,05278	0,04409	0,02575	0,01265
76	0,10577	0,06094	0,05075	0,04229	0,02453	0,01193
77	0,10269	0,05874	0,04880	0,04056	0,02336	0,01126
78	0,09970	0,05661	0,04692	0,03891	0,02225	0,01062
79	0,09680	0,05457	0,04512	0,03732	0,02119	0,01002
80	0,09398	0,05260	0,04338	0,03580	0,02018	0,00945

A Finanzmathematische Faktoren

Abzinsungsfaktoren $q^{-n} = (1+i)^{-n}$

n	i					
	0,07	0,08	0,09	0,10	0,12	0,125
41	0,06241	0,04262	0,02921	0,02009	0,00960	0,00799
42	0,05833	0,03946	0,02680	0,01826	0,00857	0,00711
43	0,05451	0,03654	0,02458	0,01660	0,00765	0,00632
44	0,05095	0,03383	0,02255	0,01509	0,00683	0,00561
45	0,04761	0,03133	0,02069	0,01372	0,00610	0,00499
46	0,04450	0,02901	0,01898	0,01247	0,00544	0,00444
47	0,04159	0,02686	0,01742	0,01134	0,00486	0,00394
48	0,03887	0,02487	0,01598	0,01031	0,00434	0,00350
49	0,03632	0,02303	0,01466	0,00937	0,00388	0,00312
50	0,03395	0,02132	0,01345	0,00852	0,00346	0,00277
51	0,03173	0,01974	0,01234	0,00774	0,00309	0,00246
52	0,02965	0,01828	0,01132	0,00704	0,00276	0,00219
53	0,02771	0,01693	0,01038	0,00640	0,00246	0,00194
54	0,02590	0,01567	0,00953	0,00582	0,00220	0,00173
55	0,02420	0,01451	0,00874	0,00529	0,00196	0,00154
56	0,02262	0,01344	0,00802	0,00481	0,00175	0,00137
57	0,02114	0,01244	0,00736	0,00437	0,00157	0,00121
58	0,01976	0,01152	0,00675	0,00397	0,00140	0,00108
59	0,01847	0,01067	0,00619	0,00361	0,00125	0,00096
60	0,01726	0,00988	0,00568	0,00328	0,00111	0,00085
61	0,01613	0,00914	0,00521	0,00299	0,00099	0,00076
62	0,01507	0,00847	0,00478	0,00271	0,00089	0,00067
63	0,01409	0,00784	0,00439	0,00247	0,00079	0,00060
64	0,01317	0,00726	0,00402	0,00224	0,00071	0,00053
65	0,01230	0,00672	0,00369	0,00204	0,00063	0,00047
66	0,01150	0,00622	0,00339	0,00185	0,00056	0,00042
67	0,01075	0,00576	0,00311	0,00169	0,00050	0,00037
68	0,01004	0,00534	0,00285	0,00153	0,00045	0,00033
69	0,00939	0,00494	0,00262	0,00139	0,00040	0,00030
70	0,00877	0,00457	0,00240	0,00127	0,00036	0,00026
71	0,00820	0,00424	0,00220	0,00115	0,00032	0,00023
72	0,00766	0,00392	0,00202	0,00105	0,00029	0,00021
73	0,00716	0,00363	0,00185	0,00095	0,00026	0,00018
74	0,00669	0,00336	0,00170	0,00086	0,00023	0,00016
75	0,00625	0,00311	0,00156	0,00079	0,00020	0,00015
76	0,00585	0,00288	0,00143	0,00071	0,00018	0,00013
77	0,00546	0,00267	0,00131	0,00065	0,00016	0,00012
78	0,00511	0,00247	0,00120	0,00059	0,00014	0,00010
79	0,00477	0,00229	0,00110	0,00054	0,00013	0,00009
80	0,00446	0,00212	0,00101	0,00049	0,00012	0,00008

A Finanzmathematische Faktoren

Abzinsungsfaktoren $q^{-n} = (1+i)^{-n}$

n	i					
	0,03	0,0375	0,04	0,0425	0,05	0,06
81	0,09124	0,05069	0,04172	0,03434	0,01922	0,00892
82	0,08858	0,04886	0,04011	0,03294	0,01830	0,00841
83	0,08600	0,04710	0,03857	0,03160	0,01743	0,00794
84	0,08350	0,04539	0,03709	0,03031	0,01660	0,00749
85	0,08107	0,04375	0,03566	0,02908	0,01581	0,00706
90	0,06993	0,03640	0,02931	0,02361	0,01239	0,00528
95	0,06032	0,03028	0,02409	0,01918	0,00971	0,00394
100	0,05203	0,02519	0,01980	0,01557	0,00760	0,00295
105	0,04488	0,02095	0,01627	0,01265	0,00596	0,00220
110	0,03872	0,01743	0,01338	0,01027	0,00467	0,00165

Abzinsungsfaktoren $q^{-n} = (1+i)^{-n}$

n	i					
	0,07	0,08	0,09	0,10	0,12	0,125
81	0,00417	0,00196	0,00093	0,00044	0,00010	0,00007
82	0,00390	0,00182	0,00085	0,00040	0,00009	0,00006
83	0,00364	0,00168	0,00078	0,00037	0,00008	0,00006
84	0,00340	0,00156	0,00072	0,00033	0,00007	0,00005
85	0,00318	0,00144	0,00066	0,00030	0,00007	0,00004
90	0,00227	0,00098	0,00043	0,00019	0,00004	0,00002
95	0,00162	0,00067	0,00028	0,00012	0,00002	0,00001
100	0,00115	0,00045	0,00018	0,00007	0,00001	0,00001
105	0,00082	0,00031	0,00012	0,00005	0,00001	0,00000
110	0,00059	0,00021	0,00008	0,00003	0,00000	0,00000

A Finanzmathematische Faktoren

Tilgungsfaktoren $\frac{q-1}{q^n-1} = \frac{i}{(1+i)^n-1}$

n	i					
	0,03	0,0375	0,04	0,0425	0,05	0,06
1	1,00000	1,00000	1,00000	1,00000	1,00000	1,00000
2	0,49261	0,49080	0,49020	0,48960	0,48780	0,48544
3	0,32353	0,32114	0,32035	0,31956	0,31721	0,31411
4	0,23903	0,23637	0,23549	0,23462	0,23201	0,22859
5	0,18835	0,18555	0,18463	0,18371	0,18097	0,17740
6	0,15460	0,15171	0,15076	0,14982	0,14702	0,14336
7	0,13051	0,12757	0,12661	0,12565	0,12282	0,11914
8	0,11246	0,10950	0,10853	0,10756	0,10472	0,10104
9	0,09843	0,09547	0,09449	0,09353	0,09069	0,08702
10	0,08723	0,08426	0,08329	0,08233	0,07950	0,07587
11	0,07808	0,07512	0,07415	0,07319	0,07039	0,06679
12	0,07046	0,06751	0,06655	0,06560	0,06283	0,05928
13	0,06403	0,06110	0,06014	0,05920	0,05646	0,05296
14	0,05853	0,05561	0,05467	0,05374	0,05102	0,04758
15	0,05377	0,05088	0,04994	0,04902	0,04634	0,04296
16	0,04961	0,04674	0,04582	0,04491	0,04227	0,03895
17	0,04595	0,04311	0,04220	0,04130	0,03870	0,03544
18	0,04271	0,03990	0,03899	0,03811	0,03555	0,03236
19	0,03981	0,03703	0,03614	0,03526	0,03275	0,02962
20	0,03722	0,03446	0,03358	0,03272	0,03024	0,02718
21	0,03487	0,03215	0,03128	0,03043	0,02800	0,02500
22	0,03275	0,03006	0,02920	0,02836	0,02597	0,02305
23	0,03081	0,02815	0,02731	0,02649	0,02414	0,02128
24	0,02905	0,02642	0,02559	0,02478	0,02247	0,01968
25	0,02743	0,02483	0,02401	0,02321	0,02095	0,01823
26	0,02594	0,02337	0,02257	0,02178	0,01956	0,01690
27	0,02456	0,02203	0,02124	0,02047	0,01829	0,01570
28	0,02329	0,02080	0,02001	0,01925	0,01712	0,01459
29	0,02211	0,01965	0,01888	0,01813	0,01605	0,01358
30	0,02102	0,01859	0,01783	0,01710	0,01505	0,01265
31	0,02000	0,01760	0,01686	0,01614	0,01413	0,01179
32	0,01905	0,01668	0,01595	0,01524	0,01328	0,01100
33	0,01816	0,01582	0,01510	0,01441	0,01249	0,01027
34	0,01732	0,01502	0,01431	0,01363	0,01176	0,00960
35	0,01654	0,01427	0,01358	0,01291	0,01107	0,00897
36	0,01580	0,01357	0,01289	0,01223	0,01043	0,00839
37	0,01511	0,01291	0,01224	0,01160	0,00984	0,00786
38	0,01446	0,01229	0,01163	0,01100	0,00928	0,00736
39	0,01384	0,01171	0,01106	0,01044	0,00876	0,00689
40	0,01326	0,01116	0,01052	0,00992	0,00828	0,00646

A Finanzmathematische Faktoren

Tilgungsfaktoren $\frac{q-1}{q^n-1} = \frac{i}{(1+i)^n-1}$

n	i					
	0,07	0,08	0,09	0,10	0,12	0,125
1	1,00000	1,00000	1,00000	1,00000	1,00000	1,00000
2	0,48309	0,48077	0,47847	0,47619	0,47170	0,47059
3	0,31105	0,30803	0,30505	0,30211	0,29635	0,29493
4	0,22523	0,22192	0,21867	0,21547	0,20923	0,20771
5	0,17389	0,17046	0,16709	0,16380	0,15741	0,15585
6	0,13980	0,13632	0,13292	0,12961	0,12323	0,12168
7	0,11555	0,11207	0,10869	0,10541	0,09912	0,09760
8	0,09747	0,09401	0,09067	0,08744	0,08130	0,07983
9	0,08349	0,08008	0,07680	0,07364	0,06768	0,06626
10	0,07238	0,06903	0,06582	0,06275	0,05698	0,05562
11	0,06336	0,06008	0,05695	0,05396	0,04842	0,04711
12	0,05590	0,05270	0,04965	0,04676	0,04144	0,04019
13	0,04965	0,04652	0,04357	0,04078	0,03568	0,03450
14	0,04434	0,04130	0,03843	0,03575	0,03087	0,02975
15	0,03979	0,03683	0,03406	0,03147	0,02682	0,02576
16	0,03586	0,03298	0,03030	0,02782	0,02339	0,02239
17	0,03243	0,02963	0,02705	0,02466	0,02046	0,01951
18	0,02941	0,02670	0,02421	0,02193	0,01794	0,01705
19	0,02675	0,02413	0,02173	0,01955	0,01576	0,01493
20	0,02439	0,02185	0,01955	0,01746	0,01388	0,01310
21	0,02229	0,01983	0,01762	0,01562	0,01224	0,01151
22	0,02041	0,01803	0,01590	0,01401	0,01081	0,01012
23	0,01871	0,01642	0,01438	0,01257	0,00956	0,00892
24	0,01719	0,01498	0,01302	0,01130	0,00846	0,00787
25	0,01581	0,01368	0,01181	0,01017	0,00750	0,00694
26	0,01456	0,01251	0,01072	0,00916	0,00665	0,00613
27	0,01343	0,01145	0,00973	0,00826	0,00590	0,00542
28	0,01239	0,01049	0,00885	0,00745	0,00524	0,00480
29	0,01145	0,00962	0,00806	0,00673	0,00466	0,00425
30	0,01059	0,00883	0,00734	0,00608	0,00414	0,00376
31	0,00980	0,00811	0,00669	0,00550	0,00369	0,00333
32	0,00907	0,00745	0,00610	0,00497	0,00328	0,00295
33	0,00841	0,00685	0,00556	0,00450	0,00292	0,00262
34	0,00780	0,00630	0,00508	0,00407	0,00260	0,00232
35	0,00723	0,00580	0,00464	0,00369	0,00232	0,00206
36	0,00672	0,00534	0,00424	0,00334	0,00206	0,00183
37	0,00624	0,00492	0,00387	0,00303	0,00184	0,00162
38	0,00580	0,00454	0,00354	0,00275	0,00164	0,00144
39	0,00539	0,00419	0,00324	0,00249	0,00146	0,00128
40	0,00501	0,00386	0,00296	0,00226	0,00130	0,00113

A Finanzmathematische Faktoren

Tilgungsfaktoren $\frac{q-1}{q^n-1} = \frac{i}{(1+i)^n-1}$

n	i					
	0,03	0,0375	0,04	0,0425	0,05	0,06
41	0,01271	0,01064	0,01002	0,00942	0,00782	0,00606
42	0,01219	0,01015	0,00954	0,00896	0,00739	0,00568
43	0,01170	0,00969	0,00909	0,00852	0,00699	0,00533
44	0,01123	0,00925	0,00866	0,00811	0,00662	0,00501
45	0,01079	0,00884	0,00826	0,00772	0,00626	0,00470
46	0,01036	0,00845	0,00788	0,00735	0,00593	0,00441
47	0,00996	0,00808	0,00752	0,00700	0,00561	0,00415
48	0,00958	0,00773	0,00718	0,00667	0,00532	0,00390
49	0,00921	0,00739	0,00686	0,00636	0,00504	0,00366
50	0,00887	0,00707	0,00655	0,00606	0,00478	0,00344
51	0,00853	0,00677	0,00626	0,00578	0,00453	0,00324
52	0,00822	0,00649	0,00598	0,00551	0,00429	0,00305
53	0,00791	0,00621	0,00572	0,00526	0,00407	0,00287
54	0,00763	0,00595	0,00547	0,00502	0,00386	0,00270
55	0,00735	0,00570	0,00523	0,00479	0,00367	0,00254
56	0,00708	0,00547	0,00500	0,00458	0,00348	0,00239
57	0,00683	0,00524	0,00479	0,00437	0,00330	0,00225
58	0,00659	0,00503	0,00458	0,00418	0,00314	0,00212
59	0,00636	0,00482	0,00439	0,00399	0,00298	0,00199
60	0,00613	0,00463	0,00420	0,00381	0,00283	0,00188
61	0,00592	0,00444	0,00402	0,00364	0,00269	0,00177
62	0,00571	0,00426	0,00385	0,00348	0,00255	0,00166
63	0,00552	0,00409	0,00369	0,00333	0,00242	0,00157
64	0,00533	0,00393	0,00354	0,00318	0,00230	0,00148
65	0,00515	0,00377	0,00339	0,00304	0,00219	0,00139
66	0,00497	0,00362	0,00325	0,00291	0,00208	0,00131
67	0,00480	0,00348	0,00311	0,00279	0,00198	0,00123
68	0,00464	0,00334	0,00299	0,00266	0,00188	0,00116
69	0,00449	0,00321	0,00286	0,00255	0,00179	0,00110
70	0,00434	0,00308	0,00275	0,00244	0,00170	0,00103
71	0,00419	0,00296	0,00263	0,00233	0,00162	0,00097
72	0,00405	0,00285	0,00252	0,00223	0,00154	0,00092
73	0,00392	0,00274	0,00242	0,00214	0,00146	0,00087
74	0,00379	0,00263	0,00232	0,00205	0,00139	0,00082
75	0,00367	0,00253	0,00223	0,00196	0,00132	0,00077
76	0,00355	0,00243	0,00214	0,00188	0,00126	0,00072
77	0,00343	0,00234	0,00205	0,00180	0,00120	0,00068
78	0,00332	0,00225	0,00197	0,00172	0,00114	0,00064
79	0,00322	0,00216	0,00189	0,00165	0,00108	0,00061
80	0,00311	0,00208	0,00181	0,00158	0,00103	0,00057

A Finanzmathematische Faktoren

Tilgungsfaktoren $\frac{q-1}{q^n-1} = \frac{i}{(1+i)^n-1}$

n	i					
	0,07	0,08	0,09	0,10	0,12	0,125
41	0,00466	0,00356	0,00271	0,00205	0,00116	0,00101
42	0,00434	0,00329	0,00248	0,00186	0,00104	0,00089
43	0,00404	0,00303	0,00227	0,00169	0,00092	0,00079
44	0,00376	0,00280	0,00208	0,00153	0,00083	0,00071
45	0,00350	0,00259	0,00190	0,00139	0,00074	0,00063
46	0,00326	0,00239	0,00174	0,00126	0,00066	0,00056
47	0,00304	0,00221	0,00160	0,00115	0,00059	0,00049
48	0,00283	0,00204	0,00146	0,00104	0,00052	0,00044
49	0,00264	0,00189	0,00134	0,00095	0,00047	0,00039
50	0,00246	0,00174	0,00123	0,00086	0,00042	0,00035
51	0,00229	0,00161	0,00112	0,00078	0,00037	0,00031
52	0,00214	0,00149	0,00103	0,00071	0,00033	0,00027
53	0,00200	0,00138	0,00094	0,00064	0,00030	0,00024
54	0,00186	0,00127	0,00087	0,00059	0,00026	0,00022
55	0,00174	0,00118	0,00079	0,00053	0,00024	0,00019
56	0,00162	0,00109	0,00073	0,00048	0,00021	0,00017
57	0,00151	0,00101	0,00067	0,00044	0,00019	0,00015
58	0,00141	0,00093	0,00061	0,00040	0,00017	0,00014
59	0,00132	0,00086	0,00056	0,00036	0,00015	0,00012
60	0,00123	0,00080	0,00051	0,00033	0,00013	0,00011
61	0,00115	0,00074	0,00047	0,00030	0,00012	0,00009
62	0,00107	0,00068	0,00043	0,00027	0,00011	0,00008
63	0,00100	0,00063	0,00040	0,00025	0,00010	0,00007
64	0,00093	0,00058	0,00036	0,00022	0,00009	0,00007
65	0,00087	0,00054	0,00033	0,00020	0,00008	0,00006
66	0,00081	0,00050	0,00031	0,00019	0,00007	0,00005
67	0,00076	0,00046	0,00028	0,00017	0,00006	0,00005
68	0,00071	0,00043	0,00026	0,00015	0,00005	0,00004
69	0,00066	0,00040	0,00024	0,00014	0,00005	0,00004
70	0,00062	0,00037	0,00022	0,00013	0,00004	0,00003
71	0,00058	0,00034	0,00020	0,00012	0,00004	0,00003
72	0,00054	0,00031	0,00018	0,00010	0,00003	0,00003
73	0,00050	0,00029	0,00017	0,00010	0,00003	0,00002
74	0,00047	0,00027	0,00015	0,00009	0,00003	0,00002
75	0,00044	0,00025	0,00014	0,00008	0,00002	0,00002
76	0,00041	0,00023	0,00013	0,00007	0,00002	0,00002
77	0,00038	0,00021	0,00012	0,00007	0,00002	0,00001
78	0,00036	0,00020	0,00011	0,00006	0,00002	0,00001
79	0,00034	0,00018	0,00010	0,00005	0,00002	0,00001
80	0,00031	0,00017	0,00009	0,00005	0,00001	0,00001

A Finanzmathematische Faktoren

Tilgungsfaktoren $\frac{q-1}{q^n-1} = \frac{i}{(1+i)^n-1}$

n	i					
	0,03	0,0375	0,04	0,0425	0,05	0,06
85	0,00265	0,00172	0,00148	0,00127	0,00080	0,00043
90	0,00226	0,00142	0,00121	0,00103	0,00063	0,00032
95	0,00193	0,00117	0,00099	0,00083	0,00049	0,00024
100	0,00165	0,00097	0,00081	0,00067	0,00038	0,00018
105	0,00141	0,00080	0,00066	0,00054	0,00030	0,00013

Tilgungsfaktoren $\frac{q-1}{q^n-1} = \frac{i}{(1+i)^n-1}$

n	i					
	0,07	0,08	0,09	0,10	0,12	0,125
85	0,00022	0,00012	0,00006	0,00003	0,00001	0,00001
90	0,00016	0,00008	0,00004	0,00002	0,00000	0,00000
95	0,00011	0,00005	0,00003	0,00001	0,00000	0,00000
100	0,00008	0,00004	0,00002	0,00001	0,00000	0,00000
105	0,00006	0,00002	0,00001	0,00000	0,00000	0,00000

A Finanzmathematische Faktoren 611

Rentenbarwertfaktoren (vorschüssig) $\frac{q^n-1}{q^n \cdot (q-1)} \cdot q = \frac{(1+i)^n - 1}{i \cdot (1+i)^n} \cdot (1+i)$

n	i					
	0,03	0,0375	0,04	0,0425	0,05	0,06
1	1,00000	1,00000	1,00000	1,00000	1,00000	1,00000
2	1,97087	1,96386	1,96154	1,95923	1,95238	1,94340
3	2,91347	2,89287	2,88609	2,87936	2,85941	2,83339
4	3,82861	3,78831	3,77509	3,76198	3,72325	3,67301
5	4,71710	4,65138	4,62990	4,60861	4,54595	4,46511
6	5,57971	5,48326	5,45182	5,42073	5,32948	5,21236
7	6,41719	6,28507	6,24214	6,19974	6,07569	5,91732
8	7,23028	7,05790	7,00205	6,94699	6,78637	6,58238
9	8,01969	7,80280	7,73274	7,66378	7,46321	7,20979
10	8,78611	8,52077	8,43533	8,35135	8,10782	7,80169
11	9,53020	9,21279	9,11090	9,01089	8,72173	8,36009
12	10,25262	9,87979	9,76048	9,64354	9,30641	8,88687
13	10,95400	10,52269	10,38507	10,25039	9,86325	9,38384
14	11,63496	11,14236	10,98565	10,83251	10,39357	9,85268
15	12,29607	11,73962	11,56312	11,39090	10,89864	10,29498
16	12,93794	12,31530	12,11839	11,92652	11,37966	10,71225
17	13,56110	12,87017	12,65230	12,44031	11,83777	11,10590
18	14,16612	13,40498	13,16567	12,93315	12,27407	11,47726
19	14,75351	13,92046	13,65930	13,40590	12,68959	11,82760
20	15,32380	14,41731	14,13394	13,85938	13,08532	12,15812
21	15,87747	14,89620	14,59033	14,29437	13,46221	12,46992
22	16,41502	15,35779	15,02916	14,71162	13,82115	12,76408
23	16,93692	15,80269	15,45112	15,11187	14,16300	13,04158
24	17,44361	16,23151	15,85684	15,49580	14,48857	13,30338
25	17,93554	16,64482	16,24696	15,86407	14,79864	13,55036
26	18,41315	17,04320	16,62208	16,21734	15,09394	13,78336
27	18,87684	17,42718	16,98277	16,55620	15,37519	14,00317
28	19,32703	17,79729	17,32959	16,88124	15,64303	14,21053
29	19,76411	18,15401	17,66306	17,19304	15,89813	14,40616
30	20,18845	18,49784	17,98371	17,49213	16,14107	14,59072
31	20,60044	18,82925	18,29203	17,77902	16,37245	14,76483
32	21,00043	19,14867	18,58849	18,05421	16,59281	14,92909
33	21,38877	19,45655	18,87355	18,31819	16,80268	15,08404
34	21,76579	19,75330	19,14765	18,57141	17,00255	15,23023
35	22,13184	20,03933	19,41120	18,81430	17,19290	15,36814
36	22,48722	20,31501	19,66461	19,04729	17,37419	15,49825
37	22,83225	20,58074	19,90828	19,27078	17,54685	15,62099
38	23,16724	20,83685	20,14258	19,48516	17,71129	15,73678
39	23,49246	21,08371	20,36786	19,69080	17,86789	15,84602
40	23,80822	21,32165	20,58448	19,88806	18,01704	15,94907

Rentenbarwertfaktoren (vorschüssig) $\frac{q^n-1}{q^n \cdot (q-1)} \cdot q = \frac{(1+i)^n - 1}{i \cdot (1+i)^n} \cdot (1+i)$

n	i					
	0,07	0,08	0,09	0,10	0,12	0,125
1	1,00000	1,00000	1,00000	1,00000	1,00000	1,00000
2	1,93458	1,92593	1,91743	1,90909	1,89286	1,88889
3	2,80802	2,78326	2,75911	2,73554	2,69005	2,67901
4	3,62432	3,57710	3,53129	3,48685	3,40183	3,38134
5	4,38721	4,31213	4,23972	4,16987	4,03735	4,00564
6	5,10020	4,99271	4,88965	4,79079	4,60478	4,56057
7	5,76654	5,62288	5,48592	5,35526	5,11141	5,05384
8	6,38929	6,20637	6,03295	5,86842	5,56376	5,49230
9	6,97130	6,74664	6,53482	6,33493	5,96764	5,88205
10	7,51523	7,24689	6,99525	6,75902	6,32825	6,22848
11	8,02358	7,71008	7,41766	7,14457	6,65022	6,53643
12	8,49867	8,13896	7,80519	7,49506	6,93770	6,81016
13	8,94269	8,53608	8,16073	7,81369	7,19437	7,05348
14	9,35765	8,90378	8,48690	8,10336	7,42355	7,26976
15	9,74547	9,24424	8,78615	8,36669	7,62817	7,46201
16	10,10791	9,55948	9,06069	8,60608	7,81086	7,63289
17	10,44665	9,85137	9,31256	8,82371	7,97399	7,78479
18	10,76322	10,12164	9,54363	9,02155	8,11963	7,91982
19	11,05909	10,37189	9,75563	9,20141	8,24967	8,03984
20	11,33560	10,60360	9,95011	9,36492	8,36578	8,14652
21	11,59401	10,81815	10,12855	9,51356	8,46944	8,24135
22	11,83553	11,01680	10,29224	9,64869	8,56200	8,32565
23	12,06124	11,20074	10,44243	9,77154	8,64465	8,40058
24	12,27219	11,37106	10,58021	9,88322	8,71040	8,46718
25	12,46933	11,52876	10,70661	9,98474	8,78432	8,52638
26	12,65358	11,67478	10,82258	10,07704	8,84314	8,57901
27	12,82578	11,80998	10,92897	10,16095	8,89566	8,62578
28	12,98671	11,93516	11,02658	10,23722	8,94255	8,66736
29	13,13711	12,05108	11,11613	10,30657	8,98442	8,70432
30	13,27767	12,15841	11,19828	10,36961	9,02181	8,73717
31	13,40904	12,25778	11,27365	10,42691	9,05518	8,76638
32	13,53181	12,34980	11,34280	10,47901	9,08499	8,79234
33	13,64656	12,43500	11,40624	10,52638	9,11159	8,81541
34	13,75379	12,51389	11,46444	10,56943	9,13535	8,83592
35	13,85401	12,58693	11,51784	10,60857	9,15656	8,85415
36	13,94767	12,65457	11,56682	10,64416	9,17550	8,87036
37	14,03521	12,71719	11,61176	10,67651	9,19241	8,88476
38	14,11702	12,77518	11,65299	10,70592	9,20751	8,89757
39	14,19347	12,82887	11,69082	10,73265	9,22099	8,90895
40	14,26493	12,87858	11,72552	10,75696	9,23303	8,91906

A Finanzmathematische Faktoren

Rentenbarwertfaktoren (vorschüssig) $\frac{q^n-1}{q^n \cdot (q-1)} \cdot q = \frac{(1+i)^n-1}{i \cdot (1+i)^n} \cdot (1+i)$

n	i					
	0,03	0,0375	0,04	0,0425	0,05	0,06
41	24,11477	21,55099	20,79277	20,07727	18,15909	16,04630
42	24,41240	21,77204	20,99305	20,25878	18,29437	16,13802
43	24,70136	21,98510	21,18563	20,43288	18,42321	16,22454
44	24,98190	22,19046	21,37079	20,59988	18,54591	16,30617
45	25,25427	22,38839	21,54884	20,76008	18,66277	16,38318
46	25,51871	22,57917	21,72004	20,91375	18,77407	16,45583
47	25,77545	22,76306	21,88465	21,06115	18,88007	16,52437
48	26,02471	22,94030	22,04294	21,20254	18,98102	16,58903
49	26,26671	23,11113	22,19513	21,33817	19,07716	16,65003
50	26,50166	23,27579	22,34147	21,46827	19,16872	16,70757
51	26,72976	23,43449	22,48218	21,59306	19,25593	16,76186
52	26,95123	23,58746	22,61749	21,71277	19,33898	16,81308
53	27,16624	23,73490	22,74758	21,82760	19,41807	16,86139
54	27,37499	23,87702	22,87267	21,93774	19,49340	16,90697
55	27,57766	24,01399	22,99296	22,04340	19,56515	16,94998
56	27,77443	24,14602	23,10861	22,14475	19,63347	16,99054
57	27,96546	24,27327	23,21982	22,24196	19,69854	17,02881
58	28,15094	24,39592	23,32675	22,33522	19,76052	17,06492
59	28,33101	24,51414	23,42957	22,42467	19,81954	17,09898
60	28,50583	24,62809	23,52843	22,51047	19,87575	17,13111
61	28,67556	24,73792	23,62349	22,59278	19,92929	17,16143
62	28,84035	24,84377	23,71489	22,67173	19,98028	17,19003
63	29,00034	24,94581	23,80278	22,74746	20,02883	17,21701
64	29,15567	25,04415	23,88729	22,82011	20,07508	17,24246
65	29,30648	25,13894	23,96855	22,88979	20,11912	17,26647
66	29,45289	25,23030	24,04668	22,95664	20,16107	17,28912
67	29,59504	25,31837	24,12181	23,02075	20,20102	17,31049
68	29,73305	25,40324	24,19405	23,08226	20,23907	17,33065
69	29,86704	25,48505	24,26351	23,14125	20,27530	17,34967
70	29,99712	25,56391	24,33030	23,19785	20,30981	17,36762
71	30,12342	25,63991	24,39451	23,25213	20,34268	17,38454
72	30,24604	25,71317	24,45626	23,30420	20,37398	17,40051
73	30,36509	25,78378	24,51564	23,35415	20,40379	17,41558
74	30,48067	25,85183	24,57273	23,40206	20,43218	17,42979
75	30,59288	25,91743	24,62762	23,44802	20,45922	17,44320
76	30,70183	25,98065	24,68041	23,49211	20,48497	17,45585
77	30,80760	26,04159	24,73116	23,53440	20,50950	17,46778
78	30,91029	26,10033	24,77996	23,57496	20,53285	17,47904
79	31,00999	26,15695	24,82689	23,61387	20,55510	17,48966
80	31,10679	26,21151	24,87201	23,65119	20,57628	17,49968

A Finanzmathematische Faktoren

Rentenbarwertfaktoren (vorschüssig) $\frac{q^n-1}{q^n \cdot (q-1)} \cdot q = \frac{(1+i)^n-1}{i \cdot (1+i)^n} \cdot (1+i)$

n	i					
	0,07	0,08	0,09	0,10	0,12	0,125
41	14,33171	12,92461	11,75736	10,77905	9,24378	8,92806
42	14,39412	12,96723	11,78657	10,79914	9,25337	8,93605
43	14,45245	13,00670	11,81337	10,81740	9,26194	8,94316
44	14,50696	13,04324	11,83795	10,83400	9,26959	8,94947
45	14,55791	13,07707	11,86051	10,84909	9,27642	8,95509
46	14,60552	13,10840	11,88120	10,86281	9,28252	8,96008
47	14,65002	13,13741	11,90018	10,87528	9,28796	8,96451
48	14,69161	13,16427	11,91760	10,88662	9,29282	8,96846
49	14,73047	13,18914	11,93358	10,89693	9,29716	8,97196
50	14,76680	13,21216	11,94823	10,90630	9,30104	8,97508
51	14,80075	13,23348	11,96168	10,91481	9,30450	8,97785
52	14,83247	13,25323	11,97402	10,92256	9,30759	8,98031
53	14,86212	13,27151	11,98534	10,92960	9,31035	8,98250
54	14,88984	13,28843	11,99573	10,93600	9,31281	8,98444
55	14,91573	13,30410	12,00525	10,94182	9,31501	8,98617
56	14,93994	13,31861	12,01399	10,94711	9,31697	8,98771
57	14,96256	13,33205	12,02201	10,95191	9,31872	8,98907
58	14,98370	13,34449	12,02937	10,95629	9,32029	8,99029
59	15,00346	13,35601	12,03612	10,96026	9,32169	8,99137
60	15,02192	13,36668	12,04231	10,96387	9,32294	8,99232
61	15,03918	13,37655	12,04799	10,96716	9,32405	8,99318
62	15,05531	13,38570	12,05320	10,97014	9,32504	8,99394
63	15,07038	13,39416	12,05798	10,97286	9,32593	8,99461
64	15,08447	13,40200	12,06237	10,97532	9,32673	8,99521
65	15,09764	13,40926	12,06640	10,97757	9,32743	8,99574
66	15,10994	13,41598	12,07009	10,97961	9,32807	8,99621
67	15,12144	13,42221	12,07347	10,98146	9,32863	8,99663
68	15,13219	13,42797	12,07658	10,98315	9,32913	8,99701
69	15,14223	13,43330	12,07943	10,98468	9,32958	8,99734
70	15,15162	13,43825	12,08205	10,98607	9,32999	8,99764
71	15,16039	13,44282	12,08445	10,98734	9,33034	8,99790
72	15,16859	13,44706	12,08665	10,98849	9,33066	8,99813
73	15,17625	13,45098	12,08867	10,98954	9,33095	8,99834
74	15,18341	13,45461	12,09052	10,99049	9,33121	8,99852
75	15,19010	13,45797	12,09222	10,99135	9,33143	8,99869
76	15,19636	13,46108	12,09378	10,99214	9,33164	8,99883
77	15,20220	13,46397	12,09521	10,99285	9,33182	8,99896
78	15,20767	13,46664	12,09653	10,99350	9,33198	8,99908
79	15,21277	13,46911	12,09773	10,99409	9,33213	8,99918
80	15,21755	13,47140	12,09883	10,99463	9,33226	8,99927

A Finanzmathematische Faktoren

Rentenbarwertfaktoren (vorschüssig) $\frac{q^n-1}{q^n \cdot (q-1)} \cdot q = \frac{(1+i)^n-1}{i \cdot (1+i)^n} \cdot (1+i)$

n	i					
	0,03	0,0375	0,04	0,0425	0,05	0,06
85	31,55009	26,45616	25,07287	23,81619	20,66801	17,54188
90	31,93248	26,65967	25,23797	23,95019	20,73987	17,57342
95	32,26234	26,82897	25,37367	24,05902	20,79619	17,59699
100	32,54687	26,96981	25,48520	24,14740	20,84031	17,61460
105	32,79232	27,08696	25,57687	24,21917	20,87488	17,62776

Rentenbarwertfaktoren (vorschüssig) $\frac{q^n-1}{q^n \cdot (q-1)} \cdot q = \frac{(1+i)^n-1}{i \cdot (1+i)^n} \cdot (1+i)$

n	i					
	0,07	0,08	0,09	0,10	0,12	0,125
85	15,23711	13,48053	12,10313	10,99667	9,33272	8,99960
90	15,25106	13,48675	12,10593	10,99793	9,33299	8,99978
95	15,26101	13,49098	12,10774	10,99871	9,33314	8,99988
100	15,26810	13,49386	12,10892	10,99920	9,33322	8,99993
105	15,27315	13,49582	12,10969	10,99950	9,33327	8,99996

Rentenbarwertfaktoren (nachschüssig) $\frac{q^n-1}{q^n \cdot (q-1)} = \frac{(1+i)^n-1}{i \cdot (1+i)^n}$

n	i					
	0,03	0,0375	0,04	0,0425	0,05	0,06
1	0,97087	0,96386	0,96154	0,95923	0,95238	0,94340
2	1,91347	1,89287	1,88609	1,87936	1,85941	1,83339
3	2,82861	2,78831	2,77509	2,76198	2,72325	2,67301
4	3,71710	3,65138	3,62990	3,60861	3,54595	3,46511
5	4,57971	4,48326	4,45182	4,42073	4,32948	4,21236
6	5,41719	5,28507	5,24214	5,19974	5,07569	4,91732
7	6,23028	6,05790	6,00205	5,94699	5,78637	5,58238
8	7,01969	6,80280	6,73274	6,66378	6,46321	6,20979
9	7,78611	7,52077	7,43533	7,35135	7,10782	6,80169
10	8,53020	8,21279	8,11090	8,01089	7,72173	7,36009
11	9,25262	8,87979	8,76048	8,64354	8,30641	7,88687
12	9,95400	9,52269	9,38507	9,25039	8,86325	8,38384
13	10,63496	10,14236	9,98565	9,83251	9,39357	8,85268
14	11,29607	10,73962	10,56312	10,39090	9,89864	9,29498
15	11,93794	11,31530	11,11839	10,92652	10,37966	9,71225
16	12,56110	11,87017	11,65230	11,44031	10,83777	10,10590
17	13,16612	12,40498	12,16567	11,93315	11,27407	10,47726
18	13,75351	12,92046	12,65930	12,40590	11,68959	10,82760
19	14,32380	13,41731	13,13394	12,85938	12,08532	11,15812
20	14,87747	13,89620	13,59033	13,29437	12,46221	11,46992
21	15,41502	14,35779	14,02916	13,71162	12,82115	11,76408
22	15,93692	14,80269	14,45112	14,11187	13,16300	12,04158
23	16,44361	15,23151	14,85684	14,49580	13,48857	12,30338
24	16,93554	15,64482	15,24696	14,86407	13,79864	12,55036
25	17,41315	16,04320	15,62208	15,21734	14,09394	12,78336
26	17,87684	16,42718	15,98277	15,55620	14,37519	13,00317
27	18,32703	16,79729	16,32959	15,88124	14,64303	13,21053
28	18,76411	17,15401	16,66306	16,19304	14,89813	13,40616
29	19,18845	17,49784	16,98371	16,49213	15,14107	13,59072
30	19,60044	17,82925	17,29203	16,77902	15,37245	13,76483
31	20,00043	18,14867	17,58849	17,05421	15,59281	13,92909
32	20,38877	18,45655	17,87355	17,31819	15,80268	14,08404
33	20,76579	18,75330	18,14765	17,57141	16,00255	14,23023
34	21,13184	19,03933	18,41120	17,81430	16,19290	14,36814
35	21,48722	19,31501	18,66461	18,04729	16,37419	14,49825
36	21,83225	19,58074	18,90828	18,27078	16,54685	14,62099
37	22,16724	19,83685	19,14258	18,48516	16,71129	14,73678
38	22,49246	20,08371	19,36786	18,69080	16,86789	14,84602
39	22,80822	20,32165	19,58448	18,88806	17,01704	14,94907
40	23,11477	20,55099	19,79277	19,07727	17,15909	15,04630

A Finanzmathematische Faktoren

Rentenbarwertfaktoren (nachschüssig) $\frac{q^n-1}{q^n \cdot (q-1)} = \frac{(1+i)^n-1}{i \cdot (1+i)^n}$

n	i					
	0,07	0,08	0,09	0,10	0,12	0,125
1	0,93458	0,92593	0,91743	0,90909	0,89286	0,88889
2	1,80802	1,78326	1,75911	1,73554	1,69005	1,67901
3	2,62432	2,57710	2,53129	2,48685	2,40183	2,38134
4	3,38721	3,31213	3,23972	3,16987	3,03735	3,00564
5	4,10020	3,99271	3,88965	3,79079	3,60478	3,56057
6	4,76654	4,62288	4,48592	4,35526	4,11141	4,05384
7	5,38929	5,20637	5,03295	4,86842	4,56376	4,49230
8	5,97130	5,74664	5,53482	5,33493	4,96764	4,88205
9	6,51523	6,24689	5,99525	5,75902	5,32825	5,22848
10	7,02358	6,71008	6,41766	6,14457	5,65022	5,53643
11	7,49867	7,13896	6,80519	6,49506	5,93770	5,81016
12	7,94269	7,53608	7,16073	6,81369	6,19437	6,05348
13	8,35765	7,90378	7,48690	7,10336	6,42355	6,26976
14	8,74547	8,24424	7,78615	7,36669	6,62817	6,46201
15	9,10791	8,55948	8,06069	7,60608	6,81086	6,63289
16	9,44665	8,85137	8,31256	7,82371	6,97399	6,78479
17	9,76322	9,12164	8,54363	8,02155	7,11963	6,91982
18	10,05909	9,37189	8,75563	8,20141	7,24967	7,03984
19	10,33560	9,60360	8,95011	8,36492	7,36578	7,14652
20	10,59401	9,81815	9,12855	8,51356	7,46944	7,24135
21	10,83553	10,01680	9,29224	8,64869	7,56200	7,32565
22	11,06124	10,20074	9,44243	8,77154	7,64465	7,40058
23	11,27219	10,37106	9,58021	8,88322	7,71843	7,46718
24	11,46933	10,52876	9,70661	8,98474	7,78432	7,52638
25	11,65358	10,67478	9,82258	9,07704	7,84314	7,57901
26	11,82578	10,80998	9,92897	9,16095	7,89566	7,62578
27	11,98671	10,93516	10,02658	9,23722	7,94255	7,66736
28	12,13711	11,05108	10,11613	9,30657	7,98442	7,70432
29	12,27767	11,15841	10,19828	9,36961	8,02181	7,73717
30	12,40904	11,25778	10,27365	9,42691	8,05518	7,76638
31	12,53181	11,34980	10,34280	9,47901	8,08499	7,79234
32	12,64656	11,43500	10,40624	9,52638	8,11159	7,81541
33	12,75379	11,51389	10,46444	9,56943	8,13535	7,83592
34	12,85401	11,58693	10,51784	9,60857	8,15656	7,85415
35	12,94767	11,65457	10,56682	9,64416	8,17550	7,87036
36	13,03521	11,71719	10,61176	9,67651	8,19241	7,88476
37	13,11702	11,77518	10,65299	9,70592	8,20751	7,89757
38	13,19347	11,82887	10,69082	9,73265	8,22099	7,90895
39	13,26493	11,87858	10,72552	9,75696	8,23303	7,91906
40	13,33171	11,92461	10,75736	9,77905	8,24378	7,92806

Rentenbarwertfaktoren (nachschüssig) $\frac{q^n-1}{q^n \cdot (q-1)} = \frac{(1+i)^n - 1}{i \cdot (1+i)^n}$

n	i					
	0,03	0,0375	0,04	0,0425	0,05	0,06
41	23,41240	20,77204	19,99305	19,25878	17,29437	15,13802
42	23,70136	20,98510	20,18563	19,43288	17,42321	15,22454
43	23,98190	21,19046	20,37079	19,59988	17,54591	15,30617
44	24,25427	21,38839	20,54884	19,76008	17,66277	15,38318
45	24,51871	21,57917	20,72004	19,91375	17,77407	15,45583
46	24,77545	21,76306	20,88465	20,06115	17,88007	15,52437
47	25,02471	21,94030	21,04294	20,20254	17,98102	15,58903
48	25,26671	22,11113	21,19513	20,33817	18,07716	15,65003
49	25,50166	22,27579	21,34147	20,46827	18,16872	15,70757
50	25,72976	22,43449	21,48218	20,59306	18,25593	15,76186
51	25,95123	22,58746	21,61749	20,71277	18,33898	15,81308
52	26,16624	22,73490	21,74758	20,82760	18,41807	15,86139
53	26,37499	22,87702	21,87267	20,93774	18,49340	15,90697
54	26,57766	23,01399	21,99296	21,04340	18,56515	15,94998
55	26,77443	23,14602	22,10861	21,14475	18,63347	15,99054
56	26,96546	23,27327	22,21982	21,24196	18,69854	16,02881
57	27,15094	23,39592	22,32675	21,33522	18,76052	16,06492
58	27,33101	23,51414	22,42957	21,42467	18,81954	16,09898
59	27,50583	23,62809	22,52843	21,51047	18,87575	16,13111
60	27,67556	23,73792	22,62349	21,59278	18,92929	16,16143
61	27,84035	23,84377	22,71489	21,67173	18,98028	16,19003
62	28,00034	23,94581	22,80278	21,74746	19,02883	16,21701
63	28,15567	24,04415	22,88729	21,82011	19,07508	16,24246
64	28,30648	24,13894	22,96855	21,88979	19,11912	16,26647
65	28,45289	24,23030	23,04668	21,95664	19,16107	16,28912
66	28,59504	24,31837	23,12181	22,02075	19,20102	16,31049
67	28,73305	24,40324	23,19405	22,08226	19,23907	16,33065
68	28,86704	24,48505	23,26351	22,14125	19,27530	16,34967
69	28,99712	24,56391	23,33030	22,19785	19,30981	16,36762
70	29,12342	24,63991	23,39451	22,25213	19,34268	16,38454
71	29,24604	24,71317	23,45626	22,30420	19,37398	16,40051
72	29,36509	24,78378	23,51564	22,35415	19,40379	16,41558
73	29,48067	24,85183	23,57273	22,40206	19,43218	16,42979
74	29,59288	24,91743	23,62762	22,44802	19,45922	16,44320
75	29,70183	24,98065	23,68041	22,49211	19,48497	16,45585
76	29,80760	25,04159	23,73116	22,53440	19,50950	16,46778
77	29,91029	25,10033	23,77996	22,57496	19,53285	16,47904
78	30,00999	25,15695	23,82689	22,61387	19,55510	16,48966
79	30,10679	25,21151	23,87201	22,65119	19,57628	16,49968
80	30,20076	25,26411	23,91539	22,68700	19,59646	16,50913

A Finanzmathematische Faktoren

Rentenbarwertfaktoren (nachschüssig) $\frac{q^n-1}{q^n \cdot (q-1)} = \frac{(1+i)^n-1}{i \cdot (1+i)^n}$

n	i					
	0,07	0,08	0,09	0,10	0,12	0,125
41	13,39412	11,96723	10,78657	9,79914	8,25337	7,93605
42	13,45245	12,00670	10,81337	9,81740	8,26194	7,94316
43	13,50696	12,04324	10,83795	9,83400	8,26959	7,94947
44	13,55791	12,07707	10,86051	9,84909	8,27642	7,95509
45	13,60552	12,10840	10,88120	9,86281	8,28252	7,96008
46	13,65002	12,13741	10,90018	9,87528	8,28796	7,96451
47	13,69161	12,16427	10,91760	9,88662	8,29282	7,96846
48	13,73047	12,18914	10,93358	9,89693	8,29716	7,97196
49	13,76680	12,21216	10,94823	9,90630	8,30104	7,97508
50	13,80075	12,23348	10,96168	9,91481	8,30450	7,97785
51	13,83247	12,25323	10,97402	9,92256	8,30759	7,98031
52	13,86212	12,27151	10,98534	9,92960	8,31035	7,98250
53	13,88984	12,28843	10,99573	9,93600	8,31281	7,98444
54	13,91573	12,30410	11,00525	9,94182	8,31501	7,98617
55	13,93994	12,31861	11,01399	9,94711	8,31697	7,98771
56	13,96256	12,33205	11,02201	9,95191	8,31872	7,98907
57	13,98370	12,34449	11,02937	9,95629	8,32029	7,99029
58	14,00346	12,35601	11,03612	9,96026	8,32169	7,99137
59	14,02192	12,36668	11,04231	9,96387	8,32294	7,99232
60	14,03918	12,37655	11,04799	9,96716	8,32405	7,99318
61	14,05531	12,38570	11,05320	9,97014	8,32504	7,99394
62	14,07038	12,39416	11,05798	9,97286	8,32593	7,99461
63	14,08447	12,40200	11,06237	9,97532	8,32673	7,99521
64	14,09764	12,40926	11,06640	9,97757	8,32743	7,99574
65	14,10994	12,41598	11,07009	9,97961	8,32807	7,99621
66	14,12144	12,42221	11,07347	9,98146	8,32863	7,99663
67	14,13219	12,42797	11,07658	9,98315	8,32913	7,99701
68	14,14223	12,43330	11,07943	9,98468	8,32958	7,99734
69	14,15162	12,43825	11,08205	9,98607	8,32999	7,99764
70	14,16039	12,44282	11,08445	9,98734	8,33034	7,99790
71	14,16859	12,44706	11,08665	9,98849	8,33066	7,99813
72	14,17625	12,45098	11,08867	9,98954	8,33095	7,99834
73	14,18341	12,45461	11,09052	9,99049	8,33121	7,99852
74	14,19010	12,45797	11,09222	9,99135	8,33143	7,99869
75	14,19636	12,46108	11,09378	9,99214	8,33164	7,99883
76	14,20220	12,46397	11,09521	9,99285	8,33182	7,99896
77	14,20767	12,46664	11,09653	9,99350	8,33198	7,99908
78	14,21277	12,46911	11,09773	9,99409	8,33213	7,99918
79	14,21755	12,47140	11,09883	9,99463	8,33226	7,99927
80	14,22201	12,47351	11,09985	9,99512	8,33237	7,99935

A Finanzmathematische Faktoren

Rentenbarwertfaktoren (nachschüssig) $\frac{q^n-1}{q^n \cdot (q-1)} = \frac{(1+i)^n-1}{i \cdot (1+i)^n}$

n	i					
	0,03	0,0375	0,04	0,0425	0,05	0,06
85	30,63115	25,49991	24,10853	22,84527	19,68382	16,54895
90	31,00241	25,69607	24,26728	22,97381	19,75226	16,57870
95	31,32266	25,85925	24,39776	23,07820	19,80589	16,60093
100	31,59891	25,99499	24,50500	23,16297	19,84791	16,61755
105	31,83720	26,10792	24,59315	23,23182	19,88083	16,62996

Rentenbarwertfaktoren (nachschüssig) $\frac{q^n-1}{q^n \cdot (q-1)} = \frac{(1+i)^n-1}{i \cdot (1+i)^n}$

n	i					
	0,07	0,08	0,09	0,10	0,12	0,125
85	14,24029	12,48197	11,10379	9,99697	8,33279	7,99964
90	14,25333	12,48773	11,10635	9,99812	8,33302	7,99980
95	14,26262	12,49165	11,10802	9,99883	8,33316	7,99989
100	14,26925	12,49432	11,10910	9,99927	8,33323	7,99994
105	14,27398	12,49613	11,10981	9,99955	8,33328	7,99997

A Finanzmathematische Faktoren 621

Rentenendwertfaktoren (vorschüssig) $\frac{q^n-1}{q-1} \cdot q = \frac{(1+i)^n-1}{i} \cdot (1+i)$

n	i					
	0,03	0,0375	0,04	0,0425	0,05	0,06
1	1,03000	1,03750	1,04000	1,04250	1,05000	1,06000
2	2,09090	2,11391	2,12160	2,12931	2,15250	2,18360
3	3,18363	3,23068	3,24646	3,26230	3,31013	3,37462
4	4,30914	4,38933	4,41632	4,44345	4,52563	4,63709
5	5,46841	5,59143	5,63298	5,67480	5,80191	5,97532
6	6,66246	6,83861	6,89829	6,95848	7,14201	7,39384
7	7,89234	8,13255	8,21423	8,29671	8,54911	8,89747
8	9,15911	9,47503	9,58280	9,69182	10,02656	10,49132
9	10,46388	10,86784	11,00611	11,14622	11,57789	12,18079
10	11,80780	12,31288	12,48635	12,66244	13,20679	13,97164
11	13,19203	13,81212	14,02581	14,24309	14,91713	15,86994
12	14,61779	15,36757	15,62684	15,89092	16,71298	17,88214
13	16,08632	16,98135	17,29191	17,60879	18,59863	20,01507
14	17,59891	18,65565	19,02359	19,39966	20,57856	22,27597
15	19,15688	20,39274	20,82453	21,26665	22,65749	24,67253
16	20,76159	22,19497	22,69751	23,21298	24,84037	27,21288
17	22,41444	24,06478	24,64541	25,24203	27,13238	29,90565
18	24,11687	26,00471	26,67123	27,35732	29,53900	32,75999
19	25,87037	28,01739	28,77808	29,56250	32,06595	35,78559
20	27,67649	30,10554	30,96920	31,86141	34,71925	38,99273
21	29,53678	32,27200	33,24797	34,25802	37,50521	42,39229
22	31,45288	34,51970	35,61789	36,75648	40,43048	45,99583
23	33,42647	36,85168	38,08260	39,36113	43,50200	49,81558
24	35,45926	39,27112	40,64591	42,07648	46,72710	53,86451
25	37,55304	41,78129	43,31174	44,90723	50,11345	58,15638
26	39,70963	44,38559	46,08421	47,85829	53,66913	62,70577
27	41,93092	47,08755	48,96758	50,93477	57,40258	67,52811
28	44,21885	49,89083	51,96629	54,14199	61,32271	72,63980
29	46,57542	52,79924	55,08494	57,48553	65,43885	78,05819
30	49,00268	55,81671	58,32834	60,97116	69,76079	83,80168
31	51,50276	58,94734	61,70147	64,60494	74,29883	89,88978
32	54,07784	62,19536	65,20953	68,39315	79,06377	96,34316
33	56,73018	65,56519	68,85791	72,34236	84,06696	103,1838
34	59,46208	69,06138	72,65222	76,45941	89,32031	110,4348
35	62,27594	72,68868	76,59831	80,75143	94,83632	118,1209
36	65,17422	76,45201	80,70225	85,22587	100,6281	126,2681
37	68,15945	80,35646	84,97034	89,89047	106,7095	134,9042
38	71,23423	84,40733	89,40915	94,75331	113,0950	144,0585
39	74,40126	88,61010	94,02552	99,82283	119,7998	153,7620
40	77,66330	92,97048	98,82654	105,1078	126,8398	164,0477

Rentenendwertfaktoren (vorschüssig) $\frac{q^n-1}{q-1} \cdot q = \frac{(1+i)^n-1}{i} \cdot (1+i)$

n	i					
	0,07	0,08	0,09	0,10	0,12	0,125
1	1,07000	1,08000	1,09000	1,10000	1,12000	1,12500
2	2,21490	2,24640	2,27810	2,31000	2,37440	2,39063
3	3,43994	3,50611	3,57313	3,64100	3,77933	3,81445
4	4,75074	4,86660	4,98471	5,10510	5,35285	5,41626
5	6,15329	6,33593	6,52333	6,71561	7,11519	7,21829
6	7,65402	7,92280	8,20043	8,48717	9,08901	9,24558
7	9,25980	9,63663	10,02847	10,43589	11,29969	11,52628
8	10,97799	11,48756	12,02104	12,57948	13,77566	14,09206
9	12,81645	13,48656	14,19293	14,93742	16,54874	16,97857
10	14,78360	15,64549	16,56029	17,53117	19,65458	20,22589
11	16,88845	17,97713	19,14072	20,38428	23,13313	23,87913
12	19,14064	20,49530	21,95338	23,52271	27,02911	27,98902
13	21,55049	23,21492	25,01919	26,97498	31,39260	32,61264
14	24,12902	26,15211	28,36092	30,77248	36,27971	37,81422
15	26,88805	29,32428	32,00340	34,94973	41,75328	43,66600
16	29,84022	32,75023	35,97370	39,54470	47,88367	50,24925
17	32,99903	36,45024	40,30134	44,59917	54,74971	57,65541
18	36,37896	40,44626	45,01846	50,15909	62,43968	65,98733
19	39,99549	44,76196	50,16012	56,27500	71,05244	75,36075
20	43,86518	49,42292	55,76453	63,00250	80,69874	85,90584
21	48,00574	54,45676	61,87334	70,40275	91,50258	97,76908
22	52,43614	59,89330	68,53194	78,54302	103,6029	111,1152
23	57,17667	65,76583	75,78981	87,49733	117,1552	126,1296
24	62,24904	72,10594	83,70090	97,34706	132,3339	143,0208
25	67,67647	78,95442	92,32398	108,1818	149,3339	162,0234
26	73,48382	86,35077	101,7231	120,0999	168,3740	183,4013
27	79,69769	94,33883	111,9682	133,2099	189,6989	207,4515
28	86,34653	102,9659	123,1354	147,6309	213,5828	234,5079
29	93,46079	112,2832	135,3075	163,4940	240,3327	264,9464
30	101,0730	122,3459	148,5752	180,9434	270,2926	299,1897
31	109,2182	133,2135	163,0370	200,1378	303,8477	337,7135
32	117,9334	144,9506	178,8003	221,2515	341,4294	381,0526
33	127,2588	157,6267	195,9823	244,4767	383,5210	429,8092
34	137,2369	171,3168	214,7108	270,0244	430,6635	484,6604
35	147,9135	186,1021	235,1247	298,1268	483,4631	546,3679
36	159,3374	202,0703	257,3759	329,0395	542,5987	615,7889
37	171,5610	219,3159	281,6298	363,0434	608,8305	693,8875
38	184,6403	237,9412	308,0665	400,4478	683,0102	781,7485
39	198,6351	258,0565	336,8824	441,5926	766,0914	880,5920
40	213,6096	279,7810	368,2919	486,8518	859,1424	991,7910

A Finanzmathematische Faktoren

Rentenendwertfaktoren (vorschüssig) $\frac{q^n-1}{q-1} \cdot q = \frac{(1+i)^n-1}{i} \cdot (1+i)$

n	i					
	0,03	0,0375	0,04	0,0425	0,05	0,06
41	81,02320	97,49437	103,8196	110,6174	134,2318	174,9505
42	84,48389	102,1879	109,0124	116,3611	141,9933	186,5076
43	88,04841	107,0575	114,4129	122,3490	150,1430	198,7580
44	91,71986	112,1096	120,0294	128,5913	158,7002	211,7435
45	95,50146	117,3512	125,8706	135,0989	167,6852	225,5081
46	99,39650	122,7894	131,9454	141,8831	177,1194	240,0986
47	103,4084	128,4315	138,2632	148,9557	187,0254	255,5645
48	107,5406	134,2852	144,8337	156,3288	197,4267	271,9584
49	111,7969	140,3584	151,6671	164,0153	208,3480	289,3359
50	116,1808	146,6593	158,7738	172,0284	219,8154	307,7561
51	120,6962	153,1965	166,1647	180,3821	231,8562	327,2814
52	125,3471	159,9789	173,8513	189,0909	244,4990	347,9783
53	130,1375	167,0156	181,8454	198,1697	257,7739	369,9170
54	135,0716	174,3162	190,1592	207,6344	271,7126	393,1720
55	140,1538	181,8906	198,8055	217,5014	286,3482	417,8223
56	145,3884	189,7490	207,7978	227,7877	301,7157	443,9517
57	150,7800	197,9020	217,1497	238,5112	317,8514	471,6488
58	156,3334	206,3609	226,8757	249,6904	334,7940	501,0077
59	162,0534	215,1369	236,9907	261,3447	352,5837	532,1282
60	167,9450	224,2420	247,5103	273,4944	371,2629	565,1159
61	174,0134	233,6886	258,4507	286,1604	390,8760	600,0828
62	180,2638	243,4894	269,8288	299,3647	411,4699	637,1478
63	186,7017	253,6578	281,6619	313,1302	433,0933	676,4367
64	193,3328	264,2074	293,9684	327,4808	455,7980	718,0829
65	200,1627	275,1527	306,7671	342,4412	479,6379	762,2278
66	207,1976	286,5085	320,0778	358,0374	504,6698	809,0215
67	214,4436	298,2900	333,9209	374,2965	530,9533	858,6228
68	221,9069	310,5134	348,3177	391,2466	558,5510	911,2002
69	229,5941	323,1952	363,2905	408,9171	587,5285	966,9322
70	237,5119	336,3525	378,8621	427,3386	617,9549	1026,008
71	245,6672	350,0032	395,0566	446,5430	649,9027	1088,629
72	254,0673	364,1658	411,8988	466,5636	683,4478	1155,006
73	262,7193	378,8595	429,4148	487,4350	718,6702	1225,367
74	271,6309	394,1043	447,6314	509,1935	755,6537	1299,949
75	280,8098	409,9207	466,5766	531,8767	794,4864	1379,006
76	290,2641	426,3302	486,2797	555,5240	835,2607	1462,806
77	300,0020	443,3551	506,7709	580,1762	878,0738	1551,634
78	310,0321	461,0184	528,0817	605,8762	923,0274	1645,792
79	320,3630	479,3441	550,2450	632,6685	970,2288	1745,600
80	331,0039	498,3570	573,2948	660,5994	1019,790	1851,396

A Finanzmathematische Faktoren

Rentenendwertfaktoren (vorschüssig) $\frac{q^n-1}{q-1} \cdot q = \frac{(1+i)^n-1}{i} \cdot (1+i)$

n	i					
	0,07	0,08	0,09	0,10	0,12	0,125
41	229,6322	303,2435	402,5281	536,637	963,3595	1116,89
42	246,7765	328,583	439,8457	591,4007	1080,083	1257,626
43	265,1209	355,9496	480,5218	651,6408	1210,813	1415,954
44	284,7493	385,5056	524,8587	717,9048	1357,23	1594,074
45	305,7518	417,4261	573,186	790,7953	1521,218	1794,458
46	328,2244	451,9002	625,8628	870,9749	1704,884	2019,89
47	352,2701	489,1322	683,2804	959,1723	1910,59	2273,501
48	377,999	529,3427	745,8656	1056,19	2140,981	2558,814
49	405,5289	572,7702	814,0836	1162,909	2399,018	2879,791
50	434,986	619,6718	888,4411	1280,299	2688,02	3240,89
51	466,505	670,3255	969,4908	1409,429	3011,703	3647,126
52	500,2303	725,0316	1057,835	1551,472	3374,227	4104,142
53	536,3164	784,1141	1154,13	1707,719	3780,255	4618,284
54	574,9286	847,9232	1259,092	1879,591	4235,005	5196,695
55	616,2436	916,8371	1373,500	2068,651	4744,326	5847,407
56	660,4506	991,264	1498,205	2276,616	5314,765	6579,458
57	707,7522	1071,645	1634,134	2505,377	5953,656	7403,015
58	758,3648	1158,457	1782,296	2757,015	6669,215	8329,517
59	812,5204	1252,213	1943,792	3033,816	7470,641	9371,831
60	870,4668	1353,470	2119,823	3338,298	8368,238	10544,44
61	932,4695	1462,828	2311,698	3673,228	9373,547	11863,61
62	998,8124	1580,934	2520,84	4041,651	10499,49	13347,69
63	1069,799	1708,489	2748,806	4446,916	11760,55	15017,28
64	1145,755	1846,248	2997,288	4892,707	13172,94	16895,56
65	1227,028	1995,028	3268,134	5383,078	14754,81	19008,63
66	1313,990	2155,710	3563,357	5922,486	16526,51	21385,84
67	1407,039	2329,247	3885,149	6515,834	18510,81	24060,19
68	1506,602	2516,667	4235,902	7168,518	20733,22	27068,84
69	1613,134	2719,08	4618,223	7886,470	23222,33	30453,57
70	1727,124	2937,686	5034,953	8676,217	26010,13	34261,39
71	1849,092	3173,781	5489,189	9544,938	29132,47	38545,19
72	1979,599	3428,764	5984,306	10500,53	32629,48	43364,47
73	2119,241	3704,145	6523,984	11551,69	36546,14	48786,15
74	2268,657	4001,557	7112,232	12707,95	40932,80	54885,54
75	2428,533	4322,761	7753,423	13979,85	45845,85	61747,36
76	2599,601	4669,662	8452,321	15378,93	51348,48	69466,91
77	2782,643	5044,315	9214,120	16917,93	57511,41	78151,39
78	2978,498	5448,940	10044,48	18610,82	64413,90	87921,44
79	3188,063	5885,935	10949,57	20473,00	72144,69	98912,75
80	3412,297	6357,890	11936,13	22521,40	80803,18	111278,0

A Finanzmathematische Faktoren 625

Rentenendwertfaktoren (vorschüssig) $\frac{q^n-1}{q-1} \cdot q = \frac{(1+i)^n-1}{i} \cdot (1+i)$

n	i					
	0,03	0,0375	0,04	0,0425	0,05	0,06
85	389,1927	604,6663	703,1337	819,1016	1307,341	2483,561
90	456,6494	732,4606	861,1027	1014,273	1674,338	3329,540
95	534,8502	886,0822	1053,296	1254,596	2142,728	4461,651
100	625,5064	1070,751	1287,129	1550,518	2740,526	5976,670
105	730,6017	1292,741	1571,622	1914,899	3503,485	8004,108

Rentenendwertfaktoren (vorschüssig) $\frac{q^n-1}{q-1} \cdot q = \frac{(1+i)^n-1}{i} \cdot (1+i)$

n	i					
	0,07	0,08	0,09	0,10	0,12	0,125
85	4792,076	9348,163	18371,73	36277,66	142409,9	200533,7
90	6727,288	13741,85	28273,71	58432,25	250982,1	361375,5
95	9441,523	20197,63	43509,13	94112,44	442323,2	651217,6
100	13248,38	29683,28	66950,72	151575,7	779531,8	1173522,5
105	18587,69	43620,81	103018,5	244121	1373809	2114732,9

Rentenendwertfaktoren (nachschüssig) $\frac{q^n-1}{q-1} = \frac{(1+i)^n-1}{i}$

n	i					
	0,03	0,0375	0,04	0,0425	0,05	0,06
1	1,0000	1,0000	1,0000	1,0000	1,0000	1,0000
2	2,0300	2,0375	2,0400	2,0425	2,0500	2,0600
3	3,0909	3,1139	3,1216	3,1293	3,1525	3,1836
4	4,1836	4,2307	4,2465	4,2623	4,3101	4,3746
5	5,3091	5,3893	5,4163	5,4434	5,5256	5,6371
6	6,4684	6,5914	6,6330	6,6748	6,8019	6,9753
7	7,6625	7,8386	7,8983	7,9585	8,1420	8,3938
8	8,8923	9,1326	9,2142	9,2967	9,5491	9,8975
9	10,1591	10,4750	10,5828	10,6918	11,0266	11,4913
10	11,4639	11,8678	12,0061	12,1462	12,5779	13,1808
11	12,8078	13,3129	13,4864	13,6624	14,2068	14,9716
12	14,1920	14,8121	15,0258	15,2431	15,9171	16,8699
13	15,6178	16,3676	16,6268	16,8909	17,7130	18,8821
14	17,0863	17,9814	18,2919	18,6088	19,5986	21,0151
15	18,5989	19,6557	20,0236	20,3997	21,5786	23,2760
16	20,1569	21,3927	21,8245	22,2666	23,6575	25,6725
17	21,7616	23,1950	23,6975	24,2130	25,8404	28,2129
18	23,4144	25,0648	25,6454	26,2420	28,1324	30,9057
19	25,1169	27,0047	27,6712	28,3573	30,5390	33,7600
20	26,8704	29,0174	29,7781	30,5625	33,0660	36,7856
21	28,6765	31,1055	31,9692	32,8614	35,7193	39,9927
22	30,5368	33,2720	34,2480	35,2580	38,5052	43,3923
23	32,4529	35,5197	36,6179	37,7565	41,4305	46,9958
24	34,4265	37,8517	39,0826	40,3611	44,5020	50,8156
25	36,4593	40,2711	41,6459	43,0765	47,7271	54,8645
26	38,5530	42,7813	44,3117	45,9072	51,1135	59,1564
27	40,7096	45,3856	47,0842	48,8583	54,6691	63,7058
28	42,9309	48,0875	49,9676	51,9348	58,4026	68,5281
29	45,2189	50,8908	52,9663	55,1420	62,3227	73,6398
30	47,5754	53,7992	56,0849	58,4855	66,4388	79,0582
31	50,0027	56,8167	59,3283	61,9712	70,7608	84,8017
32	52,5028	59,9473	62,7015	65,6049	75,2988	90,8898
33	55,0778	63,1954	66,2095	69,3931	80,0638	97,3432
34	57,7302	66,5652	69,8579	73,3424	85,0670	104,1838
35	60,4621	70,0614	73,6522	77,4594	90,3203	111,4348
36	63,2759	73,6887	77,5983	81,7514	95,8363	119,1209
37	66,1742	77,4520	81,7022	86,2259	101,6281	127,2681
38	69,1594	81,3565	85,9703	90,8905	107,7095	135,9042
39	72,2342	85,4073	90,4091	95,7533	114,0950	145,0585
40	75,4013	89,6101	95,0255	100,8228	120,7998	154,7620

A Finanzmathematische Faktoren

Rentenendwertfaktoren (nachschüssig) $\frac{q^n-1}{q-1} = \frac{(1+i)^n-1}{i}$

n	i					
	0,07	0,08	0,09	0,10	0,12	0,125
1	1,0000	1,0000	1,0000	1,0000	1,0000	1,0000
2	2,0700	2,0800	2,0900	2,1000	2,1200	2,1250
3	3,2149	3,2464	3,2781	3,3100	3,3744	3,3906
4	4,4399	4,5061	4,5731	4,6410	4,7793	4,8145
5	5,7507	5,8666	5,9847	6,1051	6,3528	6,4163
6	7,1533	7,3359	7,5233	7,7156	8,1152	8,2183
7	8,6540	8,9228	9,2004	9,4872	10,0890	10,2456
8	10,2598	10,6366	11,0285	11,4359	12,2997	12,5263
9	11,9780	12,4876	13,0210	13,5795	14,7757	15,0921
10	13,8164	14,4866	15,1929	15,9374	17,5487	17,9786
11	15,7836	16,6455	17,5603	18,5312	20,6546	21,2259
12	17,8885	18,9771	20,1407	21,3843	24,1331	24,8791
13	20,1406	21,4953	22,9534	24,5227	28,0291	28,9890
14	22,5505	24,2149	26,0192	27,9750	32,3926	33,6126
15	25,1290	27,1521	29,3609	31,7725	37,2797	38,8142
16	27,8881	30,3243	33,0034	35,9497	42,7533	44,6660
17	30,8402	33,7502	36,9737	40,5447	48,8837	51,2493
18	33,9990	37,4502	41,3013	45,5992	55,7497	58,6554
19	37,3790	41,4463	46,0185	51,1591	63,4397	66,9873
20	40,9955	45,7620	51,1601	57,2750	72,0524	76,3608
21	44,8652	50,4229	56,7645	64,0025	81,6987	86,9058
22	49,0057	55,4568	62,8733	71,4027	92,5026	98,7691
23	53,4361	60,8933	69,5319	79,5430	104,6029	112,1152
24	58,1767	66,7648	76,7898	88,4973	118,1552	127,1296
25	63,2490	73,1059	84,7009	98,3471	133,3339	144,0208
26	68,6765	79,9544	93,3240	109,1818	150,3339	163,0234
27	74,4838	87,3508	102,7231	121,0999	169,3740	184,4013
28	80,6977	95,3388	112,9682	134,2099	190,6989	208,4515
29	87,3465	103,9659	124,1354	148,6309	214,5828	235,5079
30	94,4608	113,2832	136,3075	164,4940	241,3327	265,9464
31	102,0730	123,3459	149,5752	181,9434	271,2926	300,1897
32	110,2182	134,2135	164,0370	201,1378	304,8477	338,7135
33	118,9334	145,9506	179,8003	222,2515	342,4294	382,0526
34	128,2588	158,6267	196,9823	245,4767	384,5210	430,8092
35	138,2369	172,3168	215,7108	271,0244	431,6635	485,6604
36	148,9135	187,1021	236,1247	299,1268	484,4631	547,3679
37	160,3374	203,0703	258,3759	330,0395	543,5987	616,7889
38	172,5610	220,3159	282,6298	364,0434	609,8305	694,8875
39	185,6403	238,9412	309,0665	401,4478	684,0102	782,7485
40	199,6351	259,0565	337,8824	442,5926	767,0914	881,5920

Rentenendwertfaktoren (nachschüssig) $\frac{q^n-1}{q-1} = \frac{(1+i)^n-1}{i}$

n	i					
	0,03	0,0375	0,04	0,0425	0,05	0,06
41	78,6633	93,9705	99,8265	106,1078	127,8398	165,0477
42	82,0232	98,4944	104,8196	111,6174	135,2318	175,9505
43	85,4839	103,1879	110,0124	117,3611	142,9933	187,5076
44	89,0484	108,0575	115,4129	123,3490	151,1430	199,7580
45	92,7199	113,1096	121,0294	129,5913	159,7002	212,7435
46	96,5015	118,3512	126,8706	136,0989	168,6852	226,5081
47	100,3965	123,7894	132,9454	142,8831	178,1194	241,0986
48	104,4084	129,4315	139,2632	149,9557	188,0254	256,5645
49	108,5406	135,2852	145,8337	157,3288	198,4267	272,9584
50	112,7969	141,3584	152,6671	165,0153	209,3480	290,3359
51	117,1808	147,6593	159,7738	173,0284	220,8154	308,7561
52	121,6962	154,1965	167,1647	181,3821	232,8562	328,2814
53	126,3471	160,9789	174,8513	190,0909	245,4990	348,9783
54	131,1375	168,0156	182,8454	199,1697	258,7739	370,9170
55	136,0716	175,3162	191,1592	208,6344	272,7126	394,1720
56	141,1538	182,8906	199,8055	218,5014	287,3482	418,8223
57	146,3884	190,7490	208,7978	228,7877	302,7157	444,9517
58	151,7800	198,9020	218,1497	239,5112	318,8514	472,6488
59	157,3334	207,3609	227,8757	250,6904	335,7940	502,0077
60	163,0534	216,1369	237,9907	262,3447	353,5837	533,1282
61	168,9450	225,2420	248,5103	274,4944	372,2629	566,1159
62	175,0134	234,6886	259,4507	287,1604	391,8760	601,0828
63	181,2638	244,4894	270,8288	300,3647	412,4699	638,1478
64	187,7017	254,6578	282,6619	314,1302	434,0933	677,4367
65	194,3328	265,2074	294,9684	328,4808	456,7980	719,0829
66	201,1627	276,1527	307,7671	343,4412	480,6379	763,2278
67	208,1976	287,5085	321,0778	359,0374	505,6698	810,0215
68	215,4436	299,2900	334,9209	375,2965	531,9533	859,6228
69	222,9069	311,5134	349,3177	392,2466	559,5510	912,2002
70	230,5941	324,1952	364,2905	409,9171	588,5285	967,9322
71	238,5119	337,3525	379,8621	428,3386	618,9549	1027,0081
72	246,6672	351,0032	396,0566	447,5430	650,9027	1089,6286
73	255,0673	365,1658	412,8988	467,5636	684,4478	1156,0063
74	263,7193	379,8595	430,4148	488,4350	719,6702	1226,3667
75	272,6309	395,1043	448,6314	510,1935	756,6537	1300,9487
76	281,8098	410,9207	467,5766	532,8767	795,4864	1380,0056
77	291,2641	427,3302	487,2797	556,5240	836,2607	1463,8059
78	301,0020	444,3551	507,7709	581,1762	879,0738	1552,6343
79	311,0321	462,0184	529,0817	606,8762	924,0274	1646,7924
80	321,3630	480,3441	551,2450	633,6685	971,2288	1746,5999

A Finanzmathematische Faktoren 629

Rentenendwertfaktoren (nachschüssig) $\frac{q^n-1}{q-1} = \frac{(1+i)^n-1}{i}$

n	i					
	0,07	0,08	0,09	0,10	0,12	0,125
41	214,61	280,78	369,29	487,85	860,14	992,79
42	230,63	304,24	403,53	537,64	964,36	1117,89
43	247,78	329,58	440,85	592,40	1081,08	1258,63
44	266,12	356,95	481,52	652,64	1211,81	1416,95
45	285,75	386,51	525,86	718,90	1358,23	1595,07
46	306,75	418,43	574,19	791,80	1522,22	1795,46
47	329,22	452,90	626,86	871,97	1705,88	2020,89
48	353,27	490,13	684,28	960,17	1911,59	2274,50
49	379,00	530,34	746,87	1057,19	2141,98	2559,81
50	406,53	573,77	815,08	1163,91	2400,02	2880,79
51	435,99	620,67	889,44	1281,30	2689,02	3241,89
52	467,50	671,33	970,49	1410,43	3012,70	3648,13
53	501,23	726,03	1058,83	1552,47	3375,23	4105,14
54	537,32	785,11	1155,13	1708,72	3781,25	4619,28
55	575,93	848,92	1260,09	1880,59	4236,01	5197,70
56	617,24	917,84	1374,50	2069,65	4745,33	5848,41
57	661,45	992,26	1499,21	2277,62	5315,76	6580,46
58	708,75	1072,65	1635,13	2506,38	5954,66	7404,01
59	759,36	1159,46	1783,30	2758,01	6670,22	8330,52
60	813,52	1253,21	1944,79	3034,82	7471,64	9372,83
61	871,47	1354,47	2120,82	3339,30	8369,24	10545,44
62	933,47	1463,83	2312,70	3674,23	9374,55	11864,61
63	999,81	1581,93	2521,84	4042,65	10500,49	13348,69
64	1070,80	1709,49	2749,81	4447,92	11761,55	15018,28
65	1146,76	1847,25	2998,29	4893,71	13173,94	16896,56
66	1228,03	1996,03	3269,13	5384,08	14755,81	19009,63
67	1314,99	2156,71	3564,36	5923,49	16527,51	21386,84
68	1408,04	2330,25	3886,15	6516,83	18511,81	24061,19
69	1507,60	2517,67	4236,90	7169,52	20734,22	27069,84
70	1614,13	2720,08	4619,22	7887,47	23223,33	30454,57
71	1728,12	2938,69	5035,95	8677,22	26011,13	34262,39
72	1850,09	3174,78	5490,19	9545,94	29133,47	38546,19
73	1980,60	3429,76	5985,31	10501,53	32630,48	43365,47
74	2120,24	3705,15	6524,98	11552,69	36547,14	48787,15
75	2269,66	4002,56	7113,23	12708,95	40933,80	54886,54
76	2429,53	4323,76	7754,42	13980,85	45846,85	61748,36
77	2600,60	4670,66	8453,32	15379,93	51349,48	69467,91
78	2783,64	5045,32	9215,12	16918,93	57512,41	78152,39
79	2979,50	5449,94	10045,48	18611,82	64414,90	87922,44
80	3189,06	5886,94	10950,57	20474,00	72145,69	98913,75

A Finanzmathematische Faktoren

Rentenendwertfaktoren (nachschüssig) $\frac{q^n-1}{q-1} = \frac{(1+i)^n-1}{i}$

n	i					
	0,03	0,0375	0,04	0,0425	0,05	0,06
85	377,8570	582,8109	676,0901	785,7090	1245,0871	2342,9817
90	443,3489	705,9861	827,9833	972,9235	1594,6073	3141,0752
95	519,2720	854,0551	1012,7846	1203,4496	2040,6935	4209,1042
100	607,2877	1032,0488	1237,6237	1487,3070	2610,0252	5638,3681
105	709,3221	1246,0150	1511,1748	1836,8338	3336,6526	7551,0454

Rentenendwertfaktoren (nachschüssig) $\frac{q^n-1}{q-1} = \frac{(1+i)^n-1}{i}$

n	i					
	0,07	0,08	0,09	0,10	0,12	0,125
85	4478,58	8655,71	16854,80	32979,69	127151,71	178252,20
90	6287,19	12723,94	25939,18	53120,23	224091,12	321222,67
95	8823,85	18701,51	39916,63	85556,76	394931,47	578860,10
100	12381,66	27484,52	61422,68	137796,12	696010,55	1043131,12
105	17371,67	40389,64	94512,38	221928,14	1226614,75	1879762,56

A Finanzmathematische Faktoren 631

Annuitätenfaktoren (vorschüssig) $\frac{q^n(q-1)}{q^n-1} \cdot q^n = \frac{i \cdot (1+i)^n}{(1+i)^n - 1} \cdot \frac{1}{(1+i)^n}$

n	i					
	0,03	0,0375	0,04	0,0425	0,05	0,06
1	1,00000	1,00000	1,00000	1,00000	1,00000	1,00000
2	0,49261	0,49080	0,49020	0,48960	0,48780	0,48544
3	0,32353	0,32114	0,32035	0,31956	0,31721	0,31411
4	0,23903	0,23637	0,23549	0,23462	0,23201	0,22859
5	0,18835	0,18555	0,18463	0,18371	0,18097	0,17740
6	0,15460	0,15171	0,15076	0,14982	0,14702	0,14336
7	0,13051	0,12757	0,12661	0,12565	0,12282	0,11914
8	0,11246	0,10950	0,10853	0,10756	0,10472	0,10104
9	0,09843	0,09547	0,09449	0,09353	0,09069	0,08702
10	0,08723	0,08426	0,08329	0,08233	0,07950	0,07587
11	0,07808	0,07512	0,07415	0,07319	0,07039	0,06679
12	0,07046	0,06751	0,06655	0,06560	0,06283	0,05928
13	0,06403	0,06110	0,06014	0,05920	0,05646	0,05296
14	0,05853	0,05561	0,05467	0,05374	0,05102	0,04758
15	0,05377	0,05088	0,04994	0,04902	0,04634	0,04296
16	0,04961	0,04674	0,04582	0,04491	0,04227	0,03895
17	0,04595	0,04311	0,04220	0,04130	0,03870	0,03544
18	0,04271	0,03990	0,03899	0,03811	0,03555	0,03236
19	0,03981	0,03703	0,03614	0,03526	0,03275	0,02962
20	0,03722	0,03446	0,03358	0,03272	0,03024	0,02718
21	0,03487	0,03215	0,03128	0,03043	0,02800	0,02500
22	0,03275	0,03006	0,02920	0,02836	0,02597	0,02305
23	0,03081	0,02815	0,02731	0,02649	0,02414	0,02128
24	0,02905	0,02642	0,02559	0,02478	0,02247	0,01968
25	0,02743	0,02483	0,02401	0,02321	0,02095	0,01823
26	0,02594	0,02337	0,02257	0,02178	0,01956	0,01690
27	0,02456	0,02203	0,02124	0,02047	0,01829	0,01570
28	0,02329	0,02080	0,02001	0,01925	0,01712	0,01459
29	0,02211	0,01965	0,01888	0,01813	0,01605	0,01358
30	0,02102	0,01859	0,01783	0,01710	0,01505	0,01265
31	0,02000	0,01760	0,01686	0,01614	0,01413	0,01179
32	0,01905	0,01668	0,01595	0,01524	0,01328	0,01100
33	0,01816	0,01582	0,01510	0,01441	0,01249	0,01027
34	0,01732	0,01502	0,01431	0,01363	0,01176	0,00960
35	0,01654	0,01427	0,01358	0,01291	0,01107	0,00897
36	0,01580	0,01357	0,01289	0,01223	0,01043	0,00839
37	0,01511	0,01291	0,01224	0,01160	0,00984	0,00786
38	0,01446	0,01229	0,01163	0,01100	0,00928	0,00736
39	0,01384	0,01171	0,01106	0,01044	0,00876	0,00689
40	0,01326	0,01116	0,01052	0,00992	0,00828	0,00646

A Finanzmathematische Faktoren

Annuitätenfaktoren (vorschüssig) $\frac{q^n(q-1)}{q^n-1} \cdot q^n = \frac{i \cdot (1+i)^n}{(1+i)^n - 1} \cdot \frac{1}{(1+i)^n}$

n	i					
	0,07	0,08	0,09	0,10	0,12	0,125
1	1,00000	1,00000	1,00000	1,00000	1,00000	1,00000
2	0,48309	0,48077	0,47847	0,47619	0,47170	0,47059
3	0,31105	0,30803	0,30505	0,30211	0,29635	0,29493
4	0,22523	0,22192	0,21867	0,21547	0,20923	0,20771
5	0,17389	0,17046	0,16709	0,16380	0,15741	0,15585
6	0,13980	0,13632	0,13292	0,12961	0,12323	0,12168
7	0,11555	0,11207	0,10869	0,10541	0,09912	0,09760
8	0,09747	0,09401	0,09067	0,08744	0,08130	0,07983
9	0,08349	0,08008	0,07680	0,07364	0,06768	0,06626
10	0,07238	0,06903	0,06582	0,06275	0,05698	0,05562
11	0,06336	0,06008	0,05695	0,05396	0,04842	0,04711
12	0,05590	0,05270	0,04965	0,04676	0,04144	0,04019
13	0,04965	0,04652	0,04357	0,04078	0,03568	0,03450
14	0,04434	0,04130	0,03843	0,03575	0,03087	0,02975
15	0,03979	0,03683	0,03406	0,03147	0,02682	0,02576
16	0,03586	0,03298	0,03030	0,02782	0,02339	0,02239
17	0,03243	0,02963	0,02705	0,02466	0,02046	0,01951
18	0,02941	0,02670	0,02421	0,02193	0,01794	0,01705
19	0,02675	0,02413	0,02173	0,01955	0,01576	0,01493
20	0,02439	0,02185	0,01955	0,01746	0,01388	0,01310
21	0,02229	0,01983	0,01762	0,01562	0,01224	0,01151
22	0,02041	0,01803	0,01590	0,01401	0,01081	0,01012
23	0,01871	0,01642	0,01438	0,01257	0,00956	0,00892
24	0,01719	0,01498	0,01302	0,01130	0,00846	0,00787
25	0,01581	0,01368	0,01181	0,01017	0,00750	0,00694
26	0,01456	0,01251	0,01072	0,00916	0,00665	0,00613
27	0,01343	0,01145	0,00973	0,00826	0,00590	0,00542
28	0,01239	0,01049	0,00885	0,00745	0,00524	0,00480
29	0,01145	0,00962	0,00806	0,00673	0,00466	0,00425
30	0,01059	0,00883	0,00734	0,00608	0,00414	0,00376
31	0,00980	0,00811	0,00669	0,00550	0,00369	0,00333
32	0,00907	0,00745	0,00610	0,00497	0,00328	0,00295
33	0,00841	0,00685	0,00556	0,00450	0,00292	0,00262
34	0,00780	0,00630	0,00508	0,00407	0,00260	0,00232
35	0,00723	0,00580	0,00464	0,00369	0,00232	0,00206
36	0,00672	0,00534	0,00424	0,00334	0,00206	0,00183
37	0,00624	0,00492	0,00387	0,00303	0,00184	0,00162
38	0,00580	0,00454	0,00354	0,00275	0,00164	0,00144
39	0,00539	0,00419	0,00324	0,00249	0,00146	0,00128
40	0,00501	0,00386	0,00296	0,00226	0,00130	0,00113

A Finanzmathematische Faktoren

Annuitätenfaktoren (vorschüssig) $\frac{q^n(q-1)}{q^n-1} \cdot q^n = \frac{i \cdot (1+i)^n}{(1+i)^n - 1} \cdot \frac{1}{(1+i)^n}$

n	i					
	0,03	0,0375	0,04	0,0425	0,05	0,06
41	0,01271	0,01064	0,01002	0,00942	0,00782	0,00606
42	0,01219	0,01015	0,00954	0,00896	0,00739	0,00568
43	0,01170	0,00969	0,00909	0,00852	0,00699	0,00533
44	0,01123	0,00925	0,00866	0,00811	0,00662	0,00501
45	0,01079	0,00884	0,00826	0,00772	0,00626	0,00470
46	0,01036	0,00845	0,00788	0,00735	0,00593	0,00441
47	0,00996	0,00808	0,00752	0,00700	0,00561	0,00415
48	0,00958	0,00773	0,00718	0,00667	0,00532	0,00390
49	0,00921	0,00739	0,00686	0,00636	0,00504	0,00366
50	0,00887	0,00707	0,00655	0,00606	0,00478	0,00344
51	0,00853	0,00677	0,00626	0,00578	0,00453	0,00324
52	0,00822	0,00649	0,00598	0,00551	0,00429	0,00305
53	0,00791	0,00621	0,00572	0,00526	0,00407	0,00287
54	0,00763	0,00595	0,00547	0,00502	0,00386	0,00270
55	0,00735	0,00570	0,00523	0,00479	0,00367	0,00254
56	0,00708	0,00547	0,00500	0,00458	0,00348	0,00239
57	0,00683	0,00524	0,00479	0,00437	0,00330	0,00225
58	0,00659	0,00503	0,00458	0,00418	0,00314	0,00212
59	0,00636	0,00482	0,00439	0,00399	0,00298	0,00199
60	0,00613	0,00463	0,00420	0,00381	0,00283	0,00188
61	0,00592	0,00444	0,00402	0,00364	0,00269	0,00177
62	0,00571	0,00426	0,00385	0,00348	0,00255	0,00166
63	0,00552	0,00409	0,00369	0,00333	0,00242	0,00157
64	0,00533	0,00393	0,00354	0,00318	0,00230	0,00148
65	0,00515	0,00377	0,00339	0,00304	0,00219	0,00139
66	0,00497	0,00362	0,00325	0,00291	0,00208	0,00131
67	0,00480	0,00348	0,00311	0,00279	0,00198	0,00123
68	0,00464	0,00334	0,00299	0,00266	0,00188	0,00116
69	0,00449	0,00321	0,00286	0,00255	0,00179	0,00110
70	0,00434	0,00308	0,00275	0,00244	0,00170	0,00103
71	0,00419	0,00296	0,00263	0,00233	0,00162	0,00097
72	0,00405	0,00285	0,00252	0,00223	0,00154	0,00092
73	0,00392	0,00274	0,00242	0,00214	0,00146	0,00087
74	0,00379	0,00263	0,00232	0,00205	0,00139	0,00082
75	0,00367	0,00253	0,00223	0,00196	0,00132	0,00077
76	0,00355	0,00243	0,00214	0,00188	0,00126	0,00072
77	0,00343	0,00234	0,00205	0,00180	0,00120	0,00068
78	0,00332	0,00225	0,00197	0,00172	0,00114	0,00064
79	0,00322	0,00216	0,00189	0,00165	0,00108	0,00061
80	0,00311	0,00208	0,00181	0,00158	0,00103	0,00057

Annuitätenfaktoren (vorschüssig) $\frac{q^n(q-1)}{q^n-1} \cdot q^n = \frac{i \cdot (1+i)^n}{(1+i)^n-1} \cdot \frac{1}{(1+i)^n}$

n	i					
	0,07	0,08	0,09	0,10	0,12	0,125
41	0,00466	0,00356	0,00271	0,00205	0,00116	0,00101
42	0,00434	0,00329	0,00248	0,00186	0,00104	0,00089
43	0,00404	0,00303	0,00227	0,00169	0,00092	0,00079
44	0,00376	0,00280	0,00208	0,00153	0,00083	0,00071
45	0,00350	0,00259	0,00190	0,00139	0,00074	0,00063
46	0,00326	0,00239	0,00174	0,00126	0,00066	0,00056
47	0,00304	0,00221	0,00160	0,00115	0,00059	0,00049
48	0,00283	0,00204	0,00146	0,00104	0,00052	0,00044
49	0,00264	0,00189	0,00134	0,00095	0,00047	0,00039
50	0,00246	0,00174	0,00123	0,00086	0,00042	0,00035
51	0,00229	0,00161	0,00112	0,00078	0,00037	0,00031
52	0,00214	0,00149	0,00103	0,00071	0,00033	0,00027
53	0,00200	0,00138	0,00094	0,00064	0,00030	0,00024
54	0,00186	0,00127	0,00087	0,00059	0,00026	0,00022
55	0,00174	0,00118	0,00079	0,00053	0,00024	0,00019
56	0,00162	0,00109	0,00073	0,00048	0,00021	0,00017
57	0,00151	0,00101	0,00067	0,00044	0,00019	0,00015
58	0,00141	0,00093	0,00061	0,00040	0,00017	0,00014
59	0,00132	0,00086	0,00056	0,00036	0,00015	0,00012
60	0,00123	0,00080	0,00051	0,00033	0,00013	0,00011
61	0,00115	0,00074	0,00047	0,00030	0,00012	0,00009
62	0,00107	0,00068	0,00043	0,00027	0,00011	0,00008
63	0,00100	0,00063	0,00040	0,00025	0,00010	0,00007
64	0,00093	0,00058	0,00036	0,00022	0,00009	0,00007
65	0,00087	0,00054	0,00033	0,00020	0,00008	0,00006
66	0,00081	0,00050	0,00031	0,00019	0,00007	0,00005
67	0,00076	0,00046	0,00028	0,00017	0,00006	0,00005
68	0,00071	0,00043	0,00026	0,00015	0,00005	0,00004
69	0,00066	0,00040	0,00024	0,00014	0,00005	0,00004
70	0,00062	0,00037	0,00022	0,00013	0,00004	0,00003
71	0,00058	0,00034	0,00020	0,00012	0,00004	0,00003
72	0,00054	0,00031	0,00018	0,00010	0,00003	0,00003
73	0,00050	0,00029	0,00017	0,00010	0,00003	0,00002
74	0,00047	0,00027	0,00015	0,00009	0,00003	0,00002
75	0,00044	0,00025	0,00014	0,00008	0,00002	0,00002
76	0,00041	0,00023	0,00013	0,00007	0,00002	0,00002
77	0,00038	0,00021	0,00012	0,00007	0,00002	0,00001
78	0,00036	0,00020	0,00011	0,00006	0,00002	0,00001
79	0,00034	0,00018	0,00010	0,00005	0,00002	0,00001
80	0,00031	0,00017	0,00009	0,00005	0,00001	0,00001

A Finanzmathematische Faktoren

Annuitätenfaktoren (vorschüssig) $\frac{q^n(q-1)}{q^n-1} \cdot q^n = \frac{i \cdot (1+i)^n}{(1+i)^n-1} \cdot \frac{1}{(1+i)^n}$

n	i					
	0,03	0,0375	0,04	0,0425	0,05	0,06
85	0,00265	0,00172	0,00148	0,00127	0,00080	0,00043
90	0,00226	0,00142	0,00121	0,00103	0,00063	0,00032
95	0,00193	0,00117	0,00099	0,00083	0,00049	0,00024
100	0,00165	0,00097	0,00081	0,00067	0,00038	0,00018
105	0,00141	0,00080	0,00066	0,00054	0,00030	0,00013

Annuitätenfaktoren (vorschüssig) $\frac{q^n(q-1)}{q^n-1} \cdot q^n = \frac{i \cdot (1+i)^n}{(1+i)^n-1} \cdot \frac{1}{(1+i)^n}$

n	i					
	0,07	0,08	0,09	0,10	0,12	0,125
85	0,00022	0,00012	0,00006	0,00003	0,00001	0,00001
90	0,00016	0,00008	0,00004	0,00002	0,00000	0,00000
95	0,00011	0,00005	0,00003	0,00001	0,00000	0,00000
100	0,00008	0,00004	0,00002	0,00001	0,00000	0,00000
105	0,00006	0,00002	0,00001	0,00000	0,00000	0,00000

A Finanzmathematische Faktoren

Annuitätenfaktoren (nachschüssig) $\frac{q^n(q-1)}{q^n-1} = \frac{i \cdot (1+i)^n}{(1+i)^n - 1}$

n	i					
	0,03	0,0375	0,04	0,0425	0,05	0,06
1	1,03000	1,03750	1,04000	1,04250	1,05000	1,06000
2	0,52261	0,52830	0,53020	0,53210	0,53780	0,54544
3	0,35353	0,35864	0,36035	0,36206	0,36721	0,37411
4	0,26903	0,27387	0,27549	0,27712	0,28201	0,28859
5	0,21835	0,22305	0,22463	0,22621	0,23097	0,23740
6	0,18460	0,18921	0,19076	0,19232	0,19702	0,20336
7	0,16051	0,16507	0,16661	0,16815	0,17282	0,17914
8	0,14246	0,14700	0,14853	0,15006	0,15472	0,16104
9	0,12843	0,13297	0,13449	0,13603	0,14069	0,14702
10	0,11723	0,12176	0,12329	0,12483	0,12950	0,13587
11	0,10808	0,11262	0,11415	0,11569	0,12039	0,12679
12	0,10046	0,10501	0,10655	0,10810	0,11283	0,11928
13	0,09403	0,09860	0,10014	0,10170	0,10646	0,11296
14	0,08853	0,09311	0,09467	0,09624	0,10102	0,10758
15	0,08377	0,08838	0,08994	0,09152	0,09634	0,10296
16	0,07961	0,08424	0,08582	0,08741	0,09227	0,09895
17	0,07595	0,08061	0,08220	0,08380	0,08870	0,09544
18	0,07271	0,07740	0,07899	0,08061	0,08555	0,09236
19	0,06981	0,07453	0,07614	0,07776	0,08275	0,08962
20	0,06722	0,07196	0,07358	0,07522	0,08024	0,08718
21	0,06487	0,06965	0,07128	0,07293	0,07800	0,08500
22	0,06275	0,06756	0,06920	0,07086	0,07597	0,08305
23	0,06081	0,06565	0,06731	0,06899	0,07414	0,08128
24	0,05905	0,06392	0,06559	0,06728	0,07247	0,07968
25	0,05743	0,06233	0,06401	0,06571	0,07095	0,07823
26	0,05594	0,06087	0,06257	0,06428	0,06956	0,07690
27	0,05456	0,05953	0,06124	0,06297	0,06829	0,07570
28	0,05329	0,05830	0,06001	0,06175	0,06712	0,07459
29	0,05211	0,05715	0,05888	0,06063	0,06605	0,07358
30	0,05102	0,05609	0,05783	0,05960	0,06505	0,07265
31	0,05000	0,05510	0,05686	0,05864	0,06413	0,07179
32	0,04905	0,05418	0,05595	0,05774	0,06328	0,07100
33	0,04816	0,05332	0,05510	0,05691	0,06249	0,07027
34	0,04732	0,05252	0,05431	0,05613	0,06176	0,06960
35	0,04654	0,05177	0,05358	0,05541	0,06107	0,06897
36	0,04580	0,05107	0,05289	0,05473	0,06043	0,06839
37	0,04511	0,05041	0,05224	0,05410	0,05984	0,06786
38	0,04446	0,04979	0,05163	0,05350	0,05928	0,06736
39	0,04384	0,04921	0,05106	0,05294	0,05876	0,06689
40	0,04326	0,04866	0,05052	0,05242	0,05828	0,06646

A Finanzmathematische Faktoren

Annuitätenfaktoren (nachschüssig) $\frac{q^n(q-1)}{q^n-1} = \frac{i \cdot (1+i)^n}{(1+i)^n - 1}$

n	i					
	0,07	0,08	0,09	0,10	0,12	0,125
1	1,07000	1,08000	1,09000	1,10000	1,12000	1,12500
2	0,55309	0,56077	0,56847	0,57619	0,59170	0,59559
3	0,38105	0,38803	0,39505	0,40211	0,41635	0,41993
4	0,29523	0,30192	0,30867	0,31547	0,32923	0,33271
5	0,24389	0,25046	0,25709	0,26380	0,27741	0,28085
6	0,20980	0,21632	0,22292	0,22961	0,24323	0,24668
7	0,18555	0,19207	0,19869	0,20541	0,21912	0,22260
8	0,16747	0,17401	0,18067	0,18744	0,20130	0,20483
9	0,15349	0,16008	0,16680	0,17364	0,18768	0,19126
10	0,14238	0,14903	0,15582	0,16275	0,17698	0,18062
11	0,13336	0,14008	0,14695	0,15396	0,16842	0,17211
12	0,12590	0,13270	0,13965	0,14676	0,16144	0,16519
13	0,11965	0,12652	0,13357	0,14078	0,15568	0,15950
14	0,11434	0,12130	0,12843	0,13575	0,15087	0,15475
15	0,10979	0,11683	0,12406	0,13147	0,14682	0,15076
16	0,10586	0,11298	0,12030	0,12782	0,14339	0,14739
17	0,10243	0,10963	0,11705	0,12466	0,14046	0,14451
18	0,09941	0,10670	0,11421	0,12193	0,13794	0,14205
19	0,09675	0,10413	0,11173	0,11955	0,13576	0,13993
20	0,09439	0,10185	0,10955	0,11746	0,13388	0,13810
21	0,09229	0,09983	0,10762	0,11562	0,13224	0,13651
22	0,09041	0,09803	0,10590	0,11401	0,13081	0,13512
23	0,08871	0,09642	0,10438	0,11257	0,12956	0,13392
24	0,08719	0,09498	0,10302	0,11130	0,12846	0,13287
25	0,08581	0,09368	0,10181	0,11017	0,12750	0,13194
26	0,08456	0,09251	0,10072	0,10916	0,12665	0,13113
27	0,08343	0,09145	0,09973	0,10826	0,12590	0,13042
28	0,08239	0,09049	0,09885	0,10745	0,12524	0,12980
29	0,08145	0,08962	0,09806	0,10673	0,12466	0,12925
30	0,08059	0,08883	0,09734	0,10608	0,12414	0,12876
31	0,07980	0,08811	0,09669	0,10550	0,12369	0,12833
32	0,07907	0,08745	0,09610	0,10497	0,12328	0,12795
33	0,07841	0,08685	0,09556	0,10450	0,12292	0,12762
34	0,07780	0,08630	0,09508	0,10407	0,12260	0,12732
35	0,07723	0,08580	0,09464	0,10369	0,12232	0,12706
36	0,07672	0,08534	0,09424	0,10334	0,12206	0,12683
37	0,07624	0,08492	0,09387	0,10303	0,12184	0,12662
38	0,07580	0,08454	0,09354	0,10275	0,12164	0,12644
39	0,07539	0,08419	0,09324	0,10249	0,12146	0,12628
40	0,07501	0,08386	0,09296	0,10226	0,12130	0,12613

A Finanzmathematische Faktoren

Annuitätenfaktoren (nachschüssig) $\frac{q^n(q-1)}{q^n-1} = \frac{i \cdot (1+i)^n}{(1+i)^n - 1}$

n	i					
	0,03	0,0375	0,04	0,0425	0,05	0,06
41	0,04271	0,04814	0,05002	0,05192	0,05782	0,06606
42	0,04219	0,04765	0,04954	0,05146	0,05739	0,06568
43	0,04170	0,04719	0,04909	0,05102	0,05699	0,06533
44	0,04123	0,04675	0,04866	0,05061	0,05662	0,06501
45	0,04079	0,04634	0,04826	0,05022	0,05626	0,06470
46	0,04036	0,04595	0,04788	0,04985	0,05593	0,06441
47	0,03996	0,04558	0,04752	0,04950	0,05561	0,06415
48	0,03958	0,04523	0,04718	0,04917	0,05532	0,06390
49	0,03921	0,04489	0,04686	0,04886	0,05504	0,06366
50	0,03887	0,04457	0,04655	0,04856	0,05478	0,06344
51	0,03853	0,04427	0,04626	0,04828	0,05453	0,06324
52	0,03822	0,04399	0,04598	0,04801	0,05429	0,06305
53	0,03791	0,04371	0,04572	0,04776	0,05407	0,06287
54	0,03763	0,04345	0,04547	0,04752	0,05386	0,06270
55	0,03735	0,04320	0,04523	0,04729	0,05367	0,06254
56	0,03708	0,04297	0,04500	0,04708	0,05348	0,06239
57	0,03683	0,04274	0,04479	0,04687	0,05330	0,06225
58	0,03659	0,04253	0,04458	0,04668	0,05314	0,06212
59	0,03636	0,04232	0,04439	0,04649	0,05298	0,06199
60	0,03613	0,04213	0,04420	0,04631	0,05283	0,06188
61	0,03592	0,04194	0,04402	0,04614	0,05269	0,06177
62	0,03571	0,04176	0,04385	0,04598	0,05255	0,06166
63	0,03552	0,04159	0,04369	0,04583	0,05242	0,06157
64	0,03533	0,04143	0,04354	0,04568	0,05230	0,06148
65	0,03515	0,04127	0,04339	0,04554	0,05219	0,06139
66	0,03497	0,04112	0,04325	0,04541	0,05208	0,06131
67	0,03480	0,04098	0,04311	0,04529	0,05198	0,06123
68	0,03464	0,04084	0,04299	0,04516	0,05188	0,06116
69	0,03449	0,04071	0,04286	0,04505	0,05179	0,06110
70	0,03434	0,04058	0,04275	0,04494	0,05170	0,06103
71	0,03419	0,04046	0,04263	0,04483	0,05162	0,06097
72	0,03405	0,04035	0,04252	0,04473	0,05154	0,06092
73	0,03392	0,04024	0,04242	0,04464	0,05146	0,06087
74	0,03379	0,04013	0,04232	0,04455	0,05139	0,06082
75	0,03367	0,04003	0,04223	0,04446	0,05132	0,06077
76	0,03355	0,03993	0,04214	0,04438	0,05126	0,06072
77	0,03343	0,03984	0,04205	0,04430	0,05120	0,06068
78	0,03332	0,03975	0,04197	0,04422	0,05114	0,06064
79	0,03322	0,03966	0,04189	0,04415	0,05108	0,06061
80	0,03311	0,03958	0,04181	0,04408	0,05103	0,06057

A Finanzmathematische Faktoren

Annuitätenfaktoren (nachschüssig) $\frac{q^n(q-1)}{q^n-1} = \frac{i \cdot (1+i)^n}{(1+i)^n - 1}$

n	i					
	0,07	0,08	0,09	0,10	0,12	0,125
41	0,07466	0,08356	0,09271	0,10205	0,12116	0,12601
42	0,07434	0,08329	0,09248	0,10186	0,12104	0,12589
43	0,07404	0,08303	0,09227	0,10169	0,12092	0,12579
44	0,07376	0,08280	0,09208	0,10153	0,12083	0,12571
45	0,07350	0,08259	0,09190	0,10139	0,12074	0,12563
46	0,07326	0,08239	0,09174	0,10126	0,12066	0,12556
47	0,07304	0,08221	0,09160	0,10115	0,12059	0,12549
48	0,07283	0,08204	0,09146	0,10104	0,12052	0,12544
49	0,07264	0,08189	0,09134	0,10095	0,12047	0,12539
50	0,07246	0,08174	0,09123	0,10086	0,12042	0,12535
51	0,07229	0,08161	0,09112	0,10078	0,12037	0,12531
52	0,07214	0,08149	0,09103	0,10071	0,12033	0,12527
53	0,07200	0,08138	0,09094	0,10064	0,12030	0,12524
54	0,07186	0,08127	0,09087	0,10059	0,12026	0,12522
55	0,07174	0,08118	0,09079	0,10053	0,12024	0,12519
56	0,07162	0,08109	0,09073	0,10048	0,12021	0,12517
57	0,07151	0,08101	0,09067	0,10044	0,12019	0,12515
58	0,07141	0,08093	0,09061	0,10040	0,12017	0,12514
59	0,07132	0,08086	0,09056	0,10036	0,12015	0,12512
60	0,07123	0,08080	0,09051	0,10033	0,12013	0,12511
61	0,07115	0,08074	0,09047	0,10030	0,12012	0,12509
62	0,07107	0,08068	0,09043	0,10027	0,12011	0,12508
63	0,07100	0,08063	0,09040	0,10025	0,12010	0,12507
64	0,07093	0,08058	0,09036	0,10022	0,12009	0,12507
65	0,07087	0,08054	0,09033	0,10020	0,12008	0,12506
66	0,07081	0,08050	0,09031	0,10019	0,12007	0,12505
67	0,07076	0,08046	0,09028	0,10017	0,12006	0,12505
68	0,07071	0,08043	0,09026	0,10015	0,12005	0,12504
69	0,07066	0,08040	0,09024	0,10014	0,12005	0,12504
70	0,07062	0,08037	0,09022	0,10013	0,12004	0,12503
71	0,07058	0,08034	0,09020	0,10012	0,12004	0,12503
72	0,07054	0,08031	0,09018	0,10010	0,12003	0,12503
73	0,07050	0,08029	0,09017	0,10010	0,12003	0,12502
74	0,07047	0,08027	0,09015	0,10009	0,12003	0,12502
75	0,07044	0,08025	0,09014	0,10008	0,12002	0,12502
76	0,07041	0,08023	0,09013	0,10007	0,12002	0,12502
77	0,07038	0,08021	0,09012	0,10007	0,12002	0,12501
78	0,07036	0,08020	0,09011	0,10006	0,12002	0,12501
79	0,07034	0,08018	0,09010	0,10005	0,12002	0,12501
80	0,07031	0,08017	0,09009	0,10005	0,12001	0,12501

A Finanzmathematische Faktoren

Annuitätenfaktoren (nachschüssig) $\dfrac{q^n(q-1)}{q^n-1} = \dfrac{i\cdot(1+i)^n}{(1+i)^n-1}$

n	i					
	0,03	0,0375	0,04	0,0425	0,05	0,06
85	0,03265	0,03922	0,04148	0,04377	0,05080	0,06043
90	0,03226	0,03892	0,04121	0,04353	0,05063	0,06032
95	0,03193	0,03867	0,04099	0,04333	0,05049	0,06024
100	0,03165	0,03847	0,04081	0,04317	0,05038	0,06018
105	0,03141	0,03830	0,04066	0,04304	0,05030	0,06013

Annuitätenfaktoren (nachschüssig) $\dfrac{q^n(q-1)}{q^n-1} = \dfrac{i\cdot(1+i)^n}{(1+i)^n-1}$

n	i					
	0,07	0,08	0,09	0,10	0,12	0,125
85	0,07022	0,08012	0,09006	0,10003	0,12001	0,12501
90	0,07016	0,08008	0,09004	0,10002	0,12000	0,12500
95	0,07011	0,08005	0,09003	0,10001	0,12000	0,12500
100	0,07008	0,08004	0,09002	0,10001	0,12000	0,12500
105	0,07006	0,08002	0,09001	0,10000	0,12000	0,12500

Anhang B
Literaturverzeichnis

[1] Alt, W. (2011) Nichtlineare Optimierung: eine Einführung in Theorie, Verfahren und Anwendungen, 2., überarbeitete und erweiterte Auflage, Wiesbaden: Vieweg + Teubner, ISBN: 978-3-834-81558-3.

[2] Bartsch, H.-J. (2004): Taschenbuch mathematischer Formeln, 20., vollständig überarbeitete und erweiterte Auflage, München, Wien, ISBN 978-3-446-22891-7.

[3] Bartsch, H.-J. & Sachs, M. (2018): Taschenbuch mathematischer Formeln für Ingenieure und Naturwissenschaftler, 24. Auflage, München, ISBN 978-3-446-45707-2.

[4] Behrens, C. & Peren, F.W. (1998): Grundzüge der gesamtwirtschaftlichen Produktionstheorie, München, ISBN 3-8006-2198-3.

[5] Black, P.E. (2005): Greedy algorithm. In: Dictionary of Algorithms and Data Structures, Vol. 2, S. 62.

[6] Brandes, J. (2019): Eigenschaften trigonometrischer Funktionen, http://elsenaju.info/Rechnen/Trigonometrie-Tabellen.htm, zuletzt aufgerufen am 12. August 2023.

[7] Bücker, R. (2003): Mathematik für Wirtschaftswissenschafter, 6. Auflage, Berlin & Boston, ISBN 978-3-486-99389-9.

[8] Bundesministerium der Justiz und Verbraucherschutz (Hrsg.) (2021): Preisangabenverordnung (PAngV), https://www.gesetze-im-internet.de/pangv_2022/BJNR492110021.html, zuletzt aufgerufen am 11. Januar 2024.

[9] Cottle, R.W. & Thapa, M. N. (2017): Linear and Nonlinear Optimization, Berlin, Springer, ISBN: 978-1-493-97054-4.

[10] Deutsche Bundesbank (Hrsg.) (2018): Zinsstatistik, https://www.bundesbank.de/resource/blob/615046/ 81f57acff9d42eff21cca4e4b9a6f398/mL/s510atrat-data.pdf, zuletzt aufgerufen am 15. Oktober 2018.

[11] Domschke, W.; Drexl, A; Klein, R. & Scholl, A. (2015): Einführung in Operations Research, 9. Auflage, Berlin & Heidelberg.

[12] Federal Deposit Insurance Corporation (Hrsg.) (2009): https://www.fdic.gov/regulations/laws/rules/6500-1650.html\#6500226.14, zuletzt aufgerufen am 12. August 2023.

[13] Federal Deposit Insurance Corporation (Hrsg.) (2014): https://www.fdic.gov/regulations/laws/rules/6500-3550.html, zuletzt aufgerufen am 12. August 2023.

[14] Fußy, D.; Hanner, A.; Thomas-Frank, N. & Ulucan, D.M. (2021): Linear Optimization. Basics of the Simplex Method and its Relevance to Business Management, Sankt Augustin.

[15] Geyer, H. (2014): Kennzahlen für die Bau- und Immobilienwirtschaft, Freiburg.

[16] Global Footprint Network (2017): http://www.footprintnetwork.org/, zuletzt aufgerufen am 12. August 2023.

[17] Gritzmann, P. (2013): Grundlagen der Mathematischen Optimierung, Wiesbaden.

[18] Hemmerich, W. (2019): Formelsammlung Trigonometrie, https://matheguru.com/allgemein/formelsammlung-trigonometrie.html, zuletzt aufgerufen am 12. August 2023.

[19] Hempel, T. (2019): Mathematische Grundlagen, hyperbolische Funktionen, http://www.uni-magdeburg.de/exph/mathe_gl/hyperbel-funktion.pdf, zuletzt aufgerufen am 19. Juli 2019.

B Literaturverzeichnis

[20] Hempel, T. (2019): Mathematische Grundlagen, trigonometrische Funktionen, http://www.uni-magdeburg.de/exph/mathe_gl/trigonometrische_funktionen.pdf, zuletzt aufgerufen am 12. August 2023.

[21] Internationales Zentrum für Nachhaltige Entwicklung – IZNE (2017): https://www.h-brs.de/de/izne, zuletzt aufgerufen am 9. Dezember 2022.

[22] http://www.falk-net.de/ingo/fhma/mathematik/docus/ma_formelsammlung.pdf, zuletzt aufgerufen am 19. Juli 2019.

[23] Karlsruher Institut für Technologie (Hrsg.) (2014): Trigonometrische und hyperbolische Funktionen, http://www.math.kit.edu/iana3/lehre/hm2inf2014s/media/trigonometrische_hyperbolische_funktionen.pdf, zuletzt aufgerufen am 19. Juli 2019.

[24] Klemmt, A. (2012): Ablaufplanung in der Halbleiter- und Elektronikproduktion. Hybride Optimierungsverfahren und Dekompositionstechniken, Berlin, Springer-Vieweg, ISBN: 978-3-8348-1993-2.

[25] Koop, A. & Moock, H. (2018): Lineare Optimierung – eine anwendungsorientierte Einführung in Operations Research, 2. Auflage, Berlin.

[26] Kruschwitz, L. (2010): Finanzmathematik, Lehrbuch der Zins-, Renten-, Tilgungs-, Kurs- und Renditerechnung, 5. Auflage, München.

[27] Kruschwitz, L. (2018): Finanzmathematik, 6. Auflage, Berlin & Boston, ISBN 978-3-11-058737-1.

[28] Lagarias, J.C., Reeds, J.A., Wright, M.H. & Wright, P.E. (1998): Convergence properties of the Nelder–Mead simplex method in low dimensions. In: SIAM Journal on optimization, Vol. 9, No. 1, S. 112–147.

[29] Langmann, J. (2009): Winkelfunktionen am Einheitskreis, https://www.mathe-online.at/lernpfade/einheitskreis/?navig=r&kapitel=3, zuletzt aufgerufen am 12. August 2023.

[30] Locarek-Junge, H. (1997): Finanzmathematik: Lehr- und Übungsbuch, 3. Auflage, München.

[31] Luenberger, D.G. & Ye, Y. (2016): Linear and Nonlinear Programming, 4. Auflage, Heidelberg & New York.

[32] Marti, K. & D. Gröger, D. (2013): Einführung in die lineare und nichtlineare Optimierung, Berlin, Springer, ISBN: 978-3-642-57687-4.

[33] Meywerk, M. (2007): CAE-Methoden in der Fahrzeugtechnik, Berlin, Springer, ISBN: 978-3-540-49866-7.

[34] Mittelhammer, R.C., Judge, G.G. & Miller, D.J. (2000): Econometric Foundations, Cambridge, Cambridge University Press, ISBN: 978-0-521-62394-0.

[35] Mohr, J. (2017): Kosinus-, Sinus- und Tangenswerte, http://kilchb.de/cosinuswerte.php, zuletzt aufgerufen am 12. August 2023.

[36] Nelder, J.A. & Mead, R. (1965): A simplex method for function minimization. In: The Computer Journal, Volume 7, Issue 4, January 1965, S. 308–313.

[37] Peren, F.W. (1986): Einkommen, Konsum und Ersparnis der privaten Haushalte in der Bundesrepublik Deutschland seit 1970: Analyse unter Verwendung makrooekonomischer Konsumfunktionen, Frankfurt am Main, ISBN 3-8204-9006-X.

[38] Peren, F.W. (1990): Messung und Analyse von Substitutions- und Fortschrittseffekten in den Sektoren der westdeutschen Textilindustrie (1976 - 1986), Münster, ISBN 3-88660-726-7.

[39] Peren, F.W. (2012): The Peren-Theorem, New York, unveröffentlichtes Manuskript.

[40] Peren, F.W. (2018): Das Peren-Theorem, in: Gadatsch, A. et al. (Hrsg.): Nachhaltiges Wirtschaften im digitalen Zeitalter, Berlin, S. 419-424.

[41] Peren, F.W. (2019): Unsustainable Future: The Mathematical Frame in Which We Live. In: Review of Business: Interdisciplinary Journal on Risk and Society, 39(2), S. 32-35. Peter J. Tobin College of Business at St. John's University in New York (Hrsg.), 15. Juli 2019, New York.

[42] Peren, F.W. (2022a): Formelsammlung Wirtschaftsstatistik, 5. Auflage, Berlin, ISBN 978-3-662-66076-8.

[43] Peren, F.W. (2022b): Statistics for Business and Economics: Compendium of Essential Formulas, 2. Auflage, Berlin, ISBN 978-3-662-65846-8.

[44] Peren, F.W. (2023a): Formelsammlung Wirtschaftsmathematik, 5. Auflage, Berlin, ISBN 978-3-662-66980-8.

[45] Peren, F.W. (2023b): Math for Business and Economics: Compendium of Essential Formulas. 2. Auflage, Berlin, ISBN 978-3-662-66975-4.

[46] Peren, F.W. (2023c): Formelsammlung Finanzmathematik, 2. Auflage, Berlin, ISBN 978-3-662-67360-7.

[47] Peren, F.W. (2023d): Financial Math for Business and Economics. Berlin, ISBN 978-3-662-67646-2.

[48] Peren, F.W. & Akyazgan, P.D. (2021): Peren Teoremi: İçinde Yaşadığımız Matematiksel Çerçeve. In: Journal of Ekonomi, 3(1), S. 1-2.

[49] Peren, F.W. & Neifer, T. (Hrsg.) (2024): Operations Research and Management: Quantitative Methods for Planning and Decision-Making in Business and Economics, Berlin, Springer, ISBN: 978-3-031-47206-0.

[50] Rathmann, H. (1990): Preismessung bei Privatkrediten von Banken und Sparkassen: Eine Analyse unter besonderer Berücksichtigung der Preisangabenverordnung. In: Hagener betriebswirtschaftliche Abhandlungen, Band 8, Heidelberg.

[51] Riebel, P. (2013): Einzelkosten- und Deckungsbeitragsrechnung. Grundfragen einer markt- und entscheidungsorientierten Unternehmensrechnung, 6. Auflage, Wiesbaden.

[52] Scholz, D. (2018): Optimierung interaktiv: Grundlagen verstehen, Modelle erforschen und Verfahren anwenden, Berlin, Springer, ISBN: 978-3-662-57952-7.

[53] Schweitzer, M.; Küpper, H.-U.; Friedl, G.; Hofmann, C.; Pedell, B. (2015): Systeme der Kosten- und Erlösrechnung, 11. Auflage, München.

[54] Serlo Education e. V. (Hrsg.) (2016): Ableitungen, Symmetrien und Umkehrfunktionen trigonometrischer Funktionen, https://de.serlo.org/mathe/funktionen/wichtige-funktionstypen-ihre-eigenschaften/trigonometrische-funktionen/ableitungen-symmetrien-umkehrfunktionen-trigonometrischer-funktionen, zuletzt aufgerufen am 19. Juli 2019.

[55] Serlo Education e. V. (Hrsg.) (2018): Sinusfunktion und Kosinusfunktion, https://de.serlo.org/mathe/funktionen/wichtige-funktionstypen-ihre-eigenschaften/trigonometrische-funktionen/sinusfunktion-kosinusfunktion, zuletzt aufgerufen am 12. August 2023.

B Literaturverzeichnis 647

[56] Serlo Education e. V. (Hrsg.) (2019): Tangensfunktion, https://de.serlo.org/mathe/funktionen/wichtige-funktionstypen-ihre-eigenschaften/trigonometrische-funktionen/tangensfunktion, zuletzt aufgerufen am 19. Juli 2019.

[57] Singer, S. & Nelder, J.A. (2009): Nelder-Mead algorithm, Scholarpedia, Vol. 4, No. 7, S.. 2928, doi: 10.4249/scholarpedia.2928, zuletzt aufgerufen am 25. Januar 2025.

[58] Stein, O. (2021): Grundzüge der nichtlinearen Optimierung, Berlin, Springer, ISBN: 978-3-662-62531-6.

[59] Stratosphere Digital (2021) (Hrsg.): https://formula.amardesh.com/mathematics/trigonometric-functions-of-common-angles/, zuletzt aufgerufen am 24. Juni 2021.

[60] Tucker, W.R. (2000): Effective Interest Rate (EIR). In: Bankakademie Micro Banking Competence Center (Hrsg.): https://web.archive.org/web/20051103034219/http://www.uncdf.org/mfdl/readings/EIR_Tucker.pdf, zuletzt aufgerufen am 20. Oktober 2021.

[61] Twin, A. (2019): Open-End Credit. In: Investopedia (Hrsg.): https://www.investopedia.com/terms/o/openendcredit.asp, zuletzt aufgerufen am 7. Dezember 2022.

[62] Ulbrich, M. & Ulbrich, S. (2012): Nichtlineare Optimierung, Berlin, Springer, ISBN: 978-3-0346-0142-9.

[63] Vanderbei, R.J. (2014): Linear Programming. Foundations and Extensions, 4. Auflage, New York.

[64] Wessels, P. (1992): Zinsrecht in Deutschland und England: eine rechtsvergleichende Untersuchung. In: Münsterische Beiträge zur Rechtwissenschaft, Band 59, Berlin.

[65] Wikimedia Foundation Inc. (Hrsg.) (2020): https://wikipedia.org/wiki/Annual_percentage_rate\#cite_note-9, zuletzt aufgerufen am 12. August 2023.

[66] Wikimedia Foundation Inc. (Hrsg.) (2020):
https://en.wikipedia.org/wiki/Population_growth, zuletzt aufgerufen am 12. August 2023.

[67] Wikimedia Foundation Inc. (Hrsg.) (2018): Areasinus hyperbolicus und Areakosinus hyperbolicus,
https://de.wikipedia.org/wiki/Areasinus_hyperbolicus_und_ Areakosinus_hyperbolicus, zuletzt aufgerufen am 19. Juli 2019.

[68] Wikimedia Foundation Inc. (Hrsg.) (2018):
Areatangens hyperbolicus und Areakotangens hyperbolicus, https://de.wikipedia.org/wiki/Areatangens_hyperbolicus_und_ Areakotangens_hyperbolicus, zuletzt aufgerufen am 19. Juli 2019.

[69] Wikimedia Foundation Inc. (Hrsg.) (2018): Arkussinus und Arkuskosinus,
https://de.wikipedia.org/wiki/Arkussinus_und_Arkuskosinus, zuletzt aufgerufen am 12. August 2023.

[70] Wikimedia Foundation Inc. (Hrsg.) (2018): Arkustangens und Arkuskotangens,
https://de.wikipedia.org/wiki/Arkustangens_und_Arkuskotangens, zuletzt aufgerufen am 12. August 2023.

[71] Wikimedia Foundation Inc. (Hrsg.) (2018): Formelsammlung Trigonometrie,
https://de.wikipedia.org/wiki/Formelsammlung_Trigonometrie, zuletzt aufgerufen am 12. August 2023.

[72] Wikimedia Foundation Inc. (Hrsg.) (2018): Sinus hyperbolicus und Kosinus hyperbolicus,
https://de.wikipedia.org/wiki/Sinus_hyperbolicus_und_Kosinus_ hyperbolicus, zuletzt aufgerufen am 19. Juli 2019.

B Literaturverzeichnis 649

[73] Wikimedia Foundation Inc. (Hrsg.) (2018): Tangens hyperbolicus und Kotangens hyperbolicus, https://de.wikipedia.org/wiki/Tangens_hyperbolicus_und_ Kotangens_hyperbolicus, zuletzt aufgerufen am 19. Juli 2019.

[74] Wikimedia Foundation Inc. (Hrsg.) (2018): Tangens und Kotangens, https://de.wikipedia.org/wiki/Tangens_und_Kotangens, zuletzt aufgerufen am 12. August 2023.

[75] Wikimedia Foundation Inc. (Hrsg.) (2019): Sekans hyperbolicus und Kosekans hyperbolicus, https://de.wikipedia.org/wiki/Sekans_ hyperbolicus_und_Kosekans_hyperbolicus, zuletzt aufgerufen am 12. August 2023.

[76] Wikimedia Foundation Inc. (Hrsg.) (2019): Sinus und Kosinus, https://de.wikipedia.org/wiki/Sinus_und_Kosinus, zuletzt aufgerufen am 12. August 2023.

[77] Wiley-VCH Verlag GmbH Co. KGaA (Hrsg.) (2021): Grundlagen der Parameterschätzung/Optimierung: Äquidistante Suche. http://www.chemgapedia.de/vsengine/vlu/vsc/de/ch/7/tc/ ps/grundlagen/grundlagen_ps.vlu/Page/vsc/de/ch/7/tc/ps/ grundlagen/d1_suche/aequidistante_suche.vscml.html; zuletzt aufgerufen am 21. Juli 2021.

[78] Wright, M.H. (1996): Direct search methods: Once scorned, now respectable. In: Pitman Research Notes in Mathematics Series, S. 191–208.

[79] World Wide Fund For Nature - WWF (2017): http://wwf.panda.org/about_our_earth/all_publications/living_ planet_report_timeline/lpr_2012/, zuletzt aufgerufen am 27. Dezember 2018.

[80] Yildirim, M. (2019): Trigonometrie, https://www.schulminator.com/ mathematik/trigonometrie, zuletzt aufgerufen am 12. August 2023.

[81] Zimmermann, H.-J. (2005): Operations Research. Methoden und Modelle. Für Wirtschaftsingenieure, Betriebswirte und Informatiker, Wiesbaden.

Stichwortverzeichnis

A

$a - b - c$-Formel 62
Ableitungen elementarer
 Funktionen 446
Ableitungsfunktion 445
Ableitungsregeln 448
 höhere Ableitungen 450
Abschreibungen 179
 arithmetisch-degressiv .. 180
 außerplanmäßig 185
 geometrisch-degressiv .. 182
 Leistungsabschreibung .. 184
 linear 179
 Zeitabschreibung 179
Absoluter Betrag 26
Additionsverfahren 60
Adjunkte einer Matrix 126
 Bestimmung der Inverse
  mit Hilfe der Adjunkten .. 127
Äquivalente Umformungen
 von Gleichungen 52
Agio 177
Algebra 51
Allgemeines Näherungs-
verfahren (Fixpunktiteration) 80
Allgemeingültige
 Gleichungen 52
Angebotsfunktion 527
Angebotslücke 533
Annuitätenfaktor 188
Annuitätenmethode 291
Annuitätentilgung 242
Arcusfunktion 395
 Arcusfunktionen negativer
  Argumente 396
Areafunktionen 405

Arithmetik 15
Arithmetische Folge 47
Arithmetische Relationen
 und Verknüpfungen 1
Asymptoten 430
 Asymptotische Kurve 430
 schief 434
 senkrecht 433
 waagerecht 431
Ausklammern 25
Aussagenvariable 11
Axiome 25

B

Beschränktheit 408
Besondere Zahlen und
 Verknüpfungen 3
Bestimmtes Integral 490
Bijektion 353
Binome 404
Binomialkoeffizient 40
Binomische Formeln 30
Binomischer Lehrsatz 31
 für natürliche Exponenten 31
 für reelle Exponenten 31
Biquadratische Gleichungen 67
Bogenelastizität 512
Bruchgleichungen 54
Brüche 27

C

Cournotscher Punkt 581

D

Dezimalsystem, dekadisch .. 23

Differentation von Funktionen mit mehreren unabhängigen Variablen 461
Differentation von Funktionen mit Parametern 451
Differentiale 479
Differentialquotient 444
Differentialrechnung 443
Differenzenquotient 443
Disagio 177
Dualer Simplex-Algorithmus 324
Dualsystem (Binärsystem) .. 23

E

Effektivzinsrechnung mittels ICMA-Methode 172
Einkommenselastizität der Nachfrage 526
Einsetzungsverfahren 58
Einzelkosten 570
Elastizitäten 511
   Bogenelastizität 512
   Kreuzpreiselastizität 524
   Punktelastizität 516
Elementare Grundlagen 24
Elementare Rechenarten ... 24
Erlösfunktion 535
Exponentialfunktion 4, 368, 374
   Spiegelungen 371
   Streckung/Stauchung ... 370
   Verschiebung 373
Exponentialgleichungen 71
Extrema 384, 426

F

Fakultät 40
Falksche Schema 106
Finanzmathematik 145

Finanzmathematische Grundlagen 284
Fixe Kosten 542
Folgen 42
Funktionen 7, 351
   Exponentialfunktonen ... 368
   ganzrationale Funktionen 359, 360
   gebrochenrationale Funktionen 359, 360
   Klassifizierung 359
   nichtrationale Funktionen 359, 364
   rationale Funktionen 359, 360
   transzendente Funktionen 359, 364, 368
   Verkettung 355
   Wurzelfunktion 367

G

Gemeinkosten 570
Geometrische Folge 47
Gewinnfunktion 578
Gleichsetzungsverfahren 59
Gleichungen 51
   Äquivalente Umformungen von Gleichungen 52
   Allgemeingültige Gleichungen 52
   Bruchgleichungen 54
   Exponentialgleichungen .. 71
   Lineare Gleichungen 53
   Logarithmische Gleichungen 73
   Nicht lineare Gleichungen 62
   Transzendente Gleichungen 71
   Wurzelgleichungen 69
   n-ten Grades 68

Stichwortverzeichnis

Goniometrische
Umformungen 390
Grenzkostenfunktion 545
Grenzwert (Limes) 4
Grenzwerte einer Folge 45
Griechisches Alphabet 9
Grundrechenarten 24

H

Hesse-Matrix 466
Homogenität 424
Horner-Schema 29
Hyperbelfunktionen 4, 359, 397

I

Infimum 16, 44
Injektion 353
Inklusion 16
Integralrechnung 485
   bestimmtes Integral 490
   Beziehung zwischen
   bestimmtem und un-
   bestimmtem Integral 494
   Integration durch
   Substitution 501
   Mehrfach-Integrale 502
   partielle Integration 499
   Rechenregeln für
   unbestimmtes Integral ... 489
   spezielle Integrations-
   techniken 499
   Stammfunktion 485, 486
   unbestimmtes Integral ... 486
Inverse einer Matrix
   Bestimmung der Inversen
   unter Verwendung des
   Gauß'schen Eliminations-
   verfahrens 109
Inverse Funktion 357

Investitionsrechnung 281
   Amortisationsrechnung .. 287
   Annuitätenmethode 291
   Gewinnvergleichs-
   rechnung 287
   interne Zinsfußmethode 294
   Kapitalbarwertmethode 288
   Kapitalendwertmethode 288
   Kapitalwertmethode 288
   Kostenvergleichs-
   rechnung 287
   Methoden der dynamischen
   Investitionsrechnung 287
   Pay-back-Methode 287
   Pay-off-Methode 287
   Pay-out-Methode 287
   Rentabilitätsrechnung ... 287
   statische Verfahren 287
   Vermögensendwert-
   methode 288

K

Kapitalwertmethode 288
Klassifizierung von
   Funktionen 359
Kombinationen 139
Kombinatorik 131
Kostenfunktion 541
   eindimensionale Kostenzu-
   rechnungsprinzipien 573
   ertragsgesetzliche
   Kostenfunktion 557
   mehrdimensionale Kosten-
   zurechnungsprinzipien .. 573
Kreuzpreiselastizität 524
Krümmungsverhalten 428
Kubische Gleichungen
   mit einer Variablen 65
Kubische Gleichungen
   ohne absolutes Glied 66

Kurvendiskussion..........451
Käufermarkt und Verkäufermarkt......................532

L

Lagrange-Methode........297
Lineare Algebra.............87
Lineare Gleichungen........53
   mit einer Variablen.......53
   mit mehreren Variablen...56
Lineare Gleichungssysteme 57
Lineare Optimierung.......313
   Der lineare
      Programmierungsansatz
      313
Lineare Optimierung
(LP-Ansatz)................297
   Graphische Bestimmung
      der Lösung.............314
Logarithmen................37
   Dekadischer Logarithmus 38
   Logarithmengesetze......38
   Logarithmensysteme.....38
   Logarithmus zu einer
      beliebigen Basis..........39
   Natürlicher Logarithmus..39
Logarithmische
Gleichungen................73
Logarithmus.................4
Logarithmusfunktionen.......356, 359, 374
   Spiegelung..............376
   Streckung/Stauchung...379
   Verschiebung...........378
Logik......................11
   Aussagenlogik...........11
   Mathematische Logik.....11
Lokale Extrema...........426
Lücke.....................422

M

Marktgleichgewicht........531
Mathematische Zeichen und
Symbole......................1
Matrizen..................5, 87
   Addition..................94
   Adjunkte einer Matrix....126
   Determinante einer
      Matrix...................117
   Gleichheit/Ungleichheit...88
   Inverse einer Matrix.....107
   Multiplikation..............96
   Multiplikation einer Matrix
      mit einem Skalar.........96
   Multiplikation einer Matrix
      mit einem Spaltenvektor 100
   Multiplikation eines Zeilenvektors mit einer Matrix 102
   Multiplikation von zwei
      Matrizen................103
   Operationen mit Matrizen 94
   Rang einer Matrix.......113
   spezielle Matrizen........92
   transponierte Matrix......89
Mehrfach-Integrale........502
Mengen..................6, 15
   Beziehungen.............19
   Differenz zweier Mengen 17
   Durchschnitt zweier
      Mengen.................17
   Gesetze..................19
   Grenzen einer Menge....16
   Intervalle.................21
   Komplement der Menge..18
   Mengenoperationen......17
   Mengenrelationen........16
   Potenzmenge............18
   Produkt zweier Mengen..18
   Rechenregeln............19

Stichwortverzeichnis 655

Schnittmenge zweier
Mengen 17
Schranken einer Menge .. 16
Minor 117
Mittelwertsatz der
Differentialrechnung 481
verallgemeinerter
Mittelsatz 482
Monotonie 427

N

Nachfragefunktion / Inverse
Nachfragefunktion 529
Nachfragelücke 533
Neoklassische
Kostenfunktion 549
Newtonsches Verfahren
(Tangentenverfahren) 77
Nicht lineare Gleichungen ... 62
Nichtlineare Optimierung .. 333
Normalen einer Kurve 437
Nullfolge 46
Nullstelle 425
Näherungsverfahren 75

O

Ökonomische Funktionen .. 527
Operationen mit Matrizen ... 94
Optimierung linearer
Modelle 297
Optimierung nichtlinearer
Modelle 333
Ordnungsstrukturen 7

P

p/q-Formel 62
Partielle Ableitungen 461
   r-ter Ordnung 465
   1. Ordnung 461
   2. Ordnung 464
Lokale Extrema 466
Relative Extrema mit m
Nebenbedingungen 475
Satz von Schwarz 464
Partielle Integration 499
Partielles Differential 479
Periodizität 389, 425
Permutationen 135
Pol 362, 363, 420
Polynomdivison 27
Potenzen 34
Potenzfunktion 359
Pragmatische Zeichen 1
Preiselastizität der
Nachfrage 519
Primaler Simplex-Algorithmus 318
Produktzeichen 33
Prozentannuität 261
Punktelastizität 516

Q

Quadratische Ergänzung ... 63
Quadratische Gleichungen .. 62

R

Ratentilgung 245
Rechenregeln für die
Matrizenmultiplikation 104
Reelle Funktionen 359, 408
Regel von Sarrus 121, 305, 311
Regula falsi
(Sekantenverfahren) 75
Reihen 47
   Arithmetische Reihen..... 48
   Geometrische Reihen 49
   Unendlich geometrische
   Reihen 49

Relationen 1, 7, 26
Rentenbarwert 186
　Rentenbarwertfaktor 187
　Rentenendwertfaktor 187
Rentenrechnung 186
　Annuitätenfaktor 188
　endliche, gleichbleibende
　　Rente 189
　endliche, veränderliche
　　Renten 218
　ewige Rente 237
　jährliche Rente mit
　　unterjährigen Zinsen 193
　regellose Rente 219
　unterjährige Rente mit
　　jährlichen Zinsen 196
　unterjährige Rente mit
　　unterjährigen
　　　Zinsenunterjähriger
　　　Verzinsung 200
Römisches Zahlensystem ... 24

S

Satz von Schwarz 464
Scheitelpunktform 417
Schrankensatz der
　Differentialrechnung 484
Sekantenverfahren 75
Signum 26
Simplextableau 318
Skalar 96
Skalarprodukt 98
Spezielle Integrations-
　techniken 499
Sprung 423
Stetigkeit 420
Summenzeichen 32
Supremum 16, 44
Surjektion 353
Symmetrie 410
　Achsensymmetrie 410
　Punktsymmetrie 412
Sätze über differenzierbare
　Funktionen 481

T

Tangenten einer Kurve 436
Tangentialebene 466
Terme 30
　Mehrgliedrige Terme 32
Termumformung 30
Tilgungsrechnung 239
　Annuitätentilgung 242
　gerundete Annuitäten ... 261
　mit Abgeld (Disagio) 253
　mit Aufgeld (Agio) 247
　Ratentilgung 245
　tilgungsfreie Zeiten 259
　unterjährige Tilgung 268
　von Anleihen 264
Totales Differential 480
Transformation 415
Transzendente Funktionen 368
Transzendente Gleichungen 71
Trigonometrische
　Funktionen 4
Trigonometrische
　Funktionen 380

U

Umkehrfunktion 357
Unbestimmtes Integral 486
Uneigentlicher Grenzwert ... 46
Ungleichungen 51
　Bruchungleichungen mit
　　einer Variablen 54
　Lineare Ungleichungen mit
　　einer Variablen 56
　Lineare Ungleichungen mit
　　mehreren Variablen 61

Stichwortverzeichnis

V

Variable Kosten............543
Variationen................137
Vektoren..............5, 91, 92
  Skalarprodukt
  zweier Vektoren..........98
  spezielle Vektoren........92
Verkettung.................355
Verschiebung...............415
Verzinsung.................146
  jährliche Verzinsung.....146
  unterjährige Verzinsung 162

W

Wahrheitstabellen
(Wahrheitstafeln)...........12
Wendepunkte...............428
Wurzelfunktion...359, 364, 367
Wurzelgleichungen..........69
Wurzeln....................34

Z

Zahlenmengen................2
Zahlensysteme..............22
Zinsfußmethode (intern)...294
Zinsrechnung..............145
  gemischte
  Verzinsung.........151, 167
  jährliche Verzinsung.....146
  Laufzeit.................147
  nomineller Zinssatz.....164
  stetige Verzinsung......168
  unterjährige Verzinsung 162
  Zins.....................145
Zinseszins................149
Zinseszinsen..............165
Zinsfaktor......146, 186, 235
Zinsfuß...................145
Zinsperiode...............146
Zinssatz..................145
Zyklometrische
Funktionen................395

The manufacturer's authorised representative in the EU is Springer Nature Customer Service Centre GmbH, Europaplatz 3, 69115 Heidelberg, Germany. If you have any concerns regarding our products, please contact ProductSafety@springernature.com

Printed and bound by CPI Group (UK) Ltd, Croydon, CR0 4YY
25/03/2026
02078191-0004